# Fallstudien und praktische Fälle

## Arbeitsmaterialien für den handlungsorientierten Betriebslehreunterricht

## Teil 2: Weiterführende Themen

Beschaffung – Lagerung – Personalwesen – Produktion – Absatz – Finanzierung

von

Horst W. Stierand

winklers verlag ®

# Vorwort zur 1. Auflage

Die nahe liegende Frage von Unterrichtenden, weshalb es bei der heutigen Flut von neu auf den Markt gebrachten Betriebslehrebüchern auch noch einer Sammlung von Fallstudien und praktischen Fällen bedarf, kann mit einem Hinweis auf die Schulwirklichkeit beantwortet werden:

- Fallstudien und praktische Fälle haben von allen schüleraktiven Lehr- und Lernformen, so z. B. gegenüber Plan- und Rollenspielen, die mit Abstand größte schulpraktische Bedeutung. BWL-Unterricht basiert in der Schulpraxis ganz wesentlich auf der Fallmethode.
- Während die Zahl der Veröffentlichungen über Handlungsorientierung und Schlüsselqualifikationen inzwischen auch für Experten kaum noch überschaubare Dimensionen angenommen hat, nimmt sich demgegenüber der Umfang der Ausarbeitungen, die eine schulpraktische Umsetzung dieses Konzepts ermöglichen, nach Kenntnis des Verfassers doch recht bescheiden aus. Was nutzt ein noch so überzeugendes und fundiertes theoretisches Konzept, wenn es nur zögerlich oder überhaupt nicht Eingang in die Klassenzimmer findet?! Schüleraktiver Unterricht und der damit verbundene Erwerb von Schlüsselqualifikationen müssen praktiziert werden; sie sind von der Theorieebene in die Niederungen des Schulalltags zu transferieren. Diesen löblichen fachdidaktischen Intentionen stellt sich jedoch der Tatbestand entgegen, dass nicht allen BWL-Lehrerinnen und -Lehrern zugemutet werden kann, in mühevoller und zeitraubender Kleinarbeit Fälle, Fallstudien oder gar ganze Planspiele u. Ä. selbst zu entwickeln. Deshalb müssen praktisch nutzbare Unterrichtsmaterialien den an der „pädagogischen Front" Tätigen an die Hand gegeben werden.

Wichtig erscheint dem Autor in diesem Zusammenhang der Hinweis für die das Buch benutzenden Kolleginnen und Kollegen eine möglichst flexible didaktisch-methodische Handhabung der vorliegenden Arbeitsmaterialien im Sinne der Methodenvarianz anzustreben. Zweifellos sind die didaktisch-methodisch exakt durchstrukturierten Fälle und Fallstudien prädestiniert für die Durchführung von Gruppenarbeit, jedoch sollte der Praktizierung dieser Sozialform ebenso wie der Handlungsorientierung als solcher im Interesse eines lebendigen und abwechslungsreichen Unterrichts kein Ausschließlichkeitsanspruch zuerkannt werden. Die Bandbreite der methodischen Möglichkeiten beim Einsatz dieser Arbeitsmaterialien ist sehr groß; sie reicht vom Lehrervortrag im Frontalunterricht (z. B. bei der Konfrontation der Schülerinnen und Schüler mit der Ausgangssituation oder bei der Erläuterung von Sachzusammenhängen) über das Unterrichtsgespräch bis hin zur weitgehend frei gestalteten Fallstudie (z. B. durch Weglassen, Kürzen oder Umgestalten der vorgegebenen Leitfragen).

Der Autor würde sich freuen, wenn sein zweibändiges Werk einen bescheidenen Beitrag dazu leisten könnte, einen die Schüleraktivität fördernden niveauvollen Betriebslehreunterricht zu ermöglichen. Hierbei müssen natürlich die häufig recht anspruchsvollen Anforderungen der Fachdidaktik und die teilweise überzogenen Zielvorstellungen in neu gestalteten BWL-Lehrplänen an den nicht immer optimalen Bedingungen und begrenzten Wirkungsmöglichkeiten im Schulalltag gemessen werden.

Schülerinnen und Schülern sowie Kolleginnen und Kollegen wünscht der Autor viele positive Erfahrungen beim Arbeiten mit diesen Unterrichtsmaterialien. Anregungen und Verbesserungsvorschläge werden dankbar entgegengenommen.

Eislingen (Fils), im Frühjahr 1998 Der Verfasser

# Vorwort zur 3. Auflage

Gegenüber der 1. und 2. Auflage wurden die „Fallstudien und praktischen Fälle" durch folgende Themen erweitert:

3.1 Aufgaben der Personalwirtschaft – 3.2.1 Externe Personalbeschaffung mithilfe einer Stellenanzeige – 3.2.2 Bewerberauswahl auf der Grundlage der eingereichten Bewerbungsunterlagen (Grob- oder Vorauswahl) – 3.2.3 Die zweite Phase der Bewerberauswahl (Feinauswahl).

Mehrere Ausarbeitungen sind inhaltlich erweitert worden; außerdem wurden Änderungen in der Gesetzgebung berücksichtigt. Völlig neu bearbeitet wurde die Fallstudie über den Cashflow (6.13).

Eislingen (Fils), im September 2002

Der Verfasser

3., aktualisierte und erweiterte Auflage, 2003

Postfach 11 15 52, 64230 Darmstadt
Telefon: 06151 8768-0 Fax: 06151 876861
http://www.winklers.de
Druck: westermann druck GmbH, Braunschweig
ISBN 3-8045-**3607**-7

# Inhaltsverzeichnis

## 1.1 Wertanalyse

### Ausgangssituation

Die in den Stauferland Fahrradwerken GmbH zur Lackierung von Fahrradrahmen benötigten Oberflächenlacke werden von zehn verschiedenen Lieferanten (I bis X) angeboten. Um eine von technischen und Preisgesichtspunkten her begründete Vorauswahl des Materials treffen zu können, mit dem später tatsächlich gearbeitet werden soll, wird eine sog. **Wertanalyse** erstellt. Sie kann für den Hilfsstoff Fahrradoberflächenlack wie folgt durchgeführt werden:

| Alternative Lacke | I | II | III | IV | V | VI | VII | VIII | IX | X |
|---|---|---|---|---|---|---|---|---|---|---|
| 1. Welche von den alternativen Lacken entsprechen dem vorgegebenen Verwendungszweck? | + | + | + | + | | + | + | | + | + |
| 2. Welche von den alternativen Lacken haben die als unerlässlich angesehenen Eigenschaften? | + | | + | + | | + | | | | + |
| 3. Welche zusätzlichen Eigenschaften weisen die alternativen Lacke auf? a) Abriebfestigkeit (10 P.) | 2 | | | 3 | | 4 | | | | 1 |
| b) Elastizität (8 P.) | 3 | | 2 | 1 | | | | | | 2 |
| c) Oberflächenglanz (8 P.) | | | 2 | 2 | | 2 | | | | 2 |
| d) Schlag- und Kratzfestigkeit (12 P.) | 1 | | 3 | 2 | | 4 | | | | 2 |
| Punkte insgesamt | 6 | | 7 | 8 | | 10 | | | | 7 |
| 4. Preise in € je Liter (frei Haus) | 8,00 | | 9,00 | 7,50 | | 8,00 | | | | 9,50 |

### Sachdarstellung

**1. Begriffsabgrenzung**

- Durch **Angebotsanalyse im <u>engeren</u> Sinne** wird der günstigste **Bezugspreis** einer Ware **ermittelt**. **Einbezogen** in die Analyse werden **alle rechenhaften Faktoren** wie Rabatt, Skonto, Zölle, Bezugskosten.
- In die **Angebotsanalyse im <u>weiteren</u> Sinne** werden auch **alle nichtrechenhaften Faktoren** wie die Termintreue eines Lieferanten, Standortbedingungen, Lieferantenbindungen, Serviceleistungen eines Lieferanten, Kulanz bei Gewährleistungsansprüchen u. a. mit **einbezogen**.
- Sowohl die Angebotsanalyse im engeren als auch diejenige im weiteren Sinne erfolgt stets unter der **Prämisse**, dass die zu vergleichenden Produkte **von der Qualität her ungefähr den gleichen Standard** aufweisen, denn man kann immer nur Gleiches mit Gleichem vergleichen.

**2. Aufgabe der Wertanalyse**

- Durch die **Wertanalyse** wird nun gerade der bei der Angebotsanalyse unbeachtet gebliebene **Funktionswert** eines Produkts ermittelt. Er ist abhängig davon, welche **Erwartungen** die **Kunden** an ein bestimmtes Produkt stellen. Dieser Funktionswert ist aus der Sicht des einkaufenden Unternehmens weitgehend identisch mit der **Qualität des Produkts**.
- Durch die zahlenmäßige Bewertung von zusätzlichen technischen Eigenschaften wird bei der Wertanalyse das **Produkt mit dem höchsten technischen Nutzen bestimmt** und **zum Preis in Beziehung gesetzt**. Im Wesentlichen wird dadurch das **Preis-Qualitäts-Verhältnis** eines Produkts definiert.
- Produkte, die **nicht** dem vorgesehenen Verwendungszweck entsprechen bzw. nicht über die als unerlässlich angesehenen Eigenschaften verfügen, werden durch die Wertanalyse **ausgesondert**; für sie **erübrigt sich** dann auch die **Angebotsanalyse**.
- Die von den einzelnen Produkten **bei der Wertanalyse erreichte Punktzahl** bildet zusammen mit dem **Preis** bzw. mit **der beim Angebotsvergleich erreichten Punktzahl** die **Grundlage für die spätere Einkaufsentscheidung**.

**3. Zusammenfassung**

- Aus dem bisher Gesagten dürfte klar geworden sein, dass die **Angebotsanalyse im engeren Sinne** der **Preisermittlung** dient, dass die **Angebotsanalyse im weiteren Sinne** das **Preis-Leistungs-Verhältnis** bestimmt und dass die **Wertanalyse** die **Preis-Qualitäts-Relation** eines Produkts definiert.
- Die Wertanalyse bringt also mit dem **Funktionswert** eines Produkts bzw. mit seinem **technischen Nutzen** ein **zusätzliches Element in die Entscheidungsfindung im Beschaffungsbereich** ein. Sie macht die **Einkaufsentscheidung dadurch sicherer**, weil sie die **kaufmännischen Aspekte** der Entscheidungsfindung durch **technische Gesichtspunkte ergänzt**.
- Die von der **Stiftung Warentest** ausgesprochenen **„Qualitätsurteile"** werden auf der Grundlage von ausgeklügelten Warentests ermittelt. Es handelt sich hierbei um Wertanalysen in Reinkultur.

**4. Anwendungsbezug**

- Bekanntlich wird durch die Bewertung im Rahmen der Wertanalyse der vom jeweiligen Produkt **gestiftete technische Nutzen** festgestellt. **Ziel** der betrieblichen Beschaffungspolitik soll es nun sein, bei einem bestimmten Beschaffungsetat den **maximalen technischen Nutzen zu erreichen**.
- Ein **hoher Funktionswert von eingekauften Produkten** schlägt sich in der Regel auch in **guten Verkaufserfolgen** des damit hergestellten **Fertigprodukts** nieder, da die Fertigprodukte **höheren Qualitätsansprüchen** genügen. Darüber hinaus trägt er zur **Kostenreduzierung** im Unternehmen bei, z. B. führt er zu **weniger Reklamationen** und zu **geringerer Reparaturanfälligkeit** des Fertigprodukts.
- **Anwendung** findet die Wertanalyse insbesondere bei **Produkten der Massen- und Großserienfertigung**, bei denen ein **langjähriger kontinuierlicher Bedarf** besteht und deren **Wertanteil** an der gesamten Beschaffung **ziemlich hoch** ist.
- **Wertanalyse ist Teamarbeit**. Je nach der zu bewältigenden ganzheitlichen Problemlösung müssen **zahlreiche Fachleute** im Wertanalyseteam vertreten sein, so z. B. Forscher, Ingenieure, Kostenrechner, Fachleute der Produktion, des Marketing, der Materialwirtschaft. Auch die **Mitarbeit von Lieferanten** kann wegen des benötigten Fachwissens wertvoll sein.
- Um **Lieferanten** für die Mitarbeit bei der Wertanalyse zu gewinnen, werden in der Wirtschaftspraxis häufig **wertanalytische Zusatzfragen in Anfragen** gestellt. **Beispiele:** Können Sie eine hohe Abriebfestigkeit Ihrer Lacke garantieren? Können Sie eine Änderung der Bedienungsfunktionen vorschlagen?

## Arbeitsaufträge und Fragen zur Stofferschließung

1. **Für welchen Lack** wird sich die Einkaufsleitung der Stauferland Fahrradwerke GmbH voraussichtlich **entscheiden**? **Begründen Sie** Ihre Entscheidung möglichst **ausführlich**.
2. **Was** wird durch die Wertanalyse ermittelt, **welchem Zweck** dient sie also?
3. **Wie unterscheidet** sich die Wertanalyse von der **Angebotsanalyse im ENGEREN Sinne**?
4. **Wie unterscheidet sich** die Wertanalyse von der **Angebotsanalyse im WEITEREN Sinne**?
5. **Was geschieht** mit **Produkten**, die bei der Wertanalyse **schlecht abschneiden**?
6. **Warum** macht die Wertanalyse die **Einkaufsentscheidung sicherer**?
7. **Welcher Beziehungszusammenhang** besteht zwischen dem **Funktionswert eines eingekauften Produkts** und dem **Verkaufserfolg des damit hergestellten Fertigprodukts**?
8. **Begründen Sie, warum** die Wertanalyse ein **Mittel zur Kostensenkung im Beschaffungswesen** ist.
9. **Erläutern Sie, warum** Wertanalysen nur in **Teamarbeit** erstellt werden können.
10. **Wie** kann die **Mitarbeit von Lieferanten** bei der Wertanalyse gewonnen werden?
11. **Bei welchen Produkten** findet die Wertanalyse in besonderem Maße **Anwendung**?

  

## 1.2 Bezugsquelleninformationen – Beschaffungsmarktforschung

**Ausgangssituation**

Um ihren Kunden die Möglichkeit zu geben, auch die zum Fahrradfahren benötigte Sportbekleidung zu erwerben, verfolgt die Geschäftsleitung der Stauferland Fahrradwerke GmbH die Absicht auf dem Werksgelände demnächst einen **Shop für Fahrradbekleidung** zu eröffnen. Unter anderem stellt sich hierbei das **Problem, wie sich der mit dieser Aufgabe betraute Einkaufsleiter Schäufele die erforderlichen Informationen über die Bezugsquellen verschaffen kann.**

### Sachdarstellung

**1. Innerbetriebliche (betriebsinterne) Informationsquellen**

Es gibt grundsätzlich **zwei Möglichkeiten**, sich die benötigten **Informationen über Bezugsquellen** zu verschaffen: Man kann hierbei entweder auf **innerbetriebliche (betriebsinterne)** oder auf **außerbetriebliche (betriebsexterne) Informationen** zurückgreifen. Zu den **innerbetrieblichen Informationsquellen** zählen die **Warenkartei (-datei)** und die **Liefererkartei (-datei)**.

**Warenkarte (-datei)**

| Artikel: Rennsättel | | | Artikel-Nr. 488 216 | | |
|---|---|---|---|---|---|
| **Lief.-Nr.** | **Angebot Datum** | **Art** | **Ablage** | **Bestellung vom ...** | **Bemerkungen** |
| L 18 | 20..-05-04 | Prospekt | TB 3 | 20..-06-08 | preisgünstig; gute Qualität |
| L 27 | 20..-05-08 | Katalog | SO 6 | 20..-05-10 | Reklamationen |
| L 09 | 20..-06-15 | Vertreter | KC 7 | 20..-06-15 | preiswert |
| L 24 | 20..-08-28 | E-Mail | NS 3 | 20..-08-29 | unpünktliche Lieferung |
| | | | | | |

**Liefererkarte (-datei)**

| | | | |
|---|---|---|---|
| **Lieferant:** | F. Walther & Sohn | **Lieferer-Nr.:** | L 44 |
| **Anschrift:** | Dieselstraße 9–11<br>47930 Paderborn | **Karte Nr.:**<br>**Rabatt:** | 11<br>15 % |
| **Telefon:** | (03754) 424688 | **Skonto:** | 3 %/10 Tage |
| **Lieferzeit:** | 30 Tage | **Lieferbedingungen:** | frachtfrei |

| **Warenart** | **Angebot Datum** | **Art** | **Ablage** | **Bestellung vom ...** | **Bemerkungen** |
|---|---|---|---|---|---|
| Lenkerbeutel | 20..-05-02 | Prospekt | Wa | 20..-05-07 | unhandlich |
| Radlertasche | 20..-05-21 | Brief | Wa | 20..-05-29 | geringes Gewicht |
| Doppelpacktaschen | 20..-06-12 | Vertreter | Wa | 20..-06-12 | preisgünstig |
| Regenjacken | 20..-07-14 | Prospekt | Wa | 20..-07-16 | Qualitätsmängel |
| | | | | | |

**Kennzeichen der Warenkartei (-datei):**

- Die einzelnen Karteikarten (Dateiseiten) sind nach der jeweiligen Warenart (nach Artikeln) geordnet.
- Sie geben Auskunft darüber, welche Firmen als Lieferer für eine bestimmte Warenart infrage kommen. Diese Kartei (Datei) gibt also Aufschluss über die Bezugsquellen für eine bestimmte Warenart.

**Kennzeichen der Liefererkartei (-datei)**

- Die Karteikarten (Dateiseiten) sind nach einzelnen Lieferern geordnet.
- Sie geben Auskunft darüber, welche Warenarten (Artikel) ein bestimmter Lieferer liefern kann. Diese Kartei (Datei) gibt also Aufschluss über das Produktionsprogramm bzw. über das Warensortiment eines Lieferers.

Möglich sind auch **kombinierte Waren- und Liefererkarteien (-dateien)**. In größeren Handelsbetrieben wird manchmal zusätzlich zur Waren- oder Liefererkartei (-datei) eine **besondere Konditionenkartei (-datei)** geführt.

**2. Außerbetriebliche (betriebsexterne) Informationsquellen**

Sie teilt man – je nach der Art der Informationsgewinnung – in <u>**primäre**</u> **(direkte, unmittelbare)** und in <u>**sekundäre**</u> **(indirekte, mittelbare) Informationsquellen** ein.

Von **primären Informationsquellen** spricht man, wenn die zur Beschaffung erforderlichen Informationen **direkt (unmittelbar) auf den Beschaffungsmärkten** eingeholt werden.

Von **sekundären Informationsquellen** ist die Rede, wenn die zur Beschaffung erforderlichen Informationen in der Weise gewonnen werden, dass **vorhandenes Informationsmaterial ausgewertet** wird.

**3. Die Beschaffungsmarktforschung**

Durch **falsche Dispositionen im Bereich der Beschaffung** können für Unternehmungen mehr oder weniger hohe **Verluste** eintreten, beispielsweise wenn eine Fahrradfabrik zu viel oder zu wenig oder gar völlig untaugliches Material einkauft. Um im Beschaffungswesen **richtig disponieren** zu können, müssen **ausreichende Informationen** vorhanden sein. Sie werden durch die **Beschaffungsmarktforschung** geliefert.

Zu den durch die Beschaffungsmarktforschung zu liefernden Informationen gehören z. B. Erkenntnisse über **Modetrends, Produktneuentwicklungen (-innovationen),** über das Aufkommen von **Substitutions- und Surrogatgütern**, über die **Preisentwicklung** bei bestimmten Werkstoffen oder über die **allgemeine Konjunkturlage. Hauptaufgabe der Marktforschung** im Bereich des Beschaffungswesens ist es, das mit der Beschaffung verbundene **Risiko** (z. B. das Preisrisiko) **zu verringern.**

## Arbeitsvorlage 1: Übersicht

**Informationen über Bezugsquellen**

| **Innerbetriebliche (betriebsinterne) Informationsquellen** | ______________ (______________ ______________) **Informationsquellen** |
|---|---|

| | |
|---|---|
| Die Informationen stammen **direkt vom Beschaffungsmarkt** | Die Informationen stammen **nicht direkt vom Beschaffungsmarkt** |
| ______________<br>(______________)<br>Informationsquellen | ______________<br>(______________)<br>Informationsquellen |
| **Beispiele:**<br>______________<br>______________<br>______________ | **Beispiele:**<br>______________<br>______________<br>______________ |

## Arbeitsvorlage 2: Sammlung außerbetrieblicher (betriebsexterner) Informationen über Bezugsquellen

(1) Fachbücher, Fachzeitschriften ( ) – (2) Ausstellungsbesuche ( ) – (3) Betriebsbesichtigungen bei Lieferanten ( ) – (4) Branchenverzeichnisse der Fernsprechbücher (sog. „Gelbe Seiten") ( ) – (5) Jahresberichte der Aktiengesellschaften ( ) – (6) Hauszeitschriften von großen Firmen ( ) – (7) Gespräche mit Lieferern und Kunden ( ) – (8) Mitteilungen von Reisenden und Vertretern ( ) – (9) Lieferantenverzeichnisse, wie z. B. das „ABC der Deutschen Wirtschaft" oder „Wer liefert was?" ( ) – (10) Besuch von Vertretern oder Reisenden der Lieferfirma ( ) – (11) Markt- und Börsenberichte ( ) – (12) Statistiken (z. B. Umsatz-, Verbrauchs-, Preisstatistiken ( ) – (13) Prospektmaterial, Kataloge, Preislisten ( ) – (14) veröffentlichte Warentestergebnisse ( ) – (15) Meldungen im Wirtschaftsteil von Tageszeitungen ( ) – (16) Auskünfte halbamtlicher Stellen wie z. B. IHK, Handwerkskammern, Konsulate ( ) – (17) Komfortauskunft der Telekom ( ) – (18) Online-Dienste im Internet ( ) – (19) Datenbanken auf CD-ROM ( ).

## Arbeitsvorlage 3

# AUSSERBETRIEBLICHE (BETRIEBSEXTERNE) INFORMATIONEN ÜBER BEZUGSQUELLEN

| Primäre Informationsquellen | Sekundäre Informationsquellen |
| --- | --- |
| | |

## Arbeitsaufträge und Fragen zur Stofferschließung

1. **Wie** ist eine **Warenkartei (-datei) gegliedert**?
2. **Worüber** gibt eine **Lieferantenkartei (-datei) Auskunft**?
3. Die vorstehend abgebildeten Waren- bzw. Liefererkarten enthalten einige ganz bestimmte Informationen. **Welche weiteren Angaben** könnten in eine solche Kartei (Datei) bei Bedarf mit **aufgenommen werden**?
4. **Warum** ist es **notwendig, bisherige Bezugsquellen** zu **überprüfen**?
5. **Erarbeiten Sie** sich eine **Übersicht über Bezugsquelleninformationen**, indem Sie die **Arbeitsvorlage 1 ergänzen**.
6. **Beantworten Sie** im Zusammenhang mit dem **Arbeitsauftrag 5** die **Aufgabenstellung der Ausgangssituation**.
7. **Kennzeichnen Sie** die in der **Arbeitsvorlage 2** angeführten Bezugsquellen als **primäre (p)** oder als **sekundäre (s) Informationsquellen**.
8. **Fertigen Sie** über die Informationsquellen eine **Übersicht** nach dem **Muster** von **Arbeitsvorlage 3** an.
9. Angenommen, die Geschäftsleitung der Stauferland Fahrradwerke GmbH entschließt sich die **Beschaffungsmarktforschung** ganz wesentlich **zu intensivieren. Was verspricht sie sich** von einer solchen **Maßnahme**?
10. Bei der Beschaffung von Fahrradfelgen wurde bisher immer **derselbe Lieferant** berücksichtigt. Nun soll nach dem Willen des Einkaufsleiters Schäufele das Material künftig bei **mehreren verschiedenen Lieferanten bezogen** werden. **Wie** ist diese **Haltung** vor allem im Hinblick auf das **Lieferrisiko** und in Bezug auf die **Rabattgewährung zu beurteilen**?

## 1.3 Der richtige Beschafffungszeitpunkt (Zeitplanung)

**Ausgangssituation**

Die Stauferland Fahrradwerke GmbH hat seit Beginn des laufenden Geschäftsjahres als Handelswaren Fahrrad-Sportbekleidung in ihr Sortiment aufgenommen. Am 1. April 20.. wurde ein Lagerbestand von 250 Fahrradhosen verschiedener Größen ermittelt. Pro Kalendertag werden im Durchschnitt 20 Hosen verkauft (U = täglicher Umsatz). Die Lieferzeit (LZ) beläuft sich auf sechs Tage. Der Mindestbestand (eiserner Bestand, MiB) beträgt 50 Hosen. Als optimale Bestellmenge wurden von der Geschäftsleitung 300 Hosen ermittelt.

### Sachdarstellung

**1. Die Beschaffungszeitplanung**

Ihre wichtigste Aufgabe ist es, den Bestellzeitpunkt so festzulegen, dass die Produktion in der Industrie oder der Absatz der Produkte im Handel reibungslos durchgeführt werden kann. Es geht hierbei darum, dass die eingekauften Waren der Produktion bzw. dem Absatz zum gewünschten Zeitpunkt in der gewünschten Menge zur Verfügung stehen.

**2. Die einzelnen Lagerbestände**

**a) Der Mindestbestand (MiB = eiserner Bestand = Sicherheitsbestand)**

- Begriff: Es ist der Lagerbestand, auf den nur in äußersten Notfällen (z. B. bei Lieferungsverzögerungen infolge von Naturkatastrophen, Streiks, Unfällen, bei extremem Verbrauch) nach Rücksprache mit der Geschäftsleitung zurückgegriffen werden darf.
- Funktion: Er hat die Aufgabe eines Puffers und soll Unterdeckungen beim Warenbestand und die daraus resultierenden negativen Folgen (Produktionsstörungen bzw. Umsatzeinbußen) verhindern.
- Höhe: Als Faustformel für die Höhe des Sicherheitsbestands gilt in der Wirtschaftspraxis ein Drittel des Verbrauchs während der Beschaffungszeit.

**b) Der Meldebestand (MeB = Bestellbestand)**

- Begriff: Es ist der Lagerbestand, bei dem durch Meldung des Lagers an den Einkauf die Auffüllung des Lagers zu veranlassen ist.
- Kontrolle: Der MeB wird in der Lagerfachkarte bzw. in der Lagerdatei vermerkt. Unmittelbar nach jeder Warenentnahme im Lager muss der auf der Lagerfachkarte eingetragene MeB mit dem verfügbaren Lagerbestand verglichen werden.
- Höhe: Der MeB sollte so festgelegt werden, dass der in der Lieferzeit vorgesehene Verbrauch gedeckt ist, ohne dass der MiB angegriffen werden muss.
- Beschaffungs- oder Lieferzeit: Es ist der Zeitraum von der Auslösung der Bestellung bis zum Eintreffen der bestellten Ware im Lager. Die Beschaffungs- oder Lieferzeit setzt sich aus mehreren Komponenten zusammen: der Zeit für die Einkaufsvorbereitung und Bestellung, der Bestellübermittlungszeit, der Herstellungszeit für das jeweilige Produkt, der Transportzeit vom Lieferwerk bis zum Abnehmer, der Prüf- und Einlagerungszeit.

**c) der Höchstbestand (HB)**

- Begriff: Es ist der Lagerbestand, welcher bei dem verfügbaren Lagerraum im Höchstfalle eingelagert werden kann. Er liegt also an der Kapazitätsgrenze des jeweiligen Lagers.
- Einflussfaktoren: Auf den Umfang der eingelagerten Waren haben eine Reihe von Faktoren bestimmenden Einfluss, so z. B. die vorhandene Lagerkapazität, die anfallenden Lagerkosten, die durch das gebundene Kapital verursachten Zinskosten, die Lagerfähigkeit der Ware, die Nachfrage (Bedarf) bzw. der Verbrauch der gelagerten Ware, das Überalterungsrisiko der Waren.

**Arbeitsvorlage 1:** a) Wertetafel

| Tag (April) | 1 | 2 | 3 | 4 | 5 | 6 | 7 | 8 | 9 | 10 |
|---|---|---|---|---|---|---|---|---|---|---|
| Lagerbestand | | | | | | | | | | |

| Tag (April) | 11 | 12 | 13 | 14 | 15 | 16 | 17 | 18 | 19 | 20 |
|---|---|---|---|---|---|---|---|---|---|---|
| Lagerbestand | | | | | | | | | | |

| Tag (April) | 21 | 22 | 23 | 24 | 25 | 26 | 27 | 28 | 29 | 30 |
|---|---|---|---|---|---|---|---|---|---|---|
| Lagerbestand | | | | | | | | | | |

 

## **Arbeitsvorlage 1 (Fortsetzung):** b) Grafische Darstellung

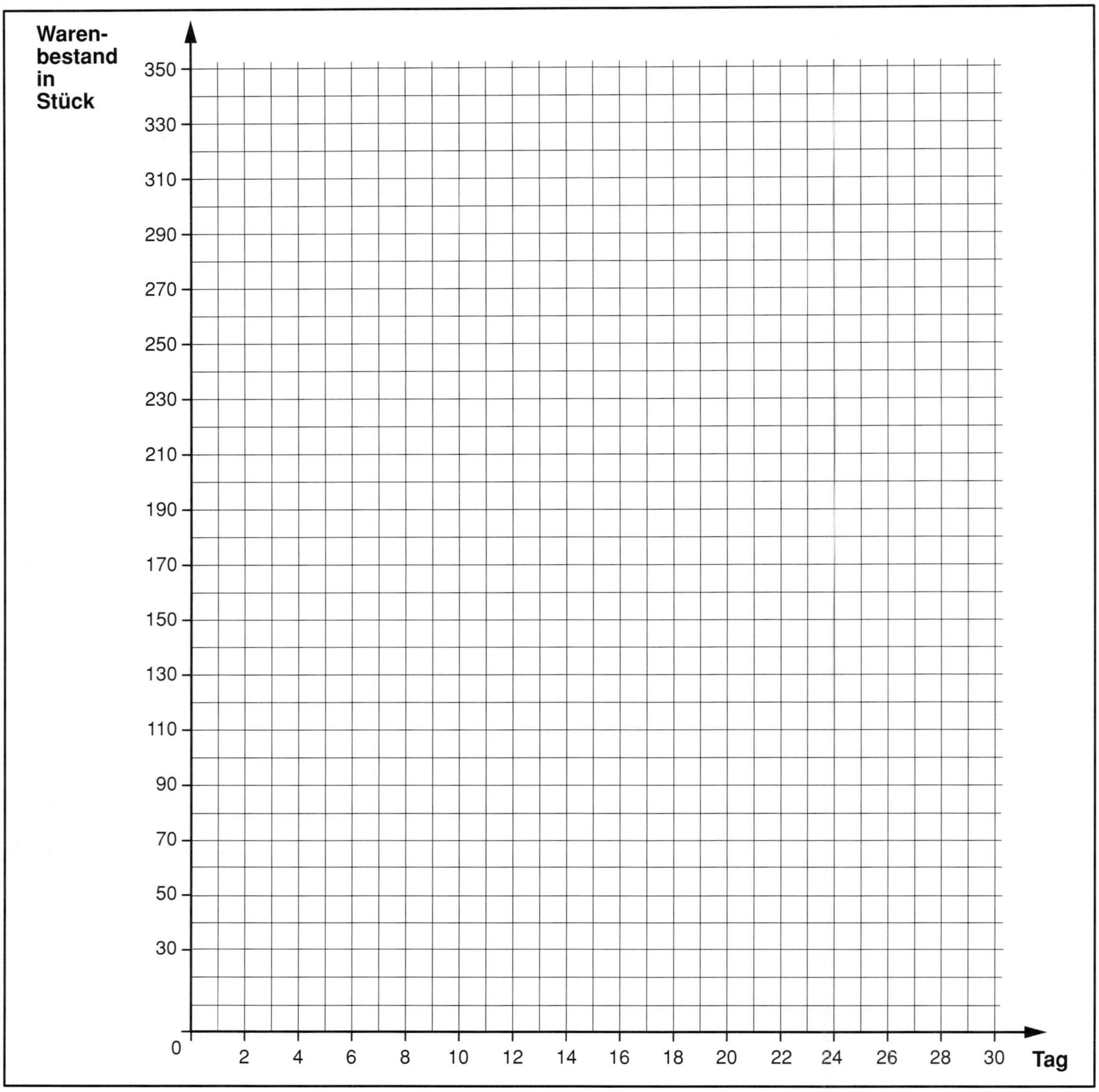


## **Arbeitsvorlage 2:** Ableitung von Erkenntnissen aus dem Kurvendiagramm

**a) Die Lagerbestandskurve**

Sie hat im dargestellten Fall die Form von Sägezähnen; sie wird deshalb als ____________ kurve bezeichnet. Das dargestellte Modell ist an zwei Voraussetzungen gebunden:

- der tägliche Verbrauch (der Bedarf bzw. die Lagerabgänge) ist (wie?) vollkommen ______________ (______________________);
- die einzelnen Lieferungen erfolgen pünktlich und regelmäßig, d. h., es gibt keinerlei Lieferungs- _________________. Die Lagerbestandskurve hat ihren tiefsten und höchsten Punkt an ein und demselben Tag, nämlich am ___________ termin. Bei dem unterstellten gleichmäßigen Verbrauch pro Tag ist der zeitliche Abstand zwischen den einzelnen Lieferterminen immer __________ (______________); er beträgt im vorliegenden Fall _____ Tage (11./26. April).

**b) Der Höchstbestand (HB)**

- Er wird unmittelbar nach Eingang einer neuen ____________, also am __________ termin, erreicht und setzt sich aus zwei Komponenten zusammen, dem ____________________________ bestand und der ________ menge.
- Die Gleichung für den HB lautet wie folgt: ________________________________________________

**c) Der Meldebestand (MeB)**

- Dieser Lagerbestand markiert den _________ termin.
- Zwischen dem Bestelltermin und dem Liefertermin liegt die _________________- oder _________ zeit.
- Der Verbrauch (Bedarf, Lagerabgang) in der Beschaffungs- bzw. Lieferzeit ergibt sich durch Multiplikation der täglichen Verbrauchsmenge mit der _________________- bzw. ___________ zeit.
- Der Meldebestand setzt sich aus folgenden Komponenten zusammen (vgl. Grafik):
  _________________menge in der Beschaffungszeit + _________________________.
- Für den MeB ergibt sich demnach folgende Formel: MeB = _______________________ • ________ + ___________ + ______________

**d) Der eiserne Bestand (MiB)**

- Der MiB markiert den (welche?) ______________ Punkt der Sägezahnkurve.
- Betrachtet man die Formel für die Berechnung des Meldebestands, dann kann man daraus zwei „Standardsituationen" ableiten, die zu einer Inanspruchnahme des Sicherheitsbestands führen: ungeplante Erhöhungen des täglichen ____________ oder eine unvorhergesehene Verlängerung der ___________. Ursache für Verbrauchssteigerungen können (was?) ______________steigerungen oder erhöhte ____________ nach dem Produkt sein. Lieferungsverzögerungen können verursacht werden durch _________ausfälle oder durch unvorhergesehene Ereignisse, wie z. B. __________ oder ___________.
- Ohne das Vorhandensein eines Mindestbestands käme es bei unvorhergesehenen Verbrauchs- oder Nachfragesteigerungen zu Versorgungsschwierigkeiten. Industriebetriebe müssten (was?) die ____________ einstellen und es entstünden sog. Leerkosten; Handelsbetriebe erlitten __________ einbußen.

## Arbeitsaufträge und Fragen zur Stofferschließung

**1.** **Beschäftigen Sie sich** zunächst einmal mit der **Sachdarstellung** und **versuchen Sie** danach, die folgenden **Fragen zu beantworten**.

a) **Welche Hauptaufgabe** hat die **Beschaffungszeitplanung**?
b) **Welche Faktoren** haben **Einfluss** auf die **Höhe des Lagerbestands**?
c) Von **welcher Größe** ist der **HB** des Lagers in erster Linie **abhängig**?
d) **Wie** lautet die **Definition für den MeB**?
e) **Was** muss bei der **Festlegung des MeB** beachtet werden?
f) **Wo** ist der MeB **vermerkt**?
g) **Welche Aufgaben (Funktionen)** erfüllt der **eiserne Bestand**?
h) **In welchen Fällen** darf auf den **MiB zurückgegriffen** werden?

**2.** **Nach der Klärung der theoretischen Grundlagen** können wir uns nunmehr dem **konkreten Fall der Ausgangssituation zuwenden.**

a) **Stellen Sie** eine **Wertetabelle** auf, aus der die Entwicklung des Lagerbestands im Monat April hervorgeht. (Arbeitsvorlage 1a)
b) **Nach wie viel Tagen**, gerechnet vom 1. April an, wird der **Mindestbestand erreicht**?
c) **Bei welchem Warenbestand** (Stückzahl) ist die **Auffüllung des Lagers zu veranlassen**, wenn der MiB nicht unterschritten werden soll? Anders ausgedrückt: **Bei welchem Bestand** muss das Lager **Meldung an den „Einkauf" machen**, damit die **Bestellung neuer Waren veranlasst** wird? Stellen Sie anhand einer **Formel** die Berechnungsweise dar.
d) **Nach wie viel Tagen**, gerechnet vom 1. April an, wird der **Meldebestand erreicht**?
e) **Welcher Bestand** wird **sofort nach dem Eintreffen der neuen Ware erreicht**?

**3.** Stellen Sie in einem Koordinatensystem die **Entwicklung der Lagerbestände im Monat April grafisch dar. Kennzeichnen Sie** im Koordinatensystem folgende **Sachverhalte**: MiB – MeB – HB – Bestelltermine – Liefertermine – Beschaffungszeit (Lieferzeit) – Bestellintervalle – Verbrauchsmenge in der Beschaffungszeit – Bestellmenge – Verbrauchsmenge vom Lieferzeitpunkt bis zum Bestellzeitpunkt. **(Arbeitsvorlage 1b)**

**4.** **Ergänzen Sie** den als **Arbeitsvorlage 2 abgedruckten Text.**

## 1.4 Die richtige Beschafffungsmenge (Mengenplanung)

**Ausgangssituation**

Die Stauferland Fahrradwerke GmbH rechnet für das laufende Geschäftsjahr mit einem Verbrauch von 12 000 kg Grundierlack. Der Einstandspreis pro kg beträgt 3,00 €. Die Lagerzinsen belaufen sich auf 8 %. Die Lagerkosten machen 20 % des Werts der eingelagerten Ware aus. Kosten pro Bestellung (Schreib-, Verwaltungs-, Übermittlungskosten): 225,00 € (sog. bestellfixe Kosten).

### Sachdarstellung

**1. Die Ermittlung des Materialbedarfs**

Die in der Ausgangssituation erwähnten 12 000 kg Grundierlack werden auf die Weise ermittelt, dass zunächst einmal der Materialbedarf je Leistungseinheit, im Beispiel also der Lackverbrauch pro Fahrradrahmen, ermittelt wird. Als Unterlagen hierfür verwendet man Konstruktionszeichnungen, Stücklisten, Rezepte u. Ä. Ausgangspunkt für die Mengenfestlegung insgesamt sind die Verbrauchsmengen der zurückliegenden Zeiträume, in der Regel der Verbrauch der Vorperiode. Mitzuberücksichtigen bei der Schätzung des zukünftigen Bedarfs sind Gegebenheiten wie der derzeitige Auftragsbestand, eventuelle Sonderaufträge, beabsichtigte Lagerauffüllungen bzw. gewünschter Lagerabbau, die Konjunktur-, Kaufkraft- und Konkurrenzentwicklung.

**2. Beispiel für die Berechnung der Bestellmenge für Grundierlack für das laufende Geschäftsjahr**

| | |
|---|---|
| Verbrauchte Menge in der Vorperiode 1 | 17 375 kg |
| + erwartete Umsatzsteigerung wegen Kaufkrafterhöhung bei den Abnehmern (4 %) | + 695 kg |
| – erwarteter Umsatzrückgang wegen Eröffnung eines neuen Konkurrenzbetriebs | – 4 170 kg |
| Bedarf laut Produktionsplan | 13 900 kg |
| – vorhandener Bestellbestand zu Beginn der Planperiode* | – 1 200 kg |
| – Lagerbestand am Anfang der Planperiode | – 1 000 kg |
| + Lagerbestand am Ende der Planperiode (eiserner Bestand) | + 300 kg |
| Bestellbedarf für die Planperiode 1 | 12 000 kg |

**3. Beispiel für einen Beschaffungsplan**

| STAUFERLAND FAHRRADWERKE GMBH 73032 GÖPPINGEN | | | | | | BESCHAFFUNGSPLAN für **Hilfsstoffe** | | | | | |
|---|---|---|---|---|---|---|---|---|---|---|---|
| Zeile | Materialbezeichnung | | | Bedarf lt. Produktionsplan | | Bestellbestand | | Lagerbestand | | Bestandsverändgn. | Beschaffungsbedarf |
| | Material-Nr. | Kurztext | Maßeinheit | Vorperiode | Planperiode | Obligo* Beginn der Planungsperiode | Ende | Anfang der Planungsperiode | Ende | | |
| A | B | C | D | E | F | G | H | I | J | K | L |
| 1 | 1208 | LS 9 | kg | 17 375 | 13 900 | –1 200 | – | 1000 | 300 | –700 | 12 000 |

* Obligo = Verpflichtung im Sinne von eingegangenen Bestellverpflichtungen (abgeschlossene Kaufverträge)

**4. Die Bestellhäufigkeit**

Ob nun **tatsächlich 12 000 kg Lack** oder eine **größere oder geringere Menge** bestellt wird, **hängt von verschiedenen Faktoren ab**, so u. a. von den **erzielbaren Preisen**, den **gewährten Rabatten** und den **sonstigen Lieferbedingungen** (z. B. Verpackungs- und Versandkosten), von der **Lagerfähigkeit der Ware**, dem **verfügbaren Lagerraum**.

Gleichgültig, ob mehr oder weniger als 12 000 kg Lack bestellt werden, in jedem Falle erhebt sich für die Einkaufsleitung die **Frage, ob die Gesamtmenge auf einmal oder in mehreren Teilmengen bestellt** werden soll. Die **Entscheidung über die Bestellhäufigkeit** ist eine **Frage der anfallenden Bestellkosten** im Verhältnis zu den **Lagerkosten**. Wird nämlich die gesamte Menge **auf einmal** bestellt, dann entstehen zwar **geringe Bestellkosten**, dafür sind aber die **Lagerkosten** umso **höher**. Andererseits entstehen **bei oftmaligem Bestellen insgesamt geringere Lagerkosten**, jedoch **steigen** die **Bestellkosten**.

Durch die **Berechnung der optimalen Bestellmenge** wird nun versucht **diejenige Bestellmenge herauszufinden**, bei der die **Gesamtkosten**, also die Summe aus Bestell- und Lagerkosten, **am niedrigsten** ist. Auf diese Weise können unter Umständen erhebliche Kosten im Beschaffungsbereich eingespart werden.

**5. Die optimale Bestellmenge und ihre Verwirklichung**

In der Wirtschaftspraxis kann die optimale Bestellmenge nicht immer realisiert werden. In Einzelfällen wird der Unternehmer **von dieser Optimalgröße bewusst abweichen**, so z. B.

- wenn er **Sonderangebote** ausnutzen will,
- wenn **Preiserhöhungen** angekündigt werden,
- wenn die **Lagerfähigkeit** der Ware begrenzt ist,
- wenn die Möglichkeit zum Abschluss von **Spezifikations- und Abrufverträgen** besteht,
- wenn sich **saisonale Preisschwankungen** ergeben.

Dennoch ist die optimale Bestellmenge eine **wichtige Richtschnur für beschaffungspolitische Entscheidungen**. Bereits die Anlehnung an diese Optimalgröße bewirkt, dass die Kosten im Beschaffungsbereich so gering wie möglich gehalten werden.

**Arbeitsvorlage:** Siehe folgende Seite!

## Arbeitsaufträge und Fragen zur Stofferschließung

**1.** **Vervollständigen Sie** die nachfolgende **Tabelle** der Arbeitsvorlage.

**2.** **Werten Sie** sodann das erarbeitete **Zahlenmaterial der Tabelle aus.**

a) **Wie verhalten sich** die **gesamten Bestellkosten** (Spalte 5) zur **Bestellhäufigkeit** (Spalte 1)?

b) **Wie verhalten sich** die **Lagerhaltungskosten** (Spalte 7) zur **Bestellhäufigkeit** (Spalte 1)?

c) **Wie verhalten sich** die **Gesamtkosten** (Bestell- und Lagerhaltungskosten, Spalte 8) zur **Bestellhäufigkeit** (Spalte 1)?

d) **Welche optimale Bestellmenge** ergibt sich aus den **Werten der Tabelle**?

e) **Welche Begründung** lässt sich für die **tabellarische Ermittlung** der optimalen Bestellmenge **angeben**?

f) **Markieren Sie** in der Tabelle die für die Bestimmung der optimalen Bestellmenge **ausschlaggebenden Werte** durch **Rahmung** oder durch **farbliche Kennzeichnung**.

**3.** **Mithilfe des erarbeiteten Zahlenmaterials** soll die optimale Bestellmenge nun auch **grafisch dargestellt** werden.

a) **Zeichnen Sie** in das Koordinatensystem der Arbeitsvorlage folgende **Kurven** ein:
- die Bestellkostenkurve
- die Lagerhaltungskostenkurve
- die Gesamtkostenkurve

b) **Bestimmen Sie** in der Zeichnung die **optimale Bestellmenge**, und zwar **auf zweierlei Art und Weise**.

c) **Beschreiben Sie, welche grafischen Lösungen** für die Bestimmung der optimalen Bestellmenge **möglich** sind.

**4.** **Beschäftigen Sie sich** nunmehr mit den **Ausführungen der Sachdarstellung**.

a) **Welche Unterlagen** können **zur Ermittlung des Materialbedarfs** herangezogen werden?

b) Nennen Sie **fünf Gegebenheiten bzw. Entwicklungen**, die bei der Schätzung des zukünftigen Bedarfs eine Rolle spielen.

c) **Wie** lautet das **Schema** für die **Berechnung des Bestellbedarfs** der Planperiode?

d) **Vergleichen Sie** die Ergebnisse bei der **Berechnung des Bestellbedarfs** (Sachdarstellung 2.) mit den **Angaben im nachfolgenden Beschaffungsplan** (Sachdarstellung 3.) und **erklären Sie** die einzelnen **Angaben** bzw. auftretende **Differenzen.**

e) **Geben Sie vier Gründe** an, warum in der Wirtschaftspraxis die optimale Bestellmenge **nicht immer realisiert** werden kann.

f) **Bei großen Bestellmengen** ergeben sich für den Besteller oft beträchtliche **Vorteile**, die die **Bestellkosten** teilweise oder völlig **kompensieren** können. **Welche Mängel** weist also das aufgezeigte **Modell** auf?

g) **Warum** ist die **optimale Bestellmenge trotz** der in e) und f) gemachten **Einschränkungen** eine **wichtige Richtschnur für beschaffungspolitische Entscheidungen**?

## **Arbeitsvorlage:** a) Wertetafel

| ① Bestell-häufigkeit | ② Bestell-menge in kg | ③ Durch-schnittl. Lagerbest.[1] | ④ Kosten der Bestellung | ⑤ Gesamte Bestell-kosten | ⑥ Wert der gelagerten Ware | ⑦ Lager-haltungs-kosten | ⑧ Gesamt-kosten[2] |
|---|---|---|---|---|---|---|---|
| 1-mal | | | | | | | |
| 2-mal | | | | | | | |
| 3-mal | | | | | | | |
| 4-mal | | | | | | | |
| 5-mal | | | | | | | |
| 6-mal | | | | | | | |
| 7-mal | | | | | | | |
| 8-mal | | | | | | | |
| 9-mal | | | | | | | |
| 10-mal | | | | | | | |

1 Ø LB (in kg) = $\frac{\text{Bestellmenge}}{2}$

2 Gesamtkosten = Bestellkosten + Lagerkosten

b) Grafische Darstellung

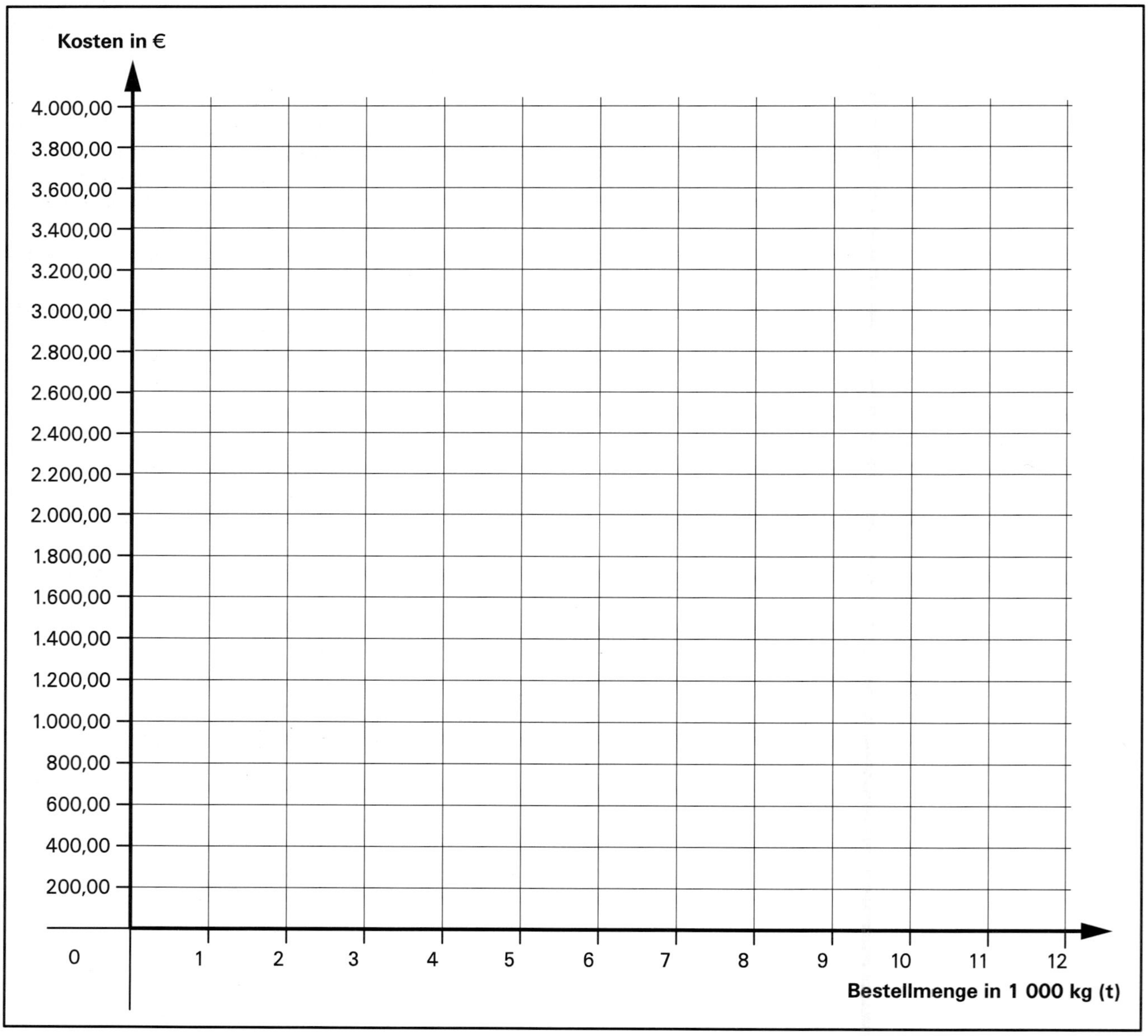

# 1.5 Die Planung der Beschaffungspreise

## Ausgangssituation

Seit Mitte der Neunzigerjahre bekommt die Stauferland Fahrradwerke GmbH zunehmend die starke Konkurrenz auf dem EU-Binnenmarkt zu spüren. Um nicht in die roten Zahlen zu rutschen, müssen einschneidende Rationalisierungsmaßnahmen ergriffen und die Kosten gesenkt werden. Die Geschäftsleitung sieht vor allem im Beschaffungsbereich noch Möglichkeiten Kosten in beträchtlichem Umfang abzubauen. So ist z. B. beabsichtigt in Zukunft vermehrt auf Sonderangebote der Lieferer einzugehen und günstige Zahlungskonditionen auszuhandeln. Eine spürbare Kostenentlastung soll insbesondere dadurch erreicht werden, dass man die inländischen Lieferanten unter Druck setzt. Viele Fahrradteile lassen sich nämlich inzwischen preisgünstig aus anderen Ländern beziehen, so z. B. aus Portugal, Korea und Taiwan.
Um das angestrebte Beschaffungsziel zu erreichen, verfasst die Geschäftsleitung ein Schreiben an alle wichtigen inländischen Lieferanten. Sie bittet die Zulieferer zu prüfen, ob bei den im nächsten Monat anstehenden Preisverhandlungen eine Preissenkung von 5 % erzielt werden kann.

## Sachdarstellung

### 1. Die Preisplanung im Beschaffungsbereich

Sie erfolgt auf der Grundlage des **erzielbaren Verkaufspreises** für ein Produkt. Er ist in der Regel identisch mit dem Marktpreis für das jeweilige Produkt. Durch **Rückwärtskalkulation** (retrograde Kalkulation) werden die Kosten ermittelt, die für das Fertigungsmaterial aufgewendet werden dürfen. Sie stellen eine Art **Preisziel** dar, das durch eine geschickte Einkaufspolitik erreicht werden soll.
Ob ein Einkäufer das gesteckte Preisziel erreichen kann oder nicht, hängt insbesondere von der **Marktstellung des nachfragenden gegenüber dem anbietenden Unternehmen** ab. Hat der Nachfrager eine **starke Marktstellung** (z. B. wenn er Nachfragemonopolist oder Großabnehmer ist), dann braucht er den vom Anbieter genannten **Preis nicht als feste Größe (Datum) zu akzeptieren**, sondern kann von seiner **Möglichkeit der Preisbeeinflussung** Gebrauch machen.

### 2. Die Bedeutung der Beschaffungspreise für den Unternehmenserfolg

Wegen der **enormen Wertdimensionen** der im Beschaffungswesen bewegten Güter bewirken bereits **Kosteneinsparungen von wenigen Prozenten** eine **beträchtliche Gewinn- und Rentabilitätssteigerung**. Um einen **ähnlichen Effekt** zu erreichen, müssten im **Absatzbereich beträchtliche Umsatzsteigerungen** erzielt werden, was aber in der Regel wegen der dort bestehenden **Konkurrenzverhältnisse nicht** ohne weiteres **möglich** ist.

**Arbeitsvorlage:** Geschäftsvorgänge aus der Abteilung „Einkauf“ der Stauferland Fahrradwerke GmbH:

(1) Angebot von Fahrradketten der Firma „Giro“: Rennkette Modell TS/3 mit speziell gekröpften Gliedern für den optimalen Schaltvorgang. 1 000-Stück-Preis: 14,40 €. Lieferung ab Werk. Auf dem italienischen Markt verlangt der Hersteller für die gleiche Kette umgerechnet 12,80 €.
(2) Angebot eines Lieferers von Fahrradbekleidung: Thermojacke mit Rückentasche und reflektierendem Rückenstreifen 64,00 €. Bei Bestellung in den Monaten Oktober bis Februar (einschließlich) wird zu Winterpreisen (5 % Rabatt) geliefert.
(3) Angebot eines Herstellers von Rennreifen: Bei Abnahme von mehr als 1 000 Reifen 10 % Rabatt, für jedes weitere Tausend 1 % zusätzlich, maximal jedoch 15 %.
(4) Zwei Eingangsrechnungen: (a) für Heizöl: 5 000 l zu je 0,45 €, (b) für Dieselöl: 5 000 l zu 0,94 €.
(5) Vermerk auf einer Liefererrechnung: „Zahlung rein netto Kasse.“
(6) Sonderaktion eines Lieferanten von Fahrradtrikots: Einzelpreis 17,00 €. Bei Abnahme von 1 000 Stück 20 % Rabatt. Bei Zahlung innerhalb von 10 Tagen 2 % Skonto oder innerhalb von 60 Tagen rein netto Kasse.

## Arbeitsaufträge und Fragen zur Stofferschließung

1. **Wird** die Stauferland Fahrradwerke GmbH mit ihrer **Aktion**, die Beschaffungskosten entscheidend zu senken, **Erfolg haben? Begründen Sie** Ihre **Ansicht**.
2. **Was** ist **Grundlage der Preisplanung** im Beschaffungsbereich und **wie** wird sie **durchgeführt**?
3. **Bearbeiten Sie** nach dem **Muster von Beispiel (1)** die **Geschäftsvorgänge** aus der **Abteilung „Einkauf“** der Fahrradwerke GmbH. Gehen Sie hierbei nach dem folgenden Schema vor.

| Beispiel | Beschreibung | Bezeichnung | Anmerkung |
|---|---|---|---|
| ① Fahrradketten | unterschiedliche Preise auf räumlich getrennten Märkten für gleiche Produkte | räumliche Preisdifferenzierung | z. B. Stadt- und Landpreise (Gastwirtschaft) |

4. Nennen Sie **Gründe**, warum Anbieter a) räumliche, b) zeitliche, c) mengenmäßige, d) verwendungsmäßige Preisdifferenzierung sowie e) Preisdifferenzierung nach Abnehmergruppen betreiben.

## 1.6 Die Wahl des richtigen Bestellverfahrens

### Ausgangssituation

(1) Der Kantinenwirt Oskar Knöpfle der Stauferland Fahrradwerke GmbH bestellt bei einer Stuttgarter Brauerei immer dann Bier nach, wenn das zweitletzte Fass (jeweils ein Hektoliter) angestochen wird. Die Brauerei liefert dann innerhalb von einer Woche das bestellte Bier.

(2) Aus organisatorischen und logistischen Gründen macht die Brauerei dem Kantinenpächter Knöpfle den Vorschlag ihn regelmäßig alle vier Wochen mit Bier zu beliefern, und zwar immer am Montag in der ersten Woche eines Monats.

**Problem:** Soll Knöpfle das **bisherige Bestellverfahren beibehalten** oder das von der Brauerei **vorgeschlagene Bestellverfahren** übernehmen?

### Sachdarstellung

**BESTELLVERFAHREN**

| **BESTELLPUNKTVERFAHREN** | **BESTELLRHYTHMUSVERFAHREN** |
|---|---|

**Funktionsweise**

**Bestellpunktverfahren:** **Bestellt** wird immer dann, wenn ein **bestimmter Lagerbestand erreicht** wird. Weil beim Erreichen dieses Bestands das Lager **Meldung an den Einkauf** macht, damit **neue Ware** bestellt werden kann, bezeichnet man diesen Lagerbestand als **Meldebestand.**
**Die Bestellung** wird also immer an einem **bestimmten Punkt des Lagerbestands** ausgelöst; deshalb bezeichnet man dieses Bestellverfahren als **Bestellpunktverfahren**; man könnte es auch **Meldebestandsverfahren** nennen.

**Bestellrhythmusverfahren:** **Bestellt** wird immer **nach Ablauf einer bestimmten Zeitspanne**. Die **Zeitintervalle** zwischen den einzelnen Bestellungen bleiben somit immer **konstant**. Weil die einzelnen Bestellungen somit nach einem bestimmten Rhythmus erfolgen, bezeichnet man dieses Bestellverfahren als **Bestellrhythmusverfahren.**
Die **Bestellmenge** ist beim Bier je nach Jahreszeit **unterschiedlich**. Bei anderen Waren, z. B. bei Rohstoffen, kann sie auch **konstant** sein, wenn übers ganze Jahr hinweg in gleich bleibenden Mengen produziert wird.

**Funktionsvoraussetzungen**

**Bestellpunktverfahren:** Anders als beim Bier ist zur **Ermittlung des Meldebestands** im Allgemeinen eine Lagerbuchführung mit genauer **Lagerbestandsfortschreibung** erforderlich. Aufgewogen wird dieser Nachteil eines ziemlich **hohen Verwaltungsaufwands** durch eine **größere Sicherheit in der Materialversorgung**.

**Bestellrhythmusverfahren:** **Steigt der Verbrauch** (z. B. der Bierkonsum im Sommer), dann kann es bei **Beibehaltung eines konstanten Bestellrhythmus** leicht zu einer **Unterversorgung** mit Material kommen. In diesem Fall muss der **Bestellrhythmus** verkürzt werden, d. h., es muss **häufiger** als bisher **Material angeliefert** werden, wenn Produktionsstörungen bzw. Absatzstockungen vermieden werden sollen.

**Gemeinsamkeiten**

Weil sowohl beim Bestellpunkt- als auch beim Bestellrhythmusverfahren **Lagervorräte** angelegt werden und weil somit die **Beschaffung nicht synchron zum Verbrauch** (zur Fertigung) verläuft, zählen beide Verfahren zu den **Formen der Vorratsbeschaffung**.

## Arbeitsvorlage

**Lagerbestandskurve 1:**

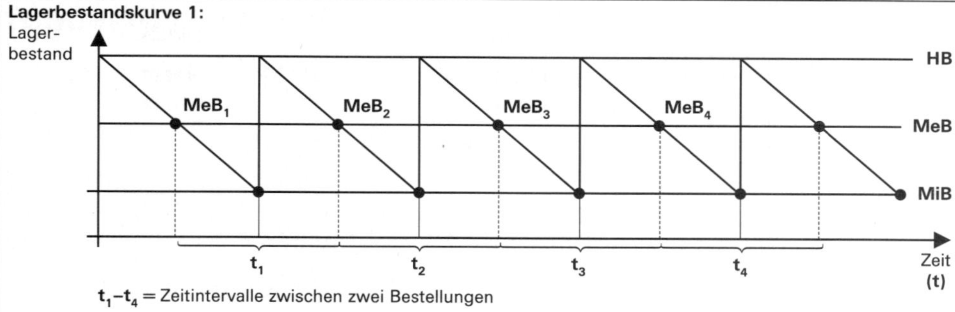


**Lagerbestandskurve 2:**

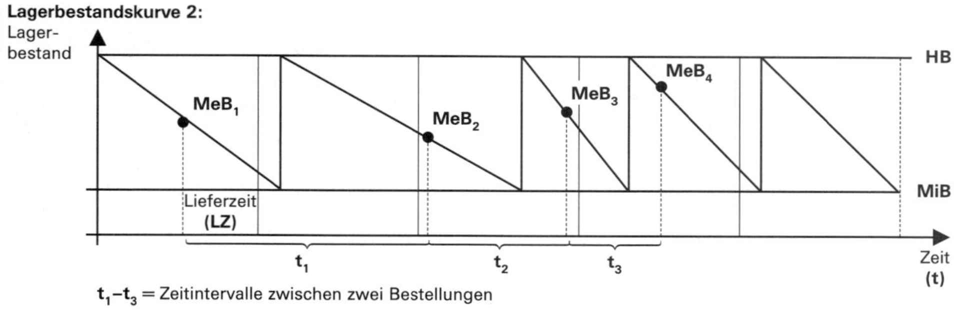


**Lagerbestandskurve 3:**

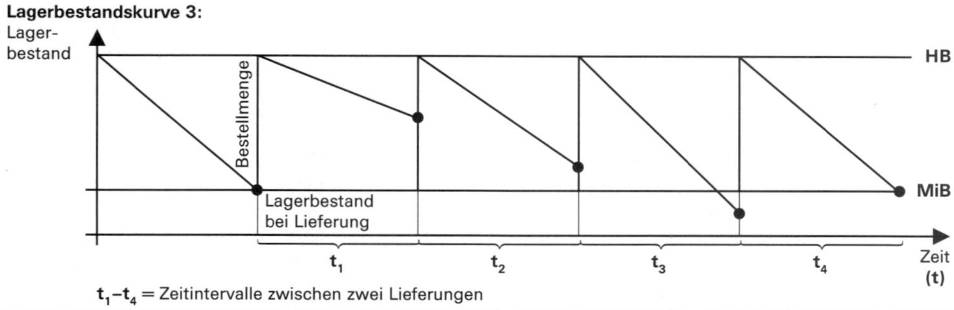


## Arbeitsaufträge und Fragen zur Stofferschließung

**1.** Wir wollen uns zunächst einmal mit dem **Bestellpunktverfahren** näher befassen.

a) **Wodurch** wird bei diesem Verfahren die **Bestellung ausgelöst**?

b) **Zwischen welchen zwei Lagerbeständen** ist der **MeB** auf der Lagerbestandskurve **angesiedelt**?

c) **Beschreiben Sie** den **Verlauf der Lagerbestandskurve** vom Meldebestand bis zum Eintreffen der bestellten Ware.

d) **Von welchen Größen** ist die Höhe des **MeB abhängig**?

e) Im Sommer **steigt** die **Biernachfrage** in der Werkskantine erheblich an. Welche **Auswirkungen** hat dieser Sachverhalt auf den MeB?

f) Angenommen, der **MeB** wird entsprechend den erwarteten Verbrauchsschwankungen bei Bier im Laufe eines Jahres **herauf- oder herabgesetzt. Welches Problem** wird dadurch **vermieden**?

g) **Was** lässt sich über die **Zeitspanne zwischen den einzelnen Bestellungen** aussagen?

h) **Was** lässt sich über die **Anwendung dieses Verfahrens** in Bezug auf den Verbrauch (regelmäßiger/unregelmäßiger) sagen?

**2.** Im Folgenden soll das **Bestellrhythmusverfahren** genauer untersucht werden:

a) **Welche Größe** ist – im Gegensatz zum Bestellpunktverfahren – beim Bestellrhythmusverfahren **konstant**?

b) **Welche Größe** ist beim Bestellrhythmusverfahren **variabel**?

c) **Welche Gefahr** ist bei konsequenter Anwendung des Bestellrhythmusverfahrens gegeben, wenn die **Verbrauchs- bzw. Bedarfsmengen steigen**?

d) **Bei welcher Art von Verbrauch bzw. Bedarf** ist das Bestellrhythmusverfahren grundsätzlich **nur anwendbar**?

e) **Welche Gemeinsamkeiten** weisen beide Bestellverfahren auf? Lösungshinweis: Lagervorräte

f) **Bei welchem Bestellverfahren** ist das **Risiko der Unterversorgung größer**?

g) **Welche Entscheidung** würden Sie anstelle des Kantinenwirts Knöpfle im Hinblick auf die in der Ausgangssituation angeführte **Problemstellung** treffen? **Begründen Sie** Ihre Ansicht!

**3.** **Deuten Sie** die mit den in der Arbeitsvorlage Lagerbestandskurven dargestellten **Bestellverfahren** möglichst genau. Geben Sie hierbei das jeweils **praktizierte Bestellverfahren an** und **kennzeichnen Sie** es durch einzelne **Wesensmerkmale**.

# 1.7 Die ABC-Analyse als Mittel zur Wirtschaftlichkeitskontrolle der Beschaffung und Lagerung

## Ausgangssituation

Um die unterschiedlichsten Kundenwünsche in Bezug auf die Fahrradausstattung erfüllen zu können, wurde von der Stauferland Fahrradwerke GmbH ein **gut sortiertes Teilelager** angelegt. Es umfasst etwa 200 verschiedene Fahrradteile verschiedener Hersteller. Nunmehr soll die Wirtschaftlichkeit der Beschaffung und Lagerhaltung mithilfe der sog. **ABC-Analyse** überprüft werden.

In die Wirtschaftlichkeitsüberprüfung einbezogen werden zunächst einmal folgende Materialien, Stückzahlen und Preise:

| Material-Nr. | Verbrauchsmengen | | | Verbrauchswerte | | | |
|---|---|---|---|---|---|---|---|
| | Einheiten | Anteil in % | Rangfolge* | Preis je Einheit | Materialwert in € | Anteile in % | Rangfolge* |
| 4001 | 200 | | | 50,00 | | | |
| 4002 | 1 400 | | | 1,55 | | | |
| 4003 | 6 500 | | | 0,10 | | | |
| 4004 | 1 600 | | | 1,25 | | | |
| 4005 | 300 | | | 40,00 | | | |
| Summe | 10 000 | 100 | – | – | | 100 | – |

* Rang 1 erhält das Material mit den höchsten Verbrauchs**mengen** oder Verbrauchs**werten.**

## Sachdarstellung

**1. Zweck**

Die ABC-Analyse dient der Wirtschaftlichkeitskontrolle der Beschaffung und Lagerung.

**2. Einstufung der Güter**

**A-Güter** haben einen **hohen Wertanteil**, aber nur einen **geringen Mengenanteil** am gesamten Lagergut. Bei **C-Gütern** ist es **genau umgekehrt**: Sie haben einen relativ geringen Wert, jedoch einen hohen Anteil an der Gesamtmenge der eingelagerten Güter. **B-Güter** haben einen **mittleren Wert- und Mengenanteil.**

**3. Vorgehensweise**

Um die Materialien in die erwähnten **drei Gruppen** einteilen zu können, wird berechnet, wie hoch **der Anteil der einzelnen Materialien an der Gesamtverbrauchsmenge bzw. am Gesamtverbrauchswert** ist. Für die **errechneten Prozentzahlen** wird sodann eine **Rangfolge der Verbrauchsmengen und der Verbrauchswerte** festgelegt.

**Arbeitsvorlage 1:** Geordnete Tabelle (Rangordnungstabelle)

| Materialgruppen | ① Material-Nr. | ② Materialwert in € | ③ Anteile an der Gesamtverbrauchsmenge | ④ Anteile am Gesamtverbrauchswert | ⑤ Formulierung des Ergebnisses |
|---|---|---|---|---|---|
| A-Güter | | | | | |
| | | | | | |
| | Summe: | | | | |
| B-Güter | | | | | |
| | | | | | |
| | Summe: | | | | |
| C-Güter | | | | | |
| | | | | | |
| | Summe: | | | | |

## **Arbeitsvorlage 2:** Grafische Darstellung

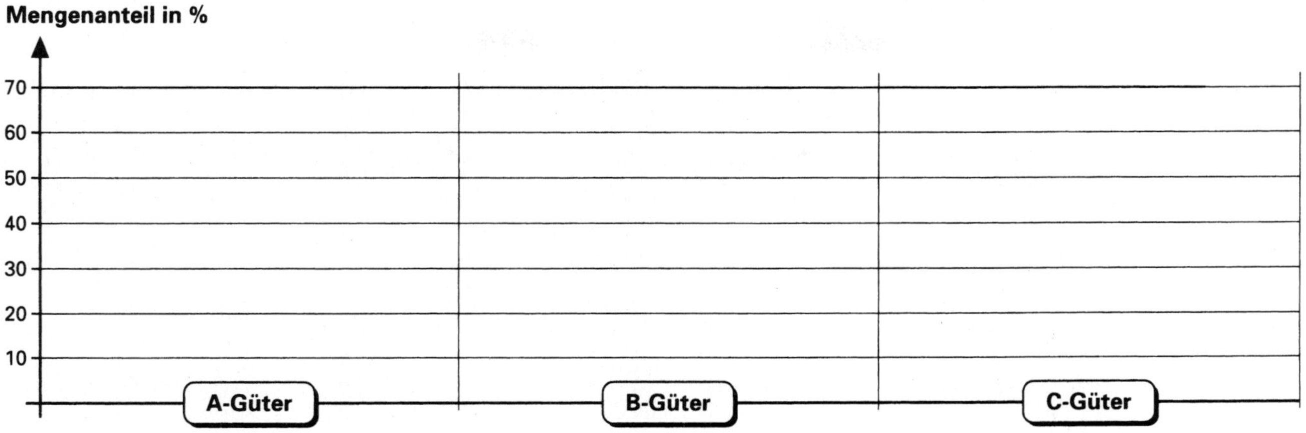


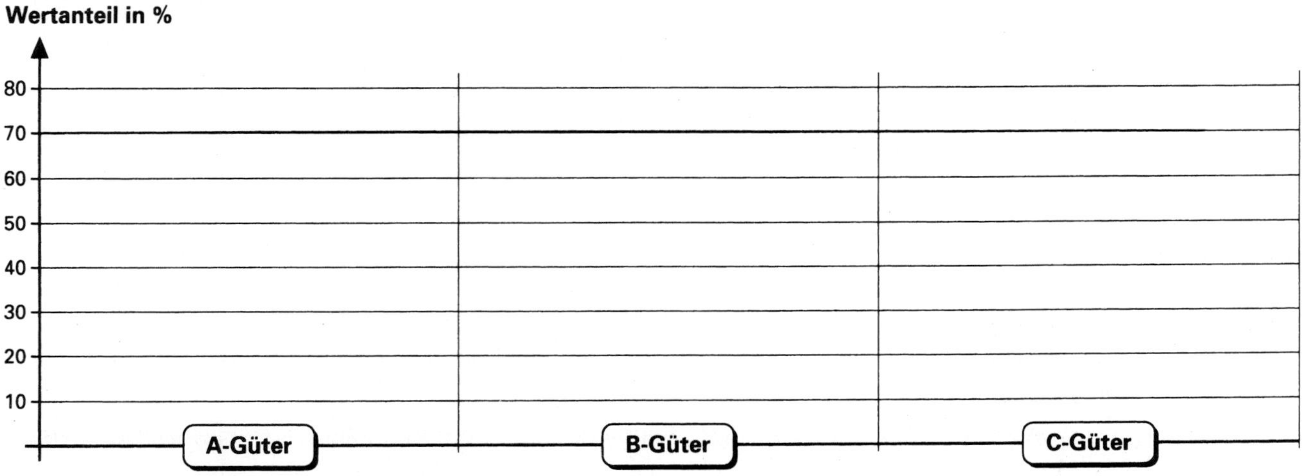


## Arbeitsaufträge und Fragen zur Stofferschließung

1. **Ergänzen Sie** zunächst einmal die in der **Ausgangssituation** angeführte **Tabelle**.
2. **Verwenden Sie** die **Ergebnisse der Tabelle** in der Ausgangssituation zur **Vervollständigung der vorstehenden Rangordnungstabelle**, in der die Lagergüter in A-, B- und C-Güter unterteilt sind **(Arbeitsvorlage 1)**.
3. **Stellen Sie** mithilfe des vorstehend abgebildeten **Koordinatensystems (Arbeitsvorlage 2)** die erarbeiteten Ergebnisse **grafisch dar**.
4. **Versuchen Sie** im Unterrichtsgespräch mit Ihrem Lehrer und Ihren Mitschülern **herauszufinden, welche Unterstellung** die ABC-Analyse in Bezug auf den **Verlauf der Lagerkosten** macht.
5. **Welche** von den oben angeführten **Materialien** können **in der Weise bestellt** werden, dass die **gesamte Beschaffungsmenge** einer ganzen Planperiode **auf einmal bestellt wird**?
6. **Erörtern Sie** im Unterrichtsgespräch die **unternehmerischen Konsequenzen** in Bezug auf die **A-Güter**, und zwar anhand folgender **Kriterien**:
   a) Angebotsbearbeitung
   b) Einkaufsverhandlungen
   c) personelle Besetzung von Einkauf und Lager
   d) Bestellhäufigkeit
   e) Lagerorganisation
   f) Arbeitsaufwand im Lager
7. **Wozu** dient die **ABC-Analyse ganz allgemein? Lösungshinweis:** Vergleichen Sie hierzu die Sachdarstellung.
8. **Beschreiben Sie** kurz die **Vorgehensweise** bei der Durchführung einer ABC-Analyse.

# Handlungsfeld 2: Lager

## 2.1 Lagerarten im Industriebetrieb

**Ausgangssituation**

Die Bilanz eines kleineren Industriebetriebs

| Aktiva | Schlussbilanz | | Passiva |
|---|---|---|---|
| (1) Gebäude | 900.000,00 | (10) Eigenkapital | 300.000,00 |
| (2) Maschinen und Transportmittel | 400.000,00 | (11) Langfristiges Fremdkapital | 500.000,00 |
| (3) Rohstoffe | 250.000,00 | (12) Kurzfristiges Fremdkapital | 320.000,00 |
| (4) Hilfsstoffe | 80.000,00 | | |
| (5) Betriebsstoffe | 30.000,00 | | |
| (6) Unfertige Erzeugn. | 200.000,00 | | |
| (7) Fertige Erzeugnisse | 150.000,00 | | |
| (8) Handelswaren | 100.000,00 | | |
| (9) Kasse, Bank, Postbank | 10.000,00 | | |
| | 2.120.000,00 | | 2.120.000,00 |

**Frage:**
**Welcher Beziehungszusammenhang kann zwischen der Lagerung von Waren und einzelnen Bilanzposten bestehen?**

**Arbeitsvorlage 1:** Beschreibung von Lagerarten

| | |
|---|---|
| **1** | a) Gelagert werden Stoffe, die Hauptbestandteil der produzierten Ware sind, z. B. Holz für die Möbelherstellung. |
| | b) Gelagert werden Stoffe, die Nebenbestandteil der produzierten Ware sind, z. B. Farben, Scharniere, Griffe, Glaseinsätze bei der Möbelherstellung. |
| | c) Gelagert werden Stoffe, die in das herzustellende Produkt überhaupt nicht eingehen, die jedoch zum Betreiben der Maschinen und Geräte benötigt werden, z. B. Schmieröl, Dieselkraftstoff. |
| | d) Gelagert werden Produkte, die als fertige Teile für die Produktion benötigt werden, die also von Zulieferern bezogen werden. |
| | e) Gelagert werden Produkte, die unbearbeitet weiterverkauft werden. Es handelt sich um Waren, die für den Absatz bestimmt sind und die das eigene Produktionsprogramm abrunden. Beispiel: In einer Möbelfabrik werden auch Teppiche, Gemälde, Vorhänge usw. verkauft (Fertigerzeugnisse aus fremder Produktion). |
| **2** | a) Gelagert werden Güter, die für den Einsatz in der Fertigung bestimmt sind, z. B. Roh-, Hilfs- und Betriebsstoffe, bezogene Teile. |
| | b) Gelagert werden Güter, die sich in einem unfertigen Zustand befinden. (Der Funktion nach handelt es sich um Zwischenlager.) |
| | c) Gelagert werden fertige Produkte, die im Verlauf des Produktionsverfahrens entstanden sind (verkaufsfähige Enderzeugnisse). |
| **3** | a) Lager, das die gelieferten Roh-, Hilfs- und Betriebsstoffe, fremdbezogene Teile und die Handelswaren aufnimmt, und zwar nur so lange, bis diese Güter geprüft sind, sodass sie anschließend weiterverarbeitet oder weiterverkauft werden können. |
| | b) Lager, in denen Sicherheitsbestände (eiserne Bestände) verwahrt werden. Solche Lager dienen der Aufrechterhaltung der Produktion in Krisenfällen; als Fertigwarenlager sichern sie die Lieferbereitschaft. |
| | c) Lager, in denen unfertige Produkte aufbewahrt werden. Solche Lager sollen Schwankungen im Produktionsablauf hinsichtlich der Produktionsmenge und Produktionsdauer abfangen. |
| | d) Lager, in denen Fertigerzeugnisse im verkaufsfähigen Zustand aufbewahrt werden, und zwar bis zu ihrer Auslieferung an den Kunden. Derartige Lager dienen der zeitlichen Überbrückung zwischen Produktion und Absatz. |

| | |
|---|---|
| **4** | a) Die in einem Betrieb oder in mehreren Zweigwerken für die Güterproduktion benötigten Materialien lagern einheitlich an einem bestimmten Ort, sind also in einem Gesamtlager untergebracht. |
| | b) Die zur Güterproduktion benötigten Materialien und Zwischenprodukte lagern an verschiedenen Orten, vorzugsweise in der Nähe der einzelnen Verbrauchsstätten. Für Fertigprodukte werden solche Lager vor allem wegen der größeren Kundennähe eingerichtet, z. B. Auslieferungslager. |
| **5** | a) Die Lagerung der Materialien erfolgt in umbauten Räumen, um sie vor Witterungseinflüssen (z. B. Rost, Kälte, Nässe, Staub) zu schützen. |
| | b) Die Lagerung der Materialien erfolgt z. B. auf einer überdachten Lagerfläche. |
| | c) Gelagert werden Materialien, die Witterungseinflüssen ausgesetzt werden können, so z. B. Baumaterialien wie Steine, Sand, Kies, Ziegel, Röhren. |
| **6** | a) Lager zur Aufnahme von Überschussmengen, z. B. infolge von Großeinkäufen (Mengenrabatt), von Gelegenheitskäufen (Insolvenzverkäufen). Durch gesonderte Lagerung derartiger Waren soll vermieden werden, dass die Ordnung des Hauptlagers gestört wird. |
| | b) Lager für Güter, die nur eine einzige Abteilung im Betrieb benötigt. Es handelt sich um wichtige und häufig gebrauchte Materialien, die man aus Raum- und Kontrollgründen nicht am einzelnen Arbeitsplatz lagern kann. |
| | c) Lager, in denen häufig benötigte Kleinmaterialien (z. B. Schrauben, Nägel, Dichtungen, Kleinteile) und Werkzeuge bereitgehalten werden, um sie stets griffbereit zur Hand zu haben. Diese Materialien werden an den einzelnen Arbeitsplätzen gelagert. |
| **7** | a) Lagerhaltung **innerhalb** eines Unternehmens, also nicht bei Außenstehenden. |
| | b) Lagerhaltung **außerhalb** eines Unternehmens, z. B. bei einem Lagerhalter. |
| **8** | a) Der Unternehmer ist Eigentümer der Räume, die er für Lagerzwecke benutzt, d. h., die Lagerung erfolgt in dem betreffenden Unternehmen selbst. |
| | b) Die Güter werden in Räumen gelagert, die nicht im Eigentum des Einlagerers stehen, sondern einem anderen Unternehmen, z. B. einem Lagerhalter, gehören. |
| **9** | a) Lager, die sich **innerhalb** der Grenzen eines bestimmten Staatsgebiets befinden. |
| | b) Lager, die sich **außerhalb** der Grenzen eines bestimmten Staatsgebiets befinden. |
| **10** | a) Ein Unternehmen überlässt als Auftraggeber (Kommittent) einem Beauftragten (Kommissionär) Waren zum Verkauf. Der Händler wird nicht Eigentümer der in seinem Lager befindlichen Ware, sondern nur unmittelbarer Besitzer. Eigentümer der Ware bleibt der Hersteller. |
| | b) Wie 10 a, jedoch erfolgt die Lagerung der Kommissionsware im Ausland; auf diese Weise soll der Warenabsatz im Ausland gesteigert werden. |
| | **Sonderlager** |
| **11** | a) Lager für Ersatzteile von maschinellen Anlagen und anderen Investitionsgütern oder für eigene Erzeugnisse. Zweck: Störungen im Fertigungsablauf sollen möglichst schnell beseitigt werden; Ermöglichung von Reparaturen an den verkauften Fertigerzeugnissen. |
| | b) Lager für Werkzeuge, die bei der Produktion benötigt werden. |
| | c) Lager für Abfälle an Roh-, Hilfs-, Betriebsstoffen, Halb- und Fertigfabrikaten bis zu ihrem Abtransport, ihrer Weiterverwendung oder Vernichtung. |
| | d) Lager für Waren, die Mängel aufweisen und die deshalb von unseren Kunden an uns zurückgesandt wurden. |
| | e) Lager für Materialien, die zur Verrichtung von Büroarbeiten benötigt werden, z. B. Bleistifte, Schreibmaschinenpapier, Aktenordner, Register, Kugelschreiber usw. |
| **12** | a) Lager, in denen die deponierten Materialien nach bestimmten Materialgruppen (nach Objektarten) zusammengefasst werden, z. B. Rohstoff-, Hilfsstoff-, Betriebsstoff-, Fertigteilelager. |
| | b) Lager, in denen Materialien gelagert werden, die zur Erfüllung bestimmter betrieblicher Funktionen notwendig sind, z. B. Ersatzteillager, Werkstattlager, Montagelager. |

## **Arbeitsvorlage 2:** Übersicht

# LAGERARTEN IN INDUSTRIEBETRIEBEN

**unterschieden nach ...**

der **Art der Rohwaren**

der **Funktion** des Lagers

einzelnen **Sonderaufgaben**

dem **Grad der Fertigstellung** des Lagerguts

der **Bedeutung** des Lagers im Betrieb

der **räumlichen Gestaltung** des Lagers

den **Eigentumsverhältnissen**

**zollrechtlichen Gesichtspunkten**

**Eigentums-** und **zollrechtlichen Gesichtspunkten**

der **räumlichen Lage** des Lagerstandorts

der **Lage des Lagers** (im Verhältnis zum Betrieb)

den **Organisationsprinzipien** der Lagerung

## Arbeitsvorlage 3

# LAGERARTEN IM INDUSTRIEBETRIEB
## unterschieden nach betrieblichen Funktionsbereichen

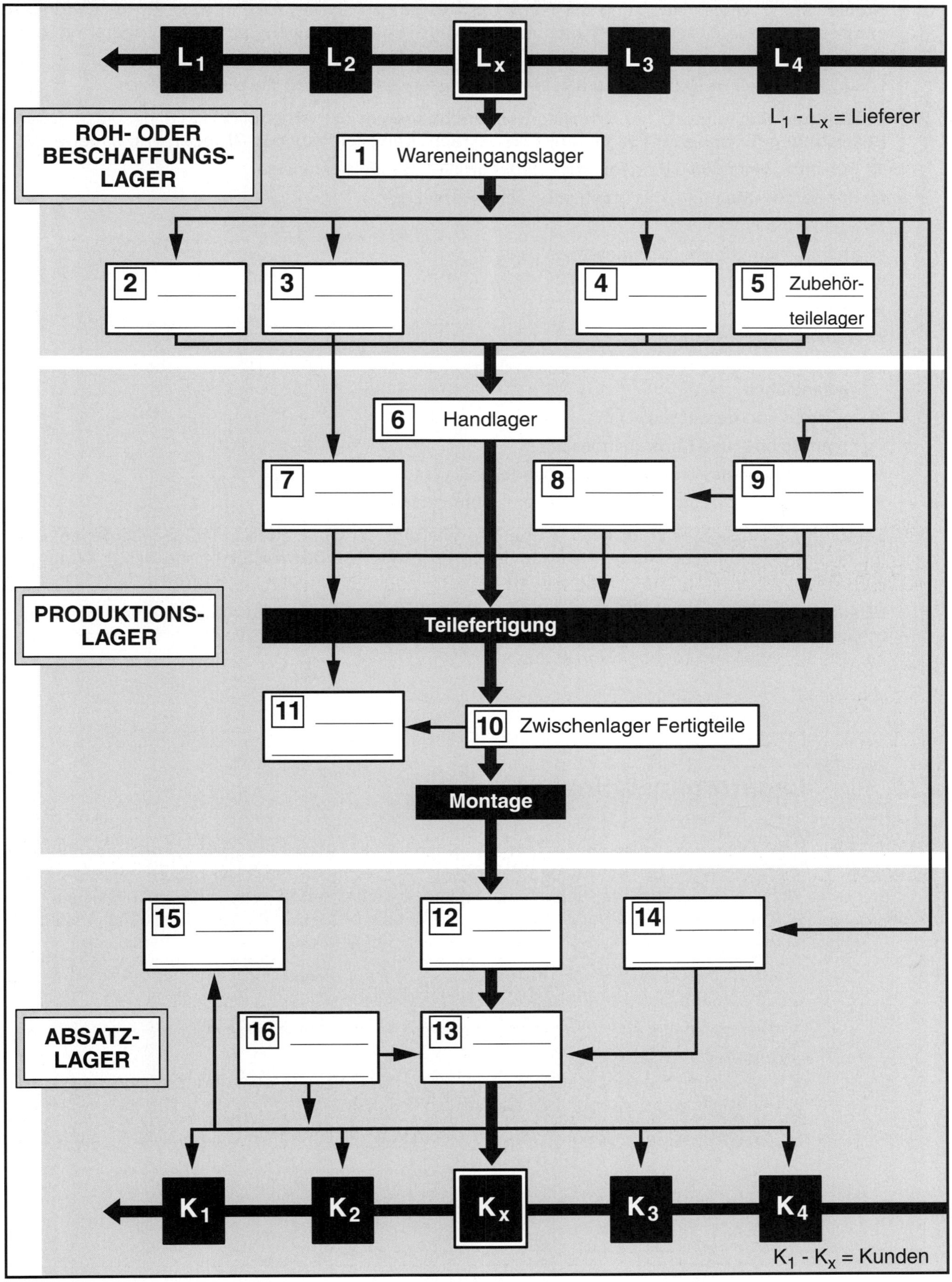

## Arbeitsaufträge und Fragen zur Stofferschließung

1. In einer immer unübersichtlicher und komplexer werdenden Welt kommt dem **Denken in Zusammenhängen** immer größere praktische Bedeutung zu. Da das Thema „Lager" relativ geringen Problem- und Entscheidungsgehalt aufweist, liegt es nahe, diese Art des Denkens an einem solchen Lerninhalt einmal zu praktizieren.

   **Stellen Sie** in Übereinstimmung mit **Frage der Ausgangssituation fest**, in welchem **Beziehungszusammenhang** die einzelnen **Bilanzposten zum Lager** im Allgemeinen und zu den Lagerarten im Besonderen stehen.

   **Lösungsbeispiel:** (1) Gebäude: Zu diesem Bilanzposten gehören auch die Lagergebäude.

2. **Bestimmen Sie** aufgrund der einzelnen **Beschreibungen in der Arbeitsvorlage 1** die entsprechende **Bezeichnung für die jeweilige Lagerart. In Betracht kommen** folgende **Gruppen von Lagerarten:**
   - Rohstoff-, Hilfsstoff-, Betriebsstoff-, Zubehörteile-, Handelswarenlager
   - Rohwaren- (Material-), Halbfabrikate-, Fertigwarenlager
   - Eigen- und Fremdlager
   - offenes, halboffenes, geschlossenes Lager
   - internes und externes Lager
   - Inlands- und Auslandslager
   - Neben-, Hilfs-, Handlager
   - Eingangs- (Annahme-), Reserve- (Sicherheits-), Zwischen- (Puffer-, Umlauf-, Überfließ-, Aufstau-), Versandlager
   - zentrales und dezentrales Lager
   - Kommissions- und Konsignationslager
   - objektgebundenes und funktionsgebundenes Lager
   - Ersatzteil-, Werkzeug-, Abfall-, Retouren-, Büromateriallager

3. **Verschaffen Sie sich** einen **Überblick über die wichtigsten Lagerarten** in Industriebetrieben, indem Sie die erarbeiteten Benennungen zu systematisieren versuchen. **Ordnen Sie** hierbei den in **Arbeitsvorlage 2** angegebenen **Unterscheidungsmerkmalen** die entsprechenden **Lagerarten** zu.

4. **Überlegen Sie** sich, **welche Lager** im **Beschaffungs-, Produktions- und Absatzbereich** eines Industriebetriebes vorhanden sein können. **Ergänzen Sie** die **Arbeitsvorlage 3** in der Weise, dass Sie zu **(2)** bis **(16)** die jeweiligen **Lösungswörter** angeben.

# 2.2 Lagerorganisation

**Ausgangssituation**

Der abflauende Fahrradboom und die verschärfte Konkurrenz auf dem europäischen Binnenmarkt zwingen die Stauferland Fahrradwerke Göppingen mit ihren beiden Zweigwerken in Münster und Chemnitz auch in einem bisher organisatorisch vernachlässigten Bereich, nämlich im Lagerwesen, für mehr Wirtschaftlichkeit zu sorgen. Es ist das Ziel der Geschäftsleitung, die Lagerorganisation noch im laufenden Geschäftsjahr entscheidend zu verbessern.

Im Zusammenhang mit der praktischen Umsetzung dieses Vorhabens werden von der Geschäftsleitung einige grundlegende theoretische Überlegungen angestellt:

1. Welche allgemeinen Organisationsgrundsätze müssen bei der Neuordnung des Lagerwesens beachtet werden?
2. Wie können die verschiedenen Lager in die Raumplanung des Betriebs eingegliedert werden (zentrale oder dezentrale Lagerorganisation)?
3. Nach welchen Prinzipien ist die Lagerbelegung vorzunehmen?

## Sachdarstellung

### 1. Allgemeine Organisationsgrundsätze für die Warenlagerung

**Oberster Organisationsgrundsatz** ist die **Wirtschaftlichkeit des Lagers**. Folgende Organisationsprinzipien stehen damit in mehr oder weniger engem **Beziehungszusammenhang:**[1]

- Optimale Flächen- und Raumnutzung
- Erzielung einer hohen Lagerumschlagsleistung
- Einsatz moderner Lagertechnik
- Bestands- und Qualitätssicherung durch Lagerkontrolle
- Sicherung des Material- und Informationsflusses im Lager
- Flexibilität der Lagerorganisation

### 2. Bestimmung des Lagerstandorts

Für das Lager sollte ein **möglichst kostengünstiger Standort** (minimale Transportkosten) gewählt werden. Diese Forderung lässt sich jedoch in der **Praxis nicht immer verwirklichen**. Die Wahl des kostenoptimalen Lagerstandorts wird nämlich durch eine **Vielzahl von Einflussfaktoren** bestimmt, so z. B. durch die Eigenarten (Größe, Gewicht, Wert) des einzulagernden Materials, durch die Art des jeweiligen Fertigungsverfahrens, durch die vorhandenen baulichen Gegebenheiten, durch Vorschriften von Baubehörden und Gewerbeaufsichtsämtern u. a.

Nach der **räumlichen Lage der Lagerstandorte** kann zwischen **zentraler** und **dezentraler Lagerung** unterschieden werden.

**Zentrale Läger:** Die in einem Betrieb oder in mehreren Zweigwerken für die Güterproduktion benötigten **Materialien lagern einheitlich an einem bestimmten Ort**, sind also in einem **Gesamtlager** untergebracht.

**Dezentrale Läger:** Die zur Güterproduktion benötigten Materialien und Zwischenprodukte **lagern an verschiedenen Orten**, z. B. in der **Nähe der einzelnen Verbrauchsstätten**. Für **Fertigprodukte** werden dezentrale Läger (z. B. Möbelauslieferungslager, Kommissionslager) wegen der **größeren Kundennähe** eingerichtet.

### 3. Der Lagerplan

- **Zweck:** Mit seiner Hilfe soll angeliefertes Material sachgerecht eingelagert und benötigte Ware schnell aufgefunden werden.
- **Beispiel für die Gestaltung einer Lagerplatznummer:** 10–8–2–22 bedeutet: Lagerraum 10 – Regal (Block, Abteilung) 8 – Regalebene (Etage) 2 – Fach 22.

## Arbeitsvorlage 1: Prinzipien der Lagerplatzbelegung (Lagerstrategien) – Auszug aus einem Fachzeitschriftenaufsatz[2]

„Bei der Zuordnung von Materialien zu verfügbaren Lagerplätzen bestehen verschiedene Möglichkeiten der Lagerordnung. Aufgrund der Wahlmöglichkeiten zwischen einzelnen Prinzipien nennt man diese auch Lagerstrategie. Die wichtigsten Strategien sind: das Fifo-Prinzip, das Prinzip der Fachzoneneinteilung, das Prinzip der freien Lagerordnung.

Fortsetzung folgende Seite

1 Vgl. Frank Eppinger, Das Lager – ein notwendiges Übel? In: Der Industriekaufmann 5/93, S. 13.
2 Frank Eppinger, a. a. O., S.14

## Arbeitsvorlage 1: (Fortsetzung)

**Fürs Material ist Fifo ideal**. Bei der Befolgung des Fifo-Prinzips werden die zuerst eingelagerten Materialien (first in) zuerst wieder ausgelagert (first out). Diese Lagerstrategie soll ein langes Lagern des Materials vermeiden, da Wertminderungen und Qualitätsverluste mögliche Folgen bei ‚Lagerhütern' sind. Zur Durchführung des Fifo-Prinzips müssen eine Menge von Voraussetzungen geschaffen werden. Dazu gehört die Investition in geeignete Lagertechniken, damit der Zugriff auf den ältesten Bestand jederzeit möglich ist und hohe Umschlagsleistungen gewährleistet werden. ...

Ferner wachsen beim Fifo-Prinzip Ansprüche an organisatorische Vorkehrungen, wie beispielsweise die Verwaltung von Einlagerungsterminen. ... In vielen Fällen ist eine entsprechende Transparenz (über die vorhandenen Bestände, Anmerkung des Zitierenden) nur mittels geeigneter EDV-Anlagen zu erreichen, was im Allgemeinen nicht unerhebliche Kosten verursacht.

**Fachzonen haben große Schwächen**. Das Prinzip der Fachzoneneinteilung sieht eine Ordnung der Lagerplätze in Zonen vor, in denen Materialien mit ganz bestimmten Eigenschaften gelagert werden sollen. Eigenschaften wie leicht verderblich, stark verlustgefährdet (Schwund), unverträglich mit anderen Materialgruppen usw.

Im Extremfall findet dabei eine räumliche Trennung statt, beispielsweise die Errichtung von Kühlzonen. Eine räumliche Trennung sollte jedoch nur aus zwingenden Gründen erfolgen. In der Praxis wird hinreichend die Erfahrung gemacht, dass bei der Zonenbildung innerhalb eines Lagers viele kleine Unterläger entstehen. Dies führt unmittelbar zu einer schlechten Raumnutzung, da jedes Unterlager ausreichend Fläche zur Bewirtschaftung benötigt.

Fachzonen erhalten in der Regel den Raum, der einer Bestellmenge zuzüglich des Sicherheitsbestands entspricht. Damit werden höhere Einlagerungsmengen unmöglich, die Spekulationsfunktion des Lagers sinkt und ferner schrumpfen Handlungsspielräume einer günstigen Versorgung seitens der Einkäufer.

Darüber hinaus erweist sich die Fachzonenbildung im Hinblick auf veränderte Sortimente als unflexibel. Kann das neue Sortiment aufgrund seiner Eigenschaften nicht in die alte Lagerordnung angepasst werden, ist ein hoher organisatorischer Aufwand bei der Umbildung der Zonen die Folge.

Daneben wiegt ein gewaltiger Vorteil der Fachzoneneinteilung einige der oben genannten Schwächen wieder auf. Dieser Vorteil liegt darin, dass Materialien mit großer Umschlagshäufigkeit in Zonen schnellen Zugriffs untergebracht werden können. Die Einsparung von Förderzeiten durch die Errichtung so genannter Schnellläuferzonen trägt zu einem schnellen Materialfluss bei und verringert damit auch die Kapitalbindung im Lager. ...

**Vieles spricht fürs Chaos**. Demgegenüber steht die freie Lagerordnung, auch ‚chaotische' Lagerung genannt. Hierbei wird jeder Materialart ein beliebiger Platz zugeordnet, der gerade nicht belegt ist. Damit kann sich bei freier Lagerordnung eine Materialart zufallsbedingt an wechselnden Orten befinden.

Der besondere Vorteil chaotischen Lagerns liegt in der erheblichen Platzersparnis. Geht man davon aus, dass im Zeitraum zwischen zwei Bestellungen durchschnittlich nur die Hälfte der Bestellmenge auf Lager liegt, so genügt hier eine Kapazität, die der halben Bestellmenge zuzüglich des Sicherheitsbestands entspricht. Ausgangspunkt dieser Betrachtung ist die Bestellung unterschiedlichen Materials zu verschiedenen Zeitpunkten. Würde die Bestellung aller im Produktionsprozess benötigten Materialien zum gleichen Zeitpunkt erfolgen, führt die chaotische Lagerordnung zu keiner Platzersparnis. Vor dem Hintergrund dieser Platzersparnis eröffnen sich für die Lagerplanung weit reichende organisatorische Möglichkeiten. Beispielsweise trägt in Zeiten steigender Produktion eine Platzersparnis zum Verzicht auf Neubauten oder Anmietung weiterer Fremdläger bei. Darüber hinaus werden Lagerplatzkapazitäten frei, die zur kostengünstigen Versorgung durch optimale Bestellmengen oder zu spekulativen Zwecken genutzt werden können. Insofern unterstützt die freie Lagerordnung den Erhalt der Spekulations- und Pufferfunktion des Lagers. Zudem entspricht diese Lagerstrategie den Anforderungen hoher Flexibilität. Im Hinblick auf Sortimentsänderungen gewährleistet eine chaotische Lagerordnung freie Plätze, die durch beliebige Materialgruppen ausgefüllt werden können.

Nicht zu unterschätzen sind hierbei die hohen Ansprüche an die Organisation. Vor allem muss bei der Befolgung dieses Prinzips eine jederzeitige Auskunftsbereitschaft über den aktuellen Belegungszustand bestehen. Ein so genannter Lagerspiegel kann zur Dokumentation über leere und volle Plätze, mittels Karteien und Dateien, herangezogen werden. In vielen Fällen lässt sich eine Investition in leistungsfähige EDV-Anlagen nicht vermeiden, da chaotische Lagerführung vornehmlich in automatisierten oder stark mechanisierten Lägern anzutreffen ist. Das ist nicht zuletzt auf die hohen Anforderungen zurückzuführen, die bei dieser Lagerstrategie an eine wirtschaftliche Lagertechnik gestellt werden."

## **Arbeitsvorlage 2:** Beispiel für den Aufbau einer Lagerorganisation

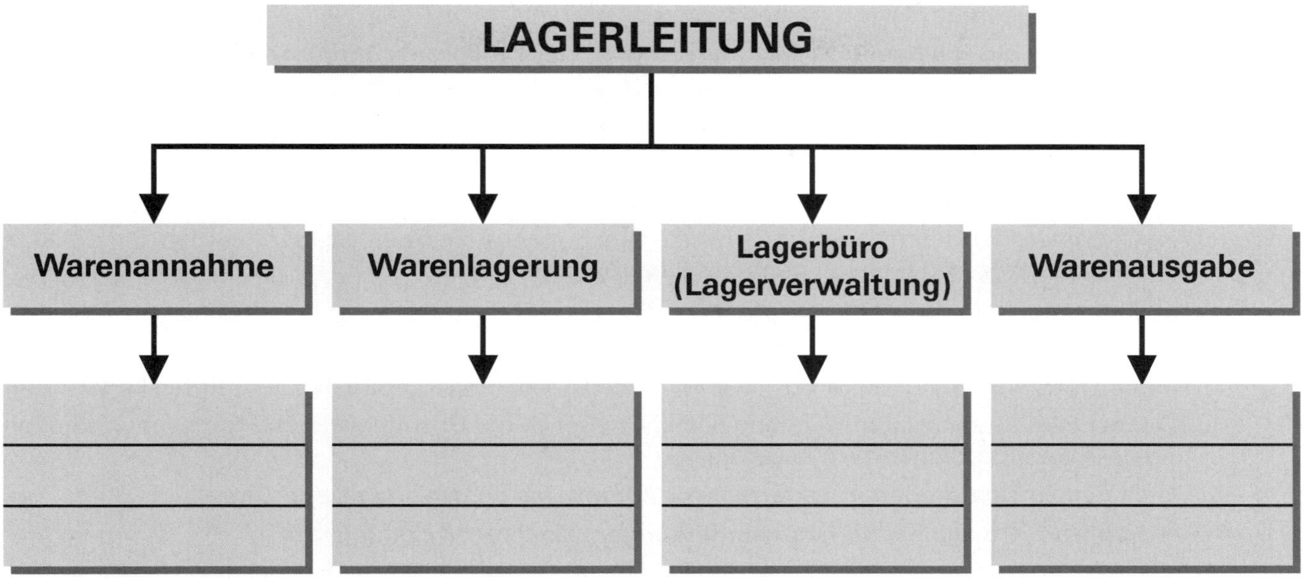


## **Arbeitsvorlage 3:** Eine Zeitungsmeldung

### Auch im Lager lässt sich viel sparen

**Materialflusstechnik erschließt den Unternehmen zusätzliche Rationalisierungsmöglichkeiten**

**HANNOVER. Fertigen mit der Stoppuhr in der Hand – für Produktionsplaner ist dies längst selbstverständlich. Sekunden schinden ist ihr tägliches Geschäft. Zusätzliche Rationalisierungserfolge werden folglich immer schwieriger – ganz im Gegensatz zum Materialfluss während des Produktionsprozesses. „Ruhendes Material ist totes Kapital. Diese Erkenntnis setzt sich erst jetzt allmählich durch", berichtet Rolf Morgenstern, Geschäftsführer der Fachgemeinschaft Fördertechnik im Verband Deutscher Maschinen- und Anlagenbau (VDMA), auf der Hannover-Messe Industrie.**

Kunterbunt durcheinandergewürfelt schafft ein Förderband Pakete mit völlig unterschiedlichen Abmessungen heran. Bis sie fein säuberlich nach Größen sortiert in einem Hochregal verschwinden, ist nur eine Frage von Sekunden. Das Dortmunder Institut für Materialfluss und Logistik (IML) der Fraunhofergesellschaft präsentiert auf der Hannover-Messe '96 ein völlig neues Lagersystem. Es schafft nicht nur eingehendes Material ruck, zuck weg und sortiert. Es kann außerdem auch noch vollautomatisch kommissionieren. Es rückt also Lagergut nach Bedarf wieder heraus und stapelt die unterschiedlichsten Pakete auf Paletten. „Der Stapel ist nicht nur stabil, das Palettierungsprogramm sorgt außerdem dafür, dass kein Paket einen zu hohen Gewichtsdruck aushalten muss, und es stellt sicher, dass die Codierungsstreifen immer außen sind", erklärt Detlef Spee, Abteilungsleiter Materialflusssysteme beim IML. Ergänzt man das Ganze um einen Roboter, dann ist das vollautomatische Lager perfekt.

Für den Anwender erschließt sich damit ein hohes Rationalisierungspotenzial. So haben die Dortmunder beispielsweise das norddeutsche Zentrallager des Nahrungsmittelkonzerns Kraft/Jakobs/Suchard auf Vordermann gebracht mit dem Effekt, dass die Leistungssteigerung das süddeutsche Gegenstück mit einem Schlag überflüssig machte. Und noch einen Vorteil bietet die neue Anlage: „Die Zahl der Reklamationen geht drastisch zurück." Der Grund: Das Palettier-Protokoll macht genaue Angaben über den Stapelplatz jedes einzelnen Pakets.

Das Potenzial für Kosteneinsparungen ist insbesondere im Handel beträchtlich. Dort fällt jede vierte Kosten-Mark[1] im Bereich Materialfluss an. In der Industrie sind es immerhin noch 15 Prozent der Gesamtkosten, rechnet Morgenstern vor.

Auf der weltweit größten industriellen Leistungsschau in Hannover präsentieren 925 Aussteller auf einer Fläche von mehr als 90 000 Quadratmetern in acht Hallen ihre Beiträge zur Optimierung des Materialflusses. Neben vollautomatischen Anlagen spielen dabei abgespeckte Angebote eine zunehmende Bedeutung, die speziell auf mittelständische Unternehmen zugeschnitten sind. „Automatisierung ist nicht unbedingt das Beste. Oft bringen einfachere Lösungen das gleiche Ergebnis", kommentiert Morgenstern diese Entwicklung.

Dies gilt beispielsweise auch für die MAN GHH Logistics GmbH (Heilbronn). Sie ist in der niedersächsischen Hauptstadt mit einem Lagersystem präsent, das in bestehende Anlagen eingebaut werden kann und zugleich den Stapelfahrer ersetzt. Die Investitionskosten liegen je Stapelplatz bei 350 DM[2]. „Dies ist eine Kostenersparnis von rund 40 Prozent gegenüber einem Neubau", fügt Martin Oehler, Leiter des Projektmanagements Materialflusssysteme, hinzu.

Optimaler Nutzen heißt demgegenüber die Vorgabe bei der C. Haushahn Automatisierungssysteme GmbH & Co. KG (Stuttgart). In ihrem Hochregallager, das 5 Meter lang und 6 Meter hoch ist, stecken 658 Kisten nur Millimeter voneinander getrennt. Und der Beladungsroboter kann in der Stunde jeweils 211 Behältnisse hinein- und herausbefördern. Bis zu 30 Mio. DM[3] kann so eine Anlage kosten. Dennoch freut sich Marketing-Chef Peer H. Vespermann, dass sie einer der Magneten an der Leine auch fürs Laufpublikum ist.

1 Entsprechendes gilt für Euro-Rechnungen.
2 ≈ 175 Euro
3 ≈ 15 Mio. Euro

aus: Südwestpresse (NWZ) vom 24. April 1996

 

## Arbeitsaufträge und Fragen zur Stofferschließung

**1.** Wir wollen uns zunächst einmal mit den in der **Sachdarstellung (1.)** angeführten **allgemeinen Organisationsgrundsätzen der Lagerung** beschäftigen.

a) **Warum** muss die **Flächen- und Raumnutzung** im Lager möglichst **optimal** sein?

b) Angenommen, die Stauferland Fahrradwerke GmbH würde über eine **Gesamtlagerfläche** von 1 500 m$^2$ verfügen; **tatsächlich genutzt** werden aber nur 1 050 m$^2$.

ba) Wie hoch ist der **Flächennutzungsgrad**?

bb) Wie lautet die **Formel** für die Berechnung des Flächennutzungsgrads?

c) Angenommen, der Stauferland Fahrradwerke GmbH stünde ein **Gesamtlagervolumen** von 5 000 m$^3$ zur Verfügung; das **tatsächlich genutzte Lagervolumen** betrage 3 000 m$^3$.

ca) Wie hoch ist der **Raumnutzungsgrad**?

cb) Wie lautet die **Formel** für die Berechnung des Raumnutzungsgrads?

d) **Nennen Sie zehn Gesichtspunkte**, die **bestimmend** sind für die **Größe des benötigten Lagerraums**.

e) **Welcher Beziehungszusammenhang** besteht zwischen der **Umschlagsleistung(-geschwindigkeit)** und der **Wirtschaftlichkeit** eines Lagers?

f) Durch den **Einsatz moderner Lagertechnik erhöht sich** der **Mechanisierungsgrad** im Lager.

fa) Nennen Sie **Beispiele für Lagereinrichtungen**, die diese Wirkung haben.

fb) **Welche Kostenarten** gewinnen beim Einsatz moderner Lagertechnik zunehmend an Bedeutung, welche verlieren mehr und mehr ihre vorherrschende Stellung?

g) **Durch regelmäßige Lagerkontrollen** muss die **Bestands- und Qualitätssicherung** gewährleistet werden.

ga) **Welche Nachteile** entstehen dem Kaufmann durch **zu hohe Lagerbestände**?

gb) Welche **negativen Folgen** können mit **zu niedrigen Lagerbeständen** verbunden sein?

gc) Vor welchen **Lagerrisiken** sind Waren zu schützen, wenn **Qualitätseinbußen vermieden** werden sollen?

gd) **Wie** kann **vermieden** werden, dass der **Lagerbestand unter** den **Mindestbestand sinkt** oder dass die Ware ganz ausgeht?

h) Der **Sicherung des Material- und Informationsflusses im Lager** kommt entscheidende Bedeutung für die Funktionsfähigkeit des Lagers zu.

ha) Über **welche aktuellen Informationen** in Bezug auf das Lager muss die Geschäftsleitung **jederzeit verfügen** können?

hb) Nennen Sie **zwei Beispiele** dafür, wie durch ein **gut funktionierendes Informationssystem** der **Materialfluss** im Lager **verbessert** werden kann.

i) **Nennen Sie** möglichst viele **Gründe** dafür, warum die **Lagerorganisation flexibel** sein muss.

j) **Formulieren Sie weitere Grundsätze der Lagerorganisation** und **erläutern Sie** kurz die von Ihnen verfassten **Prinzipien. In Betracht** kommen folgende Sachverhalte: (1) Geräumigkeit des Lagers – (2) Übersichtlichkeit des Lagers – (3) richtiges (artgerechtes) Lagern – (4) funktionsgerechtes Lagern – (5) Vermeidung von gesundheitlichen und hygienischen Gefahren – (6) Feuer- und Diebstahlsicherung – (7) Lagerausstattung mit Hilfs- und Transportmitteln – (8) Einhaltung von Schutzbestimmungen.

**Lösungsbeispiel:** (1) Das Lager soll **geräumig** sein, damit die im Lager anfallenden Arbeiten, so z. B. das Auspacken, Prüfen, Sortieren, Umlagern, Verpacken von Waren, schnell und problemlos durchgeführt werden können.

**2.** **Bisher** wurde jeder der drei Betriebe der Stauferland Fahrradwerke GmbH durch **eigene Läger** mit den zur Produktion benötigten Werkstoffen versorgt. Um die **Vollauslastung der vorhandenen Lagerkapazität** im Werk III (Chemnitz) zu erreichen, erwägt die Geschäftsleitung dort ein **Zentrallager für sämtliche bezogenen Teile** einzurichten.

a) **Klären Sie** mithilfe der Ausführungen in der **Sachdarstellung (2.)**, was unter **zentraler bzw. dezentraler Lagerung** zu verstehen ist.

b) **Verschaffen Sie** sich einen **Überblick** darüber, **welche Vor- und Nachteile** die zentrale bzw. dezentrale Lagerung jeweils hat. **Untersuchen Sie** diese Frage anhand folgender **Kriterien:**

- Gesamtübersicht über Art und Menge der gelagerten Ware
- Ausnutzung der vorhandenen Lagerräume und -einrichtungen
- Risiken für die eingelagerten Waren (Verderb, Brand usw.)
- Transportwege und Transportkosten
- Kommunikation zwischen Betrieb und Lager

- Anpassung an den Produktionsfluss und Kostenverursachung
- Umfang der Kapitalbindung
- Höhe der anfallenden Raum- und Verwaltungskosten
- Aufwand für Lagerverwaltung und Lagereinrichtung
- Einsatz von Lagerfachkräften und von besonderen Lagerhilfsmitteln
- Rationalisierungsmöglichkeiten im Lager

**Ordnen Sie** die **erarbeiteten Ergebnisse** in folgendes **Schema**, Format etwa A4, **ein**:

| **Bedeutung →** / **Art der Lagerung ↓** | **Vorteile** | **Nachteile** |
|---|---|---|
| **Zentrale Lagerung** | | |
| **Dezentrale Lagerung** | | |

**Beachten Sie**, dass die **Vorteile (Nachteile) der zentralen Lagerung** bei entsprechender Formulierung als **Nachteile (Vorteile) der dezentralen Lagerung** gedeutet werden können.

c) Jeder Betrieb muss versuchen das Lager so **Kosten sparend** wie möglich in den **Arbeits- bzw. Produktionsfluss** einzugliedern. Das heißt vor allem, dass der **Transport der Materialien zu den Arbeitsplätzen** auf dem **kürzesten Wege** und mit dem **minimalsten Aufwand** erfolgen soll. **Warum** stößt die **Verwirklichung dieser Forderung bei bereits bestehenden Unternehmen** wie den Stauferland Fahrradwerken auf oft **beträchtliche Schwierigkeiten**?

d) **Wie beurteilen Sie das Vorhaben der Geschäftsleitung** der Stauferland Fahrradwerke im Werk III (Chemnitz) ein **Zentrallager für sämtliche bezogenen Teile** einzurichten? **Begründen Sie Ihre Entscheidung** möglichst **ausführlich**.

e) **Wie** wird die **Frage, ob zentrale oder dezentrale Lagerung** erfolgen soll, üblicherweise in der **Wirtschaftspraxis gelöst**?

**3.** Eine gute Lagerorganisation bedarf eines ausgefeilten **LAGERPLANS.** Vergleichen Sie hierzu die **Sachdarstellung (3.)**

a) **Welchen Zweck** erfüllt ein derartiger Plan?

b) **Erläutern Sie** die **Lagerplatznummer 14–8–4–49**.

**4.** **Lesen Sie** abschließend noch den **Fachzeitschriftenartikel über die Prinzipien der Lagerplatzbelegung**, die sog. **LAGERSTRATEGIEN**, möglichst genau durch **(Arbeitsvorlage 1)**.

a) **Erklären Sie** die Begriffe **Festplatz-** und **Freiplatzsystem**.

b) **Fertigen Sie** ein **Exzerpt** nach folgendem **Muster** an, Format etwa eine A4-Seite:

| **Lagerplatzvergabe (Lagerstrategien)** | **kurze Beschreibung** | **Vorteile** | **Nachteile** |
|---|---|---|---|
| (1) Das Fifo-Prinzip<br>...<br>... | | | |

**5.** **Versuchen Sie** in die Skizze der **Arbeitsvorlage 2** folgende **Lagerarbeiten** sachgerecht **einzuordnen:** Bestände aufnehmen durch Inventur – Bestände kontrollieren – Lagerbücher führen – Waren annehmen – Waren behandeln – Waren einordnen – Waren pflegen – Waren verpacken – Waren versenden – Waren zur Lagerstelle transportieren – Warenausgang kontrollieren – Wareneingang kontrollieren.

**6.** **Lesen Sie** den **Zeitungsartikel über die moderne Materialflusstechnik (Arbeitsvorlage 3)** aufmerksam durch. **Beantworten** Sie danach die folgenden **Auswertungsfragen.**

a) **Nach welchem Grundsatz** handeln die Vertreter der modernen Materialflusstechnik?

b) **Welche Leistungen** vollbringt das von der Fraunhofergesellschaft auf der Hannover-Messe '96 präsentierte **neue Lagersystem**?

c) **Welche Tendenz** weisen die modernen Lagersysteme auf?

d) **Welche zwei Hauptvorteile haben die modernen Lagersysteme?**

e) **Warum** kann die **moderne Materialflusstechnik** zu **erheblichen Kosteneinsparungen** führen?

f) **Wie erklären** Sie sich den **Satz:** „Automatisierung ist nicht unbedingt das Beste. Oft bringen einfachere Lösungen das gleiche Ergebnis."

g) **Wie beurteilen Sie** die **Leistungsfähigkeit** der deutschen Hersteller von Fördertechnik?

## 2.3 Kosten und Risiken der Lagerhaltung

### Ausgangssituation

**Aus der Geschäftsbuchhaltung der Büromöbelfabrik Hans Bannert KG, Goslar, erhalten wir für das abgelaufene Geschäftsjahr folgendes GuV-Konto:**

Soll — **GuV-Konto** (Beträge in Tsd. €) — Haben

| | Soll | | | Haben | |
|---|---|---|---|---|---|
| (1) | Roh-, Hilfs- und Betriebsstoffaufwendungen | 510 | (15) | Umsatzerlöse | 1.250 |
| (2) | Löhne und Gehälter | 400 | (16) | Bestandserhöhungen an Fertigerzeugnissen | 165 |
| (3) | Soziale Abgaben | 40 | (17) | Mieterträge | 25 |
| (4) | Raumkosten | 65 | (18) | Eigenverbrauch | 10 |
| (5) | Abschreibungen auf Anlagen | 100 | | | |
| (6) | Energiekosten | 15 | | | |
| (7) | Verluste aus Anlageverkäufen | 20 | | | |
| (8) | Zinsaufwendungen | 30 | | | |
| (9) | Versicherungen | 35 | | | |
| (10) | Gewerbesteuer | 65 | | | |
| (11) | Instandhaltung | 60 | | | |
| (12) | Büromaterial | 25 | | | |
| (13) | Außerordentliche Aufwendungen | 15 | | | |
| (14) | Gewinn | 70 | | | |
| | | 1.450 | | | 1.450 |

**Frage:**
**Welcher Beziehungszusammenhang kann zwischen der Lagerung von Waren und einzelnen Posten der GuV-Rechnung bestehen?**

### Sachdarstellung

**1. Übersicht**

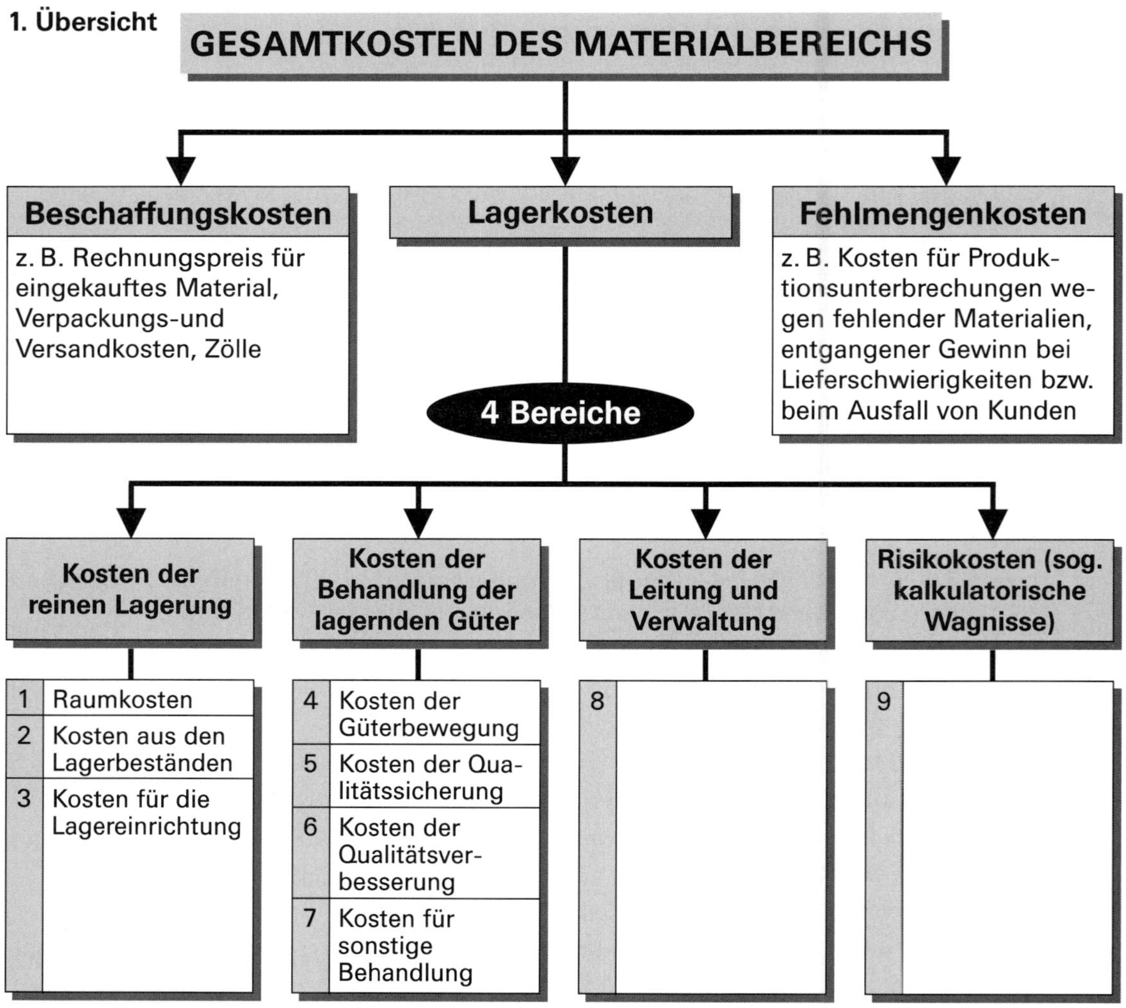

**2. Weitere mögliche Einteilung der Lagerkosten**

Je nachdem, ob die einzelnen Arten von Lagerkosten **von der Menge oder vom Wert** der eingelagerten Güter **abhängig** sind oder **nicht**, unterscheidet man zwischen **variablen (proportionalen)** und **fixen (unabhängigen, festen) Lagerkosten**.

## Arbeitsvorlage 1: a) Wertetafel

| Wert der eingelagerten Ware (€) | Fixkosten (€) | Variable Lagerkosten (€) | Gesamtkosten der Lagerung (€) | Lagerkostensatz[1] (%) |
|---|---|---|---|---|
| 50.000,00 | | | | |
| 100.000,00 | | | | |
| 150.000,00 | | | | |
| 200.000,00 | | | | |
| 250.000,00 | | | | |
| 300.000,00 | | | | |

b) Grafische Darstellung

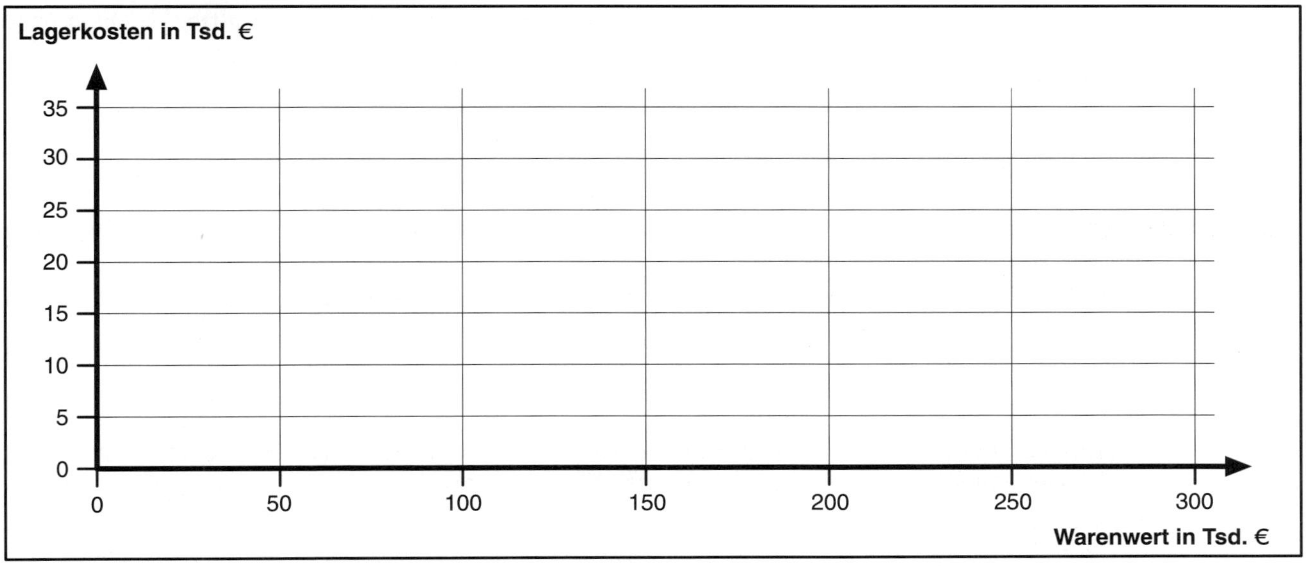


## Arbeitsvorlage 2: Übersicht

**LAGERRISIKEN**

| ① Risiken durch Mengenverluste | ② Risiken durch Wertverluste | ③ Risiken durch zeitbedingte Veränderungen | ④ Risiken durch technisch bedingte Veränderungen |
|---|---|---|---|
| z. B. ______ | z. B. ______ | z. B. ______ | z. B. ______ |

1 Prozentanteil der gesamten Lagerkosten am Wert der durchschnittlich eingelagerten Ware.

 

## Arbeitsaufträge und Fragen zur Stofferschließung

**1.** Das als **Ausgangssituation** angeführte **GuV-Konto** enthält die **Aufwendungen und Erträge für sämtliche Teilbereiche** der Büromöbelfabrik Bannert.

a) **Überlegen Sie, ob** und **inwieweit** die **im Soll des GuV-Kontos angeführten Aufwendungen** für den Gesamtbetrieb **auch** bei der **Lagerung von Waren entstehen** können.

b) **Prüfen Sie, ob** und **inwieweit** ein **Beziehungszusammenhang** zwischen den im Haben des GuV-Kontos angeführten **Erträgen** und der **Lagerung von Waren** besteht.

**2.** **Verschaffen Sie sich** einen **Überblick** über die recht zahlreichen **Arten von Lagerkosten**, indem Sie zu den in der **Übersicht (Sachdarstellung 1.)** angeführten **Kostenbegriffen (1–9)** möglichst **viele konkrete Beispiele** anführen.

**Lösungsbeispiel:**
**1 Raumkosten**, z. B. Abschreibungen für das Lagergebäude, Reparaturen am Lagergebäude, Versicherungsbeiträge (Feuer, Diebstahl), anteilige Steuern (z. B. Vermögensteuer), Verzinsung des im Lagergebäude investierten Kapitals, Strom-und Heizungskosten, Reinigungskosten.

**Lösungshilfen:**
**Unter anderem** sind folgende **Arten von Lagerkosten** in die **Übersicht einzuordnen:** Kosten für Schwund, Verderb, Beschädigung, Veralterung der Ware (...) –Kosten für die Erfassung und Überwachung der Bestände (z. B. Inventurkosten) (...) – Kosten für das Aus-, Umzeichnen, Bemustern der Ware, Kosten für die Prüfung (Probeentnahme) (...) – Kosten für das Zurichten der Ware (...) – Kosten für Kühlung, für Klimaanlagen (...) – Wertverluste durch Preisrückgänge (...) – Kosten für das Kommissionieren der Ware (Zusammenstellen von verschiedenen Waren für einen Kundenauftrag) (...) – Kosten für das Umschaufeln, Wenden der Ware (...) – Kosten für Büromaterial (...) – Versicherungskosten (...) – Kosten für Ein-, Um- oder Auslagern von Ware (...) – Aufwendungen für Mengen- oder Güteminderung durch Lagerung (...).

**Geben Sie** in der **Klammer** (...) die **jeweilige Nummer des Kostenbegriffs (1 bis 9)** an. Ergänzen Sie, so weit der Platz dazu ausreicht, die **1. Übersicht der Sachdarstellung**.

**3.** **Beschäftigen Sie sich** möglichst eingehend mit der in der **Sachdarstellung (2.)** gegebenen **Definition der variablen und fixen Lagerkosten**.

**Nennen Sie** sodann unter Hinzuziehung der **Übersicht über Lagerkosten** (Sachdarstellung 1.) **je fünf Beispiele** ...

a) für **fixe** und

b) für **variable Lagerkosten**

**4.** In der Büromöbelfabrik Hans Bannert KG machen die fixen Lagerkosten 10.000,00 € pro Jahr aus; die variablen Lagerkosten betragen 8 % des Werts der eingelagerten Ware.

a) **Ergänzen Sie** die **Wertetabelle der Arbeitsvorlage 1a)**.

b) **Zeichnen Sie** in das **Koordinatensystem** der **Arbeitsvorlage 1b)** folgende Kurven ein:

- Kurve der **fixen** Lagerkosten
- Kurve der **variablen** Lagerkosten
- Kurve der **Lagergesamtkosten**

c) **Beurteilen Sie** die Entwicklung des **Lagerkostensatzes**[1].

d) **Warum** geht die positive Entwicklung des **Lagerkostensatzes nicht endlos weiter**?

**5.** In **Arbeitsvorlage 2** sind die **Lagerrisiken** in **vier Gruppen** aufgeteilt. **Versuchen Sie** zu jedem der **vier Teilbereiche möglichst viele praktische Beispiele** zu finden.

**Lösungshilfen:**
Einzusetzen sind u. a. folgende Risikoarten: Produktinnovationen – Änderung von Verbrauchsgewohnheiten – Preisverfall bei Rohstoffen – Konjunktureinbrüche –Wechselkursrisiko – Mode- und Geschmackswandel – Entwicklung neuer Rohstoffe – Entwicklung neuer Produktionsverfahren – Bedarfsverschiebungen.

**6.** **Welcher Beziehungszusammenhang** besteht zwischen den **Lagerrisiken** und der **Menge bzw. dem Wert der eingelagerten Ware**?

1 Prozentanteil der gesamten Lagerkosten am Wert der durchschnittlich eingelagerten Ware.

## 2.4 Lagerkennziffern

**Ausgangssituation**

Die Unternehmensleitung der Stauferland Fahrradwerke GmbH hat dem Lagerwesen in den vergangenen Jahren nur wenig Aufmerksamkeit geschenkt. Hauptursächlich hierfür war außer Bequemlichkeit auch ein gewisses Maß an Sachunkenntnis. Die verschärfte Konkurrenzsituation auf dem europäischen Binnenmarkt und der zu Beginn der Neunzigerjahre deutlich abflauende Fahrradboom zwingen die Geschäftsleitung in allen Unternehmensbereichen einschneidende Rationalisierungsmaßnahmen zu ergreifen. Im Bereich der Lagerhaltung soll durch das Ermitteln betriebswirtschaftlicher Kennziffern eine möglichst kostengünstige Lagerhaltung angestrebt werden.

Der Lagerleiter Hans Grau betrachtet zu Beginn des neuen Geschäftsjahres auf seinem PC u. a. auch die Lagerfachkarte für den Dynamo CX 200 für Kinderfahrräder.

Sie hat folgendes Aussehen:

Artikel: Dynamo für Kinderräder CX 200
Lieferer: Dynovit GmbH, Dresden
Lieferzeit: 10 Tage
Bezugspreis: 25,00 € je Stück
Mindestbestand: 50 Stück
Meldebestand: 75 Stück
Höchstbestand: 250 Stück

| Datum | Beleg | Zugänge | Abgänge | Bestand | |
|---|---|---|---|---|---|
| 1. Jan. | Inventur | | | 210 | |
| 6. Jan. | MES 140 | | 40 | 170 | |
| 14. Jan. | MES 209 | | 30 | 140 | |
| 4. Febr. | ER 89 | 100 | | 240 | |
| 18. Febr. | MES 310 | | 60 | 180 | |
| 21. Febr. | MES 591 | | 100 | 80 | |
| 18. April | ER 187 | 150 | | 230 | |
| 24. April | MES 620 | | 75 | 155 | |
| 16. Mai | MES 634 | | 6 | 149 | |
| 31. Mai | MES 704 | | 18 | 131 | |
| 4. Juni | ER 178 | 100 | | 231 | |
| 18. Juni | MES 814 | | 120 | 111 | |
| 20. Juni | MES 839 | | 20 | 91 | |
| 29. Juni | ER 214 | 100 | | 191 | |
| 10. Juli | MES 910 | | 26 | 165 | |
| 1. Aug. | MES 989 | | 30 | 135 | |
| 18. Aug. | MES 1041 | | 100 | 35 | |
| 4. Sept. | ER 486 | 200 | | 235 | |
| 11. Okt. | MES 1221 | | 50 | 185 | |
| 18. Okt. | MES 1340 | | 25 | 160 | |
| 4. Nov. | MES 1505 | | 25 | 135 | |
| 6. Nov. | MES 1708 | | 60 | 75 | |
| 18. Nov. | ER 799 | 150 | | 225 | |
| 3. Dez. | MES 1804 | | 100 | 125 | |
| 31. Dez. | Inventur | | | 125 | |

## Arbeitsaufträge und Fragen zur Stofferschließung

**1.** Zunächst sollen die **ZU- UND ABGÄNGE AN FAHRRADDYNAMOS** des Typs CX 200 etwas genauer betrachtet werden.

a) **Wie viel** Fahrraddynamos wurden im abgelaufenen Geschäftsjahr **insgesamt eingekauft**?

b) **Wie viel** Fahrraddynamos sind **vom Lager in die Produktion** gegangen, **wie hoch** war also der **Verbrauch** an diesen Gegenständen?

c) **Welchen Verbrauchswert** verkörpern diese Dynamos?

d) **Wie hoch** war der **durchschnittliche Monatsverbrauch**?

e) **Wie hoch** war der **durchschnittliche Wochenverbrauch** (50 Wochen pro Jahr)?

**2.** Nun wollen wir uns mit der Frage beschäftigen, **wie** der **DURCHSCHNITTLICHE LAGERBESTAND berechnet** werden kann.

a) Sie haben **zwei Inventurbestände** gegeben, nämlich den vom Jahresanfang und den vom Jahresende.

aa) **Berechnen Sie** den **durchschnittlichen Lagerbestand** mithilfe der beiden Inventurbestände.

ab) **Geben Sie** die **Formel** für die durchgeführte Berechnung des durchschnittlichen Lagerbestands an.

ac) **Welchen Nachteil** hat diese Art der Berechnung des durchschnittlichen Lagerbestands?

b) Der **durchschnittliche Lagerbestand** kann auch mithilfe der **in der Lagerfachkarte vermerkten Bestandsdaten** ermittelt werden.

ba) **Ermitteln Sie** den **durchschnittlichen Lagerbestand** mithilfe der **Daten in der Bestandsspalte**.

bb) **Bei dieser Methode** der Ermittlung des durchschnittlichen Lagerbestands ergibt sich immer dann ein **neuer Bestand**, wenn ein **Zu- oder Abgang von Waren** zu verzeichnen ist. Der **Zeitpunkt** für solch einen Zu- oder Abgang von Waren ist mehr oder weniger **zufällig**. **Welche Schlussfolgerung** ziehen Sie hieraus in Bezug auf die **Anwendungshäufigkeit dieser Methode** in der Wirtschaftspraxis?

c) Im Folgenden soll **die unter 1. dargestellte Methode** der Berechnung des durchschnittlichen Lagerbestands etwas **verfeinert** werden. Dazu müssten außer dem Jahresanfangs- und Jahresendbestand **noch weitere Endbestände ermittelt** werden.

ca) **Welche Lagerendbestände** kommen in diesem Zusammenhang **infrage**?

cb) **Berechnen Sie** die jeweiligen **Endbestände für die Monate Januar bis Dezember**.

cc) Ermitteln Sie die **Summe aller zwölf Monatsendbestände**.

cd) **Ermitteln Sie** nun den **durchschnittlichen Lagerbestand unter Berücksichtigung des Jahresanfangsbestands**. **Wie** lautet der **Teiler**?

ce) **Wie** lautet die **Formel** für diese Art der Berechnung des durchschnittlichen Lagerbestands?

cf) Der **Teiler 13** kann durch den **Teiler 12 ersetzt** werden, wenn vom Jahresanfangs- und vom Jahresschlussbestand jeweils **nur die Hälfte** in die Rechnung einbezogen wird.

cfa) **Wie** lautet das **Ergebnis** dieser Berechnung?

cfb) **Wie** lautet die **Formel** für diese Art der Berechnung des durchschnittlichen Lagerbestands?

**3.** Nach all der vielen Rechnerei sollten wir uns auch überlegen, **wie sich die LAGERBESTANDSENTWICKLUNG BUCHHALTERISCH darstellt.**

a) **Zeichnen Sie** auf einem **T-Konto** mit der Überschrift „Dynamo CX 200“ (Konto „2000 Bezogene Teile“) **alle buchhalterisch relevanten Vorgänge** (Bestände, Zu- und Abgänge) ein. **Geben Sie** hierbei die jeweiligen **Gegenkonten** an und **schließen Sie** das **Konto** fachgerecht **ab. Bezugspreis** pro Stück: **25,00 €**.

b) In **1.b)** wurde der **Verbrauch in Stück** auf die Weise ermittelt, dass die **Summe der Abgänge** in der Lagerfachkarte festgestellt wurde. **Wie** kann der **Verbrauch** nunmehr **buchhalterisch ermittelt** werden?

c) Angenommen, der **Verbrauch an Dynamos** sei durch **Materialentnahmescheine (MES)** genauestens **festgehalten** worden. **Wie** kann in diesem Falle der **Schlussbestand (SB)** stückzahl- und wertmäßig **ermittelt werden**?

**4.** Wir müssen uns nun **entscheiden, mit welchem** von den errechneten **Lagerbeständen** wir **weiterrechnen** wollen. Die **Formeln mit elf bzw. zwölf Monatsendbeständen** führen im vorliegenden Fall zu einem Ergebnis, das **fast identisch** ist (148,6 bzw. 147 Stück). Der Lagerleiter Hans Grau entschließt sich daher, mit einem **durchschnittlichen Lagerbestand von 148 Stück weiterzurechnen**.

a) Wie wir in **1. b)** ausgerechnet haben, wurden im Laufe des gesamten Geschäftsjahres insgesamt **885 Dynamos** des Typs CX 200 vom Lager **in die Produktion gegeben**. Außerdem wissen wir, dass **durchschnittlich 148 Dynamos auf Lager** sind. **Wie viel mal** musste im Laufe des vergangenen Geschäftsjahres **der durchschnittliche Lagerbestand ersetzt** werden? Anders ausgedrückt: Wie oft wurde der durchschnittliche Lagerbestand bei einem Gesamtverbrauch von 885 Dynamos **umgeschlagen**? **(= UMSCHLAGSHÄUFIGKEIT DES DURCHSCHNITTLICHEN LAGERBESTANDS).**

b) **Wie** lautet die **Formel** für die Berechnung der Umschlagshäufigkeit (UH)?

c) **Welche Auswirkungen** hat es für ein Unternehmen, wenn es durch gezielte Maßnahmen gelingt, die **Umschlagshäufigkeit (-geschwindigkeit)** bei zahlreichen Warenarten beträchtlich **zu erhöhen**?

d) Vor allem in Bezug auf **Fertigwarenlager** wird die Umschlagshäufigkeit häufig von **Verbänden** für **einzelne Warengruppen** innerhalb bestimmter Branchen (z. B. für Küchenmöbel, Polstermöbel) berechnet. **Welchen Nutzen** kann ein einzelnes Unternehmen aus diesen Angaben ziehen?

**5.** Ist die **Umschlagshäufigkeit des Lagers bekannt**, so kann daraus die **DURCHSCHNITTLICHE LAGERDAUER** einer Ware **berechnet** werden.

a) **Wie viele Kalendertage** liegen die Dynamos CX 200 **durchschnittlich auf Lager**, wenn innerhalb eines Geschäftsjahres (365 Tage) das Lager, wie von uns berechnet wurde, **rund 6-mal umgeschlagen** wurde?

b) **Wie** lautet die **Formel** für die Berechnung der durchschnittlichen Lagerdauer?

c) **Welcher Beziehungszusammenhang** besteht zwischen der **UH** und der **durchschnittlichen LD**?

d) **Warum** ist es für jedes Unternehmen sehr **wichtig**, die **durchschnittliche Lagerdauer so gering wie möglich** zu halten?

e) **Schlagen Sie** zwei geeignete **Maßnahmen** vor, um die **durchschnittliche Lagerdauer** für den Dynamo CX 200 **zu verkürzen**.
**Lösungshinweis:** Überlegen Sie sich, von welchen Komponenten die durchschnittliche Lagerdauer abhängt.

f) **Berechnen Sie** mithilfe des **Zahlenmaterials**, wie es im **T-Konto** von **Arbeitsauftrag 3. a)** enthalten ist, ...

fa) die **Umschlagshäufigkeit**,

fb) die **durchschnittliche Lagerdauer** für den Dynamo CX 200.

fc) **Erklären Sie** die **Abweichungen** gegenüber den Berechnungen in **4. a)** und **5. a)**.

**6.** Die Unternehmer versuchen die **ZINSKOSTEN** für das in den Waren gebundene Kapital in die Verkaufspreise ihrer Waren **einzukalkulieren**. Ob sie jedoch diese kalkulatorischen Zinsen über die Verkaufspreise von ihren Abnehmern **tatsächlich vergütet** bekommen, hängt insbesondere von den **jeweiligen Konkurrenzverhältnisses** auf dem betreffenden Absatzmarkt ab. Für die folgenden Berechnungen wird für das in den Waren gebundene Kapital ein **Jahreszinssatz von 9 %** zugrunde gelegt.

a) **Wie viel Prozent Zinsen** müsste die Stauferland Fahrradwerke GmbH für die Dynamos **einkalkulieren**, wenn die **durchschnittliche Lagerdauer 180 Tage** betragen würde?

b) **Wie viel Prozent Zinsen** müssen bei einer **Lagerdauer von 90 Tagen** einkalkuliert werden?

c) **Wie viel Prozent Zinsen** müssen unter Zugrundelegung der für den Dynamo CX 200 berechneten **durchschnittlichen Lagerdauer** in den Verkaufspreis der Räder einkalkuliert werden? (Vgl. hierzu 5. a)

d) Man bezeichnet den ermittelten Zinssatz als **ZEITPROZENTSATZ** oder **ANGEPASSTEN ZINSSATZ** **($\bar{p}$)**, weil er sich – im Gegensatz zum **Jahreszinssatz ($p_a$)** immer auf eine **Zeitspanne bezieht, die kleiner als 365 Tage** ist.
**Leiten Sie** aus den in 6. a) bis 6. c) erstellten Bruchstrichen die **Formel für die Berechnung das Zeitprozentsatzes** ab.

e) **Wie viel € Zinsen** verursacht das in den Dynamo des Typs CX 200 **investierte Kapital**?

f) **Wie hoch** ist der **Jahreszinssatz ($p_a$)**, wenn der Zeitprozentsatz ($\bar{p}$) 2 % ist und die durchschnittliche Lagerdauer 60 Tage beträgt?

g) **Wie viel Tage** liegt eine Ware durchschnittlich **auf Lager**, wenn mit einem Jahreszinssatz von 10 % gerechnet wird und wenn der angepasste Zinssatz 2 % beträgt?

## 2.5 Eigen- oder Fremdlagerung

**Ausgangssituation**

**1. Schreiben der WECO AG, Hersteller von Autositzen, Braunschweig, an die Lagerhausgesellschaft Remus AG in Stuttgart:**

Für uns als Autozuliefererbetrieb ist Kundennähe heute wichtiger denn je. Um auf die steigenden Anforderungen des Marktes flexibel reagieren zu können, sehen wir uns gezwungen im Großraum Stuttgart ein Auslieferungslager für die von uns produzierten Autositze einzurichten. Von der Geschäftsleitung unseres Hauses werden zurzeit Überlegungen angestellt, ob ein Lagerneubau errichtet oder ob das Problem durch Fremdlagerung gelöst werden soll. Um eine gut fundierte Entscheidung treffen zu können, benötigen wir von Ihnen ein Angebot über die monatlichen Lagerkosten bei einem benötigten Lagervolumen von 3000 bis 4000 $m^3$.

Wir hoffen, dass Sie uns ein günstiges Angebot unterbreiten können.

Mit freundlichen Grüßen ...

**2. Antwortschreiben der Lagerhausgesellschaft Remus AG, Stuttgart:**

Besten Dank für Ihre Anfrage. Weil wir über ausreichende Lagerkapazitäten verfügen, können wir Ihnen jederzeit jeden gewünschten Lagerraum zu einem sehr günstigen Preis zur Verfügung stellen. Wir verlangen pro $m^3$ eingelagerter Ware monatlich lediglich 5,00 € Lagergebühren. Eine sachgemäße Lagerung Ihrer Ware können wir Ihnen garantieren.

Die Inanspruchnahme von Spezialeinrichtungen wie Kühl-, Besprühvorrichtungen ist gegen Aufpreis möglich. Darüber hinaus können Sie auch unsere zahlreichen Serviceeinrichtungen in Anspruch nehmen, so z. B. Bestandsüberwachung, Lagerbuchführung, Warenpflege, prompte Auslieferung der Ware an Kunden. Die Lagerung Ihrer Waren in einem unserer Lagerhäuser befreit Sie von der Notwendigkeit zur Finanzierung eines eigenen Lagerhauses hohe Kredite bei der Bank aufnehmen zu müssen. Schon mancher Unternehmer hat sich durch solche Investitionen den erforderlichen Liquiditätsspielraum im wahrsten Sinne des Wortes „verbaut" und musste dann wegen hoher Zinsbelastungen bei rückläufigen Umsätzen „die Segel streichen". Sind Sie sicher, dass über die gesamte Abschreibungsdauer die Vollauslastung solcher Millioneninvestitionen gewährleistet ist, dass Sie also keine Fehlinvestition tätigen? Was fangen Sie mit einer solchen Investition an, wenn sich Ihr bisheriger Hauptkunde einen anderen Zulieferer sucht?

In der heutigen schnelllebigen Zeit sollten Sie Fixkostenbelastungen, die Sie ein- oder sogar zwei Jahrzehnte an ein bestimmtes Objekt binden, nach Möglichkeit vermeiden. Durch Fremdlagerung können Sie sich räumliche Erweiterungsmöglichkeiten sowohl am Stammsitz Ihres Unternehmens als auch an fast allen größeren Städten innerhalb Deutschlands verschaffen. So lässt sich Kundennähe für Sie ohne allzu großes Investitionsrisiko praktizieren.

Sie brauchen sich nicht mit Baubehörden und restriktiven Bauvorschriften herumzuschlagen; stattdessen können Sie im täglichen Kampf um den Kunden wichtige Standortvorteile ausnutzen, da sich unsere Lagerhäuser ausnahmslos an wichtigen Umschlagsplätzen des Warenverkehrs (Binnen-, Seehäfen, Autobahnkreuzungen, Güterbahnhöfen) befinden.

Wir hoffen, dass wir Sie von den vielen Vorteilen der Warenlagerung in einem unserer Lagerhäuser überzeugen konnten. Falls Sie noch besondere Fragen und Wünsche haben, stehen wir Ihnen jederzeit zur Verfügung. ...

**3. Innerbetriebliche Untersuchungen und Berechnungen**

**Bei der Überprüfung der <u>Allgemeinen Geschäftsbedingungen</u> der Lagerhausgesellschaft Remus AG stieß die Geschäftsleitung der WECO AG auf folgende <u>Besonderheiten</u>:**

- **Mindestvertragsdauer: 24 Monate;**
- **Preisgleitklausel, die eine Anpassung der Lagergebühren an die jeweilige Inflationsrate vorsieht.**

**<u>Daten zur Erstellung eines eigenen Lagergebäudes</u> in Stuttgart: Grundstückskosten für ein Lagergebäude mit Zufahrt und Parkplätzen ca. 600.000,00 €; Baukosten einschließlich Lagereinrichtung laut Kostenvoranschlag 1.320.000,00 €; variable Lagerkosten pro Monat und $m^3$ 2,50 €, Nutzungsdauer für das Lagergebäude: 20 Jahre.**

## Sachdarstellung

**Anlässe der Fremdlagerung**

- **Geschäftserweiterung (Umsatzsteigerung)**. Die vorhandenen Lagerkapazitäten reichen nicht mehr aus. Wenn nicht sicher ist, ob die positive Entwicklung in Zukunft weiter anhält oder wenn nur in relativ geringem Umfang weitere Lagerkapazitäten benötigt werden, dann ist Fremdlagerung angezeigt.
- **Geschäftsrückgang (Umsatzeinbußen)**. Absatzstockungen können ihre Ursache in saisonalen oder konjunkturellen Schwankungen haben; sie können jedoch auch „hausgemacht" sein (z. B. technische Rückständigkeit der eigenen Produkte, veraltetes Design, mangelhafter Service, geringer Bekanntheitsgrad). Um Entlassungen zu vermeiden, wird dann häufig auf Vorrat produziert. Das erfordert größere Kapazitäten im Fertigwarenlager. Da in Unternehmen mit Absatzschwierigkeiten die finanzielle Lage in der Regel sehr angespannt ist, fehlen die erforderlichen Mittel für Investitionen in ein neues Lagergebäude. Deshalb muss in solch einem Falle zwangsläufig auf Fremdlagerung ausgewichen werden.
- **Verstärkter Konkurrenzdruck**. Er macht die Errichtung von Läger in Kundennähe erforderlich, um **flexibel reagieren** zu können, z. B. durch Sofortlieferung. Zulieferer, die einen Großabnehmer (z. B. Autoindustrie) nach dem **JIT-Prinzip** beliefern, errichten häufig Auslieferungsläger in Kundennähe, um beim Eintreten von Transportstörungen (Unfälle, Schnee, Eisglätte, Überschwemmungen u. a.) nicht hohe Konventionalstrafen zahlen zu müssen. Fremdläger werden auch dann eingerichtet, wenn die Kundenbeziehungen noch nicht von langer Dauer sind oder instabilen Charakter haben.

## Arbeitsvorlage 1: a) Wertetafel

| Eingelagerte Menge in m³ | 500 | 1000 | 1500 | 2000 | 2500 | 3000 | 3500 | 4000 | 4500 |
|---|---|---|---|---|---|---|---|---|---|
| Gesamte Kosten der Eigenlagerung (KG–EL) | | | | | | | | | |
| Gesamte Kosten der Fremdlagerung (KG–FL) | | | | | | | | | |

b) Grafische Darstellung

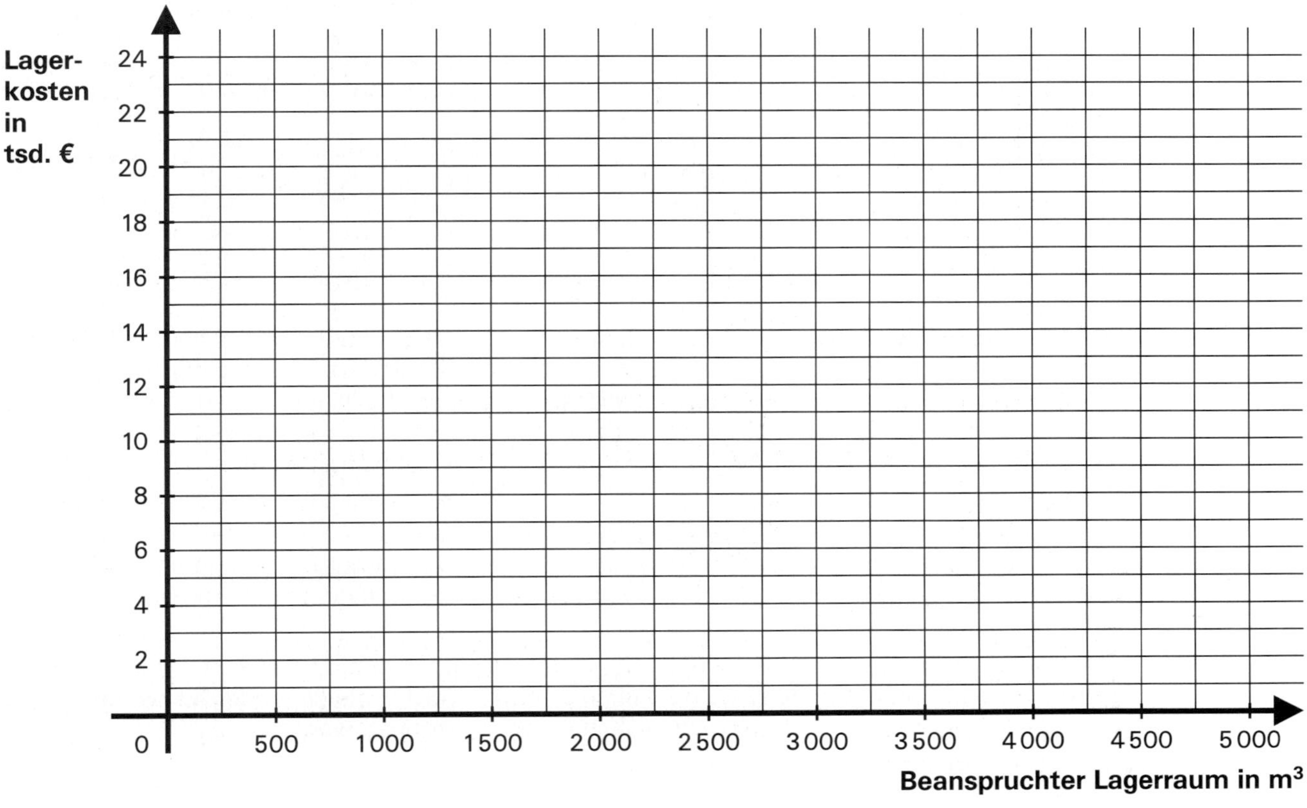


  

## Arbeitsvorlage 2: Entscheidungsbewertungstabelle

| Unternehmerische Subziele (Bewertungskriterien) | Gewichtung (%) | Eigenlagerung | | Fremdlagerung | |
|---|---|---|---|---|---|
| | | Einzelpunkte | gewichtete Punkte | Einzelpunkte | gewichtete Punkte |
| (1) Kostensenkung (durchschnittlich beanspruchter Lagerraum: 3500 m³) | 35 | | | | |
| (2) Flexibilität (möglichst schnelles Reagieren auf Kundenwünsche) | 30 | | | | |
| (3) Sicherung der Liquidität im Unternehmen | 20 | | | | |
| (4) Wahrung der unternehmerischen Unabhängigkeit | 15 | | | | |
| Summe | 100 | – | | | – |

## Arbeitsaufträge und Fragen zur Stofferschließung

1. **Beschäftigen Sie sich** mit der **Anfrage der WECO AG** bei der Lagerhausgesellschaft Remus AG und **formulieren Sie** das zu lösende **Problem**.
2. **Welche Vorteile** der **Fremdlagerung** werden in dem Angebotsschreiben der WECO AG genannt?
3. **Aus welchen Gründen** nehmen Unternehmen die **Dienste von Lagerhäusern** in Anspruch? **Aus welchem Grund** interessiert sich die **WECO AG** für neue Lagermöglichkeiten?
4. Für den **Vergleich zwischen Eigen- und Fremdlagerung** sollen zunächst einmal **Kostengesichtspunkte** herangezogen werden. **Ermitteln Sie** zu diesem Zweck auf der Grundlage des angegebenen Zahlenmaterials zunächst einmal die **„kritische Lagermenge"**.
5. **Welche Bedeutung** hat die ermittelte „kritische Lagermenge" für die WECO AG?
6. **Ergänzen Sie** nun die **Wertetafel** der **Arbeitsvorlage 1** und zeichnen Sie danach die **Fixkosten- (KF–EL)**- und die **Gesamtkostenkurve (KG–EL) für die Eigenlagerung (EL)** sowie die **Gesamtkostenkurve für die Fremdlagerung (KG–FL)** in das Koordinatenkreuz ein. Bestimmen Sie die „kritische Menge."
7. **Versuchen Sie** nun aus der grafischen Darstellung eine **wichtige Erkenntnis** abzuleiten, indem Sie den folgenden **Lehrsatz vervollständigen** und **begründen**:

   **„Je größer die Lagermenge, desto mehr rentiert sich (welche Lagerung) die ______________ -lagerung."**
   **Begründung:** ______________________________________________
   ______________________________________________

8. **Bei der Entscheidungsfindung** spielen neben dem **Kostenaspekt** natürlich auch die im Angebotsschreiben der Lagerhausgesellschaft Remus AG genannten **Vorteile der Fremdlagerung** sowie die **Vertragsbedingungen** (vgl. Punkt 3 der Ausgangssituation) eine gewisse Rolle. In welchem Umfang das der Fall ist, zeigt die **Tabelle** der **Arbeitsvorlage 2**, in der alle für die Entscheidung relevanten Kriterien angeführt und entsprechend der Bedeutung für die Firma WECO AG gewichtet wurden.

   Es ist nun Ihre Aufgabe, mithilfe der folgenden Entscheidungsbewertungstabelle die **Entscheidung** für eine Eigenlagerung oder für eine Fremdlagerung in Stuttgart herbeizuführen. Beachten Sie hierbei bitte, dass es sich nicht um die Entscheidung Zentrallager in Braunschweig oder Fremdlagerung in Stuttgart handelt. Wegen der bestehenden Konkurrenzverhältnisse ist eine Zentrallagerung in Braunschweig nicht mehr aufrechtzuerhalten.

   **Bewertung:** In starkem Maße vorhanden: 6 Punkte – in mittlerem Umfang vorhanden: 3 Punkte – überhaupt nicht vorhanden: 0 Punkte. Die Einzelpunkte sind jeweils nur für die eine oder für die andere Lagerungsart zu vergeben. Es kann jeder Wert zwischen 0 und 6 vergeben werden.
9. **Begründen Sie** die vorgenommene Bepunktung **möglichst ausführlich**.

# Handlungsfeld 3: Personalwesen

## 3.1 Aufgaben der Personalwirtschaft

### Ausgangssituation

**Auszug aus einem Kommentar von Dr. Peter Hartz, Vorstand der Volkswagen AG Personal, Arbeitsdirektor:**

„Der Mensch im Mittelpunkt des Unternehmens ... Das übergreifende Ziel unserer Personalpolitik lautet auf sämtlichen Ebenen und zu jeder Zeit dynamisch und flexibel auf unterschiedliche Marktbedürfnisse reagieren zu können. Das ist nicht allein eine Frage der technischen Innovation, hier rücken die Mitarbeiterinnen und Mitarbeiter in den Vordergrund ...

Flexiblere Arbeitssysteme zur Anpassung der Produktion an die Auftragslage sind dabei nur ein Teil der innovativen Personalpolitik. Weitere Bausteine sind Schritte zur Mitarbeiterqualifizierung, wirksame Maßnahmen zur Beschäftigungssicherung und fortschrittliche Regelungen für die Altersteilzeit ... Im Mittelpunkt steht die produktive Balance zweier scheinbar gegensätzlicher Tendenzen: der Verbesserung der Wettbewerbsfähigkeit einerseits und des Wahrnehmens der sozialen Verantwortung für die Mitarbeiter andererseits .... Das substanzielle Interesse des Unternehmens ist die Einbindung aller Mitarbeiter in alle Stufen der Transformation des gesamten Unternehmens. Denn je besser ein Mitarbeiter den Hintergrund und die Ziele des Wandels bei Volkswagen versteht und mit einer gesicherten persönlichen Lebensplanung verbinden kann, desto eher wird er die notwendigen Veränderungen akzeptieren und aktiv mittragen.“[1]

### Sachdarstellung

**Übersicht: Aufgabenbereiche (Funktionen) der Personalwirtschaft**

1. PERSONAL-BEDARFSPLANUNG

   Sie sorgt dafür, dass die für die Erreichung der Unternehmensziele **erforderlichen Mitarbeiter zur Verfügung stehen,** und zwar in der gewünschten Menge, Qualität, am richtigen Ort, zum richtigen Zeitpunkt und für die benötigte Dauer.

2. PERSONAL-BESCHAFFUNG

   Sie befasst sich mit der **Beseitigung von Fehlbeständen.** Personalunterdeckungen können bestehen in quantitativer und qualitativer, in zeitlicher und örtlicher Hinsicht. Hierbei geht es darum, **den tatsächlichen Personalbestand dem Sollbestand anzupassen.** In diesen Aufgabenbereich fällt auch die **Personalauswahl** und die **Personaleinstellung.**

3. PERSONAL-EINSATZ

   Planungen in diesem Bereich sollen **den optimalen Einsatz der vorhandenen Arbeitskräfte sicherstellen.** Von Bedeutung ist hierbei auch die **Arbeitsgestaltung** und die **Arbeitszeitgestaltung** (z. B. die Gleitzeitregelung, die Pauseneinteilung, die Teilzeit- und Urlaubsplanung), des Weiteren die **Arbeitssicherheit** (Vermeidung von Arbeitsunfällen).

4. PERSONAL-ENTWICKLUNG

   Sie umfasst Maßnahmen, die der **Förderung** sowie der **Aus- und Weiterbildung von Mitarbeitern** dienen. Hierbei geht es darum, die **Differenz zwischen den Anforderungen eines Arbeitsplatzes und den Fähigkeiten des Stelleninhabers zu minimieren.**

5. PERSONAL-FREISTELLUNG

   Dazu zählen alle **Maßnahmen, durch die eine personelle Überdeckung beseitigt** werden soll. Der Personalüberhang kann in quantitativer, qualitativer, zeitlicher und örtlicher Hinsicht bestehen. Maßnahmen zur Personalfreisetzung sind Kündigungen, Pensionierungen, Abbau von Überstunden, Einstellungsstopps.

1 aus: Ideen, die bewegen – Volkswagen 1998

**6. PERSONAL-FÜHRUNG**

Sie betrifft die an den Unternehmenszielen ausgerichtete **Beeinflussung des Verhaltens der Mitarbeiter durch die Vorgesetzten.** Der jeweilige Führungsstil bestimmt das Verhältnis zwischen Vorgesetzten und unterstellten Mitarbeitern. Es ist die Aufgabe von Führungskräften, Führungsgrundsätze zu entwickeln und angemessene Führungsstile und -techniken einzusetzen.

**7. PERSONAL-ENTLOHNUNG**

Sie bezieht sich auf die **Entgeltgestaltung**, also auf die **geldlichen und geldwerten Leistungen des Unternehmens an die Mitarbeiter.** Es geht hierbei darum, ein **möglichst gerechtes und transparentes Entlohnungssystem** zu entwickeln. Im Zusammenhang mit der **Entlohnung steht die Entwicklung und Steuerung der Personalkosten.**

**8. PERSONAL-BETREUUNG**

Es handelt sich hierbei um eine **Unternehmensphilosophie,** bei der es um die **Optimierung der persönlichen Gesundheit und der betrieblichen Leistungsfähigkeit** geht. Die Personalpflege versucht vorbeugend (präventiv) zu wirken, d. h., der Krankheitsfall soll erst gar nicht auftreten. Zu den **direkten Vorbeugungsmaßnahmen** gehören z. B. Untersuchungen durch den Werksarzt, Ernährungsberatung, Sportprogramme, Seminare zur Stressbewältigung. Zu den **indirekte Vorbeugemaßnahmen** rechnen beispielsweise die Arbeitssicherheit, der Betriebskindergarten, die betriebliche Alterssicherung.

**9. PERSONAL-BEURTEILUNG**

Sie zielt auf die **Erfassung der Leistungen, des Verhaltens und der Potenziale der einzelnen Mitarbeiter**. Die mitarbeiterspezifischen Daten bilden die **Grundlage für eine leistungsbezogene Entlohnung.** Außerdem sollen sie einen **optimalen Personaleinsatz** gewährleisten sowie die Ausgestaltung **gezielter Personalentwicklungsmaßnahmen** ermöglichen.

**10. PERSONAL-VERWALTUNG**

Sie umfasst **alle administrativen und routinemäßigen Aufgaben,** die sich auf den arbeitenden Menschen beziehen. Die EDV ermöglicht es, große Mengen von Personaldaten zu erfassen und zu verarbeiten und auf diese Weise dem Bedürfnis nach schnellen Informationen gerecht zu werden. Wichtige Bestandteile der Personalverwaltung sind die **Personalstatistik** und das **Personalinformationssystem.**

**Zusammenfassung**

Die **Funktionen 1. bis 5.** dienen dazu, Personal in der richtigen Menge, Qualität und zum richtigen Zeitpunkt bereitzustellen. Die **Funktionen 6. bis 8.** zielen auf den Erhalt und die Förderung der Leistung der Mitarbeiter. Kennzeichnend für die **Funktionen 9. und 10.** ist das Anfallen großer Datenmengen, die Bestandteil des Personalinformationssystems sind.

Beachten Sie, dass **zwischen den einzelnen Funktionen vielfältige Zusammenhänge und Rückkopplungen** bestehen, sodass sie eigentlich nicht isoliert voneinander betrachtet werden können.

## Arbeitsvorlage 1: Von der Personalwirtschaft zu lösende Probleme (Beispielsammlung)

(1) Wie viele Mitarbeiter werden jetzt und in absehbarer Zeit benötigt und über welche Qualifikationen müssen sie verfügen?

(2) Auf welche Art und Weise können die Qualifikationen, die Kompetenzen und Potenziale der Mitarbeiter den gegenwärtigen und zukünftigen Anforderungen angepasst werden?

(3) Wie soll das Verhältnis zwischen Untergebenen und Vorgesetzten gestaltet werden?

(4) Nach welchen Verfahren (z. B. persönliche Eignung, berufliche Qualifikationen) werden Mitarbeiter ausgesucht und unter welchen Bedingungen (z. B. Beachtung von tarifvertraglichen Vorschriften und Betriebsvereinbarungen) werden sie eingestellt?

(5) Nach welchen Grundsätzen, Verfahren und zu welchen Anlässen werden Mitarbeiter beurteilt?

(6) Wie und wo können die Mitarbeiter entsprechend ihren Fähigkeiten beschäftigt werden?

(7) Wie können die benötigten Mitarbeiter gewonnen werden, damit der tatsächliche Personalbestand an den Sollbestand angepasst werden kann?

(8) Wie wird ein neuer Mitarbeiter in sein Aufgabengebiet eingeführt und wie wird diese Einarbeitung organisiert?

(9) Nach welchen Prinzipien und Verfahren wird das an einen Mitarbeiter zu zahlende Entgelt festgesetzt?

(10) Wie müssen die Arbeitsplätze und die Arbeitsumgebung gestaltet werden, wenn die Mitarbeiter bestmögliche Arbeitsbedingungen vorfinden sollen?

(11) Durch welche Organisationsformen der Arbeit (z. B. Arbeitsplatzwechsel, Arbeitserweiterung, Arbeitsbereicherung, Gruppenarbeit) kann die Arbeitsmotivation der Mitarbeiter verbessert werden, sodass es zu einer Produktivitäts- und Qualitätssteigerung kommt?

(12) Durch welche Maßnahmen kann eine personelle Überdeckung im Unternehmen beseitigt werden? Oder: Wie können überzählige Mitarbeiter unter Vermeidung von sozialen Härten abgebaut werden?

(13) Wie können die im Personalwesen anfallenden Daten zu Statistiken aufbereitet werden?

(14) Welche und wie viele Arbeitskräfte sollen wann, wie lange und wohin versetzt werden?

(15) Wie können Qualifikationsdefizite bei den Mitarbeitern beseitigt werden?

**Arbeitsvorlage 2:** Die in den Aufgabenbereichen der Personalwirtschaft zu bewältigenden Einzelaufgaben

(1) Neue Mitarbeiter einführen, Arbeitskräfte anlernen, Versetzungen in den Ruhestand vornehmen, Versetzungen in andere Abteilungen veranlassen.

(2) Interne und externe Stellenausschreibungen veranlassen, Personalwerbung betreiben, Stellenbewerber auswählen, Personal einstellen, Arbeitsverträge abschließen.

(3) Mitarbeiterbeurteilungen vornehmen, Beförderungen aussprechen, Gehaltserhöhungen zusagen, Verbesserungsvorschläge prämieren.

(4) Stellenbeschreibungen erstellen, Arbeitsplätze und Arbeitsumgebung gestalten und bewerten, Arbeiten neu organisieren (z. B. Arbeitsbereicherung, Arbeitserweiterung), Lohn- und Gehaltsstrukturen sowie individuelle Arbeitszeiten für Mitarbeiter festlegen.

(5) Schaffung von sozialen Einrichtungen (z. B. Kantine, Betriebskindergarten), Leistung von sozialer Hilfe (z. B. durch Bereitstellung von Werkswohnungen), kulturelle Förderung der Mitarbeiter (z. B. durch Finanzierung von Sprach- und Weiterbildungskursen), Freizeitgestaltung ermöglichen (z. B. Betriebsfußball, Betriebserholungsheime).

(6) Maßnahmen zur Fort- und Weiterbildung (Aufstiegs-, Anpassungs- und Ergänzungsfortbildung) in die Wege leiten, Lernen am Arbeitsplatz („learning by doing“), Nachwuchskräfte ausbilden, Umschulungen durchführen.

(7) Kündigungen aussprechen, Abfindungen aushandeln, Sozialpläne aufstellen, Pensionierungen und Frühverrentungen in die Wege leiten.

(8) Entwicklung und Handhabung von Formularen, Anlegen von Personalakten, Erstellen von Personalkarteien und -dateien, Anfertigen von Personalstatistiken.

(9) Den notwendigen Bestand an Fach- und Führungskräften sichern, vorhandene Qualifikationen der Mitarbeiter erhalten und an veränderte Gegebenheiten am Arbeitsplatz anpassen, die Mitarbeiter auf höherwertige Tätigkeiten vorbereiten, das Leistungs- und Sozialverhalten der Mitarbeiter verbessern, die Bereitschaft der Mitarbeiter zum Versthen von Veränderugen erhöhen.

(10) Abwicklung routinemäßiger Aufgaben wie z. B. das Ausfüllen von Formularen (An- und Abmeldungen), die Führung der Personalakte, der Personalstamm- und Arbeitsplatzstammdatei.

## **Arbeitsvorlage 3:** Die veränderte Aufgabenstellung der Personalwirtschaft[1]

**Auszug aus einem Schülerreferat:**

„**Früher** war Personalarbeit vorwiegend **reine Verwaltungstätigkeit.** Heutzutage muss sich die betriebliche Personalpolitik **ständig neuen Aufgaben stellen** und immer schneller **an neue Entwicklungen und Gegebenheiten anpassen.**

Ein Haupteinflussfaktor auf die betriebliche Personalarbeit ist der **technische Fortschritt.** Er veränderte ganze Betriebsstrukturen, die Formen und Inhalte der Arbeit sowie die Anforderungsprofile für die Beschäftigten. Von diesen Auswirkungen des technischen Fortschritts bleibt auch die Personalwirtschaft nicht verschont. Beispielsweise erfordern neue Herstellungsverfahren und die zunehmende Komplexität der Arbeitsabläufe motivierte und mehrfach qualifizierte Mitarbeiter, die in eng kooperierenden Gruppen arbeiten sowie ein innovationsfreudiges Management.
Die sich immer schneller vollziehende **Produktentwicklung,** die in immer kürzeren Produktlebenszyklen zum Ausdruck kommt, verlangt von den Unternehmen und den einzelnen Mitarbeitern ein Höchstmaß an Dynamik, Flexibilität und Kreativität. Um im Zuge der **Globalisierung des Wettbewerbs** die Marktposition halten oder ausbauen zu können, benötigen Unternehmen international erfahrene Manager mit guten Sprachkenntnissen, hoher Mobilitätsbereitschaft, geistiger Flexibilität und Sensibilität für fremde Kulturen, Verhaltens- und Denkweisen. Die Ausdehnung der Märkte, die mit ihr einhergehende Verschärfung der Konkurrenzsituation und die immer homogener werdenden Produktions- und Leistungsprogramme erfordern eine konsequente **Orientierung an den Kundenwünschen.** Dies kommt zum Ausdruck in der Lieferung von speziell auf den Kunden zugeschnittene Problemlösungen.
Organisatorische Voraussetzung für die notwendig gewordene Umorientierung der Unternehmen auf die Marktanforderungen sind **flachere Hierarchien** und flexiblere Organisationsformen mit dezentralen und kundennahen Entscheidungswegen. Im Zuge des Abbaus von Hierarchiestufen im Unternehmen kommt es zu einer **Delegation von Verantwortung nach unten.** In verstärktem Maße werden Mitarbeiter in Planungs- und Entscheidungsprozesse im Unternehmen einbezogen. Die **zunehmende Partizipation der Mitarbeiter** bedeutet eine Abkehr vom früher üblichen autoritären Führungsstil, zugleich verdeutlicht sie eine **Tendenz zur Demokratisierung des Arbeits- und Berufslebens.**

Voraussetzung für die verstärkte Teilhabe am unternehmerischen Planungs- und Entscheidungsprozess und für die daraus resultierende höhere Arbeitsmotivation ist die **Bereitschaft der Mitarbeiter zum lebenslangen Lernen.** Ziel dieses Prozesses ist die Erlangung von **beruflicher Handlungskompetenz.** Sie umschließt

- die **Entscheidungskompetenz** (das produktive und zielgerichtete Denken und Handeln),
- die **kommunikative und soziale Kompetenz** (das kooperative Arbeiten einschließlich der Teamarbeit),
- die **Methodenkompetenz** (das systematische Denken, Handeln, Planen und Strukturieren) sowie
- die **Innovationskompetenz** (das kreative Denken und Handeln).

Von Bedeutung für die Personalwirtschaft sind auch Entwicklungstendenzen wie der **zunehmende Konzentrationsprozess** und die **verstärkte Bürokratisierung** in der Wirtschaft sowie **Fehlentwicklungen auf einzelnen Märkten.** Unternehmenszusammenschlüsse (Fusionen) sind nicht selten mit Arbeitsplatzverlusten verbunden. Konjunkturelle Einbrüche und Nachfragerückgänge sowie tief greifende strukturelle Veränderungen auf einzelnen Märkten ziehen häufig Unternehmenszusammenbrüche und Massenentlassungen mit weit reichenden Folgen nach sich. Immer umfangreichere und undurchsichtiger werdende arbeits-, sozial- und tarifrechtliche Vorschriften **fördern das Spezialistentum** unter den Mitarbeitern in der betrieblichen Personalwirtschaft.

Im Rahmen der Personalwirtschaft kann **der Mitarbeiter nicht nur als Leistungsfaktor und Kostenverursacher** gesehen werden; zu berücksichtigen ist auch, dass er Motive und Erwartungen in das betriebliche Geschehen einbringt, dass er Gruppeninteressen vertritt und Entscheidungsträger ist. Unübersehbar ist jedoch, dass die seit Jahren angespannte Arbeitsmarktsituation und das hohe Personalkostenniveau zu einer zunehmend **leistungsorientierten Ausrichtung der betrieblichen Personalwirtschaft** führen. In einem gewissen Gegensatz hierzu stehen die vor allem von Gewerkschaftsseite erhobenen **Forderungen nach mehr Menschlichkeit im Arbeitsprozess** und die stärkere Berücksichtigung persönlicher Belange der einzelnen Arbeitnehmer. Auch von kirchlicher Seite wird mit Nachdruck darauf verwiesen, dass Leistungs- und Gewinnstreben nicht zu einem Verfall der ‚Arbeitskultur' nach der Methode ‚hire and fire' führen dürfen. Die Behandlung des Menschen als ‚Ware' wäre ganz sicher auch das Ende jeglicher ‚Unternehmenskultur'".

1 Vgl. Udo Stopp, Betriebliche Personalwirtschaft, in: Die Betriebswirtschaft – Studium + Praxis, Bd. 5, Grafenau/Stuttgart o. J., S. 13 ff.

## Arbeitsaufträge und Fragen zur Stofferschließung

**1.** **Befassen** Sie sich zunächst einmal mit der **Ausgangssituation.**

a) **Welches übergreifende Ziel** verfolgt VW mit seiner Personalpolitik?

b) **Mit welchen Mitteln** soll dieses Ziel erreicht werden?

c) Zwischen welchen beiden „scheinbar **gegensätzlichen Tendenzen**" versucht VW einen **Ausgleich** herzustellen?

d) Warum hat VW ein „substanzielles Interesse" daran, alle **Mitarbeiter** „in alle Stufen der Transformation des gesamten Unternehmens" **einzubinden**?

**2.** Lesen Sie möglichst genau die **Ausführungen über die Aufgabenbereiche der Personalwirtschaft** (**Sachdarstellung**).

a) **Begründen Sie**, warum Personalwirtschaft **mehr** ist als die **Erledigung von verwaltungsmäßigen Routineaufgaben**, zu denen beispielsweise das Ausfüllen von Formularen und das Anlegen von Personalakten gehört.

b) **Welche Aufgabenbereiche** lassen sich im Rahmen der Personalwirtschaft unterscheiden?

c) Versuchen Sie **jeden einzelnen Aufgabenbereich** durch einige wenige **Stichworte** zu **kennzeichnen. Lösungsbeispiel** für die Personalbedarfsplanung: Ermittlung der erforderlichen Mitarbeiter.

d) **Was** lässt sich ganz generell über die **sachliche Abgrenzung** der einzelnen Aufgaben im Personalwesen sagen?

e) **Was** kann über die **Auswirkungen der Personalpolitik auf andere Teilbereiche** der Unternehmenspolitik gesagt werden?

f) Durch die Bearbeitung der **Arbeitsvorlage 1** erhalten Sie einen Einblick in die **vielfältigen Probleme**, die in den einzelnen Aufgabenbereichen der Personalwirtschaft anfallen. Nennen Sie den jeweiligen Aufgabenbereich, in dem die angegebenen Probleme anfallen. **Lösungsbeispiel (1):** Personalbedarfsplanung.

g) Die **Arbeisvorlage 2** vermittelt Ihnen einen **Überblick** über die in den verschiedenen Aufgabenbereichen der Personalwirtschaft zu bewältigenden **Einzelaufgaben**. Geben sie den jeweiligen **Aufgabenbereich** an, der für die Erledigung der angegebenen Einzelaufgaben zuständig ist. **Lösungsbeispiel (1):** Personaleinsatz.

**3.** **Befassen Sie sich** nun noch mit den Ausführungen der **Arbeitsvorlage 3.**

a) In einer immer komplizierter und komplexer werdenden Berufs- und Arbeitswelt gewinnt das **Denken in Zusammenhängen** zunehmend an Bedeutung. Um diese Art des Denkens zu trainieren, sollten Sie den Versuch unternehmen, den **Einfluss folgender Entwicklungstendenzen** auf die Personalwirtschaft zu klären:

- technischer Fortschritt,
- Globalisierung des Wettbewerbs,
- Kundenorientierung,
- Abbau der Unternehmenshierarchie,
- Unternehmenskonzentration,
- Bürokratisierung.

b) **Was** versteht man unter „**beruflicher Handlungskompetenz**" und wie wird sie erreicht?

c) **Welche Einstufung (Sichtweise) der menschlichen Arbeitskraft** halten Sie für angebracht? Begründen Sie Ihren Standpunkt.

# 3.2 Die Personalbeschaffung

## 3.2.1 Externe Personalbeschaffung mithilfe einer Stellenanzeige

**Ausgangssituation**

**Die PECO AG gibt eine Stellenanzeige auf**

Parallel zur innerbetrieblichen Stellenausschreibung wurde von der Personalabteilung der PECO AG in den „Saarbrücker Nachrichten“ am 15. Mai 20.. folgende Stellenanzeige veröffentlicht:

PECO AG

***Kunststoffe im Aufwind!***

**PECO AG in Stichworten:**
**Wir zählen zu den international führenden Herstellern von Kunststoff-Kompaktlösungen aller Art. Durch die Zugehörigkeit zur ORSA-Gruppe sind ideale Voraussetzungen für die schlüsselfertige Lieferung kompletter Anlagen „aus einer Hand“ gegeben.**

Zum nächstmöglichen Zeitpunkt suchen wir eine/n

**Gehalts- und Lohnbuchhalter/in**

**Ihre Aufgaben:**
- Eigenverantwortliche Personalabrechnung
- Umsetzung abrechnungstechnischer Anforderungen in EDV-technische Abläufe
- Administration
- Erstellen von Statistiken
- Beratung in Abrechnungsfragen

**Ihre Qualifi kation:**
- Kaufmännische Ausbildung
- Mehrjährige erfolgreiche Berufserfahrung in vergleichbaren Aufgabenstellungen
- Fundierte Kenntnisse im Tarif-, Arbeits-, Lohnsteuer- und Sozialversicherungsrecht
- EDV-Kenntnisse und Erfahrungen mit dem Abrechnungssystem PAISY sind von Vorteil
- Gute Kenntnisse in der Anwendung der Programme MS-Word und MS-Excel

Wenn Sie Interesse an dieser anspruchsvollen Aufgabe haben, dann senden Sie uns Ihre aussagefähigen Bewerbungsunterlagen unter Angabe Ihres möglichen Eintrittstermins und Ihrer Gehaltsvorstellungen. Übrigens: Auf der Internet-Side **www.peco-ag.de** erhalten Sie auch Informationen über unser Unternehmen.

PECO AG Neunkirchen (Saar), Friedensstraße 11–15
z. H. Frau Theresia Weinert, Telefon 03161 668809-225

## Sachdarstellung

### 1. Die verschiedenen Methoden der Personalbeschaffung

Jedes Unternehmen hat grundsätzlich zwei Möglichkeiten seinen Personalbedarf zu decken: entweder mit eigenen Mitarbeitern **(interne Personalbeschaffung)** oder mithilfe des Arbeitsmarktes **(externe Personalbeschaffung).** Welche Inhalte diese Begriffe haben können, das zeigt die folgende Übersicht.

# METHODEN DER PERSONALBESCHAFFUNG

## INTERNE PERSONALBESCHAFFUNG

Personalbeschaffung aus dem vorhandenen Mitarbeiterpotenzial

### BEDARFSDECKUNG OHNE ÄNDERUNG BESTEHENDER ARBEITSVERHÄLTNISSE

z. B.
- Erhöhung der **Arbeitsintensität** (Leistungssteigerung)
- Verlängerung der betriebsüblichen **Arbeitszeit** (z. B. von 36 auf 40 Wochenstunden)
- **Urlaubsverschiebung** (z. B. durch eine Urlaubssperre)
- **Höherqualifizierung** der Mitarbeiter (Anpassungsfortbildung)

### BEDARFSDECKUNG MIT ÄNDERUNG BESTEHENDER ARBEITSVERHÄLTNISSE

z. B.
- Innerbetriebliche **Stellenausschreibung**
- **Versetzungen** auf gleicher hierarchischer Stufe (horizontal) oder hierarchischer Aufstieg (vertikal)
- Umwandlung von Teilzeit- in **Vollzeitarbeitsplätze**
- Umwandlung **befristeter in unbefristete** Arbeitsverträge
- Durchführung **von Personalentwicklungsmaßnahmen** z. B. Weiterbildung, Umschulung von Mitarbeitern
- **Übernahme von Auszubildenden**

## EXTERNE PERSONALBESCHAFFUNG

Mitarbeiterbeschaffung über den freien Arbeitsmarkt

### MEHR AKTIVE PERSONALBESCHAFFUNG[1]

z. B.
- Aufgeben einer **Stellenanzeige**
- **Aushänge**, Schilder am Werkstor
- **Plakate** oder Handzettel
- Verstärkte **Öffentlichkeitsarbeit**, z. B. Durchführung von Betriebsbesichtigungen, Tag der offenen Tür
- Einsatz von **Personalberatern**[2]
- Nutzung moderner **Kommunkationsmittel**[3]
- Pflege von **Kontakten zu Berufsbildungseinrichtungen** (Universitäten, Schulen)

### MEHR PASSIVE PERSONALBESCHAFFUNG[1]

z. B.
- Inanspruchnahme von **Arbeitsvermittlern**[2]
- Auswertung von **Stellengesuchen** in der Presse
- Sichtung von **Eigenbewerbungen** (sog. Initiativ- oder „blinde" Bewerbungen)
- Durchsicht der **Bewerberkartei**[4]
- Abschluss von **Personal-Leasingverträgen**[2]
- Abschluss von **Werkverträgen**, z. B. über Gebäudereinigung, Raumpflege
- Vermittlung durch **Betriebsangehörige** (Bekannte, Verwandte, Freunde)

---

1 Beachten Sie die fließenden Übergänge!

2 Es handelt sich um Personalexperten (sog. „Headhunter"), die Unternehmen in Personalangelegenheiten beraten und die hoch qualifiziertes Personal vermitteln („headhunting"). Weil die möglichen Kandidaten, die als Führungskräfte in einem Unternehmen tätig sind, von den Personalberatern vielfach auch direkt angesprochen werden, ist äußerste Diskretion und große Behutsamkeit beim Versuch einer Abwerbung geboten.

3 Zum Beispiel die Stellenangebote im Fernsehen und im Internet. Die Arbeitsvermittlung im Internet hat für Unternehmer **drei große Vorteile:** Einmal können bestimmte **Zielgruppen** (z. B. Hochschulabsolventen, Spezial- und Führungskräfte) besser erreicht werden, zum anderen sind die **Stellenanzeigen** auf den eigenen Web-Seiten **kostenlos**. Auch in externen Jobbörsen kann wesentlich billiger inseriert werden als in der regionalen oder überregionalen Presse. Ein dritter Vorteil bezieht sich auf die **Bewerberauswahl**. Es reicht eine einfache Antwort am Computer, wenn das Unternehmen schon beim ersten elektronischen Kontakt merkt, dass der Bewerber für die vorgesehene Stellung nicht in Frage kommt. Außerdem gibt es im Internet **Online-Dienste**, die eine Vorauswahl und Sortierung von Bewerbungen anbieten.

4 Sie enthält abgelehnte, aber durchaus interessante Bewerber, z. B. auch Frauen, die wegen Mutterschaft ihre Erwerbstätigkeit unterbrochen haben und jetzt wieder ganz oder aushilfsweise zur Verfügung stehen.

## 2. Die Stellenanzeige als Mittel der Personalbeschaffung

### a) Die Auswahl des richtigen Anzeigenmediums

Immer wenn eine innerbetriebliche Personalbeschaffung nicht möglich ist, weil beispielsweise kein Bewerber über die geforderten Qualifikationen verfügt, muss Personal auf dem externen Markt beschafft werden. Hierbei ist die Aufgabe einer Stellenanzeige in einer Tages-, Wochen- oder Fachzeitung ein weit verbreitetes Beschaffungsinstrument.

Je nach Art der ausgeschriebenen Stelle werden unterschiedliche Annoncen aufgegeben. Für Stellen in der **unteren bis mittleren Hierarchieebene** bieten sich Anzeigen in **regionalen Tageszeitungen** an. Arbeitskräfte mit **speziellen Qualifikationen** werden häufig über **Fachzeitschriften** gesucht. Eine Anzeige in **überregionalen Tages- und Wochenzeitungen** ist dann angebracht, wenn **Führungskräfte** gesucht werden. Je höher die zu besetzende Stelle in der betrieblichen Hierarchieebene angesiedelt und je bedeutender das betreffende Unternehmen ist, desto großformatiger und besser platziert sollte die Stellenanzeige sein. Für das inserierende Unternehmen ist eine solche Annonce stets mit einem **Public-Relations-Effekt** verbunden.

### b) Offene oder Chiffreanzeige

Stellenanzeigen ohne Nennung des inserierenden Unternehmens, sog. Chiffreanzeigen, sollten **nur in Ausnahmefällen** aufgegeben werden, beispielsweise wenn der betreffende Arbeitsplatz zurzeit noch besetzt ist. Um zu verhindern, dass bei Kennziffernanzeigen die Bewerbung bei der eigenen Firma landet, wird der Bewerber der Zeitungsredaktion einen **Sperrvermerk** mitteilen. Bei Stellenanzeigen von Personalberatern muss ein Sperrvermerk des Bewerbers auf jeden Fall beachtet werden.

### c) Die Gestaltung von Stellenanzeigen

Je nachdem, was als sog. **„Aufhänger"** in der Stellenanzeige fungiert, ob es das Herausstellen der eigenen Firma, des hergestellten Produkts, des Niederlassungsortes, der Region, der angebotenen Position und Aufgabe oder ob es die Zukunftsträchtigkeit der zu besetzenden Stelle ist, können **verschiedene Kategorien von Stellenanzeigen** unterschieden werden. Stets sollte eine Personalanzeige dem potenziellen Bewerber bestimmte **Grundinformationen** über die zu besetzende Stelle liefern. Bei vielen Stellenanzeigen in der Wirtschaftspraxis ist folgender **Grundaufbau** nachzuweisen:

| | |
|---|---|
| **Wir sind ...:** | **Angaben über das Unternehmen,** z. B. die Branche, die Größe, die Mitarbeiterzahl, die Marktchancen, die Zukunftsperspektiven. |
| **Wir suchen ...:** | **Angaben über die zu besetzende Position oder den Ausschreibungsgrund,** z. B. Aufgabenbeschreibung, Vollmachten, Entwicklungsmöglichkeiten, Expansion des Unternehmens, Eröffnung einer neuen Filiale. |
| **Wir erwarten ...:** | **Angaben über das Anforderungsprofil,** z. B. über die geforderte Grundausbildung, die erworbenen Fachkenntnisse und praktischen Erfahrungen. |
| **Wir bieten ...:** | **Angaben über die gebotenen Leistungen,** z. B. über freiwillige Sozialleistungen, über die Dotierung der Stelle, gleitende Arbeitszeit. |
| **Wir bitten ...:** | **Angaben über die geforderten Bewerbungsunterlagen, den Ansprechpartner oder über Informationsmöglichkeiten** in Bezug auf das inserierende Unternehmen (z. B. im Internet). |

Die **Wirkung** einer gut aufgemachten Stellenanzeige sollte so sein, dass sie auch solche potenziellen Bewerber zur Abgabe einer Bewerbung veranlasst, die zurzeit noch eine arbeitsvertraglich abgesicherte Position in einem Unternehmen bekleiden.

## Arbeitsaufträge und Fragen zur Stofferschließung

1. Der **Abschnitt 1 der Sachdarstellung** vermittelt Ihnen einen **Überblick** über die verschiedenen **Methoden der Personalbeschaffung**, die bei der Suche nach einem Lohn- und Gehaltsbuchhalter zur Anwendung kommen dürfen.
   a) Was versteht man unter **interner**, was unter **externer** Personalbeschaffung?
   b) Welche Möglichkeiten bestehen ganz allgemein, vorhandenen Personalbedarf betriebsintern zu decken, **ohne** dass bestehende **Arbeitsverhältnisse geändert** werden müssen?
   c) Welche Möglichkeiten bestehen ganz allgemein, vorhandenen Personalbedarf intern durch **Änderung bestehender Arbeitsverhältnisse** zu decken?
   d) Nennen Sie **Methoden der mehr aktiven Personalbeschaffung von außen** (sechs Angaben).
   e) Zählen Sie sechs **Methoden der mehr passiven Personalbeschaffung von außen** auf.
   f) Welcher **modernen Kommunikationsmittel** können sich Arbeitgeber und Arbeitnehmer bei der Stellenvermittlung bedienen?
   g) **Welche Aufgabe** erfüllt eine **Bewerberkartei**?
   h) **Warum** werden Personalberater im Angelsächsischen als **„headhunter"** bezeichnet?
2. Befassen Sie sich nun mit den **Ausführungen über die Stellenanzeige** im **Abschnitt 2 der Sachdarstellung**.
   a) **Wovon** hängt es ab, **in welchen Zeitungen und Zeitschriften** Stellenanzeigen erscheinen und welches Format sie haben?
   b) Nennen Sie zwei **Anwendungsbeispiele von Chiffreanzeigen**.
   c) **Welche Bedeutung** haben **Sperrvermerke?**
   d) **Welche „Aufhänger"** werden bei Stellenanzeigen benutzt?
   e) **Welcher Grundaufbau** lässt sich bei vielen Stellenanzeigen nachweisen?
   f) Untersuchen Sie, ob die vorstehende Stellenanzeige dem angegebenen **Grundaufbauschema** entspricht.
   g) Beurteilen Sie, ob die vorstehende Stellenanzeige eine **optimale Wirkung** erzielen wird oder nicht.

## 3.2.2 Die Bewerberauswahl auf der Grundlage der eingereichten Bewerbungsunterlagen (Grob- oder Vorauswahl)

### Ausgangssituation

**Das Ergebnis der internen und externen Stellenausschreibung**

Aufgrund der Stellenanzeige in den „Saarbrücker Nachrichten" haben neun Bewerber um die Stelle eines Gehalts- und Lohnbuchhalters ihre Unterlagen bei der PECO AG eingereicht. Die innerbetriebliche Stellenausschreibung führte zu keiner weiteren Bewerbung.

In der **ersten Phase der Bewerberauswahl** werden in der PECO AG nun die eingegangenen Bewerbungsunterlagen gesichtet und ausgewertet (Grob- oder Vorauswahl).

**Frage: Was ist hierbei zu beachten, wie ist hierbei vorzugehen?**

## Sachdarstellung

### 1. Allgemeines zur Bewerberauswahl

Durch ein mehr oder weniger aufwändiges Personaleinstellungsverfahren wird überprüft, inwieweit die **Qualifikationen der Bewerber** mit dem **Anforderungsprofil** der zu besetzenden Stelle **übereinstimmen.** Es soll aus mehreren Bewerbungen derjenige Stellenanwärter herausgefunden werden, der für die vorgesehene Aufgabe am besten geeignet ist.

Je nachdem, ob es sich um betriebsinterne oder -externe Bewerber handelt, kommen **unterschiedliche Auswahlverfahren** zur Anwendung. Bei einem **Bewerber aus den eigenen Reihen** liegen der Personalabteilung bereits zahlreiche Daten vor und es können die Leistungen und Verhaltensweisen in der gegenwärtig eingenommenen Position oder in früher bekleideten Stellungen überprüft werden. Bei der Auslese **betriebsexterner Bewerber** hingegen liegt das Schwergewicht der Auswahl auf der genauen Überprüfung der Bewerbungsunterlagen, der Analyse von eingereichten Personalbögen, auf der Durchführung und Auswertung von Vorstellungsgesprächen, Eignungstests oder auf der Anfertigung von speziellen Gutachten u. a.

  

## 2. Die Bedeutung der einzelnen Bewerbungsunterlagen für die Personalauswahl

### a) Das Bewerbungsschreiben

#### ■ Aussagen

Das Bewerbungsschreiben gibt in mehrfacher Hinsicht **Aufschluss über den Bewerber.** Es liefert Anhaltspunkte zu Eigenschaften wie Ordentlichkeit, schriftliches Ausdrucksvermögen, Interesse an der zu besetzenden Stelle, psychologisches Einfühlungsvermögen u. a.; außerdem gibt es Hinweise auf die Selbsteinschätzung des Bewerbers, seine Lebensperspektive und seine beruflichen Ambitionen.

#### ■ Aufbau und Inhalt

In der **Einleitung** dieser Bewerbungsunterlage wird auf die Stellenanzeige Bezug genommen. Im **Hauptteil** geht der Bewerber auf die Stellenanforderungen ein. Er nennt gewöhnlich auch das **Motiv** für den beabsichtigten Stellenwechsel. Das können persönliche oder sachliche Gründe sein, z. B. fehlende Aufstiegschancen, unzeitgemäßer Führungsstil, schlechtes Betriebsklima oder bessere Verdienstmöglichkeiten. Weiterhin führt der Bewerber seine jetzige **berufliche Tätigkeit** und den **möglichen Eintrittstermin** an. Außerdem kann er auf **besondere Befähigungen und Kenntnisse** hinweisen, z. B. auf absolvierte Fortbildungskurse, ebenso auf Hobbys, die mit der Berufstätigkeit zusammenhängen.
Zum **Schluss** bittet er um **Berücksichtigung seiner Bewerbung** und um einen **Termin zur persönlichen Vorstellung.**
Der **Anlagevermerk** weist auf die beigefügten Bewerbungsunterlagen hin.

### b) Der Lebenslauf

#### ■ Form

Der Lebenslauf kann in **Kurzform (tabellarisch)** oder in **Langform (als Aufsatz)** verfasst werden. Wird vom inserierenden Unternehmen ein **handgeschriebener Lebenslauf** verlangt, so muss der Bewerber mit einer **grafologischen Auswertung** rechnen. Manchmal wird damit aber lediglich die Lesbarkeit der Handschrift überprüft, insbesondere bei kaufmännischen Mitarbeitern.

#### ■ Inhalt

Der Lebenslauf gibt Aufschluss über den persönlichen und beruflichen Werdegang des Bewerbers. Demgemäß enthält er außer den **persönlichen Daten** (Name, Anschrift, Geburtsdatum und -ort, Familienstand, religiösem Bekenntnis, Herkunft) noch Angaben über die **schulische und berufliche Ausbildung,** über abgelegte **Prüfungen**, erworbene berufliche **Fähigkeiten und Fertigkeiten** sowie über absolvierte **Fort- und Weiterbildungskurse.**

#### ■ Auswertung

Bei der Auswertung von Lebensläufen können verschiedene Analysen durchgeführt werden. Durch die Zeitfolgeanalyse sollen **Lücken im Lebenslauf** aufgespürt werden, außerdem wird die **Häufigkeit des Stellenwechsels** und die **Dauer der einzelnen Beschäftigungsverhältnisse** untersucht. Bei der Positionsanalyse geht es um die **Offenlegung des beruflichen Werdegangs**; es werden **Besonderheiten** wie Berufswechsel sowie Veränderungen in der beruflichen Entwicklung (Aufstieg, Abstieg, Kontinuität) registriert.

### c) Das Bewerberfoto

Es vermittelt einen **Eindruck vom äußeren Erscheinungsbild** des Bewerbers, dem Menschentyp. Aus der Art des Fotos (Format, Farbe), der Herstellungsweise (Automaten-, Fotografenfoto), der Bekleidung des Bewerbers (saloppe Kleidung oder Anzug mit Krawatte) oder aus besonderen Äußerlichkeiten (Bart, Brille, Frisur) lassen sich in begrenztem Umfang Rückschlüsse auf den Bewerber ziehen. Von besonderer Bedeutung ist das Lichtbild bei der Besetzung von **Stellen mit Außenwirkung** (Schalterbedienstete, Verkäufer, Reisende).

### d) Schul- und Arbeitszeugnisse

■ **Schulzeugnisse** sind für Berufsanfänger von relativ großer Bedeutung, weil sie meistens die einzige Informationsquelle darstellen. Im Laufe des Berufslebens nimmt ihre Bedeutung immer mehr ab. Sie geben Hinweise auf **Interessengebiete** und besondere **Begabungen,** über die Art der besuchten Schulen und über das Vorhandensein von **Schulabschlüssen.**

■ **Arbeitszeugnisse** können als **einfaches oder qualifiziertes Zeugnis** ausgestellt werden. Bei ihrer Auswertung ist zu beachten, dass sie immer wohlwollend zugunsten des Mitarbeiters abgefasst werden. Es ist wichtig, die bei der Abfassung von Arbeitszeugnissen üblichen **Sprachregelungen (Codes)** zu beachten.

Arbeitszeugnisse geben Auskunft über die bisherigen Tätigkeitsgebiete und über die Art der

Betriebe, in denen der Bewerber bisher gearbeitet hat. Außerdem informieren sie über die **Dauer** der ausgeübten Tätigkeit, über **Führung und Leistung,** über den **Rang** der bekleideten Positionen und über das Maß an **Verantwortlichkeit,** das der Bewerber zu tragen hatte.

#### e) Weitere Auswahlinstrumente

Dazu gehört die Einholung von Informationen anhand von **Referenzen,** die im Bewerbungsschreiben angegeben wurden, des Weiteren die Anfertigung von **grafologischen Gutachten.**

Die Angabe von Auskunftspersonen wird insbesondere bei der Besetzung von Positionen der höheren Hierarchieebene erwartet. Referenzen haben einen begrenzten Erkenntniswert, weil ein Bewerber immer nur solche Personen benennen wird, die eine positive Auskunft über ihn erteilen. Deshalb können Referenzen lediglich zur Abrundung des gesamten Persönlichkeitsbilds eines Bewerbers herangezogen werden. Um zu verhindern, dass Auskünfte auch beim derzeitigen Arbeitgeber eines Bewerbers eingeholt werden und dass auf diese Weise ein bestehendes Arbeitsverhältnis gestört wird, ist die **Angabe eines Sperrvermerks** in der Bewerbung notwendig.

### 3. Die Auswertung der eingegangenen Bewerbungen

#### a) Der Bewerbungs-Auswertungsbogen

**Nach Ablauf der Bewerbungsfrist** werden die bis dahin eingegangenen Bewerbungen von der Personalabteilung ausgewertet. Um die einzelnen Bewerbungsunterlagen besser miteinander vergleichen zu können, empfiehlt sich die Verwendung eines Bewerbungs-Auswertungsbogens. Er enthält die Personalien des Bewerbers, die eingereichten Bewerbungsunterlagen, die einzelnen Bewertungskriterien und die Bewertung nach diesen Kriterien, beispielsweise nach Schulnoten (1 bis 5).

**BEWERBUNGS-AUSWERTUNGSBOGEN**

**Name:** .............................. **Alter:** ..............................
**Vorname:** ........................... **Geschlecht:** .........................
**Wohnort:** ........................... **Ausgeschriebene Position:** ............

| BEWERBUNGS-UNTERLAGEN | BEWERTUNGS-KRITERIEN | BEWERTUNG 1 | 2 | 3 | 4 | 5 | BEMERKUNGEN |
|---|---|---|---|---|---|---|---|
| 1 Bewerbungs-schreiben | – Inhalt | | | | | | |
| | – Form | | | | | | |
| | – sprachlicher Ausdruck | | | | | | |
| | – mögliches Eintrittsdatum | | | | | | |
| 2 Lebenslauf | – Zeitfolgeanalyse | | | | | | |
| | – Positionsanalyse | | | | | | |
| 3 Schulzeugnisse | – Notenbild | | | | | | |
| | – Begabungen und Interessen | | | | | | |
| 4 Arbeitszeugnisse | – Vielfalt der Tätigkeits-bereiche | | | | | | |
| | – Qualifi kationen und Anforde-rungsprofi l | | | | | | |
| | – Übernommene Verantwortung | | | | | | |
| | – Fortbildung | | | | | | |
| 5 Lichtbild | – Äußeres Er-scheinungsbild | | | | | | |
| 6 Sonstiges | – Referenzen | | | | | | |
| | – Grafologische Gutachten | | | | | | |
| | – Arbeitsproben | | | | | | |
| | – Gehaltsvor-stellungen | | | | | | |

**Vorläufi ges Gesamturteil:**

........................................

........................................
(Ort, Datum, Unterschrift des Beurteilers)

**Bewertungsskala:**
1 = sehr gut
2 = gut
3 = befriedigend
4 = ausreichend
5 = mangelhaft

**b) Absageschreiben oder Einladung zum Vorstellungsgespräch**

Hat die Prüfung der Bewerbungsunterlagen zu dem Ergebnis geführt, dass einzelne Bewerber für die vorgesehene Stelle ungeeignet sind, dann werden ihnen mit einem **Absageschreiben** die Bewerbungsunterlagen zurückgeschickt. Eine Absage erfolgt immer dann, wenn **Auswahlkriterien**, die als **unabdingbar** angesehen werden (sog. **harte oder k.o.-Kriterien) nicht erfüllt** werden, beispielsweise zu hohes Alter, zu wenig Berufserfahrung, fehlende Spezialkenntnisse. Qualifizierte Bewerber, die unvollständige Bewerbungsunterlagen eingereicht haben, werden aufgefordert, die fehlenden Dokumente nachzuliefern.

Bewerber, die den Anforderungskriterien in vollem Umfang genügen, werden zu einem **Vorstellungsgespräch** eingeladen. Häufig wird ihnen mit der Einladung ein Personalfragebogen zugeschickt mit der Aufforderung, ihn zum Vorstellungsgespräch ausgefüllt mitzubringen.

Damit beginnt die **zweite Phase des Personalauswahlprozesses,** an dessen Ende die Entscheidung über den einzustellenden Bewerber steht.

## Arbeitsaufträge und Fragen zur Stofferschließung

1. **Welches Ziel** verfolgt die PECO AG mit dem von ihr praktizierten Personalauswahlverfahren?
2. **Warum** ist die Beurteilung eines **Bewerbers aus den eigenen Reihen** einfacher und weniger kostenintensiv?
3. **Was** gehört zu den **Bewerbungsunterlagen,** die von den Bewerbern an die PECO AG zu schicken sind?
4. **Geben Sie** stichwortartig den **Inhalt eines Bewerbungsschreibens** an.
5. **Welche Aussagen** über die einzelnen Bewerber können ganz generell den bei der PECO AG eingegangenen **Bewerbungsschreiben** entnommen werden?
6. **Fertigen Sie** einen kleinen **Stichwortzettel zu Ihrem Lebenslauf** an. Tragen Sie mit dessen Hilfe vor der Klasse Ihren Lebenslauf möglichst klar und deutlich vor.
7. **Wie** können die bei der PECO AG eingegangenen **Lebensläufe ausgewertet** werden?
8. **Welche Eindrücke** vom Bewerber kann ein **Lichtbild** vermitteln?
9. **Welche Bedeutung** haben **Schulzeugnisse** für die Auswahlkriterien einer Firma?
10. **Welchen Erkenntniswert** messen Sie **Aussagen in Arbeitszeugnissen** für die Beurteilung von Bewerbern bei?
11. **Wie** beurteilen Sie Informationen über Bewerber, die von **Referenzen** stammen?
12. **Welchen Sinn** haben **Sperrvermerke** in Bewerbungen?
13. **Beschreiben Sie** den **Aufbau eines Bewerbungs-Auswertungsbogens,** wie er von der PECO AG für die Bewerberauslese verwendet wird. **Welche Funktion** hat der Bogen?
14. **Beschreiben Sie, wie** die PECO AG mit den einzelnen Bewerbern **nach Fertigstellung der Auswertungsbögen verfährt.**

## 3.2.3 Die zweite Phase der Bewerberauswahl (Feinauswahl)

**Ausgangssituation**

**Einladung zum Vorstellungsgespräch**

Zwei der insgesamt neun Bewerber/innen haben im Bewerbungs-Auswertungsbogen der PECO AG das vorläufige Gesamturteil „gut" erhalten. Sie werden von der Personalleiterin, Frau Schulze-Vorwald, zu einem Vorstellungsgespräch eingeladen.

Auszug aus dem Einladungsschreiben zum Vorstellungsgespräch:

> Sehr geehrte Frau Nuber,
>
> Sie sind bei der Besetzung der in den „Saarbrücker Nachrichten" ausgeschriebenen Stelle (Lohn- und Gehaltsbuchhalter/in) in die engere Wahl gelangt. Wir wollen uns von Ihnen einen persönlichen Eindruck verschaffen und laden Sie deshalb zu einem Vorstellungsgespräch am
>
> Mittwoch, 3. Juni 20.., 14.00 Uhr
>
> in unser Personalbüro ein. Falls Ihnen der obige Termin nicht zusagen sollte, geben Sie uns bitte umgehend Bescheid, damit wir einen anderen Zeitpunkt vereinbaren können.
>
> Als Anlage schicken wir Ihnen einen Personalfragebogen zu. Bitte bringen Sie diesen Vordruck ausgefüllt zum Vorstellungsgespräch mit.
>
> Mit freundlichen Grüßen,
>
> Ingeborg Schulze-Vorwald
>
> Anlage
> Personalfragebogen

## Sachdarstellung

### 1. Der Personalfragebogen

■ **Einordnung:** Nach der Sichtung und Auswertung der Bewerbungsunterlagen wird als weitere Methode der **indirekten Informationsbeschaffung** über einen Bewerber der Personalfragebogen eingesetzt. **Unmittelbar beurteilt** werden Stellenbewerber im Vorstellungsgespräch, bei Einstellungstests, bei Arbeitsproben vor Ort und bei Anwendung der Assessment-Center-Technik.[1]

■ **Vorteile:** Personalfragebögen ermöglichen einen direkten Vergleich zwischen den einzelnen Bewerbern, erleichtern damit die Bewerberauswahl und verhindern zugleich, dass wichtige Informationen nicht erfasst werden.

■ **Inhalte:** Personalfragebögen enthalten neben persönlichen Daten Angaben zur Schulbildung, zur Berufsausbildung, zur bisherigen beruflichen Tätigkeit, zu den Wünschen bezüglich der zukünftigen Tätigkeit, zum Gesundheitszustand des Bewerbers und zu sonstigen Gesichtspunkten (z. B. bestehendes Wettbewerbsverbot, schwebende Gerichtsverfahren, Lohn- und Gehaltspfändungen.)

Im Schlusssatz des Personalfragebogens wird der Bewerber darüber aufgeklärt, dass der Arbeitsvertrag wegen **wissentlich falscher Angaben** oder wegen **Verschweigens wesentlicher Tatbestände** angefochten bzw. **fristlos gekündigt** werden kann.

> **Behinderung zugeben**
>
> Wer auf ausdrückliche Fragen seines Arbeitgebers während des Vorstellungsgesprächs eine Behinderung verschweigt, macht sich der arglistigen Täuschung schuldig. Die Folge: Der Arbeitsvertrag wird ungültig und im Krankheitsfall besteht kein Recht auf Lohnfortzahlung. Das hat das Kasseler Arbeitsgericht entschieden (Az.: 2 AZR 754/94).[2]

1 Vergleichen Sie hierzu die Ausführungen zu Punkt 4. der Sachdarstellung in diesem Abschnitt.
2 aus: Südwestpresse (NWZ) vom 4. Dezember 1998

■ **Mitbestimmungsrecht des Betriebsrats:** Nach **§ 94 BetrVG** hat der Betriebsrat ein Mitbestimmungsrecht bei der Einführung von Personalfragebogen. Auf diese Weise soll **verhindert** werden, dass **durch indiskrete Fragen in die rechtlich geschützte Privatsphäre eingegriffen** wird. Zulässig sind in Personalfragebogen und auch bei Vorstellungsgesprächen nur solche Fragen, die für die Einstellung und die spätere berufliche Tätigkeit des Bewerbers bedeutsam sind.

## Recht auf Lüge bei intimen Fragen[1]

... Ein heikles Thema sind die Vorstrafen des Bewerbers. Hier fanden die Gerichte folgende Lösung: Der Arbeitgeber darf sich im Einstellungsgespräch nur nach „einschlägigen Vorstrafen" erkundigen, die sich am vorgesehenen Arbeitsplatz wiederholen könnten, alle anderen Vorstrafen sind Privatsache des Bewerbers und dürfen ihn nicht interessieren. Deshalb darf eine Kassiererin nach Vermögens- oder ein Fernfahrer nach Verkehrsdelikten gefragt werden. Selbst „einschlägige Ermittlungsverfahren" müssen mitgeteilt werden.

Über gesundheitliche Schwierigkeiten hat der Bewerber je nach vorgesehenem Arbeitseinsatz auf Nachfrage zu informieren. So darf ein Fernfahrer nach Bandscheibenschäden befragt werden. Auch ansteckende Krankheiten muss man mitteilen. Eine erfolgreich absolvierte Alkohol-Entziehungskur sollte man ebenfalls nicht verschweigen, wenn sich der Arbeitgeber dafür interessiert (LAG Köln, AZ: 3 Sa 832/95).

■ **Nicht erlaubte Fragen:** Nicht erlaubt sind Fragen, die in die vom Grundgesetz geschützte Menschenwürde (Art. 1 GG) oder in das Persönlichkeitsrecht (Art. 2 GG) eingreifen. Problematisch und in der Regel unzulässig sind Fragen nach der Gewerkschafts-, Religions- oder Parteizugehörigkeit, nach Vorstrafen, früheren Krankheiten, nach den Vermögensverhältnissen (Schulden), nach bisheriger Gehaltshöhe und bestehender Schwangerschaft. Nach herrschender Rechtsauffassung können **falsche Auskünfte zu diesen Fragen** im Allgemeinen einem Bewerber nicht nachteilig angelastet werden; sie stellen in der Regel **keinen Kündigungsgrund** dar.

### 2. Das Vorstellungsgespräch als Methode der direkten Beurteilung eines Bewerbers

■ **Zweck und Zielsetzungen:** Die Personalleitung verfolgt mit der Einladung zu einem solchen Gespräch das Ziel, einen **persönlichen Eindruck** von den in die engere Wahl gekommenen Bewerbern zu erhalten. Die durch die Bewerbungsunterlagen gewonnenen Informationen sollen erweitert und abgerundet werden. In Verbindung mit anderen Ausleseverfahren versucht das einstellende Unternehmen sich im Vorstellungsgespräch Klarheit darüber zu verschaffen, ob ein Bewerber die Persönlichkeitsmerkmale und fachlichen Qualitäten aufweist, die für die zu besetzende Stelle erforderlich sind. Außerdem sollen im Vorstellungsgespräch die **Interessen und Erwartungen des Bewerbers** erörtert werden. Weiterhin muss der Bewerber **über die zu besetzende Stelle ausführlich informiert** werden. Ihm ist nach Möglichkeit ein positiver Eindruck von dem betreffenden Unternehmen zu vermitteln.

■ **Durchführung:** Das Vorstellungsgespräch wird in der Regel von einem **Mitarbeiter der Personalabteilung** sowie von dem künftigen Fachvorgesetzten des Bewerbers anhand eines **Fragenkatalogs (Checkliste)** geführt.

Solche Gespräche müssen von der Unternehmerseite her **sorgfältig vorbereitet** werden, wenn sie die in sie gesetzten Erwartungen erfüllen sollen. Bei der Durchführung von Vorstellungsgesprächen sollten einige **Verfahrensregeln** unbedingt eingehalten werden. Dazu gehört die Vermeidung äußerer Störungen (z. B. durch Telefon), des Aufkommens einer Verhöratmosphäre, die Ausschaltung von Suggestivfragen und von Zeitdruck, des Weiteren die weitgehende Zurückhaltung des Gesprächsführers und die Aktivierung des Bewerbers.

VERTRÄGE

## Vorsicht bei Notlügen[2]

**BERLIN** ■ So genannte Notlügen können bei Vertragsabschlüssen schwerwiegende Folgen haben. Wie die Berliner Zeitschrift „Finanztest" berichtet, können falsche Angaben bei Vorstellungsgesprächen zu einer späteren Kündigung oder zur Anfechtung des Arbeitsvertrages führen. Unter Umständen müsste der Bewerber sogar die Kosten für eine neue Stellenausschreibung übernehmen. Lediglich bei persönlichen Fragen, die nichts mit der Arbeit zu tun hätten, sei die Unwahrheit erlaubt. Dazu zählten Angaben nach einer Schwangerschaft oder der Parteizugehörigkeit.
Auch bei der Wohnungssuche ist das Flunkern nur in Ausnahmefällen gestattet. Notlügen bei Fragen nach Vorstrafen oder einer Mitgliedschaft im Mieterverein seien erlaubt. Offenheit lohne sich auch bei Versicherungsverträgen. AP

1 aus: Südwestpresse (NWZ) vom 18. Dezember 1999
2 aus: Südwestpresse (NWZ) vom 16. Februar 2000

## Der typische Ablauf eines Vorstellungsgesprächs (7-Phasen-Schema)

**Phase 1**

Die **„Aufwärmphase"** ist gekennzeichnet durch **gegenseitiges Vorstellen** und sog. „small talk". Es soll eine **entspannte Atmosphäre** geschaffen werden und der Bewerber soll die Möglichkeit haben, sich auf seine Gesprächspartner und die Umgebung (Raum, Sitzordnung) einzustellen.

**Phase 2**

In diesem Teil des Gesprächs wird die **persönliche Situation des Bewerbers** angesprochen, z. B. seine Hobbys, die besonderen Interessen, außerberufliche Fähigkeiten, die Freizeitgestaltung, die familiären Verhältnisse, seine Herkunft.

**Phase 3**

Gegenstand des Gesprächs ist der **Bildungsgang des Bewerbers.** Erörtert werden der schulische Werdegang und einzelne Weiterbildungsmaßnahmen (z. B. EDV-Schulungen). Der Bewerber kann hierbei seine **besonderen Interessen und Neigungen** ins Spiel bringen.

**Phase 4**

Gesprächsthema ist die **berufliche Entwicklung** des Bewerbers. Bei Bedarf werden nähere Informationen zu den Angaben im Lebenslauf eingeholt. Die berufliche Entwicklung wird auf ihre Stetigkeit bzw. auf **mögliche Bruchstellen** hin beleuchtet. Thematisiert wird regelmäßig auch die Einstellung des Bewerbers zu seinen bisherigen Vorgesetzten. Auch Fragen des Bewerbers nach konkreten beruflichen **Entwicklungsmöglichkeiten** gehören in diese Gesprächsphase.

**Phase 5**

In diesem Gesprächsabschnitt wird der Bewerber möglichst ausführlich über **das Unternehmen, die Abteilung, die zu besetzende Stelle,** über seine künftigen Vorgesetzten und späteren Arbeitskollegen informiert. Verbunden werden kann mit solchen Informationen eine **Betriebsführung** oder die Besichtigung der künftigen Arbeitsstelle und der dazu gehörigen technischen Einrichtungen.

**Phase 6**

Sie betrifft die eigentlichen **Vertragsverhandlungen.** Thema dieses Gesprächsteils sind **Gehaltsfragen,** betriebliche **Sozialleistungen,** der mögliche **Eintrittstermin,** einzuräumende Vollmachten, die Vereinbarung eines Wettbewerbsverbots, **Kündigungsfristen,** die Dauer der **Probezeit** u. a.

**Phase 7**

Sie bildet den **Gesprächsabschluss.** Hierbei kann ein weiteres Gespräch oder ein Termin für die Bekanntgabe der endgültigen Entscheidung vereinbart werden. Der Gesprächsführer bedankt sich beim Bewerber für sein Interesse und sein Kommen und sichert ihm eine unverzügliche Benachrichtigung über die Einstellungsentscheidung zu.

■ **Auswertung:** Die Ergebnisse der Vorstellungsgespräche werden häufig in **Auswertungsbogen** schriftlich festgehalten. Die einzelnen **Bewertungskriterien,** z. B. Fachwissen, Praxiserfahrung, Motivation, Kooperations- und Kontaktfähigkeit, äußeres Erscheinungsbild, Auftreten, Urteilsvermögen können in einem solchen Auswertungsbogen mit **Noten** von 1 bis 5 und mit **Begründungen** versehen werden – analog zur Bewertung der Bewerbungsunterlagen, wie sie im Punkt 3 der Sachdarstellung des Abschnitts 3.2.2 aufgezeigt wurden.

Die vorgenommenen Bewertungen für das Vorstellungsgespräch sind ein wichtiger Bestandteil der Gesamtbeurteilung der einzelnen Bewerber. In diesem Zusammenhang muss auf den keineswegs unbegrenzten Erkenntniswert von Vorstellungsgesprächen hingewiesen werden. Eindeutige **Grenzen** hat der Einsatz dieses Personalauswahlinstruments dort, wo es um Fragen der **Einordnungsfähigkeit in eine Gruppe** oder um die Beurteilung der **zukünftigen Persönlichkeitsentwicklung** eines Bewerbers geht.

### 3. Einstellungs- oder Eignungstests

■ **Zielsetzungen und Voraussetzungen:** Durch einzelne Tests und ganze Testreihen (sog. „Testbatterien") soll die Bewerberauswahl auf eine **objektivere Grundlage** gestellt werden. Die Testergebnisse haben die Aufgabe, die Informationen aus den Bewerbungunterlagen, aus dem Personalfragebogen und aus dem Vorstellungsgespräch zu ergänzen und abzurunden. Diese Aufgaben können Einstellungstests nur dann erfüllen, wenn sie von dafür **ausgebildeten Fachleuten** (z. B. Diplompsychologen) durchgeführt werden. Inhaltlich dürfen sie sich nur auf solche Merkmale beziehen, die mit dem **Arbeitsverhältnis in unmittelbarem Zusammenhang** stehen. Vor der Durchführung sollte sichergestellt werden, dass die Tests gewissen **Mindestanforderungen** genügen. Dazu gehört beispielsweise, dass die Testperson im Test ihr typisches Verhalten zeigen kann, dass das Verhalten zuverlässig messbar ist und dass die Ergebnisse auch für ein zukünftiges Verhalten gültig sind.

Wissenschaftlich fundierte Tests müssen überdies noch bestimmte **Gütekriterien** erfüllen. Zum Beispiel muss jede Testperson die **gleichen Bedingungen für die Erfüllung gleicher Aufgaben** vorfinden; außerdem dürfen die **Testresultate nicht** durch die **individuelle Interpretation** des Testauswerters beeinflusst werden.

■ **Testarten:** Die Vielzahl der Einstellungs- bzw. Eignungstests lässt sich in **drei Gruppen** einteilen.

- **Ganzheits- oder Persönlichkeitstests** sollen das Persönlichkeitsbild des Bewerbers aufhellen: Beispielsweise werden charakterliche Eigenschaften, soziale Verhaltensweisen, innere Einstellungen, Interessen und Neigungen, Verantwortungsbewusstsein, Motivation und Wertvorstellungen aufgedeckt.
- Mithilfe von **Leistungstests** wird die fachliche Eignung eines Bewerbers für einen Arbeitsplatz ermittelt. Überprüft wird u. a. die Ausdauer, die Geschicklichkeit, der Leistungswillen und die Konzentrationsfähigkeit.
- **Intelligenztests** ermitteln außer dem Intelligenzquotienten (IQ) auch geistige Eigenschaften wie Merkfähigkeit, räumliches Vorstellungsvermögen, sprachliches Abstraktionsvermögen, Kombinations- und Urteilsfähigkeit.

### 4. Die Assessment-Center-Technik (ACT)

■ **Wesensmerkmale:** Im Mittelpunkt dieser Bewerberauslesemethode steht die **Durchführung praxisnaher Übungen auf der Grundlage von problemorientierten Situationen** (Simulationsmethode). Im Gegensatz zum Vorstellungsgespräch, bei dem ein vorgegebener Fragenkatalog erörtert wird, muss der Bewerber bei Anwendung der ACT **Arbeitsproben** abliefern. Solche Tests dauern üblicherweise **ein bis zwei Tage.** Abgesehen von sog. Einzelassessments beträgt die Teilnehmerzahl normalerweise zwischen **6 und 12 Personen.**

■ **Bedeutung:** Der Hauptvorteil liegt in der **hohen Zuverlässigkeit der Prognose** über das zukünftige Arbeitsverhalten des Bewerbers. Nachteilig wirken sich die hohen **Kosten** aus, weshalb dieses Verfahren fast immer nur bei der Bewerberauswahl von **Führungskräften** und des Führungskräftenachwuchses zur Anwendung kommt.

■ **Aufgabenstellung:** Typische Aufgaben für die ACT sind die folgenden:

- **Die Postbearbeitung als Einzelkämpferaufgabe**
  Dem Bewerber wird beispielsweise die Aufgabe gestellt, die Eingangspost einer Führungskraft zu bearbeiten. Getestet wird hierbei seine Fähigkeit, **Wichtiges von Unwichtigem zu unterscheiden,** Fakten und Probleme zu **analysieren und zu sortieren,** Aufgaben an Mitarbeiter zu **delegieren** u. a.

- **Führerlose Gruppendiskussion**
  In einer Gruppe von vier bis sechs Teilnehmern muss z. B. eine Entscheidung über die Besetzung eines freien Arbeitsplatzes herbeigeführt werden. Jedes Gruppenmitglied setzt sich für einen bestimmten Bewerber ein. Auf diese Weise kann das **Durchsetzungsvermögen**, die **Überzeugungskraft**, die **Ausdauer**, das **Engagement**, die **Kooperationsbereitschaft** und das **sprachliche Ausdrucksvermögen** der Kandidaten beurteilt werden.
- **Rollenspiel – einer gegen den anderen**
  Dem Kandidaten wird z. B. die Aufgabe gestellt, ein Beurteilungsgespräch mit einem schwierigen Mitarbeiter zu führen. Beurteilungskriterien für die Bewältigung dieser Aufgabe sind **Auffassungsgabe**, **Redegewandtheit**, **Einfühlungsvermögen**, Bereitschaft zur **Übernahme von Verantwortung** u. a.
- **Präsentation – einer gegen alle**
  Auf der Grundlage einer Analyse von vorgegebenen statistischen Daten soll ein Bewerber Schwachstellen im Unternehmen erkennen und konkrete Maßnahmen zu ihrer Beseitigung vorschlagen. Hierbei soll er die anderen von seinem Standpunkt überzeugen. Getestet wird auf diese Weise die **Problemlösungsfähigkeit**, die **Überzeugungskraft** und das **Präsentationspotenzial** des Bewerbers.

**5. Sonstige Instrumente der Bewerberauswahl**

■ **Arbeitsproben:** Von den Einstellungstests zu unterscheiden sind Arbeitsproben. Sie können schon mit der Bewerbung eingereicht oder erst zur persönlichen Vorstellung mitgebracht werden. Auch können Sie unter Aufsicht vor oder nach dem Vorstellungsgespräch erstellt werden. Arbeitsproben werden vor allem in sog. **kreativen Berufen** verlangt, so z. B. von Journalisten, Designern, Grafikern, Dekorateuren. Auch im **kaufmännischen Bereich** sind Arbeitsproben üblich, beispielsweise wenn eine Fremdsprachenkorrespondentin eine Übersetzung anfertigt oder wenn eine Schreibkraft nach Diktat einen Geschäftsbrief gestaltet.

■ **Gesundheitszeugnis:** Zur Eignungsfeststellung eines Bewerbers gehört auch die Ermittlung seines Gesundheitszustands. Die ärztliche Untersuchung soll Aufschluss darüber geben, ob der Bewerber den mit seiner Berufstätigkeit verbundenen physischen, psychischen und mentalen **Belastungen standhalten** kann.

■ **Grafologisches Gutachten:** Grafologische Gutachten dienen mehr zur Beurteilung der **allgemeinen Charakterstruktur** eines Bewerbers; sie geben außerdem Aufschluss über den momentanen seelischen Zustand des Bewerbers und über sein allgemein menschliches Verhalten.

## Arbeitsaufträge und Fragen zur Stofferschließung

1. Welche Instrumente dienen der **direkten,** welche der **indirekten Beurteilung** von Bewerbern?
2. Wozu dienen **Personalfragebogen?**
3. Welche **Fragen** sind in Personalfragebogen und bei Vorstellungsgesprächen **erlaubt,** welche grundsätzlich nicht?
4. Welche **Zielsetzungen** verfolgen das einstellende Unternehmen und die Bewerber mit dem Vorstellungsgespräch?
5. Nennen Sie einige **Verfahrensregeln,** die bei der Durchführung von Vorstellungsgesprächen unbedingt eingehalten werden sollten.
6. Beschreiben Sie mit ein paar Stichworten die für den **Ablauf eines Vorstellungsgesprächs typischen Phasen.**
7. Wie können die **Ergebnisse eines Vorstellungsgesprächs schriftlich festgehalten** werden?
8. Welche **Zielsetzung** wird mit der Durchführung von **Einstellungstests** bei der Bewerberauswahl verfolgt?
9. Nennen Sie drei **Voraussetzungen für die Durchführung** aussagefähiger Einstellungstests.
10. Welche **Arten von Eignungstests** werden unterschieden und was soll durch sie festgestellt werden?
11. Wie geht die **Bewerberauslese** mithilfe der **Assessment-Center-Technik** vor sich?
12. Nennen Sie jeweils den **Hauptvorteil**, den **Hauptnachteil** und ein **Wesensmerkmal** der ACT.
13. Beschreiben Sie mindestens zwei **typische Aufgaben** der ACT.
14. Welche **sonstigen Instrumente** der Bewerberauswahl gibt es noch und was vermögen sie zu leisten?

# 3.3 Die Personalentlohnung

## 3.3.1 Gehaltsabrechnung

**Ausgangssituation**

Die Karl Kunz KG, Göttingen, stellt verschiedene Autozubehörteile her. Es werden 80 Mitarbeiter beschäftigt, davon 27 Angestellte und 53 Arbeiter (18 im Akkord-, 35 im Stundenlohn).

① Der für die Lohn- und Gehaltsabrechnung allein zuständige Mitarbeiter Paul Stumpf, 56 Jahre, ist gesundheitlich ziemlich angeschlagen. Es kam deshalb in den vergangenen Monaten öfter zu Verzögerungen bei der Erstellung der Abrechnungen. Trotz einer tariflichen Gehaltserhöhung ist für die Angestellten Jetter und Schmauder keine Gehaltsabrechnung erstellt worden. Folgende Daten liegen vor:

| Daten[1] | Jetter | Schmauder |
|---|---|---|
| Bruttogehalt monatlich | 3.480,00 € | 2.480,00 € |
| Vermögenswirksame Leistung, gezahlt durch den Arbeitgeber | 20,00 € | 20,00 € |
| Lohnsteuerklasse | I/0 | III/2 |
| Kirchensteuer | 8 % | konfessionslos |
| Beitragssätze zur Sozialversicherung (2002):<br>– Rentenversicherung<br>– Arbeitslosenversicherung<br>– Krankenversicherung<br>– Pflegeversicherung (ab 1. Juli 1996) | <br>19,1 %<br>6,5 %<br>ca. 14,0 %<br>1,7 % | <br>19,1 %<br>6,5 %<br>ca. 14,0 %<br>1,7 % |
| Vermögenswirksame Anlage | 40,00 € | 40,00 € |
| Beitragsbemessungsgrenze für die Angestellten- und Arbeiterrentenversicherung (2002): 4.500,00 €, Höchstbeitrag (Arbeitgeber- und Arbeitnehmeranteil): 859,50 €. | | |
| Der Solidaritätszuschlag beträgt 5,5 % der Lohn- bzw. Einkommensteuer. Die anfallende Lohnsteuer ist der nachfolgenden Arbeitsvorlage zu entnehmen. | | |

② Wegen der häufigen Erkrankung von Lohnbuchhalter Paul Stumpf sucht die Geschäftsleitung nach Möglichkeiten, wie künftig die Lohn- und Gehaltsabrechnungen termingerecht erstellt werden können. Es stehen hierfür zwei Lösungen zur Diskussion: Alternative I: Einstellung eines neuen Mitarbeiters; Alternative II: Vergabe der Lohn- und Gehaltsabrechnung außer Haus an ein Abrechnungsbüro. Die praktische Umsetzung der einzelnen Möglichkeiten ist mit folgenden Kosten verbunden:

**Alternative I:**

Monatsgehalt 1.800,00 €, Lohnnebenkosten: 80 %;

- monatliche Sachkosten (Miete, Büromaschinen u.a.): 450,00 €;
- monatliche Materialkosten: 125,00 €;
- jährliche Kosten für Urlaubs-, Krankheitsvertretung, einschließlich Nebenkosten: etwa 2.800,00 € (Schätzung).

**Alternative II:**

- Jährlich 12 Gehaltsabrechnungen für die Angestellten, je Mitarbeiter 275,00 €;
  jährlich 12 Stundenlohnabrechnungen für Arbeiter, je Mitarbeiter 385,00 €;
- jährlich 12 Akkordlohnabrechnungen für Arbeiter, je Mitarbeiter 480,00 €.
- Pauschale für 13. Monatsgehalt, für Änderungsmeldungen und Ähnliches pro Jahr: 12.500,00 €.

**Weitere Vertragsbedingungen:**

- Die Abrechnungsunterlagen müssen zehn Tage vor dem Abrechnungstermin in der Abrechnungsstelle vorliegen.
- Die Archivierung der Abrechnungen erfolgt durch Datenträgeraustausch zwischen Abrechnungsstelle und Kunden.

1 Auf die Berücksichtigung des Solidaritätszuschlags wurde aus Vereinfachungsgründen verzichtet.

- Vertragsdauer: mindestens fünf Jahre.
- Die Preise können der jeweiligen Kostenentwicklung angepasst werden (Preisgleitklausel).

**Wichtige zusätzliche Entscheidungskriterien** für die Geschäftsleitung:
- Termingerechte und korrekte Ausführung der Arbeiten
- problemloser Zugriff auf die Lohn- und Gehaltsdaten;
- Auslastung der eigenen EDV-Anlage: sie ist nur gewährleistet, wenn die Lohn- und Gehaltsabrechnung im Hause erfolgt.

**Frage:**
**Wie wird die Karl Kunz KG vorgehen, um in Zukunft eine termingerechte Lohn- und Gehaltsabrechnung sicherzustellen?**

## Sachdarstellung

### 1. Personalkosten, soziale Aufwendungen und Abzüge

- Zu den **Personalkosten** zählen außer den Löhnen und Gehältern auch noch Urlaubsgelder, Weihnachtsgratifikationen, Provisionen, Prämien, bezahlte Urlaubsstunden, Jubiläumszuwendungen, Überstundenvergütungen, Abfindungen, vermögenswirksame Leistungen des Arbeitgebers, Aufwendungen für Betriebsrenten und Pensionen u. a.
- Zu den **freiwilligen sozialen Aufwendungen** gehören z. B. Fahrtkosten- und Kantinenzuschüsse, Heirats-, Geburtsbeihilfen, Aufwendungen für betriebliche Erholungsheime, Sporteinrichtungen, Betriebsbüchereien.
- Vom Lohn bzw. Gehalt abgezogen werden Lohnpfändungen, Mietzahlungen für Betriebswohnungen, Vorschusszahlungen, Gewerkschaftsbeiträge u.a.

### 2. Statistisches Material zur Lohn- und Gehaltsabrechnung

**a) Lohnnebenkosten**

**b) Lohn aus dreifacher Sicht – monatliche Durchschnittsbeträge je Arbeitnehmer 2001 (2. Quartal):**

- Aufwendungen des Betriebs insgesamt (einschließlich Arbeitgeberanteil an der Sozialversicherung): 2.577,00 €;
- Bruttolohn- und -gehaltssumme: 2.081,00 €;
- Nettolohn oder -gehalt: 1.334,00 €.

aus: Globus 7346

 

## Arbeitsvorlage: Auszüge aus der Lohnsteuertabelle 2002

**MONAT**

| Sozial-Vers. Gruppe RV AV PV neue und alte BL | Lohn/ Gehalt Versorgungs-Bezug bis € | Abzüge an Lohnsteuer, Solidaritätszuschlag (SolZ) und Kirchensteuer (8%, 9%) in den Steuerklassen | | | | | | | | | | | | | | | | | | | | | | | | |
|---|---|---|---|---|---|---|---|---|---|---|---|---|---|---|---|---|---|---|---|---|---|---|---|---|---|---|
| | | I–VI | | | | | I, II, III, IV | | | | | | | | | | | | | | | | | | | |
| | | | | ohne Kinderfreibeträge | | | | | mit Zahl der Kinderfreibeträge . . . | | | | | | | | | | | | | | | | | |
| | | | | | | | | | 0,5 | | | 1 | | | 1,5 | | | 2 | | | 2,5 | | | 3 | | |
| | | | LSt | SolZ | 8% | 9% | | LSt | SolZ | 8% | 9% | SolZ | 8% | 9% | SolZ | 8% | 9% | SolZ | 8% | 9% | SolZ | 8% | 9% | SolZ | 8% | 9% |
| 237,94 | **2 492,99** | I, IV | 445,83 | 24,52 | 35,66 | 40,12 | I | 445,83 | 20,24 | 29,44 | 33,12 | 16,18 | 23,54 | 26,48 | 12,38 | 18,01 | 20,26 | 8,75 | 12,73 | 14,32 | 3,23 | 7,77 | 8,74 | — | 3,18 | 3,57 |
| 80,97 | | II | 383,08 | 21,06 | 30,64 | 34,47 | II | 383,08 | 16,96 | 24,68 | 27,76 | 13,08 | 19,02 | 21,40 | 9,45 | 13,75 | 15,47 | 5,61 | 8,72 | 9,81 | — | 4,02 | 4,52 | — | — | — |
| 21,18 | | III | 178,— | 3,20 | 14,24 | 16,02 | III | 178,— | — | 9,61 | 10,81 | — | 5,05 | 5,68 | — | 0,90 | 1,01 | — | — | — | — | — | — | — | — | — |
| | 2 748,99 | V | 815,16 | 44,83 | 65,21 | 73,36 | IV | 445,83 | 22,33 | 32,48 | 36,54 | 20,24 | 29,44 | 33,12 | 18,20 | 26,48 | 29,79 | 16,18 | 23,54 | 26,48 | 14,25 | 20,73 | 23,32 | 12,38 | 18,01 | 20,26 |
| | | VI | 857,41 | 47,15 | 68,59 | 77,16 | | | | | | | | | | | | | | | | | | | | |
| 238,22 | **2 495,99** | I, IV | 446,83 | 24,57 | 35,74 | 40,21 | I | 446,83 | 20,29 | 29,52 | 33,21 | 16,22 | 23,60 | 26,55 | 12,43 | 18,08 | 20,34 | 8,80 | 12,80 | 14,40 | 3,38 | 7,83 | 8,81 | — | 3,23 | 3,63 |
| 81,07 | | II | 384,— | 21,12 | 30,72 | 34,56 | II | 384,— | 17,01 | 24,75 | 27,84 | 13,12 | 19,09 | 21,47 | 9,49 | 13,81 | 15,53 | 5,76 | 8,78 | 9,88 | — | 4,07 | 4,58 | — | — | — |
| 21,20 | | III | 179,50 | 3,50 | 14,36 | 16,15 | III | 179,50 | — | 9,61 | 10,81 | — | 5,16 | 5,80 | — | 1,01 | 1,13 | — | — | — | — | — | — | — | — | — |
| | 2 751,99 | V | 816,66 | 44,91 | 65,33 | 73,49 | IV | 446,83 | 22,38 | 32,55 | 36,62 | 20,29 | 29,52 | 33,21 | 18,26 | 26,56 | 29,88 | 16,22 | 23,60 | 26,55 | 14,30 | 20,80 | 23,40 | 12,43 | 18,08 | 20,34 |
| | | VI | 858,83 | 47,23 | 68,70 | 77,29 | | | | | | | | | | | | | | | | | | | | |
| 238,51 | **2 498,99** | I, IV | 447,83 | 24,63 | 35,82 | 40,30 | I | 447,83 | 20,34 | 29,59 | 33,29 | 16,28 | 23,68 | 26,64 | 12,47 | 18,14 | 20,41 | 8,84 | 12,86 | 14,46 | 3,53 | 7,89 | 8,87 | — | 3,29 | 3,70 |
| 81,17 | | II | 385,— | 21,17 | 30,80 | 34,65 | II | 385,— | 17,06 | 24,82 | 27,92 | 13,17 | 19,16 | 21,55 | 9,54 | 13,88 | 15,61 | 5,91 | 8,84 | 9,95 | — | 4,13 | 4,64 | — | — | — |
| 21,23 | | III | 179,50 | 3,50 | 14,36 | 16,15 | III | 179,50 | — | 9,73 | 10,94 | — | 5,16 | 5,80 | — | 1,01 | 1,13 | — | — | — | — | — | — | — | — | — |
| | 2 754,99 | V | 818,08 | 44,99 | 65,44 | 73,62 | IV | 447,83 | 22,43 | 32,63 | 36,71 | 20,34 | 29,59 | 33,29 | 18,31 | 26,63 | 29,96 | 16,28 | 23,68 | 26,64 | 14,35 | 20,87 | 23,48 | 12,47 | 18,14 | 20,41 |
| | | VI | 860,33 | 47,31 | 68,82 | 77,42 | | | | | | | | | | | | | | | | | | | | |
| 238,80 | **2 501,99** | I, IV | 448,75 | 24,68 | 35,90 | 40,38 | I | 448,75 | 20,39 | 29,66 | 33,37 | 16,33 | 23,75 | 26,72 | 12,52 | 18,21 | 20,48 | 8,88 | 12,92 | 14,54 | 3,68 | 7,95 | 8,94 | — | 3,34 | 3,76 |
| 81,27 | | II | 385,91 | 21,22 | 30,87 | 34,73 | II | 385,91 | 17,11 | 24,89 | 28,— | 13,21 | 19,22 | 21,62 | 9,58 | 13,94 | 15,68 | 6,06 | 8,90 | 10,01 | — | 4,18 | 4,70 | — | — | — |
| 21,25 | | III | 181,— | 3,80 | 14,48 | 16,29 | III | 181,— | — | 9,73 | 10,94 | — | 5,26 | 5,92 | — | 1,10 | 1,24 | — | — | — | — | — | — | — | — | — |
| | 2 757,99 | V | 819,58 | 45,07 | 65,56 | 73,76 | IV | 448,75 | 22,48 | 32,70 | 36,79 | 20,39 | 29,66 | 33,37 | 18,36 | 26,70 | 30,04 | 16,33 | 23,75 | 26,72 | 14,40 | 20,94 | 23,56 | 12,52 | 18,21 | 20,48 |
| | | VI | 861,75 | 47,39 | 68,94 | 77,55 | | | | | | | | | | | | | | | | | | | | |
| 239,08 | **2 504,99** | I, IV | 449,75 | 24,73 | 35,98 | 40,47 | I | 449,75 | 20,44 | 29,74 | 33,45 | 16,37 | 23,82 | 26,79 | 12,56 | 18,28 | 20,56 | 8,92 | 12,98 | 14,60 | 3,81 | 8,— | 9,— | — | 3,40 | 3,82 |
| 81,36 | | II | 386,91 | 21,28 | 30,95 | 34,82 | II | 386,91 | 17,16 | 24,96 | 28,08 | 13,26 | 19,30 | 21,71 | 9,62 | 14,— | 15,75 | 6,16 | 8,96 | 10,08 | — | 4,24 | 4,77 | — | — | — |
| 21,28 | | III | 181,— | 3,80 | 14,48 | 16,29 | III | 181,— | — | 9,85 | 11,08 | — | 5,26 | 5,92 | — | 1,10 | 1,24 | — | — | — | — | — | — | — | — | — |
| | 2 760,99 | V | 821,— | 45,15 | 65,68 | 73,89 | IV | 449,75 | 22,54 | 32,78 | 36,88 | 20,44 | 29,74 | 33,45 | 18,41 | 26,78 | 30,12 | 16,37 | 23,82 | 26,79 | 14,44 | 21,01 | 23,63 | 12,56 | 18,28 | 20,56 |
| | | VI | 863,16 | 47,47 | 69,05 | 77,68 | | | | | | | | | | | | | | | | | | | | |
| 333,63 | **3 494,99** | I, IV | 808,25 | 44,45 | 64,66 | 72,74 | I | 808,25 | 39,27 | 57,13 | 64,27 | 34,32 | 49,92 | 56,16 | 29,64 | 43,11 | 48,50 | 25,11 | 36,53 | 41,09 | 20,80 | 30,26 | 34,04 | 16,77 | 24,39 | 27,44 |
| 113,54 | | II | 732,50 | 40,28 | 58,60 | 65,92 | II | 732,50 | 35,28 | 51,32 | 57,74 | 30,50 | 44,36 | 49,91 | 25,99 | 37,81 | 42,53 | 21,64 | 31,48 | 35,41 | 17,51 | 25,47 | 28,65 | 13,64 | 19,84 | 22,32 |
| | | III | 463,83 | 25,51 | 37,10 | 41,74 | III | 463,83 | 21,76 | 31,65 | 35,60 | 18,20 | 26,48 | 29,79 | 14,75 | 21,46 | 24,14 | 8,83 | 16,49 | 18,55 | — | 11,80 | 13,27 | — | 7,25 | 8,15 |
| | 3 750,99 | V | 1 301,16 | 71,56 | 104,09 | 117,10 | IV | 808,25 | 41,80 | 60,81 | 68,41 | 39,27 | 57,13 | 64,27 | 36,80 | 53,53 | 60,22 | 34,32 | 49,92 | 56,16 | 31,95 | 46,48 | 52,29 | 29,64 | 43,11 | 48,50 |
| | | VI | 1 343,33 | 73,88 | 107,46 | 120,89 | | | | | | | | | | | | | | | | | | | | |
| 333,91 | **3 497,99** | I, IV | 809,41 | 44,51 | 64,75 | 72,84 | I | 809,41 | 39,34 | 57,22 | 64,37 | 34,38 | 50,01 | 56,26 | 29,70 | 43,20 | 48,60 | 25,17 | 36,61 | 41,18 | 20,86 | 30,34 | 34,13 | 16,82 | 24,46 | 27,52 |
| 113,64 | | II | 733,58 | 40,34 | 58,68 | 66,02 | II | 733,58 | 35,34 | 51,41 | 57,83 | 30,56 | 44,45 | 50,— | 26,05 | 37,89 | 42,62 | 21,69 | 31,56 | 35,50 | 17,55 | 25,54 | 28,73 | 13,69 | 19,91 | 22,40 |
| | | III | 463,83 | 25,51 | 37,10 | 41,74 | III | 463,83 | 21,85 | 31,78 | 35,75 | 18,20 | 26,48 | 29,79 | 14,75 | 21,46 | 24,14 | 9,13 | 16,61 | 18,68 | — | 11,80 | 13,27 | — | 7,25 | 8,15 |
| | 3 753,99 | V | 1 302,58 | 71,64 | 104,20 | 117,23 | IV | 809,41 | 41,87 | 60,90 | 68,51 | 39,34 | 57,22 | 64,37 | 36,86 | 53,62 | 60,32 | 34,38 | 50,01 | 56,26 | 32,01 | 46,56 | 52,38 | 29,70 | 43,20 | 48,60 |
| | | VI | 1 344,83 | 73,96 | 107,58 | 121,03 | | | | | | | | | | | | | | | | | | | | |
| 334,20 | **3 500,99** | I, IV | 810,66 | 44,58 | 64,85 | 72,95 | I | 810,66 | 39,40 | 57,32 | 64,48 | 34,44 | 50,10 | 56,36 | 29,75 | 43,28 | 48,69 | 25,22 | 36,69 | 41,27 | 20,91 | 30,42 | 34,22 | 16,86 | 24,53 | 27,59 |
| 113,73 | | II | 734,75 | 40,41 | 58,78 | 66,12 | II | 734,75 | 35,40 | 51,50 | 57,93 | 30,62 | 44,54 | 50,10 | 26,10 | 37,97 | 42,71 | 21,74 | 31,63 | 35,58 | 17,60 | 25,61 | 28,81 | 13,73 | 19,98 | 22,47 |
| | | III | 465,50 | 25,60 | 37,24 | 41,89 | III | 465,50 | 21,85 | 31,78 | 35,75 | 18,29 | 26,61 | 29,93 | 14,85 | 21,60 | 24,30 | 9,13 | 16,61 | 18,68 | — | 11,90 | 13,39 | — | 7,36 | 8,28 |
| | 3 756,99 | V | 1 304,08 | 71,72 | 104,32 | 117,36 | IV | 810,66 | 41,93 | 61,— | 68,62 | 39,40 | 57,32 | 64,48 | 36,92 | 53,71 | 60,42 | 34,44 | 50,10 | 56,36 | 32,07 | 46,65 | 52,48 | 29,75 | 43,28 | 48,69 |
| | | VI | 1 346,25 | 74,04 | 107,70 | 121,16 | | | | | | | | | | | | | | | | | | | | |
| 334,49 | **3 503,99** | I, IV | 811,83 | 44,65 | 64,94 | 73,06 | I | 811,83 | 39,46 | 57,40 | 64,58 | 34,50 | 50,18 | 56,45 | 29,81 | 43,36 | 48,78 | 25,28 | 36,77 | 41,36 | 20,96 | 30,49 | 34,30 | 16,91 | 24,60 | 27,68 |
| 113,83 | | II | 735,91 | 40,47 | 58,87 | 66,23 | II | 735,91 | 35,46 | 51,58 | 58,03 | 30,67 | 44,62 | 50,19 | 26,16 | 38,05 | 42,80 | 21,80 | 31,71 | 35,67 | 17,65 | 25,68 | 28,89 | 13,78 | 20,04 | 22,55 |
| | | III | 465,50 | 25,60 | 37,24 | 41,89 | III | 465,50 | 21,93 | 31,90 | 35,89 | 18,29 | 26,61 | 29,93 | 14,85 | 21,60 | 24,30 | 9,43 | 16,73 | 18,82 | — | 11,90 | 13,39 | — | 7,36 | 8,28 |
| | 3 759,99 | V | 1 305,50 | 71,80 | 104,44 | 117,49 | IV | 811,83 | 42,— | 61,09 | 68,72 | 39,46 | 57,40 | 64,58 | 36,98 | 53,80 | 60,52 | 34,50 | 50,18 | 56,45 | 32,13 | 46,74 | 52,58 | 29,81 | 43,36 | 48,78 |
| | | VI | 1 347,75 | 74,12 | 107,82 | 121,29 | | | | | | | | | | | | | | | | | | | | |

## Arbeitsaufträge und Fragen zur Stofferschließung

**1.** **Erstellen Sie** für die beiden Mitarbeiter **Jetter** und **Schmauder** die noch ausstehende **Gehaltsabrechnung. Lesen Sie** zur Information vorher die **Sachdarstellung**. Die von den Bruttogehältern abzuziehende Lohnsteuer ist der Arbeitsvorlage zu entnehmen.

**2.** **Kommentieren Sie** das Ergebnis Ihrer Berechnungen.

**3.** **Entscheiden Sie** anstelle der Geschäftsleitung die Frage, **wie** in Zukunft eine **termingerechte Lohn- und Gehaltsabrechnung sichergestellt** werden kann.

a) **Berechnen Sie** die für beide Alternativen jeweils **anfallenden Kosten**.

b) **Begründen Sie** zunächst einmal eine **Entscheidung zugunsten der Alternative I**, und zwar unter Einbeziehung aller angegebenen Aspekte und eventuell noch weiterer Gesichtspunkte.

c) **Begründen Sie** eine **Entscheidung zugunsten der Alternative II** unter Würdigung **möglichst vieler Gegenargumente**.

**4.** **Beschäftigen Sie sich** mit den **Ausführungen der Sachdarstellung** und bearbeiten Sie danach folgende Arbeitsaufträge:

a) **Nennen Sie fünf Beispiele für Personalaufwendungen**, die zum normalen Lohn und Gehalt dazugerechnet werden, weil sie das **steuer- und sozialversicherungspflichtige Einkommen** des Arbeitnehmers erhöhen.

b) Stellen Sie mithilfe des vorstehenden **Globus-Schaubilds** eine **Rangfolge der einzelnen Lohnnebenkosten auf**.

c) **Begründen Sie** nach Abschluss Ihrer Berechnungen und unter Einbeziehung der Aussagen der vorstehenden **statistischen Daten** die Erkenntnis, dass **Arbeitgeber** und **Arbeitnehmer unter „Lohn" bzw. „Gehalt" jeweils etwas ganz anderes verstehen**.

## 3.3.2 Arbeitszeitstudien

**Ausgangssituation**

Für die Ausführung eines Auftrags, der 50 Werkstücke umfasst, wurden bei der Fritz Mühleisen OHG folgende Sollzeiten ermittelt:

- 20 Minuten für das Lesen des Auftrags, für das Vorbereiten der Maschine und für das Wiederherstellen des ursprünglichen Zustands des Arbeitsplatzes.
- Für zwangsläufige, notwendige Arbeitsunterbrechungen beim Auf- und Abrüsten muss ein Zuschlag von 5 % berücksichtigt werden.
- Als Tätigkeitszeit werden für jedes einzelne Werkstück 10 Minuten veranschlagt; die Wartezeit beträgt 2 Minuten je Stück.
- Für zwangsläufige, notwendige Arbeitsunterbrechungen (sachlicher und persönlicher Art) muss ein Zuschlag von 10 % berücksichtigt werden.
- Ein weiterer Zuschlag von 5 % wird als Erholungszeit bei der Auftragsausführung gewährt.

### Sachdarstellung

**1. Die Gliederung der Vorgabe- bzw. Auftragszeit nach REFA (siehe folgende Seite!).**

**2. Der Leistungsgrad als Mittel zur Bestimmung der Normalzeit**

**a) Die Normalleistung:** Um die **Vorgabe- oder Auftragszeit** ermitteln zu können, muss von einer **einheitlichen Bezugsgröße** ausgegangen werden. **Grundlage** für die Bestimmung der Vorgabe- bzw. Auftragszeit ist die **Normalleistung**. Sie ist **stets 100 %**.
**Kennzeichnend für die Normalleistung** sind folgende **Merkmale:**

- Hinreichende **Befähigung** (Fähigkeiten, Fertigkeiten) der Arbeitskraft;
- die Leistung muss über **längere Zeit** hinweg erbracht werden können, **ohne** dass **gesundheitliche Schäden** beim Arbeitenden auftreten.

**b) Die Istleistung: Ausgangspunkt** für die Bestimmung der Vorgabe- oder Auftragszeit sind die gemessenen **Istzeiten** bzw. die in diesen Zeitabschnitten erbrachten **Istleistungen** der Arbeitskräfte. Die Istzeitermittlung wird mithilfe von **Stoppuhren**, **elektronischen Zeitaufnahmegeräten** oder genauestens eingestellten **Filmkameras** vorgenommen. Die Ergebnisse dieser Arbeitszeitanalyse werden in einen **Zeitaufnahmebogen** eingetragen.

Wegen der **unterschiedlichen Fähigkeiten, Fertigkeiten, geistigen und seelischen Dispositionen** der einzelnen Arbeitskräfte werden in derselben Zeit (z. B. in einer Arbeitsstunde) **unterschiedliche Ergebnisse (Leistungen)** hervorgebracht. Den verschiedenen Istleistungen der einzelnen Arbeitnehmer liegt also ein **unterschiedlicher Leistungsfaktor** zugrunde.

**c) Beziehungszusammenhang:** Zwischen **Istleistung**, **Normalleistung** und **Leistungsfaktor** besteht folgender **Beziehungszusammenhang:**

1) Istleistung (z. B. in Stück, kg, l) = Normalleistung · Leistungsfaktor

2) Normalleistung = Istleistung : Leistungsfaktor 3) Leistungsfaktor = Istleistung : Normalleistung

**Je höher der Leistungsfaktor**, desto **größer** ist die **Istleistung** im Verhältnis zur Normalleistung **(Formel 1)**.

Um die **Normalleistung** bestimmen zu können, muss also die **Istleistung** durch den **Leistungsfaktor geteilt** werden **(Formel 2)**.

**Von allen drei Größen** der Gleichung ist **nur die Istleistung eindeutig bestimmt**. Deshalb kann die Normalleistung als gesuchte Größe nur auf die Weise bestimmt werden, dass die REFA-Fachleute den **Leistungsfaktor** **schätzen**. Um **Fehlbewertungen einzugrenzen**, wird die **beste Leistung** mit **130 %, die schlechteste** mit **60 %** eingestuft.

**d) Die Zeit als Maßeinheit: Statt** mit der **Istleistung in Stück, kg, Litern** usw. zu operieren, kann auch mit **Ist-** und **Normalzeiten** gearbeitet werden. In diesem Falle besteht folgender **Beziehungszusammenhang:**

1) Normalzeit = Istzeit · Leistungsfaktor 2) Leistungsfaktor = Normalzeit : Istzeit

Der **Leistungsfaktor** ist **umso größer**, je **geringer** die **Istzeit** im Verhältnis zur Normalzeit ist **(Formel 2)**. Oder: Ist die **tatsächliche benötigte Zeit (Istzeit) geringer** als die **Normalzeit**, dann ergibt sich ein **Leistungsgrad**, der **über 100 %** liegt. Ist hingegen die **Istzeit größer** als die **Normalzeit**, dann liegt ein **Leistungsfaktor** vor, der **kleiner als 1** ist.

 

**Übersicht:**

# DIE VORGABE- ODER AUFTRAGSZEIT

**Gesamtzeit für die Erledigung eines Arbeitsauftrags nach REFA**

## Rüstzeit

**Zeit zum Auf-, Um- und Abrüsten der Betriebsmittel** (**einmalig** je Arbeitsauftrag), d. h. die Zeit für die Vor- und Nachbereitung der Ausführung.

**Untergliederung in ...**

### Rüstgrundzeit

Zeit, die beim Rüsten **regelmäßig (planmäßig)** anfällt, z. B. beim Aufrüsten; Tätigkeiten wie Werkzeug einspannen, Zeichnung lesen.

### Rüsterholungszeit

Zeit für das **Erholen** beim Rüsten, z. B. Ausruhen nach dem Transport schwerer Teile, nach starker Konzentration bei der Arbeit.

### Rüstverteilzeit

Zeit, die beim Rüsten **unregelmäßig** und weniger häufig anfällt, z. B. Toilettenbesuch, Warten auf Werkzeug, Nachfragen wegen Fehler in Arbeitspapieren.

**Erläuterungen:**

- Bei der **Einteilung in Rüst- und Ausführungszeit** wird nach der **Tätigkeitsfolge**, bei der **Unterscheidung in Grund- und Verteilzeit** nach der **Planmäßigkeit** des Arbeitsanfalls differenziert.
- Die **Verteil- und Erholungszeiten** werden als **Prozentzuschlag auf die Grundzeiten** erhoben.
- **REFA-Grundgleichung:** Vorgabe- oder Auftragszeit = Rüstzeit + Ausführungszeit (Stückzeit · Menge)

## Ausführungszeit

**Zeit zum Durchführen einer bestimmten Arbeit,** z. B. für das Produzieren von Waren.

**Ausführungszeit = Stückzeit · Menge**

## Zeit je Stück (je Einheit)

**Untergliederung in ...**

### Ausführungsgrundzeit

Zeit, die bei der Auftragsausführung **regelmäßig (planmäßig)** anfällt.

**Zwei Formen** der Ausführungsgrundzeit:

| **Tätigkeitszeit** | **Wartezeit** |
|---|---|
| Zeit, in der der Arbeiter **unmittelbar mit dem Arbeitsgegenstand befasst** ist, z. B. Drehen, Schweißen, Hobeln, Fräsen, Montieren. | Zeit, in der der Arbeiter **nicht** unmittelbar mit dem Arbeitsgegenstand befasst ist, z. B. Warten auf das Abkühlen des Werkstücks. |

### Ausführungserholungszeit

Zeit für das notwendige **Erholen** des Menschen bei der Auftragsausführung. Sie ist abhängig von den jeweiligen Arbeitsanforderungen.
Beispiele: Siehe Rüsterholungszeit.

### Ausführungsverteilzeit

Zeit, die bei der Auftragsausführung **unregelmäßig (unplanmäßig)** oder **weniger häufig** anfällt.

**Zwei Formen** der Ausführungsverteilzeit:

| **Sachliche Verteilzeit** | **Persönliche Verteilzeit** |
|---|---|
| Verteilzeit, die **durch Betriebsmittel** bedingt ist, z. B. Maschinenstörung, Nachstellen von Maschinen. | Verteilzeit, die **durch die Arbeitskraft bedingt** ist (persönliche Bedürfnisse), z. B. Aufsuchen des WC, Holen von Getränken. |

## Arbeitsvorlage

| Zweck (Aufgabe) der Arbeitszeitstudien | Fragestellung |
|---|---|
| Sie dienen ...<br>**(1) der Information des Arbeitnehmers** | Wie lange darf ich mir für die Erledigung des Arbeitsauftrags Zeit lassen? |
| **(2) der Entlohnung des Arbeitnehmers** | |
| **(3) der Vorkalkulation** | |
| **(4) der Personalplanung** | |
| **(5) der Fertigungsplanung** | |
| **(6) der Fertigungssteuerung** | |
| **(7) der Betriebsmittelkontrolle** | |

## Arbeitsaufträge und Fragen zur Stofferschließung

**1.** Zunächst sollen Sie sich mithilfe der vorstehenden **Übersicht** (Gliederung der Auftragszeit nach REFA) Klarheit über **wichtige Begriffe des REFA-Systems** verschaffen.

a) Aus welchen **zwei Hauptbestandteilen** setzt sich die **Vorgabe- oder Auftragszeit** zusammen?

b) **Definieren Sie** folgende **Grundbegriffe des REFA-Systems:**
ba) Vorgabe- oder Auftragszeit bb) Rüstzeit bc) Ausführungszeit

c) **Wie unterscheiden sich Grund- und Verteilzeiten?**

d) **Wie** werden **Verteil- und Erholungszuschlag berechnet?**

e) **Wie unterscheiden sich sachliche und persönliche Verteilzeiten?**

f) **Wie unterscheidet sich** die **Tätigkeits-** von der **Wartezeit?**

g) Angenommen, es gelingt den REFA-Fachleuten, die **Wartezeit** von acht Minuten auf vier Minuten **zu verkürzen. Wie** kann ein solches Ergebnis **erreicht** werden und **worauf** lässt es **schließen?**

**2.** Ermitteln Sie nach den Angaben in der **Ausgangssituation** für einen **Auftrag von 50 Stück** die folgenden **Zeiten:**

a) die gesamte Rüstzeit

b) die Ausführungsgrundzeit pro Stück

c) die Ausführungszeit pro Stück

d) die Ausführungszeit insgesamt

e) die gesamte Grund- und Verteilzeit

f) die Vorgabe- oder Auftragszeit insgesamt

**3.** **Welcher Zusammenhang** besteht zwischen **Vorgabe- oder Auftragszeit**, **Rüstzeit** und **Ausführungszeit**? **Erarbeiten Sie** anhand dieser drei Begriffe die **REFA-Grundgleichung**.

**4.** Beschäftigen Sie sich nun mit Punkt 2 der Sachdarstellung.

a) **Welche einheitliche Bezugsgröße** (100 %) wird bei der Bestimmung der Vorgabe- oder Auftragszeit verwendet?

b) **Welche Kennzeichen** gelten für die **Normalleistung**?

c) **Warum** muss den gemessenen **Istleistungen** ein bestimmter **Leistungsgrad zugeordnet** werden?

d) **Warum addiert man** nicht einfach sämtliche **Istleistungen** und errechnet daraus das **arithmetische Mittel**?

e) **Wie** kann – ausgehend von den **Istleistungen** – die **Normalleistung bestimmt** werden **(Formel)**?

f) **Wie** kann – ausgehend von den **Istzeiten** – die **Normalleistung bestimmt** werden **(Formel)**?

g) **Angenommen**, im **Beispiel der Ausgangssituation** benötigt ein Arbeiter statt der Normalzeit von zehn Minuten **nur acht Minuten** für die Bearbeitung eines Werkstücks. **Wie hoch** ist sein **Leistungsgrad**?

h) Bei der im Beispiel veranschlagten Normalzeit von zehn Minuten pro Werkstück beträgt die **Normal-**

 

**leistung sechs Stück** pro Stunde. **Mit welchem Leistungsgrad** arbeitet ein Arbeitnehmer, der **sieben Stück** pro Stunde schafft?

i) **Welchen Hauptnachteil** hat das **Arbeiten mit Leistungsgraden bzw. -faktoren** bei der **Bestimmung der Vorgabezeit**?

**5.** Arbeitszeitstudien dienen zur Ermittlung der **Vorgabezeit**. Sie erfüllen dadurch einen **mehrfachen Zweck. Ergänzen Sie** die **rechte Spalte** („Fragestellung") der oben stehenden **Arbeitsvorlage.**

## 3.3.3 Arbeitswertstudien (analytische Arbeitsbewertung: Stufenwertzahl- und Rangreihenverfahren)

**Ausgangssituation**

Die SüPack GmbH in Geislingen (Steige) stellt Verpackungsmaschinen in Einzelfertigung her. Es handelt sich um ein mittelständisches Unternehmen mit 432 Mitarbeitern. Die Firma ist Mitglied im Verband der Metallindustrie Nordwürttemberg-Nordbaden; als solches ist sie an die Bestimmungen der geltenden Tarifverträge gebunden.

Karl Seyfang ist einer von fünf Betriebselektrikern. Er hat sich beim Betriebsrat darüber beschwert, dass er – genauso wie seine vier Kollegen – mit einem Arbeitswert von 24,0 seit mehr als fünf Jahren in die Lohngruppe VIII eingestuft ist, obwohl seine Fachkompetenz bei allen im Betrieb auftauchenden schwierigen elektrotechnischen Problemen immer zuerst gefragt ist. Seine Kollegen würden dabei weit mehr als er mit Routineaufgaben betraut. In letzter Zeit wurde ihm in vermehrtem Umfang vom Betriebsleiter auch die Verantwortung für die elektrotechnischen Arbeiten seiner Kollegen, so z. B. deren Fehler und Unterlassungen, angelastet. Betriebsintern wird er seit einem halben Jahr nicht mehr als „Betriebselektriker", sondern als „Betriebselektriker I" geführt. Er sei gerne bereit mehr Verantwortung im Betrieb zu tragen; dies müsse sich jedoch auch in seinem Gehalt niederschlagen.

**Problem: Wird der Betriebselektriker Karl Seyfang mit seinem Anliegen, eine Höherstufung zu erreichen, Erfolg haben?**

## Sachdarstellung

### 1. Übersicht: Formen (Verfahren) der Arbeitsbewertung

- **Summarisches Verfahren.** Die einzelnen Arbeiten (Tätigkeiten) werden als Ganzes, d. h. summarisch, bewertet. Hierzu zählen:
  - **das Rangfolgeverfahren.** Die im Betrieb vorkommenden Arbeiten werden entsprechend ihrem Schwierigkeitsgrad in eine Rangfolge gebracht, z. B. Rang 1: Botentätigkeit, Rang 2: Fonotypistin, Rang 3: Lagerverwalter, Rang 4: Lohnbuchhalter, Rang 5: Finanzbuchhalter usw.
  - **das Katalogverfahren (Lohngruppenverfahren).** Die im Betrieb vorkommenden Arbeiten werden entsprechend ihrem Schwierigkeitsgrad einem Katalog von Lohngruppen (z. B. Lohngruppe I bis XII) zugeordnet. Zur Lohngruppe I gehören beispielsweise ungelernte Arbeitskräfte, zur Lohngruppe XII die Industriemeister.
- **Analytisches Verfahren.** Die einzelnen Arbeiten (Tätigkeiten) werden zuerst nach Anforderungsgruppen, wie z. B. Können, Geschicklichkeit, Belastung usw., und weiter nach Anforderungsarten (z. B. körperliche und geistige Belastung) untergliedert. Jede einzelne Anforderungsart wird bewertet und gewichtet.
  Zu den analytischen Verfahren der Arbeitsbewertung gehören
  - das **Stufenwertzahlverfahren,**
  - das **Rangreihen- oder Rangstufenverfahren.**

  Beide Verfahren werden im Folgenden noch eingehend erörtert.

### 2. Das Genfer Schema als Grundlage der analytischen Arbeitsbewertung

**Grundlage** der analytischen Arbeitsbewertung ist ein Schema, das auf einer internationalen Tagung über die Arbeitsbewertung im Jahre 1950 in Genf festgelegt wurde. Das sog. **Genfer Schema** unterteilt die zu bewertende Arbeit nach **vier Hauptmerkmalen**, nämlich (I) Können – (II) Belastung – (III) Verantwortung und (IV) Arbeitsbedingungen.

**REFA** hat dieses **Schema der Anforderungsarten** weiter **ausgebaut**. Es werden insgesamt

**fünf Anforderungsgruppen** (Hauptgruppen) unterschieden: (I) Erforderliche Fachkenntnisse – (II) Geschicklichkeit – (III) Belastung – (IV) Verantwortung – (V) Umgebungseinflüsse. Die einzelnen **Hauptgruppen** werden mehr oder weniger stark **untergliedert**. Insgesamt werden, wie das folgende Schema zeigt, 20 Bewertungsmerkmale in die analytische Arbeitsbewertung einbezogen (siehe Übersicht auf der folgenden Seite).

### 3. Verfahren (Methoden) der analytischen Arbeitsbewertung

#### a) Das Stufenwertzahlverfahren

Versieht man die einzelnen **Unterteilungen der Hauptanforderungsarten** (z. B. gering, mittel, hoch) mit **Bewertungspunkten**, dann können für jede Abstufung der einzelnen Anforderungsarten **unterschiedliche Punkte** verteilt werden. Man nennt diese Bewertungsverfahren **Stufenwertzahlverfahren**, weil es für die einzelnen Anforderungsgruppen (Hauptmerkmale) je nach ihrer Bedeutung für die gesamte Arbeitsaufgabe **unterschiedliche Stufenwerte (Punkte)** festsetzt.

**Auszug aus einem Lohnrahmentarifvertrag für die Metallindustrie**, Tarifbezirk Nordwürttemberg-Nordbaden:

**§ 7 Arbeitswerte und Arbeitswertgruppen**. Entsprechend der Höhe der Arbeitswerte ergibt sich die **Einstufung in eine der folgenden Arbeitswertgruppen:**

| Arbeitswerte | Arbeitswertgruppe | Arbeitswertgruppenschlüssel |
|---|---|---|
| 0 bis 3,5 | I | 75 % |
| über 3,5 bis 6 | II | 80 % |
| über 6 bis 8,5 | III | 85 % |
| über 8,5 bis 11,5 | IV | 90 % |
| über 11,5 bis 14,5 | V | 95 % |
| über 14,5 bis 17,5 | VI | 100 % |
| über 17,5 bis 21 | VII | 106 % |
| über 21 bis 24,5 | VIII | 112 % |
| über 24,5 bis 28 | IX | 118 % |
| über 28 bis 31,5 | X | 124 % |
| über 31,5 bis 35 | XI | 130 % |
| über 35 | XII | * |

* Für jeden weiteren Arbeitswert wird ein Betrag in Höhe von 1,7 % des Geldbetrages der Arbeitsgruppe VI angesetzt.

#### b) Das Rangreihen- oder Rangstufenverfahren

Im Gegensatz zum Stufenwertzahlverfahren werden bei diesem Verfahren je Anforderungsgruppe bzw. -art **nicht bestimmte Höchstpunkte** vergeben, sondern **Prozentzahlen**. Beispielsweise beträgt der ungewichtete Höchstwert für „Kenntnisse" 100 %, derjenige für „Geschicklichkeit" 50 %. (Siehe Arbeitsvorlage 2)

Diese **Rangreihenzahlen (RR)** werden durch **Schätzen** und **Vergleichen** ermittelt, wobei ein betrieblicher **Beispielkatalog** als Grundlage dient. Die höchste Rangreihenzahl beträgt 100; die Übrigen liegen jeweils 5 Prozentpunkte auseinander (100 – 95 – 90 – 85 ... 10 – 5 – 0). Beim Bewertungsmerkmal „1 Kenntnisse, Ausbildung und Erfahrung" kann in begründeten Ausnahmefällen über die maximale Rangreihenzahl 100 bis auf 130 hinausgegangen werden.

Durch eine **Gewichtung der einzelnen Bewertungsmerkmale** soll zum Ausdruck gebracht werden, dass nicht alle Anforderungsarten die **gleiche Bedeutung** für die Feststellung der Arbeitsschwierigkeiten haben. Werden z. B. Fachkenntnisse mit 1,0, die Lärmbeeinflussung mit 0,5 gewichtet, dann erhält das zuerst genannte Bewertungsmerkmal einen doppelt so hohen Stellenwert wie die zuletzt genannte Anforderungsart. Eine **wissenschaftlich begründbare Methode**, die Relation der Anforderungsarten entsprechend ihrer Wichtigkeit allgemein gültig festzulegen, **gibt es nicht**. Deshalb muss die Gewichtung **irgendwie vereinbart** werden – sei es im Tarifvertrag oder in einer besonderen Betriebsvereinbarung.

Die festgelegten **Gewichtungsfaktoren** sind als **praktikabel** anzusehen, wenn sie von den betroffenen Mitarbeitern **akzeptiert** werden. Mit der Gewichtung können **auch personalpoliti-**

## Übersicht: Anforderungsgruppen und -arten nach REFA entsprechend dem Genfer Schema – das Stufenwertzahlverfahren

| Punkte | I<br>**Erforderliche Fachkenntnisse** | II<br>**Geschicklichkeit u. a.** | III<br>**Belastung (Anstrengung)** | | | IV<br>**Verantwortung** | | | V<br>**Umgebungseinflüsse** | | | |
|---|---|---|---|---|---|---|---|---|---|---|---|---|
| | 1 | 2 | 3 | 4 | 5 | 6 | 7 | 8 | 9–11 | 12–14 | 15–17 | 18–20 |
| | Kenntnisse, Ausbildung, Erfahrung | Geschicklichkeit, Handfertigkeit, Körpergewandtheit | Belastung der Sinne und Nerven | Zusätzlicher Denkprozess | Belastung der Muskeln | für die eigene Arbeit | für die Arbeit anderer | für die Sicherheit anderer | 9 Schmutz<br>10 Staub<br>11 Öl, Fett | 12 Temperatur<br>13 Nässe, Säure, Lauge<br>14 Gase, Dämpfe | 15 Lärm<br>16 Erschütterung<br>17 Blendung und Lichtmangel | 18 Erkältungsgefahr<br>19 Unfallgefahr<br>20 Hinderliche Schutzkleidung |
| 0 | kurze Anweisung | keine | keine | keiner | keine | keine | keine | keine | keine | keine | keine | keine |
| 1 | Anweisung bis 6 Wochen | geringe | geringe | geringer | geringe | geringe | geringe | geringe | geringe | geringe | geringe | geringe |
| 2 | Anlernen bis 6 Monate | mittlere | mittlere | mittelstarker | mittlere | mittlere | mittlere | mittlere | mittlere | mittlere | mittlere | mittlere |
| 3 | Anlernen mindestens 6 Monate und zusätzl. Berufserfahrung | hohe | starke | starker | starke | starke | starke | starke | starke | starke | starke | starke |
| 4 | abgeschlossene Anlernausbildung und zusätzliche Berufserfahrung | höchste | sehr starke | – | sehr starke | außergewöhnl. | – | – | – | außergewöhnl. | – | – |
| 5 | abgeschlossene Facharbeiterausbildung | | | | | | | | | | | |
| 6 | abgeschlossene Facharbeiterausbildung mit besonderer Berufserfahrung | | | | | | | | | | | |
| 7 | abgeschlossene Facharbeiterausbildung und höchstes fachliches Können | | | | | | | | | | | |
| | (7) | (4) | (4) | (3) | (4) | (4) | (3) | (3) | (3) | (4) | (3) | (3) |

► Höchstmögliche Punktzahl je Anforderungsgruppe (-art).
Summe: 45 Punkte.

Zu beachten ist, dass **nicht alle 20** Anforderungsgruppen und -arten in den Bewertungsbogen für die analytische Arbeitsbewertung **(vgl. Arbeitsvorlage 2!)** einbezogen werden, sondern nur diejenigen, die für die jeweilige Tätigkeit (z. B. die eines Betriebselektrikers) **von praktischer Bedeutung** sind.

**sche Zielsetzungen** verfolgt werden. Beispielsweise lassen sich Mitarbeiter für schmutzige Arbeit leichter gewinnen, wenn die Umgebungseinflüsse besonders hoch bewertet werden.

**Multipliziert man** die für die einzelnen Arbeitsanforderungen festgesetzten **Rangreihenzahlen (RR)** – vielfach werden sie auch als Rangstufenzahlen (RS) bezeichnet – mit dem jeweiligen **Gewichtungsfaktor** („Wichtefaktor"), so ergibt sich der für eine Anforderungsart geltende **Teilarbeitswert (TAW)**.

**Formel:** Teilarbeitswert (TAW) = Rangreihenzahl (RR) · Gewichtungsfaktor (GF).

**Addiert man** nun alle für eine bestimmte Tätigkeit (z. B. die eines Betriebselektrikers) festgestellten **Teilarbeitswerte** und **teilt** die **Summe durch 10**, so erhält man den für die betreffende Tätigkeit geltenden **Arbeitswert (AW)**.

**Formel:** Arbeitswert (AW) = Summe der Teilarbeitswerte : 10.

Der so ermittelte **Arbeitswert** wird dann einer **bestimmten Arbeitswert- bzw. Lohngruppe zugeordnet**, z. B. den Lohngruppen I bis XII.

### 4. Zweck der analytischen Arbeitsbewertung

Durch die Arbeitsbewertung sollen die **Anforderungen**, die eine **bestimmte Stelle** an einen Mitarbeiter stellt, **ermittelt** und mit den Anforderungen anderer Stellen im Betrieb verglichen werden.

**Je höher die Anforderungen** sind, die von einem Arbeitsplatz ausgehen, desto **größer** ist der **Schwierigkeitsgrad** der Arbeit. Durch Arbeitswertstudien wird also letztlich der **Schwierigkeitsgrad der Arbeit ermittelt**. Nach ihm richtet sich die Höhe der Entlohnung. Je schwieriger eine Arbeit ist, desto höher ist das zu zahlende Entgelt. Bei **gleicher Schwierigkeit** erhält derjenige den **höheren Lohn**, der **mehr leistet**. Der Schwierigkeitsgrad ist also das erste, die Leistung das zweite **Kriterium der Entgeltbemessung**: weitere Aspekte, wie z. B. **soziale Gesichtspunkte** (Alter, Betriebszugehörigkeit, Familienstand u. a.), können sich anschließen.

### 5. Mitbestimmungsrecht des Betriebsrats

Nach den Bestimmungen des für die Ausgangssituation geltenden Rahmentarifvertrags für die Metallindustrie im Tarifbezirk Nordwürttemberg sind für die Ermittlung der Arbeitswerte **Tarifkommissionen zu bilden**, die **paritätisch** von Arbeitnehmer- und Arbeitgeberseite zu besetzen sind. Der Betriebsrat hat bei der Einstufung der Arbeitnehmer in bestimmte Lohngruppen nach § 87 Abs. 1 Ziff. 10 BetrVG ein **echtes Mitspracherecht**.

## Arbeitsvorlage 1: Arbeitsbeschreibung für einen Betriebselektriker[1]

| | |
|---|---|
| **Werkstück** | Gesamte elektrische Anlage in der Werkstatt. |
| **Arbeitsunterlagen** | Arbeitsauftrag, mündliche Anweisungen, Maschinenzeichnungen und Schaltpläne verschiedener Art, Lagepläne der elektrischen Installation der Werkstatt. |
| **Betriebsmittel** | Elektrikerwerkzeug, Ampere-, Volt- und Ohmmeter, Kontrollgeräte, Handlager mit den gebräuchlichsten Ersatzteilen, ausfahrbare Arbeitsplattform, Leitern. |
| **Arbeitsplatz** | An den Maschinen in der Werkstatt oder an der Werkbank seines Arbeitsplatzes. Die Tätigkeit muss vorwiegend im Stehen, zeitweise in ungünstiger Körperhaltung und auf Leitern oder Gerüsten ausgeführt werden. Die Werkstatt hat eine Bodenfläche von ca. 3000 $m^2$ und ist mit ca. 200 Werkzeugmaschinen verschiedenster Art bestückt. Die Licht- und Luftverhältnisse sind gut. Die Halle ist bei Bedarf beheizt. |
| **Arbeitsvorgang und Arbeitsablauf** | Ausführung von Reparaturen, teilweise auch Neuinstallierung, die innerhalb der Abteilung an Licht- und Kraftanlagen vorkommen. Der umfangreiche Maschinenpark umfasst viele Maschinenarten (einschließlich Spezialmaschinen), die zur spanabhebenden Metallbearbeitung erforderlich sind. Die vorkommenden |

1 aus: Egon Voss, Industriebetriebslehre für Ingenieure, in: Studienbücher des technischen Wissens, Hanser Verlag, o. J., 4. Auflage, S. 109 ff.

| | |
|---|---|
| | Reparaturen sind z. B. Beseitigung von Störungen an Schaltanlagen, Motoren und Installationen, wobei u. a. Nacharbeiten oder Auswechseln von Kontakten, Spulen und dgl. vorkommt. Außerdem sind Maschinen zu installieren, Austauschmotoren anzuklemmen und Lichtleitungen zu legen und zu verlegen. |
| **Fertigungsart** | . . . |
| **Bewertungsbegründung** | Zur besseren Übersicht sind die Rangreihen „Null“ nicht aufgeführt. |

**Arbeitsvorlage 2:** Bewertungsbogen für die Tätigkeit eines Betriebselektrikers

| Bewertungsmerkmale und Bewertungsbegründung | STWZV[1] | | Rangreihenverfahren | | | |
|---|---|---|---|---|---|---|
| | HP[1] | IW[1] | HW[1] | RR[1] | WS[1] | GRR[1] |
| (1) **Kenntnisse, Ausbildung und Erfahrung:** Umfangreiche Kenntnisse in allen vorkommenden Elektroarbeiten, die sich bis auf die Fehlerfeststellung an elektronischen Steuerelementen ausdehnen. Erfahrung im Beseitigen von Störungen an Schaltanlagen. Lesen teilweise komplizierter Schaltpläne, Maschinenzeichnungen sowie Lagepläne in Bauzeichnungen. | | | 100 | | | |
| (2) **Geschicklichkeit, Handfertigkeit und Körpergewandtheit:** Beim Beheben von Störungen und bei Verlegearbeiten. Körpergewandtheit bei der Arbeit auf Leitern und Gerüsten. | | | 50 | | | |
| (3) **Belastung der Sinne und Nerven:** Aufmerksamkeit beim Verlegen von Leitungen und bei der Arbeit auf Leitern und Gerüsten. Augenbelastung durch ungünstige Beleuchtungsverhältnisse bei der Arbeit an und in den Maschinen und Schaltanlagen. | | | 60 | | | |
| (4) **Zusätzlicher Denkprozess:** Überlegungen und Entscheidungen beim Beseitigen von Störungen, ob Reparatur möglich oder neue Teile erforderlich sind. | | | 40 | | | |
| (5) **Belastung der Muskeln:** Ganztägiges Stehen und Gehen, beim Arbeiten auf Leitern bzw. Gerüsten, durch ungünstige Körperhaltung bei der Arbeit an und in den Maschinen, statische Belastung bei Überkopfarbeit, besonders auf Leitern oder Gerüsten. | | | 50 | | | |
| (6) **Verantwortung für die eigene Arbeit:** Verantwortung für die einwandfreie Funktion der elektrischen Anlagen an den zugeteilten Maschinen. Verantwortlich für die Werkstattanlagen und für die elektrischen Leitungen. | | | 30 | | | |
| (7) **Verantwortung für die Arbeit anderer:** Befugnis zur Erteilung von Anweisungen – Übernahme von Beaufsichtigungs- und Kontrollfunktionen – Einstehen für die Fehler und Unterlassungen von Kollegen. | | | 80 | | | |
| (8) **Verantwortung für die Sicherheit anderer:** Verantwortung für das unfallsichere Arbeiten der Arbeitskräfte an den Maschinen (Stromabschaltung bzw. Isolation). | | | 30 | | | |
| (9) **Schmutz:** Verschmutzung bei der Arbeit an den Maschinen und beim Verlegen der Leitungen. | | | 10 | | | |
| (10) **Staub:** Zeitweise bei Bohr- und Stemmarbeiten. | | | 10 | | | |

1 Abkürzungen: STWZV = Stufenwertzahlverfahren – HP = Höchstpunktzahl – IW = Istwert (tatsächlicher Wert) – HW = Höchstwert (ungewichtet) – RR = Rangreihenzahl, vielfach auch als Rangstufenzahl (RS) bezeichnet; es handelt sich um Istwerte (erreichte Werte) – WS = Wichteschlüssel (Gewichtungsfaktor); sie bringen die Bedeutung der jeweiligen Anforderungsgruppe (-art) für die Arbeitsschwierigkeit zum Ausdruck – GRR = Gewichtete Rangreihen (Rangstufen) bzw. Teilarbeitswerte (TAW)

| Bewertungsmerkmale und Bewertungsbegründung | STWZV[1] | | Rangreihenverfahren | | | |
|---|---|---|---|---|---|---|
| | HP[1] | IW[1] | HW[1] | RR[1] | WS[1] | GRR[1] |
| (11) **Öl/Fett:** Zeitweise Belastung durch Öl und Fett bei Reparaturen an Maschinen. | | | 10 | | | |
| (15) **Lärm:** Allgemeiner Hallenlärm. | | | 20 | | | |
| (17) **Blendung und Lichtmangel:** Zeitweise Lichtmangel durch ungünstige Beleuchtungsverhältnisse beim Verlegen. | | | 10 | | | |
| (19) **Unfallgefahr:** Bei der Arbeit auf Leitern und Gerüsten. | | | 20 | | | |
| Summen | | | – | – | – | |

## Arbeitsaufträge und Fragen zur Stofferschließung

**1.** Bevor Sie sich an die unmittelbare Bearbeitung des in der Ausgangssituation angesprochenen Problems heranwagen, sollten Sie sich zuvor noch einige **Grundkenntnisse über die Arbeitsbewertung** im Allgemeinen und über die analytische Arbeitsbewertung im Besonderen aneignen. **Studieren Sie** zu diesem Zwecke die Ausführungen in der **Sachdarstellung** (1. und 2.) und **beantworten Sie** danach die folgenden **Auswertungsfragen**.

a) **Nennen** und **beschreiben** Sie zwei **summarische** Verfahren der Arbeitsbewertung.

b) **Wie unterscheiden sich** die analytischen von den summarischen Verfahren der Arbeitsbewertung?

c) Das **Genfer Schema** fungiert als Grundlage der analytischen Arbeitsbewertung. **Welche vier Anforderungsgruppen** werden hierbei unterschieden?

d) **REFA** hat das Genfer Schema weiter **ausgebaut** und unterscheidet insgesamt **fünf Anforderungsgruppen. Inwiefern unterscheidet sich** das REFA-Konzept der Arbeitsbewertung vom Genfer Schema?

**2.** **Betrachten Sie** nun das **REFA-Schema** (Stufenwertzahlverfahren) etwas genauer (Sachdarstellung 2.).

a) **In welche Anforderungsarten** wird die Anforderungsgruppe bzw. das Hauptmerkmal **„III Belastung" unterteilt**?

b) **In welche Anforderungsarten** wird das Hauptmerkmal **„IV Verantwortung" untergliedert**?

c) **Wie viele Anforderungsarten** (Bewertungsmerkmale) werden unter dem Oberbegriff **„V Umgebungseinflüsse"** zusamengefasst?

d) **Wie viele Bewertungsmerkmale** („Anforderungsarten") werden nach dem Stufenwertzahlverfahren **insgesamt** in die Bewertung der Arbeit **einbezogen**?

e) **Welche Anforderungsgruppe** erhält die **höchste Punktzahl**?

f) **Ermitteln Sie** die im Stufenwertzahlverfahren **erreichbare Höchstpunktzahl** für den Schwierigkeitsgrad einer Arbeit, indem Sie die für die einzelnen Anforderungsgruppen und -arten geltenden **maximalen Punktzahlen addieren**. Bedienen Sie sich hierbei am besten der folgenden **Tabelle**:

| Anforderungsgruppe | I | II | III | | | IV | | | V | | | | Summe |
|---|---|---|---|---|---|---|---|---|---|---|---|---|---|
| und -art | 1 | 2 | 3 | 4 | 5 | 6 | 7 | 8 | 9–11 | 12–14 | 15–17 | 18–20 | |
| Erreichbare Höchstpunktzahl | | | | | | | | | | | | | |
| Summen | | | | | | | | | | | | | |

g) **Warum** wird in der **Wirtschaftspraxis** die **Maximalpunktzahl nie erreicht**? **Welche Konsequenzen** ergeben sich aus diesem Tatbestand?

**3.** Um den Schwierigkeitsgrad der Arbeit des Betriebselektrikers Karl Seyfang nach dem **Stufenwertzahlverfahre**n ermitteln zu können, müssen Sie wissen, welche Arbeiten ein Betriebselektriker zu verrichten hat, **welche Bewertungsmerkm**ale zur Anwendung kommen und welche Bewertungsbegründung für diese Arbeit abgegeben wird.

a) Die von dem Betriebselektriker Karl Seyfang **zu verrichtenden Tätigkeiten** sind in einer **Arbeitsbeschreibung** niedergelegt. Befassen Sie sich mit dieser Arbeitsbeschreibung **(Arbeitsvorlage 1)**.

b) **Wie** ist die **Arbeitsbeschreibung** für Betriebselektriker **gegliedert**?

c) **Welcher Beziehungszusammenhang** besteht zwischen **Arbeitsbeschreibung** und **Bewertungsbogen**?

d) **Vergleichen Sie** die **Anzahl** der im Bewertungsbogen angeführten **Bewertungsmerkmale** (sog. Anforderungsgruppen und -arten) mit denen des **Stufenwertzahlverfahrens. Welche Unterschiede** können Sie feststellen?

e) **Welche Konsequenz** ergibt sich aus dem unter d) festgestellten Sachverhalt für das **Erreichen der Höchstpunktzahl** im Stufenwertzahlverfahren?

f) **Setzen Sie** für die im Bewertungsbogen angeführten Bewertungsmerkmale die **jeweiligen Höchstpunktzahlen** ein und **ermitteln Sie** die für die Tätigkeit eines Betriebselektrikers **maximal erreichbare Punktzahl.**

g) **Versuchen Sie** als **Mitglied einer** paritätisch von Arbeitgeber- und Arbeitnehmerseite besetzten **Bewertungskommission** die **Istwerte** für die Tätigkeit des Betriebselektrikers Karl Seyfang **abzuschätzen. Tragen Sie** die Ergebnisse Ihres Bemühens in die **Spalte IW** der **Arbeitsvorlage 2** ein und **ermitteln Sie** die **Summer aller Istwerte.**

h) **Entscheiden Sie** anhand der Ergebnisse des Stufenwertzahlverfahrens, in **welche Lohngruppe** die Tätigkeit des Betriebselektrikers Karl Seyfang **einzustufen** ist. **Lösungshinweis:** Siehe Tabelle der Arbeitswerte und Arbeitswertgruppen in Sachdarstellung 3.a).

**4.** Nachdem wir die Arbeitswert- bzw. Lohngruppe für die Tätigkeit des Betriebselektrikers Karl Seyfang nach dem Stufenwertzahlverfahren bestimmt haben, soll zur Überprüfung des erzielten Ergebnisses die gleiche Aufgabe nun mithilfe des **Rangreihen- bzw. Rangstufenverfahrens** bewältigt werden.

a) **Lesen Sie** die Ausführungen in der **Sachdarstellung** zu diesem Thema **(Abschnitt 3. b).**

b) **Tragen Sie** zuerst einmal den in der Sachdarstellung (3.b) angeführten **Wichteschlüssel** (Gewichtungsschlüssel) in die entsprechende Spalte des Bewertungsbogens („WS") ein.

c) **Schätzen Sie** für jedes einzelne Bewertungsmerkmal die jeweilige **Rangreihen- oder Rangstufenzahl. Orientieren Sie sich** hierbei an dem im Bewertungsbogen angegebenen **Höchstwert (HW)** sowie an den jeweiligen **Bewertungsbegründungen. Tragen Sie** die durch Schätzung und Vergleich ermittelten **Prozentzahlen** in die entsprechende Spalte des Bewertungsbogens **(„RR")** ein. **Beachten Sie**, dass es sich bei den Rangreihenzahlen stets um eine **durch 5 teilbare Größe** handeln muss (vgl. Sachdarstellung **3.b**).

d) **Gewichten Sie** die ermittelten **Rangreihen- oder Rangstufenzahlen** mit dem **Wichteschlüssel („WS")** und **tragen Sie** die Ergebnisse in den Bewertungsbogen ein **(Spalte „GRR").**

e) **Ermitteln Sie** die **Summe der gewichteten Rangreihenzahlen** und **teilen Sie** sie durch **10**. Das Ergebnis ist der **Arbeitswert.**

f) **Entscheiden Sie** nun die **Frage der Ausgangssituation** anhand des mit dem Rangreihen- oder Rangstufenverfahren ermittelten Arbeitswerts.

**5.** Nach der **praktischen Durchführung** sollen Sie noch einige **Auswertungsfragen zum Rangreihen- oder Rangstufenverfahren** beantworten.

a) **Wie unterscheidet sich** dieses Arbeitsbewertungsverfahren vom Stufenwertzahlverfahren?

b) **Wie** werden die einzelnen **Rangreihen-** bzw. **Rangstufenzahlen ermittelt**?

c) **Warum** bedarf es einer **Gewichtung** der einzelnen Bewertungsmerkmale?

d) **Welches Problem** ergibt sich bei dem Versuch einer **allgemeingültigen Festlegung des Gewichts** der einzelnen **Anforderungsarten**? **Wie** versucht man es **zu lösen**?

e) **Welche Formel** gilt für die Ermittlung der für die einzelnen Anforderungsgruppen und -arten geltenden **Teilarbeitswerte**?

f) **Wie ermittelt man** den für eine bestimmte Tätigkeit, z. B. für die eines Betriebselektrikers, geltenden **Arbeitswert**?

g) **Wie** wird mithilfe des ermittelten **Arbeitswerts** die **Lohnhöhe bestimmt**?

h) Stellen Sie in einer **Übersicht** (acht bis zehn Phasen) den **Ablauf des Rangreihen- oder Rangstufenverfahrens** dar.

## 3.3.4 Akkordlohn

**Ausgangssituation**

Im Malerbetrieb Karl Kaiser KG arbeiten die Tapezierer im Akkord. Durch Arbeitszeitstudien im Deutschen Malerverband wird festgestellt, dass die Normalleistung pro Stunde bei 10 $m^2$ liegt. Der Stundenverdienst eines Tapezierers bei Normalleistung setzt sich wie folgt zusammen:

| | |
|---|---|
| Tariflich garantierter Mindestlohn (Zeitlohn) | 10,00 € |
| + Akkordzuschlag 20 % | 2,00 € |
| Akkordrichtsatz | 12,00 € |

### Sachdarstellung

**1. Voraussetzungen der Akkordentlohnung**

Akkordlohn kann nur dann bezahlt werden, wenn bestimmte Voraussetzungen erfüllt sind:

- Der **Arbeitsablauf (Arbeitsgang)** muss **eindeutig festliegen**; er darf also nicht mal so oder mal anders sein.
- Die **einzelnen Arbeitsabläufe (-vorgänge)** müssen sich **wiederholen**.
- Die **Bearbeitungszeit pro Stück** (die sog. **Normalleistung**) muss **genau feststellbar** sein (z. B. durch Arbeitszeitstudien).
- Die **Arbeitsgeschwindigkeit** (das **Arbeitstempo**) muss vom Arbeitenden **beeinflusst** werden können; sie muss also **variierbar** sein.

**2. Der Aufbau der Akkordentlohnung**

- **Schema für die Ermittlung des Akkordrichtsatzes:** siehe Ausgangssituation.
- **Der Akkordzuschlag** ist kein Entgelt für Mehrleistung, sondern ein solches für die Bereitschaft des Arbeitnehmers unter Akkordbedingungen zu arbeiten. Sie erfordern insbesondere die **Schaffung eines Ausgleichs für die Benachteiligung von Akkordarbeitern gegenüber Zeitlohnempfängern**, wenn **Engpässe in der Fertigung** oder andere **unverschuldete Störungen im Betriebsablauf** (z. B. kurzzeitiger Maschinenausfall) eintreten. Der Akkordzuschlag wird entweder in **Tarifverträgen** oder in **Betriebsvereinbarungen** festgelegt. Er liegt **zwischen 15 und 25 %**.

**3. Übersicht**

**ARTEN DES AKKORDS (STÜCKLOHNS)**

| Stückgeldakkord | Stückzeitakkord |
|---|---|
| Der Arbeiter erhält für jedes gefertigte Stück einen **bestimmten Lohnbetrag (Lohnsatz).** | Der Arbeiter erhält für jedes anzufertigende Stück eine **bestimmte Vorgabezeit (Stückzeit).** |
| **Bruttolohn = Stückzahl · Lohn je Stück** (Lohnsatz bzw. Stückgeld bzw. Stückakkordsatz) | **Bruttolohn = Stückzahl · Vorgabezeit je Stück · Lohn je Arbeitsminute (Minutenfaktor),** wobei Vorgabezeit je Stück · Lohn je Minute dem Verdienst (Lohn) je Stück (Lohnsatz) entspricht. |

**4. Anwendung**

- **Der Stückgeldakkord** kommt besonders im **Handwerk** zur Anwendung, so z. B. bei Tapezierern, Plattenlegern, Maurern, Gipsern, Malern. Sein **Hauptvorteil** liegt in der **Einfachheit der Berechnung**. Der Arbeiter kann seinen Lohn problemlos als **Produkt von Stückzahl und Lohnsatz** ermitteln. Er kann auf diese Weise die unmittelbare **Abhängigkeit seines Einkommens von der erbrachten Leistung** erkennen. Andererseits hat **jede Tätigkeit** einen **anderen Stückakkordsatz**. Erstrecken sich die **Arbeitseinsätze auf unterschiedliche Tätigkeiten**, dann wird die **Lohnberechnung schwierig**.

  **Ändern sich** aufgrund von Tarifverhandlungen die **Akkordrichtsätze,** so muss **für jede einzelne Tätigkeit das Stückgeld neu berechnet** werden. Wegen des damit verbundenen **Arbeits- und Zeitaufwands** wird der Stückgeldakkord in der Industrie weitgehend durch den Stück**zeit**akkord **ersetzt**.
- **Der Stückzeitakkord** hat gegenüber dem Stückgeldakkord den **Vorteil,** dass der **Zeitakkordsatz** (die Vorgabezeit pro Stück) **über längere Zeit unverändert** bleibt. Bei **Erhöhung des Akkordstundenlohns** muss **lediglich der Minutenfaktor angepasst** werden.

Er ist **für alle Tätigkeiten** innerhalb einer bestimmten Lohngruppe **gleich hoch**. Sind beispielsweise in einem Betrieb 100 verschiedene Verrichtungen (Drehen, Stanzen usw.) durchzuführen, aber nur fünf verschiedene Lohngruppen vorhanden, müssen bei Lohnerhöhungen 100 Stückgeldakkordsätze, aber nur fünf Minutenfaktoren geändert werden.

**Die Vorgabezeiten** bleiben von der Veränderung des Akkordstundenlohns **unberührt**. Sie können außer für die Lohnberechnung auch für die **Fertigungsplanung** und **Fertigungssteuerung** sowie zur **Vor- und Nachkalkulation der Kosten** verwendet werden. Demgegenüber eignet sich der **Geldakkord** für Planungs- und Dispositionszwecke nur **wenig**.

**5. Der Leistungsgrad**

**Bei Normalleistung** beträgt der **Leistungsgrad genau 100 %**. Die **Istleistung** kann nun **über oder unter der Normalleistung** liegen.

**Rechnerischer Ansatz:** Normalleistung = 100 %
Istleistung (tatsächliche Leistung) = x %

$$\textbf{Leistungsgrad (x)} = \frac{\text{Istleistung (tatsächliche Leistung)} \cdot 100}{\text{Normalleistung}}$$

Der Leistungsgrad gibt also an, ob die **tatsächliche Leistung (Istleistung) über oder unter der Normalleistung** liegt. Die **Grenzbereiche** liegen zwischen **60 %** für sehr schlechte und **130 %** für sehr gute Leistungen.

## Arbeitsaufträge und Fragen zur Stofferschließung

1. **Welche Voraussetzungen** müssen gegeben sein, um **Akkordentlohnung** im Malerbetrieb Karl Kaiser KG **durchführen zu können**?
2. **Was** versteht man unter dem **„Akkordrichtsatz“**?
3. **Wofür** wird der **Akkordzuschlag** bezahlt?
4. **Welche zwei Grundarten der Akkordentlohnung** gibt es und **wie unterscheiden** sie sich?
5. **Berechnen Sie** den Lohn eines Tapezierers, der 500 m² Tapeten pro Woche klebt, zunächst einmal als **Stückgeldakkord**.
   a) **Wie viel** bekommt der Tapezierer **für jeden m² Tapete (Stückgeld oder Stückakkordsatz**)?
   b) **Wie hoch** ist der **Wochenverdienst des Tapezierers**?
   c) **Wie lautet** die **Formel** für die Berechnung des Bruttolohns beim Stückgeldakkord?
6. **Berechnen Sie** nun den Wochenlohn des Tapezierers bei gleicher Leistung (500 m²) nach dem **Stückzeitakkordverfahren**.
   a) **Welche Zeit** ist für das **Anbringen von einem m² Tapete** vorgesehen **(Zeitsatz oder Zeitakkordsatz**)?
   b) **Wie hoch** ist die **gesamte Vorgabezeit** für das Anbringen **von 500 m² Tapeten**?
   c) **Wie viel €** verdient ein Tapezierer **pro Arbeitsminute (Minutenfaktor**)?
   d) **Wie hoch** ist der **Wochenverdienst** des Tapezierers?
   e) **Wie** lautet die **Formel** für die Berechnung des Bruttolohns beim Stückzeitakkord?
7. **Statt einer 60-Minuten-Stunde** kann beim Stück**zeit**akkord auch eine **100-Minuten-Stunde** verwendet werden.
   a) **Welche Vorgabezeit** gilt für das Anbringen von **einem m² Tapete** unter Zugrundelegung einer **100-Minuten-Stunde**?
   b) **Wie hoch** ist die **gesamte Vorgabezeit** für das Anbringen von **500 m² Tapeten**?
   c) **Wie viel verdient** ein Tapezierer **pro Dezimalminute (Minutenfaktor**)?
   d) **Wie hoch** ist der **Wochenverdienst des Tapezierers**?
   e) **Warum ändert sich nichts am Bruttolohn**, egal, ob der Berechnung eine 60- oder eine 100-Minuten-Stunde zugrunde gelegt wird?
   f) **Welchen Vorteil** bringt die **Verwendung einer 100-Minuten-Stunde**? Lösungshinweis: Minutenfaktor.
8. **Berechnen Sie** entsprechend den Ausführungen in der Sachdarstellung (5.) für den Tapezierer in unserem Beispiel den **Leistungsgrad** (8-Stunden-Tag und 5-Tage-Woche).
9. **Erklären Sie**, warum der Stück**zeit**akkord in der Industrie viel **stärker verbreitet** ist als der Stück**geld**akkord (vgl. Sie Sachdarstellung 4.).
10. **Versuchen Sie zur Wiederholung** des Gelernten abschließend noch folgende **Begriffe zu definieren**:
    a) Stückgeld oder Stückakkordsatz
    b) Zeitsatz oder Zeitakkordsatz
    c) Minutenfaktor
    d) Akkordrichtsatz

## 3.3.5 Prämienlohn

**Ausgangs-situation**

In der Firma Hans Gerber KG, Werkzeugbau soll so weit wie möglich der Zeitlohn durch Leistungslohn ersetzt werden. Ziel dieser und anderer Rationalisierungsmaßnahmen ist es, die Konkurrenzfähigkeit des Unternehmens zu verbessern. Zur Diskussion steht die Einführung von Akkordlohn- oder von Prämienlohnsystemen. Wie eingehende Untersuchungen im Betrieb ergeben haben, sind die technischen Voraussetzungen für die Einführung der unterschiedlichen Entlohnungsformen gegeben.

Für die Herstellung von Messinstrumenten gelten folgende Daten:
- Grundlohn bzw. Akkordrichtsatz: 15,00 € je Stunde;
- Vorgabezeit je Werkstück für die Montage und für die Funktionsprüfung: 10 Minuten;
- tägliche Arbeitszeit: 8 Stunden.

**Frage: Für welche Entlohnungsform wird sich die Geschäftsleitung des Werkzeugbauunternehmens Hans Gerber KG entscheiden?**

### Sachdarstellung

**1. Wesen**

Der Prämienlohn setzt sich aus einem **festen Grundlohn** (i. d. R. Zeitlohn) und aus einer **Sondervergütung (Prämie)** für eine bestimmte Mehr- oder Sonderleistung (Leistungslohn) zusammen. Seine **Bedeutung** nimmt immer mehr zu, weil es bei verstärktem Konkurrenzdruck auf internationalen Märkten vor allem auf die **Produktqualität** ankommt und weil sich die **Arbeitsabläufe in der industriellen Fertigung** mit steigendem Automatisierungsgrad zunehmend der **Beeinflussung durch den Menschen entziehen**.

**2. Übersicht über Prämienarten**

| | |
|---|---|
| **Mengen**- oder **Zeitersparnisprämien (Abkürzung: ZP)** | Prämien für das Unterschreiten der Vorgabezeiten . . .<br>■ beim Herstellen von Produkten<br>■ bei der Montage von Geräten<br>■ beim Prüfen von Fertigerzeugnissen |
| **Güte**- oder **Qualitätsprämien (GP)** | Prämien für . . .<br>■ geringeren Ausschuss<br>■ weniger Abfall (Materialverbrauch)<br>■ weniger Nacharbeiten<br>■ weniger Reklamationen und Garantieleistungen |
| **Ersparnis**- oder **Stoffausbeuteprämien (EP)** | Prämien für . . .<br>■ die Einsparung von Roh-, Hilfs- und Betriebsstoffen (hohe Materialausbeute)<br>■ geringerer Werkzeugverbrauch<br>■ weniger Energieverbrauch<br>■ geringere Instandhaltungskosten der Betriebsmittel |
| **Nutzungsprämien (NP)** | Prämien für . . .<br>■ geringere Rüstzeiten bei Maschinen<br>■ geringere Unterbrechungszeiten (Leerlaufzeiten) bei Maschinen (optimaler Maschineneinsatz)<br>■ die Reduzierung von Reparaturzeiten |
| **Terminprämien (TP)** | Prämien für die Erledigung eiliger Aufträge, wenn Termine eingehalten oder unterschritten werden. |
| **Kombinierte Prämien (KP)** | Prämien, die immer dann gezahlt werden, wenn Gefahr besteht, dass durch die Prämierung einer bestimmten Leistung andere Kriterien des Arbeitsergebnisses vernachlässigt werden, z. B.<br>■ Streben nach hoher Mengenleistung auf Kosten der Produktqualität oder des höheren Verschleißes;<br>■ Streben nach Qualitätssteigerung auf Kosten des Materialverbrauchs;<br>■ Streben nach besserer Maschinenausnutzung mit der Folge umfangreicherer Instandsetzungsarbeiten;<br>■ Streben nach Rohstoffeinsparung auf Kosten minderer Produktqualität;<br>■ Streben nach Energieeinsparung auf Kosten der Nutzungsdauer von Betriebsmitteln.<br>**Ausweg:** Verbindung von zwei oder mehr Prämienarten miteinander, z. B. Mehrleistungs- und Qualitätsprämie. |

## Arbeitsvorlage 1: Wesensmerkmale des Prämienlohns

Der Prämienlohn setzt sich aus zwei Komponenten zusammen: aus dem ··· **[1]** ··· und aus der ··· **[2]** ···. Die zuerst genannte Komponente stellt ··· **[3]** ··· lohn dar, die zweite hingegen ··· **[4]** ··· lohn.
Beim proportionalen **Akkord** werden Mehrleistungen in (welchem?) ··· **[5]** ··· Umfang dem Arbeitnehmer zugerechnet und vergütet. Beispiel: 50 % mehr Leistung des Arbeitnehmers bedeuten auch 50 % mehr ··· **[6]** ···.
Beim **Prämienlohn** wird hingegen der Ertrag aus der Mehrleistung zwischen dem Arbeitgeber und den Arbeitnehmern ··· **[7]** ···. Steigert z. B. ein Arbeitnehmer seine Leistung um 30 %, so ist die Lohnsteigerung stets ··· **[8]** ··· als 30 %. Im Gegensatz zum Akkordlohn steigt beim Prämienlohn also das Einkommen des Arbeitnehmers nicht im ··· **[9]** ··· Verhältnis wie seine Mehrleistung. Für den Arbeitnehmer haben Prämienlohnsysteme somit einen ··· **[10]** ··· Anreiz als Akkordlohnzahlungen. Dementsprechend ist beim Prämienlohn die Gefahr der Überanstrengung und der Gesundheitsgefährdung für den Arbeitnehmer (wie?) ··· **[11]** ··· als beim Akkordlohn. Gegenüber dem Zeitlohn haben jedoch alle Leistungslohnsysteme den Nachteil, dass sie (wie?) ··· **[12]** ··· zu berechnen sind.
Beim **Akkordlohn** bleiben – soweit es sich um proportionalen Akkord handelt – die Lohnkosten pro Stück stets (wie?) ··· [13] ···; bei dem Prämienlohnsystem ··· **[14]** ··· die Lohnstückkosten mit steigendem Leistungsgrad des Arbeitnehmers.
Der **Prämienlohn** ersetzt die Akkordentlohnung häufig dann, wenn sich wegen zunehmender Mechanisierung und Automatisierung das mengenmäßige Produktionsergebnis nicht mehr vom einzelnen Arbeitnehmer ··· **[15]** ··· lässt und/oder wenn es weniger auf die Menge der Leistung und mehr auf die ··· **[16]** ··· der Arbeitsausführung ankommt.

## Arbeitsvorlagen 2 und 3: (siehe folgende Seiten!)

## Arbeitsaufträge und Fragen zur Stofferschließung

1. **Ordnen Sie** den in der **Sachdarstellung** genannten **Prämienarten** die folgenden **Beispiele zu. Verwenden Sie** hierzu die in der **Sachdarstellung** (2.) angegebenen **Abkürzungen**.
(1) Roh-, Hilfs-, Betriebsstoffverbrauch – (2) Ausschussmenge – (3) Ausbringungsmenge durch Unterschreiten von Vorgabezeiten – (4) Werkzeugverbrauch – (5) Rüstzeiten bei Maschinen – (6) Zeit für das Prüfen von Fertigprodukten – (7) Unterbrechungs- bzw. Leerlaufzeiten von Maschinen – (8) Energieverbrauch – (9) Abfallmenge – (10) Reparaturzeiten – (11) Zeit für die Montage von Geräten – (12) Zeit für die Erledigung eiliger Aufträge – (13) Instandhaltungskosten für Betriebsmittel –(14) Garantieleistungen – (15) Reklamationen – (16) Nacharbeiten. **Lösungsbeispiel:** (1) EP
2. **Warum** werden häufig sog. **„kombinierte Prämien"** gezahlt? **Nennen Sie drei Zielgegensätze (-antinomien)**, die sich bei Zahlung von Prämien ergeben können, die nur an einem **einzigen** Leistungskriterium ausgerichtet sind.
3. Nachdem wir die verschiedenen **Arten des Prämienlohns** kennen gelernt haben, können wir uns nunmehr an die **Lösung der in der Ausgangssituation gestellten Frage** heranmachen.
**Bestimmen Sie** zunächst einmal die **Lohnkosten** in der Firma Hans Gerber KG **bei alternativen Istleistungen** von 48, 54, 60, 66 und 72 Stück für den Fall, dass **Akkordlohn bezahlt** wird. **Lösungshinweis: Berechnen Sie** auf der Basis der Normalleistung von 48 Stück (= 100 %) die **Lohnkosten pro Stück**, danach die **Lohnkosten insgesamt (Tagesverdienst). (Arbeitsvorlage 2, Tabelle 1)**
4. **Bestimmen Sie** die **Lohnkosten** des Betriebs **bei alternativen Istleistungen**, wenn den Arbeitern zusätzlich zum Grundlohn eine **Prämie in Höhe von 50 % des Studenlohns der eingesparten Zeit (Halseysystem)** gewährt wird. **(Arbeitsvorlage 2, Tabelle 2)**
5. **Bestimmen Sie** die **Lohnkosten** des Betriebs **bei alternativen Istleistungen**, wenn den Arbeitern zusätzlich zum Grundlohn eine **Prämie gewährt** wird, die **genauso viel Prozent des Grundlohns** beträgt wie die **Mehrleistung im Verhältnis zur jeweiligen Gesamtleistung** ausmacht **(Rowansystem). (Arbeitsvorlage 3, Tabelle 3)**
6. **Stellen Sie** alle bisher erarbeiteten Ergebnisse **grafisch** dar. **Tragen Sie** auf der **x-Achse** die **Stückzahl** (beginnend mit 48) und auf der **y-Achse** den **Taglohn** (beginnend mit 120,00 €) ab. **(Arbeitsvorlage 3, Koordinatensystem)**
7. **Beantworten Sie** nun die **Frage der Ausgangssituation** und **kommentieren Sie** die zur Diskussion stehenden **Entlohnungssysteme. Für welches Entlohnungssystem** würden Sie sich **als Arbeitnehmer** entscheiden? (Begründung)
8. **Ergänzen Sie** abschließend noch den Text über die **Wesensmerkmale des Prämienlohns (Arbeitsvorlage). Einzusetzen** sind **u. a.** folgende **Begriffe:** Grundlohn –Güte (Qualität) – Leistungslohn – Lohn – Prämie – Zeitlohn. **(Arbeitsvorlage 1)**

**Arbeitsvorlage 2**

# AKKORD- ODER PRÄMIENLOHN?

## Teil 1

### Tabelle 1: Akkordlohn

| Alternative Istleistungen pro Tag (Stück) | 48 | 54 | 60 | 66 | 72 |
|---|---|---|---|---|---|
| Lohnkosten pro Stück (€) | | | | | |
| Lohnkosten insgesamt (Tagesverdienst in €) | | | | | |
| Tatsächlicher Stundenlohn in € | | | | | |

### Tabelle 2: Prämienlohn nach dem Halseysystem

| Alternative Istleistungen pro Tag (Stück) | 48 | 54 | 60 | 66 | 72 |
|---|---|---|---|---|---|
| Gesparte Zeit in Stunden | | | | | |
| Prämie in € (50%) | | | | | |
| Lohnkosten insgesamt (Tagesverdienst in €) | | | | | |
| Lohnkosten pro Stück | | | | | |
| Tatsächlicher Stundenlohn in € | | | | | |

**Arbeitsvorlage 3**

# AKKORD- ODER PRÄMIENLOHN?

## Teil 2

### Tabelle 3: Prämienlohn nach dem Rowansystem

| Alternative Istleistungen pro Tag (Stück) | 48 | 54 | 60 | 66 | 72 |
|---|---|---|---|---|---|
| Mehrleistung in Stück | | | | | |
| Mehrleistung in Prozent der Gesamtleistung | | | | | |
| Prämie in € (% vom Grundlohn) | | | | | |
| Lohnkosten insgesamt (Tagesverdienst) | | | | | |
| Lohnkosten pro Stück | | | | | |
| Tatsächlicher Stundenlohn in € | | | | | |

### Grafische Darstellung der Entlohnungssysteme

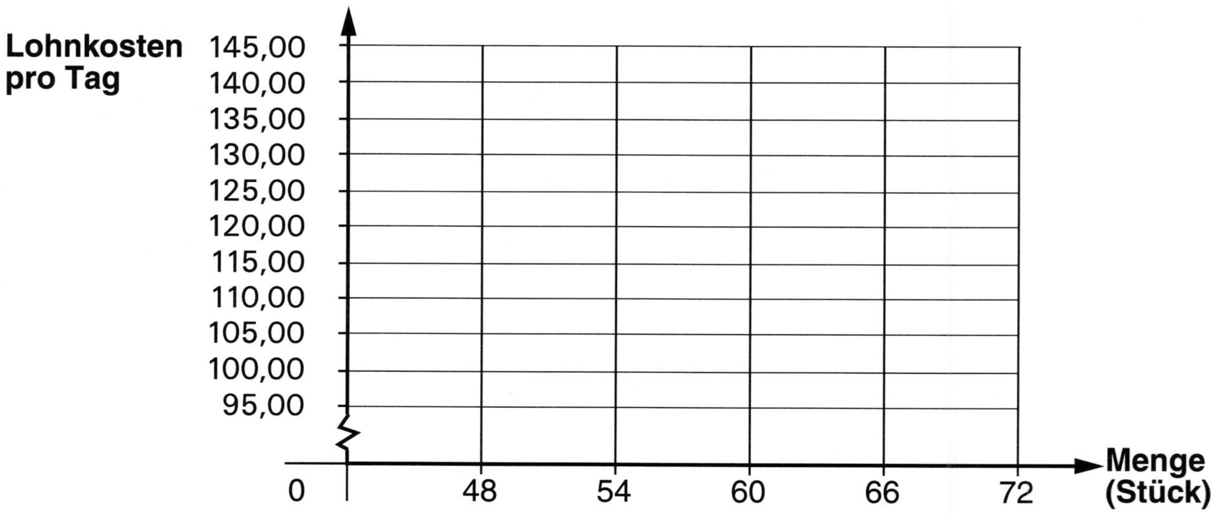

## 3.3.6 Erfolgsbeteiligung

**Ausgangssituation**

Die sunshine GmbH, Hersteller von hochwertigen Kosmetikwaren, plant die Einführung einer Erfolgsbeteiligung. Der Entwurf des Beteiligungsvertrags enthält u. a. folgende Bestimmung:

„Der Erfolgsanteil wird nur zu 50 % bar ausbezahlt, der Rest bleibt als Investivteil im Unternehmen. Dieser Investivteil steht dem Unternehmen drei Jahre als zu verzinsendes Darlehen zur Verfügung. Danach kann der Arbeitnehmer den Anteil in ein Teilhaberrecht umwandeln."

Für die sunshine GmbH sind für das abgelaufene Geschäftsjahr folgende Abschlussrechnungen (Angaben in Mio. €) erstellt worden:

**Gewinn- und Verlustrechnung**

| Aufwendungen | | Erträge | |
|---|---|---|---|
| Betriebsbedingter Aufwand (Kosten) | 860 | Umsatzerlöse | 900 |
| Neutraler Aufwand | 30 | Sonstige Erträge | 60 |
| Unternehmenserfolg | 70 | | |
| | 960 | | 960 |

**Betriebsergebnis**

| Kosten | | Leistungen | |
|---|---|---|---|
| Verschiedene Kosten (einschl. kalkulatorische Abschreibungen) | 850 | Betriebsbedingte Erträge (Leistungen) | 930 |
| Kalkulatorische Zinsen | 15 | | |
| Kalkulatorische Wagnisse | 10 | | |
| Kalkulatorischer Unternehmerlohn | 2 | | |
| Betriebsgewinn | 53 | | |
| | 930 | | 930 |

### Sachdarstellung

**1. Übersicht**

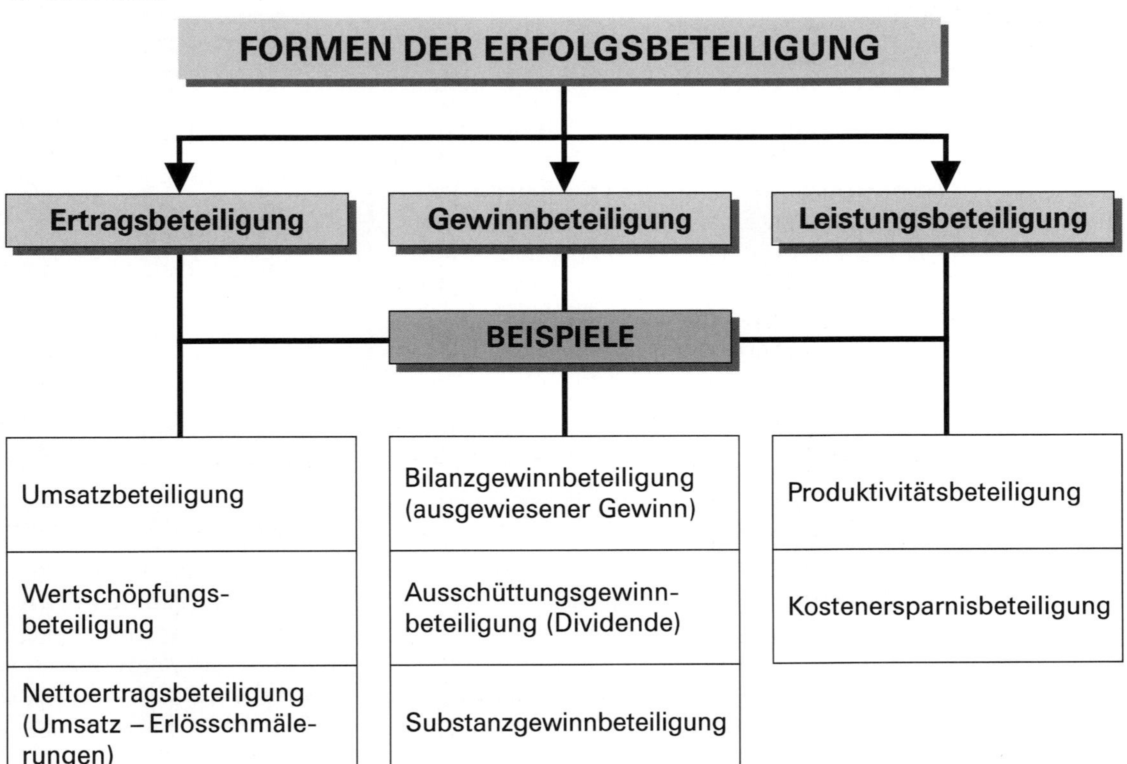

### 2. Übersicht

## WEITERE FORMEN DER GEWINNBETEILIGUNG

### KOLLEKTIVBETEILIGUNG

Der auf die Belegschaft entfallende Gewinn wird in **Einrichtungen** investiert, die der **Gesamtbelegschaft zugute kommen**, z. B. in Freizeitanlagen (Sportplätze, Schwimmbäder, Erholungsheime) oder Pensions- und Unterstützungskassen.

### INDIVIDUALBETEILIGUNG

Der auf die Belegschaft entfallende **Gewinn** wird **jedem einzelnen Belegschaftsmitglied** entweder **bar ausbezahlt** oder **gutgeschrieben**.

#### Unterformen

#### Barbeteiligung

Der Arbeitnehmer (AN) erhält den Ausschüttungsbetrag **bar in die Hand**.

- **Vorteil für den AN:** Er kann über den Betrag sofort frei verfügen.
- **Nachteil für das Unternehmen: Entziehung von flüssigen Mitteln**, evtl. Liquiditätsschwierigkeiten.
- **Volkswirtschaftlicher Nachteil:** Falls die ausbezahlten Beträge für Konsumzwecke ausgegeben und somit nicht gespart werden, stehen **für Investitionszwecke weniger Mittel** zur Verfügung.

#### Kapitalbeteiligung

Der **Gewinn** wird **nicht ausgeschüttet**, sondern **bleibt entweder als Eigen- oder Fremdkapital im Unternehmen**.
Man spricht in diesem Zusammenhang von **INVESTIVLOHN**, also **von Lohnanteilen, die im Unternehmen für investive Zwecke verbleiben (= Zwangssparen)**.

**Eigenkapitalbeteiligung**

Die Belegschaftsmitglieder werden **Miteigentümer** des Unternehmens (z. B. Kommanditisten) oder sie **erwerben Mitgliedschaftsrechte** (Geschäftsanteile bei der GmbH oder Aktien bei der AG).

**Fremdkapitalbeteiligung**

Der Arbeitnehmer wird gegenüber dem Unternehmen **Gläubiger**. Er erhält **Schuldscheine**, die zu einem bestimmten Prozentsatz verzinst werden; sie werden nach Ablauf einer bestimmten Frist an den AN zurückgezahlt.

**Beachte:**
Bei der Unterscheidung von **Eigenkapital- und Fremdkapitalbeteiligung** sind die **Kapitalgeber** (Wer stellt das Kapital zur Verfügung?) das Einteilungskriterium; bei der Einteilung in betriebliche und überbetriebliche Kapitalbeteiligung sind es **organisatorische** Gesichtspunkte.

#### Weitere Formen der Kapitalbeteiligung

**Betriebliche Kapitalbeteiligung**

Die einzelnen AN werden **am EK oder FK der eigenen Firma beteiligt**.

- **Vorteil:** Verstärkung des Interesses und der Leistungsbereitschaft der AN.
- **Nachteil:** Erhebliche Einkommensunterschiede bei den AN (je nach Betrieb bzw. Branche).

**Überbetriebliche Kapitalbeteiligung**

Die einzelnen AN werden **am EK oder FK einer beliebigen Firma beteiligt**. Große und gewinnstarke Unternehmen werden zur **Abgabe von Gewinnanteilen, Aktien** oder **Obligationen** verpflichtet (überbetriebliche EK- oder FK-Beteiligung).

### 3. Praktizierte Erfolgsbeteiligung und gewerkschaftliche Forderungen

**Höherer Erfolgsbonus bei VW**
Die mehr als 100 000 Beschäftigten der Volkswagen AG in Wolfsburg erhalten für das vergangene Geschäftsjahr einen deutlich höheren Erfolgsbonus. Gegenüber 1999 steigt er von 800 auf 1.400 €, sagte der Gesamtbetriebsratsvorsitzende Klaus Volkert in Wolfsburg.

**BASF zahl Erfolgsbeteiligung**
Der Chemiekonzern BASF zahlt seinen Mitarbeitern für 1999 eine freiwillige Erfolgsbeteiligung von 80 Prozent eines Bruttogehalts. Das Geld kann zum Kauf von Unternehmensaktien verwendet werden.

Aus: Südwestpresse (NWZ) vom 10.04.01/02.05.00

**Lohn an Gewinn knüpfen?**

**HANNOVER** ■ Die Industriegewerkschaft Bergbau, Chemie, Energie (IG BCE) will mit den Arbeitgebern über leistungs- und gewinnabhängige Lohnbestandteile verhandeln. Das kündigte der IG BCE-Vorsitzende Hubertus Schmoldt in Hannover an. „Wir wollen die Teilhabe tarifvertraglich regeln, und die Bundesregierung muss die gesetzlichen Voraussetzungen dafür schaffen." Nach Ansicht des Gewerkschaftschefs könnte ein solches Lohnmodell zu mehr Flexibilität und stärkerer Identifizierung der Beschäftigten mit dem Unternehmen führen. Da der Chemie-Tarifvertrag eine Laufzeit von 21 Monaten habe, gebe es genügend Zeit.

dpa

Aus: Südwestpresse (NWZ) vom 02.02.02

## Arbeitsaufträge und Fragen zur Stofferschließung

1. **Erläutern Sie** anhand der **Sachdarstellung (1. Übersicht), warum Gewinn- und Erfolgsbeteiligung** begriffsinhaltlich **nicht identisch** sind.
2. **Welche** der angegebenen **Formen der Erfolgsbeteiligung** könnten **auch in Form von Prämienzahlungen** verwirklicht werden?
3. **Betrachten** Sie nach dem genauen Studium der **1. Übersicht** („Formen der Erfolgsbeteiligung") nun die **GuV-** und die **Betriebsergebnisrechnung** der sunshine GmbH. **Welche Größen** aus diesen beiden Abschlussrechnungen könnten **für eine Erfolgsbeteiligung herangezogen** werden? **Nennen Sie vier Beispiele** für solche Berechnungsgrößen.
4. **Beschäftigen Sie sich** nunmehr mit der **2. Übersicht** der Sachdarstellung.
   a) Angenommen, es wird in der sunshine GmbH Einigkeit darüber erzielt, dass der **erwirtschaftete Betriebsgewinn gleichmäßig** auf die **Produktionsfaktoren Kapital und Arbeit** verteilt werden soll.
      aa) **Welches weitere Problem** tritt bei einer Individualbeteiligung der Arbeitnehmer auf?
      ab) Unterbreiten Sie **zwei Vorschläge** zur Lösung des Problems.
   b) **Welchen Hauptnachteil** hat eine **Kollektivbeteiligung**?
   c) In der sunshine GmbH wurde der **Erfolgsanteil für jeden Mitarbeiter** aufgrund eines **kombinierten Verteilungsschlüssels** (Leistung, Betriebszugehörigkeit und Alter) ermittelt. **Welches weitere Problem** muss außerdem **gelöst** werden?
5. **Wie beurteilen Sie** die in der sunshine GmbH getroffene **Regelung** über die Verwendung des Erfolgsanteils der Belegschaft **vom Standpunkt eines Mitarbeiters**?
6. **Welche Stellung** haben die Mitarbeiter hinsichtlich ihres Erfolgsanteils **in den ersten drei Jahren** und **welche Position** nehmen sie **danach** (bei Inanspruchnahme des Umwandlungsrechts) ein?
7. **Wie beurteilen Sie** die in der sunshine GmbH getroffene Regelung **vom Standpunkt des Unternehmens** aus?
8. **Wie** ist die in der sunshine GmbH getroffene **Erfolgsbeteiligungsregelung vom volkswirtschaftlichen Standpunkt** her zu beurteilen?
9. Nennen Sie **drei Wesensmerkmale des Investivlohns.**
10. **Was** spricht **für** und **was gegen** eine **betriebliche Erfolgs- bzw. Kapitalbeteiligung**?
11. **Fertigen Sie** eine **Übersicht über die Vor- und Nachteile** der Erfolgsbeteiligung an, bezogen auf **Arbeitnehmer, Arbeitgeber** und den **Staat. Untersuchen Sie** hierbei folgende **Sachverhalte:** (1) Einkommen – (2) Bindung ans Unternehmen – (3) Liquidität – (4) Leistungsbereitschaft (Motivation) der Arbeitnehmer – (5) Kaufkraft – (6) Konsumgüternachfrage – (7) Eigenkapitalbasis – (8) soziale Gerechtigkeit – (9) Unternehmenszusammenbrüche – (10) Verfügbarkeit über die Mittel – (11) Sparquote – (12) Bedeutung für Klein- und Mittelbetriebe – (13) Verteilungsschlüssel –(14) soziale Spannungen – (15) Unternehmensimage – (16) Fluktuation – (17) steuerliche Belastung – (18) Verhältnis zur Wirtschaftsordnung – (19) Vermögensbildung in AN-Hand – (20) Unternehmereinkommen.
12. **Der Staat fördert** ganz bewusst durch ein Gesetz **vermögenswirksame Zuwendungen an Arbeitnehmer,** z. B. in Form von Belegschaftsaktien oder als Darlehen an Betriebe. Der Arbeitnehmer erhält dafür aus Steuermitteln **(Sparzulagen von 10 bis insgesamt 35 %)** je nach Art der Anlage und je nach Familienstand ausbezahlt. **Wie heißt dieses Gesetz**?

# Handlungsfeld 4: Produktion

## 4.1 Auftragsbearbeitung im Industriebetrieb bei Einzelfertigung

**Ausgangssituation**

Die Fahrzeugwerke Stauferland GmbH in Göppingen haben heute einen Auftrag der Allgäuer Milchwerke e. G. aus Sonthofen zur Lieferung eines Spezialkühlwagens für Milchprodukte erhalten.

**Frage: In welchen Phasen wird ein solcher Auftrag abgewickelt und welche Abteilungen durchläuft er?**

**Hinweise zur Fallbearbeitung**

1. Die Abläufe bei der Auftragsbearbeitung sind **nicht** in allen Betrieben genau **dieselben**. Die vorliegende Ausarbeitung beschränkt sich daher auf das **Grundsätzliche** und **vernachlässigt betriebsindividuelle Besonderheiten**.
2. Manche der in der vorliegenden Ausarbeitung angeführten **Phasen** verlaufen in der Praxis **nicht strikt hintereinander**, sondern **nebeneinander (parallel)**, d. h., die einzelnen Vorgänge spielen sich **gleichzeitig in mehreren Abteilungen** ab.
3. Um die in der Ausgangssituation gestellte Frage allgemein gültig beantworten zu können, müssen **vier Annahmen (Prämissen)** gemacht werden:
   - Es wird davon ausgegangen, dass es sich bei dem Auftrag um eine **Spezialanfertigung** handelt **(Auftragsfertigung)**; der Auftrag kann also **nicht** durch **Lieferung aus Lagervorräten** (Vorratsbeständen) erledigt werden.
   - Die **Bereitstellung der benötigten Arbeitskräfte** wird von der **Abteilung „Produktion"** übernommen; die **Lagerung** der Fertigprodukte zählt zum **Absatzbereich**.
   - **Finanzierungsvorgänge** werden nur insoweit berücksichtigt, wie sie in **unmittelbarem Zusammenhang mit der Auftragsbearbeitung** stehen, z. B. die Kontrolle des Zahlungseingangs. Unberücksichtigt bleiben vor- oder nachgeschaltete Finanzierungsvorgänge, z. B. die Finanzierung von Maschinen durch Abschreibungsrückflüsse.
   - Die einzelnen Phasen der Auftragsabwicklung werden **in vier Abteilungen bearbeitet**.

     **Kennzeichnung:**<br>M = Materialwirtschaft,<br>P = Produktion,<br>A = Absatz,<br>V = Verwaltung.

**Arbeitsvorlage 1:** Phasen der Auftragsabwicklung (ungeordnet)

| Phasen | Abteilung | Zeitfolge |
|---|---|---|
| – Ablegen der Auftragsunterlagen | | |
| – Abnahme und Fertigungskontrolle | | |
| – Abruf der Werkstoffe und Werkzeuge | | |
| – Anfragen an Lieferer | | |
| – Anfrage eines Kunden | | |
| – Angebotserstellung für den Kunden | | |
| – Auftrag des Kunden (Bestellung) | | |
| – Bereitstellung der Arbeitskräfte (Planung) | | |
| – Bereitstellung der Werkstoffe und Werkzeuge (Planung) | | |
| – Bestellung an die Lieferer | | |

*Fortsetzung folgende Seite*

## Arbeitsvorlage 1: (Fortsetzung)

| Phasen | Abteilung | Zeitfolge |
|---|---|---|
| – Bezahlung der Eingangsrechnungen | | |
| – Buchen der Ausgangsrechnung | | |
| – Buchen der Eingangsrechnungen | | |
| – Eingang der bestellten Materialien | | |
| – Einrichtung der Maschinen | | |
| – Kalkulation des Angebotspreises | | |
| – Konstruktion des Produkts | | |
| – Kontrolle des Zahlungseingangs | | |
| – Lagerung des Fertigprodukts | | |
| – Lagerung der Werkstoffe | | |
| – Montage des Kühlwagens | | |
| – Planung des Arbeitsablaufs | | |
| – Produktionsbeginn | | |
| – Prüfen der Anfrage (Produktionsmöglichkeiten, Termine, Finanzielles) | | |
| – Prüfung der Liefererangebote | | |
| – Rechnungserstellung (Ausgangsrechnung) | | |
| – Teilefertigung | | |
| – Versand der Ware | | |
| – Waren- und Rechnungsprüfung (für bezogene Materialien) | | |

## Arbeitsvorlage 2: Siehe folgende Seite.

## Arbeitsaufträge

1. **Ordnen Sie** die in der **Arbeitsvorlage 1** angegebenen **Phasen** zunächst einmal den **vier Abteilungen** (M/P/A/V) zu. **Verwenden Sie** hierzu die vorstehend angegebenen **Abkürzungen** für die einzelnen Abteilungen; **tragen Sie** das jeweilige **Kennzeichen** in die dafür vorgesehene **Spalte in der Arbeitsvorlage 1** ein.

2. **Ordnen** Sie sodann die **einzelnen Phasen innerhalb der Abteilungen** nach der **zeitlichen Reihenfolge** des Ablaufs. Beachten Sie hierbei den Verlauf der Auftragsbearbeitung, wie er in **Arbeitsvorlage 2** vorgezeichnet ist (**Stationen** ① bis ⑤). Es sind also zunächst einmal **fünf Phasen im Absatzbereich**, danach weitere **fünf Phasen im Bereich der Produktion**, **sechs Phasen in der Materialwirtschaft** usw. in ihrer jeweiligen **zeitlichen Reihenfolge** festzulegen. **Tragen Sie** das Ergebnis Ihrer Überlegungen in **die mit „Zeitfolge" überschriebene Spalte** der **Arbeitsvorlage 1** ein. Nummerieren Sie hierbei die einzelnen Phasen von 1 bis 29 durch.

3. **Ordnen Sie** die einzelnen Phasen der Auftragsabwicklung entsprechend der in Arbeitsvorlage 1 festgestellten **Zeitfolge** in das **Schema der Arbeitsvorlage 2 ein**. Falls Sie unter Zeitdruck stehen, genügt die Eintragung der jeweiligen Nummer in das Ablaufschema der Arbeitsvorlage 2. Sie haben sich damit **weitgehend selbstständig** einen **Überblick** über die bei der Abwicklung eines Kundenauftrags üblicherweise in den einzelnen Abteilungen eines Unternehmens anfallenden **Aufgaben** und **Tätigkeiten** erarbeitet.

 

**Arbeitsvorlage 2**

# DIE ABWICKLUNG EINES KUNDENAUFTRAGS IM INDUSTRIEBETRIEB

**– dargestellt am Beispiel der Lieferung eines Spezial-Kühlwagens**

## Materialwirtschaft

| | |
|---|---|
| 11 | |
| 12 | |
| 13 | |
| 14 | |
| 15 | |
| 16 | |

## Produktion

| | |
|---|---|
| 6 | |
| 7 | |
| 8 | |
| 9 | |
| 10 | |

| | |
|---|---|
| 19 | |
| 20 | |
| 21 | |
| 22 | |
| 23 | |

## Absatz

| | |
|---|---|
| 1 | |
| 2 | |
| 3 | |
| 4 | |
| 5 | |

| | |
|---|---|
| 24 | |
| 25 | |
| 26 | |

## Verwaltung

| | |
|---|---|
| 17 | |
| 18 | |

| | |
|---|---|
| 27 | |
| 28 | |
| 29 | |

# 4.2 Produktionsplanung I: Arbeitsplan – Balkendiagramm – Maschinenbelegungsplan

**Ausgangssituation**

### „Pokale für den DFB"

Die Greco GmbH, ein kleiner Betrieb der Metallwarenbranche, hat sich in letzter Zeit auf die Herstellung von Pokalen spezialisiert. Da die Nachfrage nach ihren Pokalen sehr groß ist, sind die Produktionsanlagen gut ausgelastet.

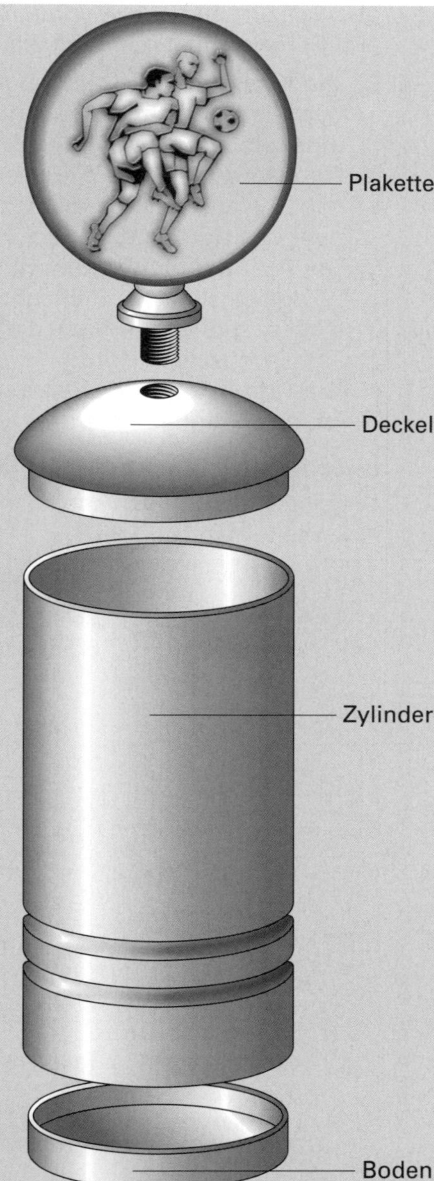


Am 24. Mai ruft der Handelsvertreter des Bezirks Frankfurt, Herr Müller, beim Verkaufsleiter unseres Unternehmens, Herrn Weiß, an, es bestehe die einmalige Gelegenheit, mit dem Deutschen Fußball-Bund (DFB) ins Geschäft zu kommen, wenn man in der Lage sei, kurzfristig bis zum 13. Juni fix 1000 Pokale Typ „Herkules" (siehe nebenstehende Perspektivzeichnung) zu liefern. Die Auftragsbestätigung müsse allerdings bereits am 26. Mai erfolgen. Der Verkaufsleiter hat Bedenken, ob sich der Auftrag noch unterbringen lässt, sagt aber dem Handelsvertreter zu alles zu tun, was möglich ist, um diesen Traumkunden zu gewinnen.

Herr Weiß setzt sich unverzüglich mit dem Leiter der Produktionsabteilung, Herrn Kling, in Verbindung und teilt ihm die Sachlage mit. Kling lässt Herrn Henkel von der Arbeitsvorbereitung zu sich kommen: „Herr Henkel, können wir noch einen Auftrag von 1000 Pokalen Typ ‚Herkules' mit Liefertermin 13. Juni unterbringen? Da der Auftrag für den DFB ist, wäre das für unser Unternehmen sehr wichtig."

Henkel: „Das wird schwierig sein, da unsere Maschinen, wie Sie wissen, für diesen Zeitraum nahezu ausgelastet sind. Und Sie wollen doch auch nicht, dass wir die anderen Termine nicht einhalten."

Kling: „Natürlich nicht, aber Sie haben ja schon öfter gezeigt, wie man durch geschickte Terminplanung Unmögliches möglich machen kann. Ich bin sicher, wenn es eine Möglichkeit gibt, Sie werden sie finden! Sagen Sie mir morgen, ob es geht."

Herr Henkel hat für seine Untersuchung folgende Unterlagen zur Verfügung:

- einen Arbeitsplan von einem früheren Auftrag,
- einen Terminplan in Form eines Balkendiagramms,
- einen Maschinenbelegungsplan.

aus: Räuchle/Reiner, Fallstudien, Winklers Verlag, Darmstadt 1990, 1. Aufl., S. 31 ff., Fallstudien „Pokale für den DFB" von H. Dreher und W. Schaub, Rottenburg

# Sachdarstellung

## Arbeitspläne

### a) Aufbau

Je nach dem jeweils angewandten Fertigungsverfahren, dem herzustellenden Produkt sowie dem spezifischen Verwendungszweck gibt es sehr **unterschiedliche Arbeitspläne**. Bei Einzel- und Serienfertigung enthält ein vollständiger Arbeitsplan im Allgemeinen **viererlei Daten:**[1]

- **Die Kopfdaten.** Es handelt sich hierbei um allgemeine Angaben wie Identifikations-, Auftrags- oder Zeichnungsnummer, Benennung des zu bearbeitenden Werkstücks und des Bearbeiters oder um die Angabe des Start- und Endtermins.
- **Die Materialdaten.** Sie beschreiben die bei der Fertigung zu verwendenden Materialien näher, so z. B. durch die Bezeichnung des Materials, durch Angabe der Werkstoffnummer oder des Roh- und Fertiggewichts.
- **Die Arbeitsablaufdaten.** Sie informieren über die bei der Fertigung einzubehaltende technologisch sinnvolle Reihenfolge, über die zu verwendenden Arbeitsmittel (z. B. Maschinen, Werkzeuge) sowie über die veranschlagten Sollarbeitszeiten (z. B. Rüst-, Bearbeitungs-, Transportzeiten).
- **Die Arbeitsvorgangsdaten.** Sie sind abhängig vom jeweils angewandten Fertigungsverfahren und betreffen Arbeitsverrichtungen wie z. B. Stanzen, Prägen, Gewindeschneiden, Drehen.

### b) Arten der Arbeitspläne

Die einzelnen Arbeitspläne können je nach angewandtem Einteilungskriterium in verschiedene Arten unterteilt werden.

| Einteilungskriterium | Art des Arbeitsplans | Kurze Beschreibung der einzelnen Arten |
|---|---|---|
| der **Auftragsbezug** | Basisarbeitsplan | Er enthält auftragsunabhängige Fertigungsdaten, z. B. Arbeitsgangangaben (z. B. Drehen, Schleifen), die beanspruchte Maschinengruppe, die Arbeitsplatznummer, die Rüst- und die Stückzeit. |
| | Auftragsarbeitsplan | Er erfasst die auftragsabhängigen Fertigungsdaten, z. B. die Auftragsnummer, die zu produzierende Stückzahl, die Maschinenbelegzeiten und den geplanten Fertigungstermin. |
| der **Gegenstand** (das Objekt) der Arbeitsplanung | Einzelarbeitsplan | Er bezieht sich auf ein einzelnes Werkstück. |
| | Sammelarbeitsplan | Gegenstand eines solchen Plans sind mehrere ähnliche Werkstücke. |
| die **Fertigungsstufe** | Teilefertigungsplan | Ein solcher Arbeitsplan wird erstellt bei mechanischer Fertigung von Einzelteilen. |
| | Montageplan | Er wird erstellt, wenn mehrere Einzelteile zusammengebaut werden müssen. |
| die jeweilige **Aufgabe (Funktion)** | Fertigungsarbeitsplan | Arbeitsplan, der die Herstellung eines (gängigen) Produkts aufzeigt. |
| | Prototypenarbeitsplan | Arbeitsplan, der die Herstellung eines völlig neuen Produkts aufzeigt. |
| | Anlaufarbeitsplan | Arbeitsplan für den Anlauf der Produktion, z. B. bei der Errichtung eines Zweigwerks. |
| | Reparaturarbeitsplan | Arbeitsplan zur Ausführung von Reparaturarbeiten. |
| | Wartungsarbeitsplan | Arbeitsplan zur Ausführung von Wartungs- und Pflegearbeiten, z. B. bei Maschinen. |

### c) Die Verwendung von Arbeitsplandaten

Die im Arbeitsplan enthaltenen Daten werden für **unterschiedliche betriebliche Zwecke** herangezogen, so u. a. für die Fertigungssteuerung, die Terminplanung und -überwachung, die Lohnberechnung, die Kapazitätsauslastung, die Erstellung einer Kosten- und Leistungsrechnung.

1 Im vereinfachten Arbeitsplan der Arbeitsvorlage 2 sind keine Materialdaten und nur wenige Kopfdaten enthalten.

## **Arbeitsvorlage 1:** Verwendung von Arbeitsplandaten

| Informationen aus dem Arbeitsplan | Wichtig für ... (betriebliche Bereiche) |
|---|---|
| **Durchlaufzeiten**<br>**Fertigstellungstermin** | __________<br>__________ |
| **Belegzeiten für Maschinen** | __________ |
| **Vorgabezeiten**<br>**Lohngruppen** | __________<br>__________ |
| **Kostenarten**<br>**Kostenstellen**<br>**Kostenträger** | __________<br>__________<br>__________ |

## **Arbeitsvorlage 2:** Vereinfachter Arbeitsplan Pokal Typ „Herkules" (siehe folgende Seite)

## **Arbeitsvorlage 3 a:** Balkendiagramm (1 000 Pokale Typ „Herkules")

| Nr. | Arbeitsgänge | 1 | 2 | 3 | 4 | 5 | 6 | 7 | 8 | 9 | 10 | 11 | 12 | 13 | 14 | 15 | 16 | 17 | 18 |
|---|---|---|---|---|---|---|---|---|---|---|---|---|---|---|---|---|---|---|---|
| I/1 | Plakette stanzen | | | | | | | | | | | | | | | | | | |
| /2 | Plakette prägen | | | | | | | | | | | | | | | | | | |
| /3 | am Unterteil Gewinde andrehen | | | | | | | | | | | | | | | | | | |
| /4 | Kegel andrehen | | | | | | | | | | | | | | | | | | |
| /5 | Unterteil von der Stange abstechen | | | | | | | | | | | | | | | | | | |
| /6 | Unterteil an Plakette anlöten | | | | | | | | | | | | | | | | | | |
| /7 | Plakette lackieren (goldfarben) | | | | | | | | | | | | | | | | | | |
| II/1 | Deckel ausstanzen und lochen | | | | | | | | | | | | | | | | | | |
| /2 | Deckel tiefziehen | | | | | | | | | | | | | | | | | | |
| /3 | Deckel lackieren (hellgrün) | | | | | | | | | | | | | | | | | | |
| III/1 | Pokalzylinder absägen | | | | | | | | | | | | | | | | | | |
| /2 | Zylinder sicken | | | | | | | | | | | | | | | | | | |
| /3 | Boden ausstanzen | | | | | | | | | | | | | | | | | | |
| /4 | Boden einlöten | | | | | | | | | | | | | | | | | | |
| /5 | Zylinder lackieren (dunkelgrün) | | | | | | | | | | | | | | | | | | |
| IV | Montage, Verpacken, Versand | | | | | | | | | | | | | | | | | | |

## **Arbeitsvorlage 3 b:** Maschinenbelegungsplan

| | Maschine/Abteilung | Kalendertage Mai/Juni<br>29. | 30. | 31. | 1. | 2. | 5. | 6. | 7. | 8. | 9. | 12. | 13. |
|---|---|---|---|---|---|---|---|---|---|---|---|---|---|
| Nr. | Bezeichnung | Arbeitstage<br>99 | 100 | 101 | 102 | 103 | 104 | 105 | 106 | 107 | 108 | 109 | 110 |
| 10 | Stanzmaschine | 162 | | | 165 | | 166 | 166 | | | | | |
| 11 | Hydraulische Presse | 158 | | | 163 | | 164 | 165 | 166 | | | | |
| 12 | Drehautomat | 161 | 162 | | | | | | | 166 | | | |
| 13 | Lötvorrichtung | 160 | 161 | 162 | 162 | 163 | | | | | 166 | 166 | |
| 14 | Spritzanlage | 158 | 160 | 161 | | 162 | | 163 164 | | | | | |
| 15 | Metallkreissäge | 162 | 163 | 164 | | | 165 | 165 | 166 | | | | |
| 16 | Sickenmaschine | 161 | 162 | 163 | 164 | | | | 165 | 166 | | | |
| 17 | Versandabteilung | 157 | 158 | 159 | 160 | 160 | 161 | 161 | 162 | 163 | 164 | | 165 |

 

**Arbeitsvorlage 2:** Vereinfachter Arbeitsplan Pokal Typ „Herkules"

**Fertigungslos** ___________ **Stück** ___________ **Auftragsnummer 167**

| Arbeitsgänge | Masch.-Nr. | Maschinen | Rüstzeit Min. | Ausführungszeit je Stück Sekunden | Gesamtauftragszeit Min. | Std. | Tage (1 Tag = 8 Std.) |
|---|---|---|---|---|---|---|---|
| **Baugruppe Plakette** | | | | | | | |
| **Auftragsnummer 167/I** | | | | | | | |
| 1. Plakette stanzen | 10 | Stanzmaschine | 65 | 10,5 | | | |
| 2. Plakette prägen | 11 | Hydraulische Presse | 40 | 12,0 | | | |
| 3. am Unterteil Gewinde andrehen | 12 | Drehautomat | 10 | 57,0 | | | |
| 4. Kegel andrehen | 12 | Drehautomat | 10 | 57,0 | | | |
| 5. Unterteil von der Stange abstechen | 12 | Drehautomat | 5 | 28,5 | | | |
| 6. Unterteil an Plakette anlöten | 13 | Lötvorrichtung | 30 | 27,0 | | | |
| 7. Plakette lackieren (goldfarben) | 14 | Spritzanlage | 45 | 40,5 | | | |
| **Baugruppe Deckel** | | | | | | | |
| **Auftragsnummer 167/II** | | | | | | | |
| 1. Deckel ausstanzen und lochen | 10 | Stanzmaschine | 65 | 10,5 | | | |
| 2. Deckel tiefziehen | 11 | Hydraulische Presse | 40 | 12,0 | | | |
| 3. Deckel lackieren (hellgrün) | 14 | Spritzanlage | 30 | 27,0 | | | |
| **Baugruppe Pokalzylinder** | | | | | | | |
| **Auftragsnummer 167/III** | | | | | | | |
| 1. Pokalzylinder absägen | 15 | Metallkreissäge | 30 | 27,0 | | | |
| 2. Zylinder sicken (Rundung eindrücken) | 16 | Sickenmaschine | 40 | 12,0 | | | |
| 3. Boden ausstanzen | 10 | Stanzmaschine | 40 | 12,0 | | | |
| 4. Boden einlöten | 13 | Lötvorrichtung | 20 | 42,0 | | | |
| 5. Zylinder lackieren (dunkelgrün) | 14 | Spritzanlage | 45 | 40,5 | | | |
| **Verpacken und Versand** | 17 | Versand | – | – | | 8 | 1,0 |
| **Summe (Tage)** | | | – | – | – | – | |

## Arbeitsaufträge und Fragen zur Stofferschließung

**1.** **Befassen Sie sich** nach dem Durchlesen der Ausgangssituation zunächst einmal mit dem **Thema „Arbeitsplan“**.

a) **Welche Daten** enthält gewöhnlich ein Einzelarbeitsplan (Einzel- oder Serienfertigung)?

b) **Wie unterscheidet sich** ein Basis- von einem Auftragsarbeitsplan?

c) In welchem Falle **erübrigt sich** die Aufstellung eines Arbeitsplans für die Teilefertigung?

d) Arbeitspläne können **unterschiedliche Aufgaben (Funktionen)** erfüllen. Nennen Sie **vier Beispiele** für solche Funktionen.

e) Die im Arbeitsplan enthaltenen Daten werden **für unterschiedliche betriebliche Zwecke verwendet. Ergänzen Sie** mithilfe der in der Sachdarstellung (c) gegebenen **Lösungshinweise** die **Arbeitsvorlage 1**.

f) **Wie** ist der vereinfachte Arbeitsplan für die Herstellung des Pokals vom Typ „Herkules“ **aufgebaut**? **(Arbeitsvorlage 2)**

g) **Ermitteln Sie** die **Gesamtauftragszeit** für den Pokal „Herkules“ entsprechend den Angaben in Arbeitsvorlage 2.

h) **Warum** wird die **tatsächliche Fertigungszeit wesentlich kürzer** sein als die ermittelte Gesamtauftragszeit?

**2.** Nun sollen die ermittelten Auftragszeiten **grafisch dargestellt** werden.

a) **Tragen Sie** die für die einzelnen Arbeitsvorgänge ermittelten **Auftragszeiten** in Tagen in das **Balkendiagramm der Arbeitsvorlage 3 a)** ein. Achten Sie hierbei darauf, dass sich bei den in Anspruch genommenen Maschinen **keine Doppelbelegungen** ergeben.

b) **Wie viel Tage** beträgt die **Gesamtauftragszeit**?

c) **Unter welcher Voraussetzung** ist eine solche Gesamtauftragszeit nur **zu erreichen**?

**3.** Entscheidend für die Einhaltung des vorgesehenen Liefertermins (13. Juni) ist der **Maschinenbelegungsplan.**

a) **Tragen Sie** in den Maschinenbelegungsplan der **Arbeitsvorlage 3 b** die **Auftragszeiten für die Baugruppe Plakette (167/I)** ein (rote Farbe).

b) Gehen Sie **analog** mit der **Baugruppe Deckel (167/II)** vor (grüne Farbe).

c) Tragen Sie schließlich noch die **Auftragszeiten für die Baugruppe Pokalzylinder (167/III)** ein (blaue Farbe).

d) **Lässt sich** am arbeitenden Maschinenbelegungsplan evtl. noch das eine oder andere **verbessern**?

e) **Entscheiden Sie**, ob der in der Ausgangssituation angegebene fixe **Liefertermin (13. Juni) eingehalten** werden kann.

  

## 4.3 Produktionsplanung II: Stücklisten

**Ausgangssituation**

Die Möbelwerke Thomas KG in Mainz stellen unter anderem auch den Stahlrohrtisch STT 2000 her. Vom Versandhaus Roland in Aachen erhielten sie am 22. Juni 20.. einen Auftrag zur Lieferung von 500 solcher Tische.

Den fertigungstechnischen Aufbau des Produkts veranschaulicht folgende Zeichnung[1]:

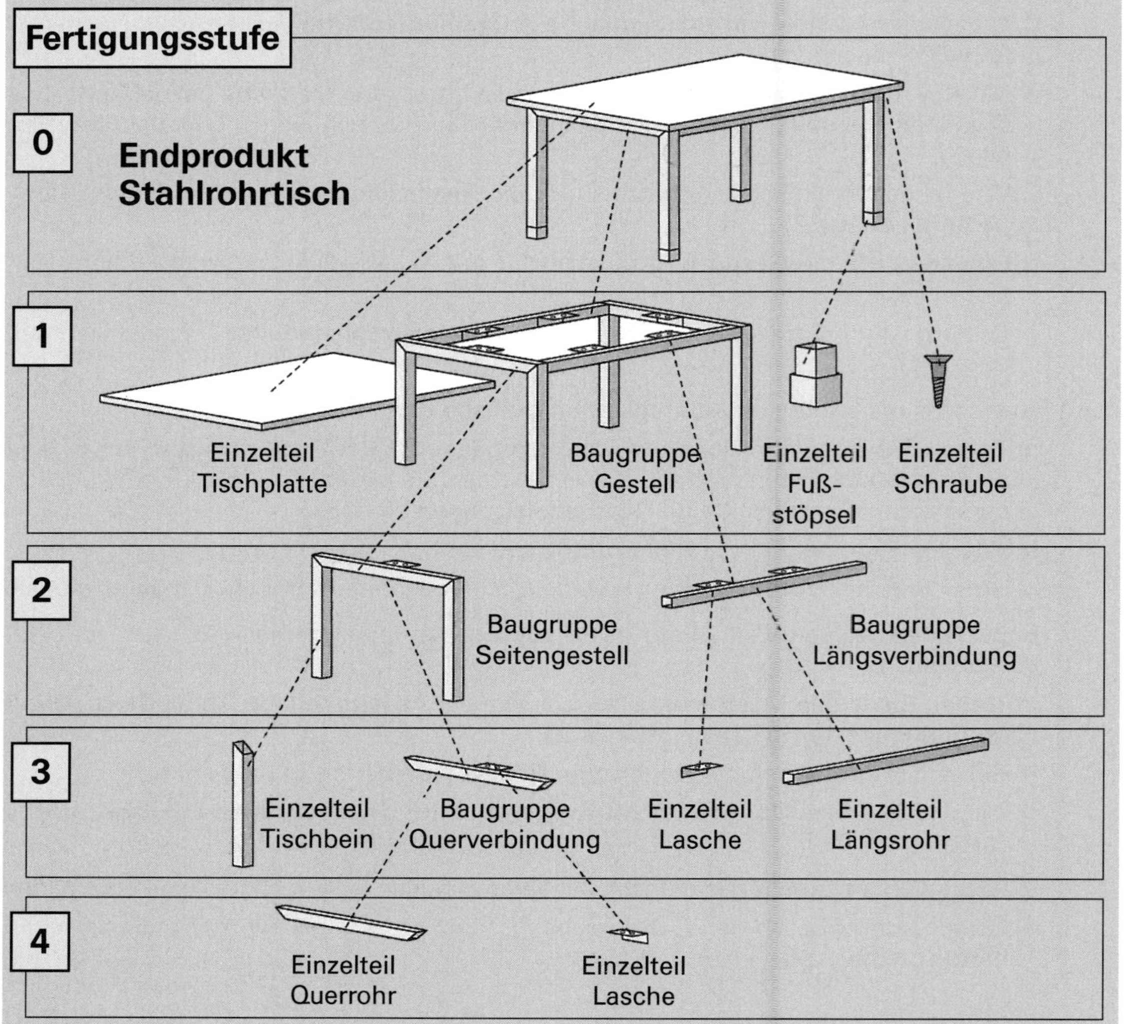


Die Produktionsplanung bei den Möbelwerken Thomas erfolgt mithilfe von Stücklisten.

**Frage:**
**Was versteht man unter Stücklisten? Welche Arten gibt es? Welchen Inhalt und welche Funktion haben sie?**

## Sachdarstellung

### 1. Begriff

Stücklisten sind **Verzeichnisse über die Baugruppen, die Einzelteile und die Werkstoffe**, die bei der Herstellung eines Produkts entstehen bzw. dazu erforderlich sind. Stücklisten geben also Auskunft über die Frage: **Woraus (aus welchen Teilen) besteht ein Produkt** und **aus welchen Baugruppen setzt es sich zusammen**?

Stücklisten sind je nach Art des herzustellenden Produkts **verschieden**. Sie können u. a. folgende **Angaben** enthalten: laufende Nummer, Zeichnungsnummer, Stückzahl, Werkstoffbezeichnung, Abmessungen, Benennung der Teile.

1 aus: Prüfungsaufgaben für das Fach Spezielle Betriebswirtschaftslehre, Baden-Württemberg, Sommer 1997 Aufgabe 1

## 2. Funktionen

Stücklisten sind **wichtige Datenträger** bei der Herstellung eines Produkts. Im Gegensatz zu den technischen Zeichnungen dienen sie der **Bewältigung kaufmännischer Aufgaben**. Da sie auf der Grundlage von Konstruktionszeichnungen erstellt werden, stellen sie gewissermaßen die **Verbindung zwischen dem technischen Bereich (Konstruktion) und den kaufmännischen Abteilungen** im Betrieb her.

Wie aus der nachstehenden Übersicht zu ersehen ist, lösen Stücklisten **vielfältige kaufmännische Tätigkeiten** aus.

| Abteilung | Aufgaben (Funktionen) von Stücklisten |
|---|---|
| Arbeitsvorbereitung | Stücklisten sind zusammen mit den technischen Zeichnungen wichtige Unterlagen für die Produktionsplanung und -steuerung (PPS). |
| Einkauf | Stücklisten dienen als Grundlage für die Material- und Teilebeschaffung. **B-Liste:** Liste über die von auswärts zu beziehenden Einzelteile. |
| Lager | Durch Stücklisten wird die Bereitstellung der bezogenen Teile und der Rohmaterialien veranlasst. **L-Liste:** Liste über die auf Lager befindlichen Einzelteile und Rohmaterialien. |
| Fertigung | Stücklisten liefern die Ausgangsdaten für die Erstellung der Arbeitspapiere und für die vom Betrieb fertig zu stellenden Einzelteile (sog. **F-Liste**), außerdem dienen sie als Montageanleitung beim Zusammenbau der Einzelteile. |
| Rechnungswesen | Stücklisten dienen als Grundlage für die Vor- und Nachkalkulation. |
| Kundendienst (Service) | Stücklisten werden als Ersatzteillisten verwendet. |

Üblich sind Stücklisten vor allem in der Metallindustrie, in der chemischen Industrie spricht man von Rezepturen.

## 3. Grundformen von Stücklisten

### ■ Strukturstücklisten

Sie zeigen die **Gesamtstruktur eines Fertigprodukts** auf. Hierbei wird das **Erzeugnis in einzelne Baugruppen und Teile aufgeteilt**, zugleich wird die jeweilige **Fertigungsstufe ausgewiesen**. In einer solchen Strukturstückliste können einzelne Baugruppen und Teile mehrfach auftauchen.

Zu beachten ist, dass sich die **Mengenangaben** stets auf die **nächsthöhere Fertigungsstufe** beziehen.

Der **Erzeugnisstrukturbaum** (vgl. Sie hierzu **Arbeitsvorlage 1**) ist **Bestandteil der Strukturstückliste**. In diesem Gebilde werden die einzelnen **Baugruppen** und **Teile** jeweils **einer bestimmten Fertigungsstufe zugeordnet**. In der Strukturstückliste wird die jeweilige Fertigungsstufe durch **Einrücken** nach rechts (evtl. mit Punkten) angedeutet.

Strukturstücklisten dienen als **Unterlage für die Terminplanung**.

### ■ Baukastenstücklisten

Jede dieser Stücklisten bezieht sich immer nur auf eine **ganz bestimmte Fertigungsstufe** und enthält für eine bestimmte Baugruppe **nur die Baugruppen und Teile**, die ihr jeweils **untergeordnet** sind. Dementsprechend beziehen sich die angegebenen **Mengen** immer nur auf die jeweilige **Baugruppe** und nicht auf das komplexere Enderzeugnis. Der **Gesamtaufbau eines Produkts** ist **nicht** aus einzelnen Baukastenstücklisten erkennbar, sondern nur aus der **Gesamtheit** dieser Listen.

**Wiederholt sich eine Baugruppe** innerhalb der Erzeugnisstruktur, so benötigt man dafür **keine besondere Baukastenstückliste**.

Diese Stücklisten dienen als **Arbeitsunterlage für die Werkstattsteuerung** bei Anwendung des Baukastenprinzips.

### ■ Mengenstücklisten

Sie geben die **Mengen sämtlicher Baugruppen und Einzelteile eines Fertigprodukts** an. Bei der Mengenberechnung werden **mehrfach** verwandte Baugruppen und Einzelteile **in einer Position zusammengefasst**.

Mengenstücklisten dienen als Dispositionspapier für die **Materialbeschaffung** und für die **Kalkulation**.

  

## Arbeitsvorlage 1: Erstellung eines Erzeugnisstrukturbaums

**Kennzeichnung:** (B) / (C) / (D) usw. kennzeichnen einzelne Baugruppen.
(1) / (2) / (3) usw. kennzeichnen Einzelteile.

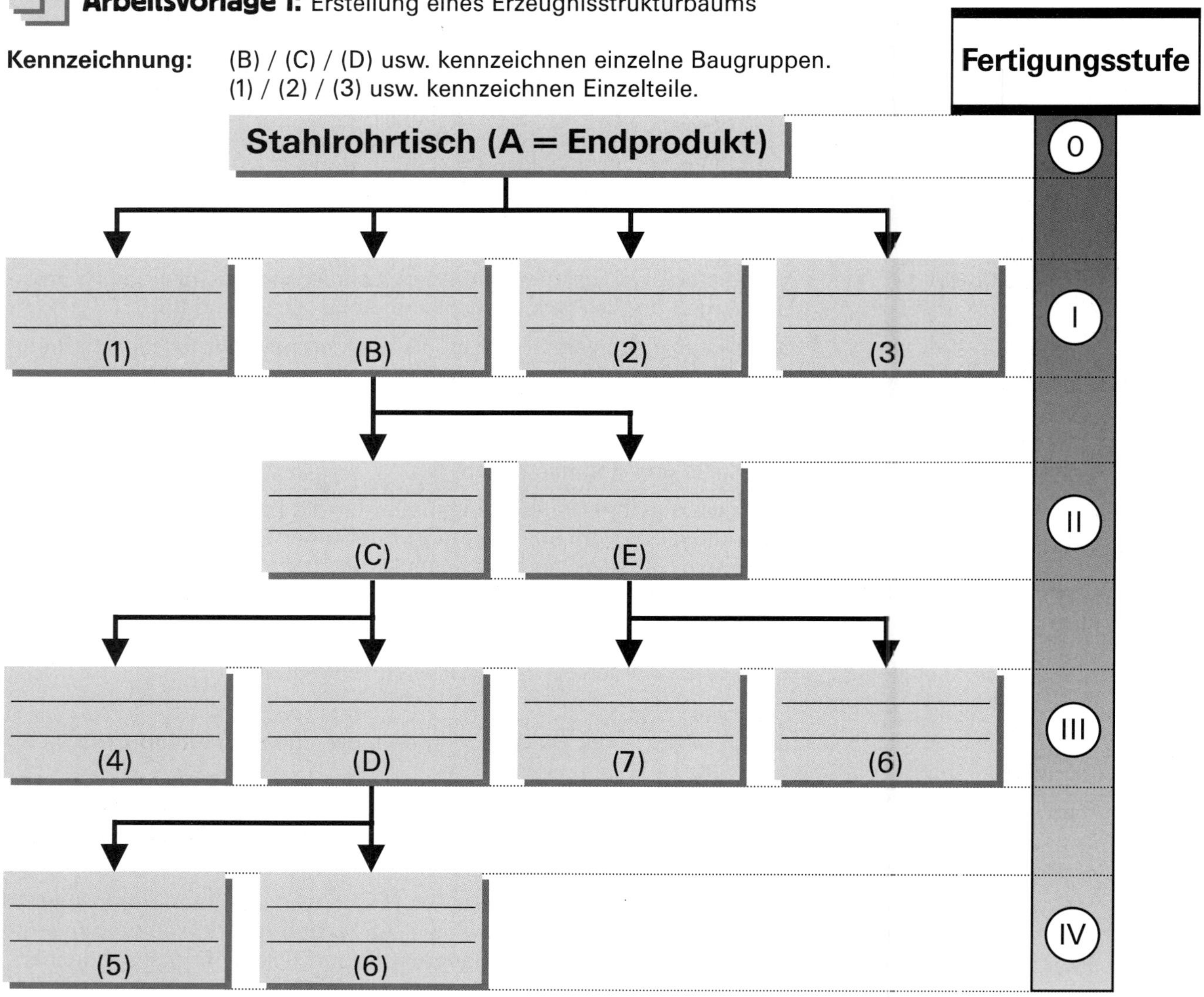


## Arbeitsvorlage 2: Strukturstückliste für Produkt A

| Fertigungsstufe | | | | Menge |
|---|---|---|---|---|
| I | II | III | IV | |
| | | | | |
| | | | | |
| | | | | |
| | | | | |
| | | | | |
| | | | | |
| | | | | |
| | | | | |
| | | | | |
| | | | | |
| | | | | |
| | | | | |

## Arbeitsvorlage 3

Baukastenstücklisten

| Baugruppe ... | |
|---|---|
| Teile | Menge |
| | |
| | |

| Baugruppe ... | |
|---|---|
| Teile | Menge |
| | |
| | |

| Baugruppe ... | |
|---|---|
| Teile | Menge |
| | |
| | |

| Baugruppe ... | |
|---|---|
| Teile | Menge |
| | |
| | |

## Arbeitsvorlage 4

Mengenübersichtsstückliste

| PRODUKT A | | |
|---|---|---|
| **Baugruppen bzw. Einzelteile** | **Menge pro Einheit** | **Menge pro Auftrag** |
| A | | |
| B | | |
| C | | |
| D | | |
| 1 | | |
| 2 | | |
| 3 | | |
| 4 | | |
| 5 | | |
| 6 | | |
| 7 | | |

## Arbeitsaufträge und Fragen zur Stofferschließung

**1.** Um die **Fragen zur Ausgangssituation** beantworten zu können, müssen Sie sich einige **Grundkenntnisse über die Stücklisten** aneignen. **Beschäftigen Sie sich** zu diesem Zwecke nach dem Durchlesen der Ausgangssituation zunächst einmal mit dem **Begriff und den Funktionen von Stücklisten (Sachdarstellung 1. und 2.)**.

a) **Was** versteht man unter **Stücklisten**?

b) **Wozu dienen** Stücklisten **ganz allgemein**?

c) **Wozu** dienen Stücklisten im Bereich der **Arbeitsvorbereitung**?

d) **Was versteht man** unter einer **B-, F-** und einer **L-Liste**?

e) **Welche Aufgabe** erfüllen Stücklisten im Bereich des **Rechnungswesens** und des **Kundendienstes**?

f) **In welchen Branchen** gibt es anstelle von Stücklisten **Rezepturen**?

**2.** **Befassen Sie sich** nun mit den Ausführungen über die **Grundformen von Stücklisten (Sachdarstellung 3.). Stellen Sie** bei Bedarf **Fragen** an Ihren BWL-Lehrer.

a) **Was** zeigen **Strukturstücklisten** auf?

b) **Wie** wird die **Gesamtstruktur** eines Erzeugnisses sichtbar gemacht?

c) **Was geschieht** bei der Erstellung eines **Erzeugnisstrukturbaums**?

d) **Erstellen Sie** mithilfe der **Zeichnung in der Ausgangssituation** und der in der **Arbeitsvorlage 1** aufgezeigten Struktur den **Erzeugnisstrukturbaum** für den Stahlrohrtisch STT 2000.

e) **Erstellen Sie** danach die **Strukturstückliste** für das Produkt A (Stahlrohrtisch STT 2000). **(Arbeitsvorlage 2)**

f) **Wozu** werden solche Strukturstücklisten in der Wirtschaftspraxis hauptsächlich **verwendet**?

g) Nennen Sie **drei Wesensmerkmale** von **Baukastenstücklisten.**

h) **Was** kann aus einer Baukastenstückliste **nicht ersehen** werden?

i) **Wo** werden Baukastenstücklisten in der Wirtschaftspraxis **verwendet**?

j) **Erstellen Sie** mithilfe der Angaben in der Zeichnung (Ausgangssituation) die **Baukastenstücklisten** für das Produkt A (Stahlrohrtisch STT 2000). **(Arbeitsvorlage 3)**

k) **Was** enthalten **Mengenstücklisten**?

l) **Wie** wird bei der **Mengenberechnung mehrfach vorkommender Baugruppen und Einzelteile** verfahren?

m) **Welche Funktion** erfüllen Mengenstücklisten **im kaufmännischen Bereich**?

n) **Erstellen Sie** mithilfe der Angaben in der Zeichnung (Ausgangssituation) die **Mengenübersichtsstückliste** für das Produkt A (Stahlrohrtisch STT 2000). **(Arbeitsvorlage 4)**

 

# 4.4 Netzplantechnik

## Ausgangssituation

Jeden Morgen haben Sie einen Termin: Sie müssen pünktlich in der Schule sein. Um Störungen des Unterrichts zu vermeiden, muss dieser Termin unbedingt eingehalten werden.

Sie lernen heute eine Methode kennen, die Ihnen dazu verhelfen soll, künftig immer pünktlich zur Schule zu kommen. Es handelt sich um die Netzplantechnik. Dieses Verfahren soll Ihnen am Beispiel eines ganz alltäglichen Vorgangs erläutert werden, nämlich an den Vorbereitungen zur Bereitstellung eines Frühstücks und am anschließenden Frühstücken.

Der Gesamtvorgang teilt sich in folgende Teilvorgänge und Einzelzeiten auf:

| Vorgangs-nummer | Vorgangsbeschreibung | Zeit in Minuten |
|---|---|---|
| 1 | Küche betreten, Licht anmachen, Rollladen herauflassen, Geräte anstellen u. a. | 1 |
| 2 | Tischtuch auflegen | 1 |
| 3 | Geschirr aus dem Schrank holen | 2 |
| 4 | Gedeck auflegen | 1 |
| 5 | Bereitstellen von Brot, Marmelade u. a. | 3 |
| 6 | Kaffeekanne, Filter und Filterpapier bereitstellen | 2 |
| 7 | Kaffeewasser aufsetzen und zum Kochen bringen | 5 |
| 8 | Kaffee filtern | 4 |
| 9 | Kaffeekanne auf den Tisch stellen und Kaffee eingießen | 1 |
| 10 | Frühstücken | 8 |
| | Gesamtzeit | 28 |

## Sachdarstellung

**1. Der Aufbau eines Vorgangsknotens**

Jeder Vorgangsknoten besteht insgesamt aus **fünf Feldern**, von denen vorerst nur drei von Bedeutung sind.

| V-Nr. | V-Beschr. | |
|---|---|---|
| V-Zt. | | |

**Erklärung der Abkürzungen:**
V-Nr.: Vorgangsnummer
V-Zt.: Vorgangszeit (-dauer)
V-Beschr.: Vorgangsbeschreibung

**2. Die einzelnen Zeitpunkte**

Der **früheste Anfangszeitpunkt (FAZ)** für einen Vorgang wird **außerhalb** des Kästchens **links oben** eingetragen, der **früheste Endzeitpunkt (FEZ)** hingegen **rechts oben**.

**FAZ** **FEZ**

| V-Nr. | V-Beschr. | |
|---|---|---|
| V-Zt. | | |

**SAZ** **SEZ**

Der **späteste Anfangszeitpunkt (SAZ)** für einen Vorgang wird **außerhalb** des Kästchens **links unten** eingetragen, der **späteste Endzeitpunkt (SEZ)** hingegen **rechts unten**.

**FAZ** und **FEZ** werden durch Vorwärtsrechnung, **SAZ** und **SEZ** durch Rückwärtsrechnung ermittelt:

**FAZ + Vorgangszeit = FEZ** und **SEZ – Vorgangszeit = SAZ**.

**3. Pfeile nach einem Vorgangsknoten**

Sie geben an, **welcher Vorgang von welchem anderen Vorgang abhängig** ist und verlaufen immer von links nach rechts. Möglich sind auch **Verzweigungen der Vorgänge nach oben und nach unten**, sog. **Parallelvorgänge**.

Der **Vorgang**, von dem ein Pfeil ausgeht, muss immer **zuerst abgeschlossen** sein, bevor der nachfolgende Vorgang beginnen kann. Es ist also **nicht möglich**, dass ein und dieselbe Person **zwei oder mehr Teilvorgänge gleichzeitig bearbeitet**.

**4. Zeitreserven (Puffer- bzw. Leerzeiten)**

Der **„Kritische Weg"** umschließt die **Parallelvorgänge**, die **länger** als andere dauern, bei denen es also keine Zeitreserven gibt. Demzufolge entstehen **bei allen Vorgängen, die nicht** zum kritischen Weg gehören, **Leer- oder Pufferzeiten.**

**Die Gesamtpufferzeit** für die **nicht kritischen Parallelvorgänge** ergibt sich als Differenz zwischen der spätesten und der frühesten Anfangszeit. **Gesamtpufferzeit = SAZ – FAZ**. Eingetragen wird sie in das **mittlere untere Feld** der jeweiligen Vorgangsknoten.

Die **freie Pufferzeit** bezieht sich auf einen bestimmten Vorgang (Knoten). Sie ergibt sich als Differenz zwischen der frühesten Anfangszeit (FAZ) des nachfolgenden Vorgangs und der frühesten Endzeit (FEZ) des jeweiligen Vorgangs. **Freie Pufferzeit = FAZ des Vorgangs n + 1 – FEZ des Vorgangs n**. Man ermittelt sie also durch **Rückwärtsrechnung**.

Der **freie Puffer** gibt an, **um wie viel Zeiteinheiten ein bestimmter Vorgang auf später verschoben werden kann, ohne** dass der **nachfolgende Vorgang** dadurch beeinträchtigt wird. Eingetragen wird die freie Pufferzeit in das Kästchen **rechts unten**.

**Arbeitsvorlage 1:** Nicht verzweigter Netzplan für die Teilvorgänge 1 bis 5

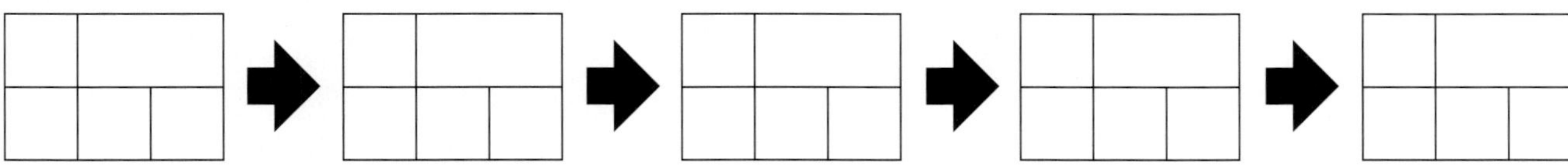

**Arbeitsvorlage 2:** Voraussetzungen für die Erstellung von Netzplänen

- Der Gesamtvorgang (z. B. die Frühstückbereitung) muss in einzelne .................... aufteilbar sein.
- Es müssen nicht nur hintereinander folgende, sondern auch .................... -einander folgende Teilvorgänge vorhanden sein.
- Ein Vorgang muss immer zuerst abgeschlossen sein, bevor ein neuer Vorgang .................... kann.
- Die zu verrichtenden Arbeiten bei der Erledigung der einzelnen Teilvorgänge müssen von mehreren Personen vorgenommen werden (Prinzip der Arbeits ....................) können.
- Alle Teilvorgänge müssen auf (worauf?) ein gemeinsames .................... ausgerichtet sein.

**Arbeitsvorlage 3:** Einfach verzweigter Netzplan für die Teilvorgänge 1 bis 10 (siehe folgende Seite)

**Arbeitsvorlage 4:** Projekt: Herstellung eines einfachen Gartentisches

| Vorgangs-nummer | Vorgangsbeschreibung | Zeit in Minuten |
|---|---|---|
| 1 | Vorbereitung (Werkzeuge, Holz beschaffen) | 8 |
| 2 | Tischbeine sägen | 12 |
| 3 | Tischbeine hobeln | 10 |
| 4 | Tischbeine lackieren | 18 |
| 5 | Tischbretter sägen | 24 |
| 6 | Tischbretter hobeln | 20 |
| 7 | Tischbretter leimen | 16 |
| 8 | Tischbretter lackieren | 22 |
| 9 | Montieren des Tisches | 30 |
| | Gesamtzeit | 160 |

**Arbeitsvorlage 3:** Einfach verzweigter Netzplan für die Teilvorgänge 1 bis 10

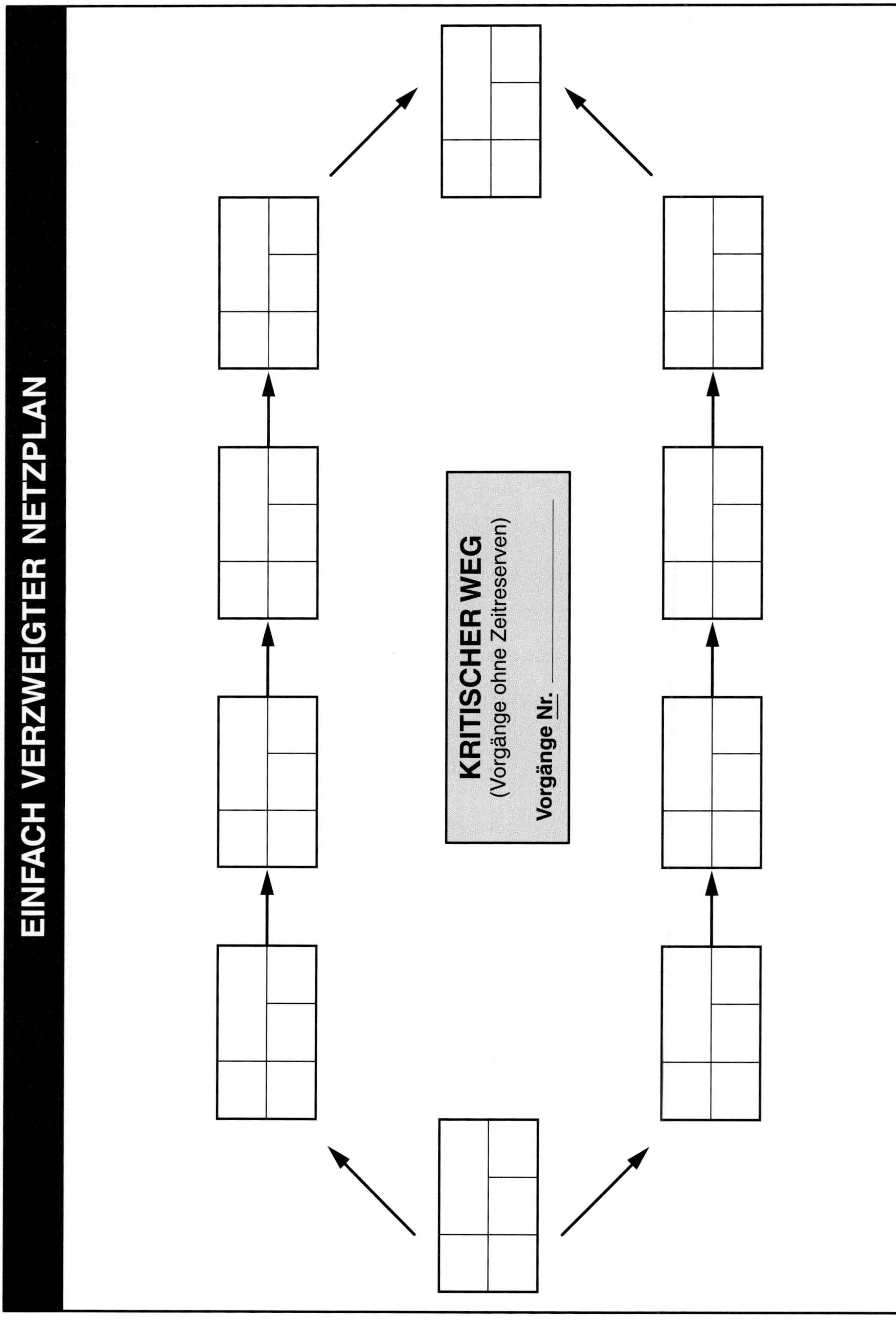

## Arbeitsvorlage 5: Zusammenstellung wichtiger Aufbauprinzipien der Netzplantechnik

- Ein **Vorgangsknoten** besteht aus insgesamt ............ Feldern, nämlich aus ............

  ............

  ............
- Werden die **Zeiten** vom ersten Teilvorgang an **vorwärts addiert**, so erhält man die ............ Anfangs- und ............ Endzeiten jedes Teilvorgangs (............ und ............).
- Werden die **Zeiten** vom letzten Teilvorgang an **rückwärts gerechnet**, so erhält man die ............ Anfangs-und ............ Endzeiten jedes Teilvorgangs (............ und ............).
- Der **FAZ** wird **außerhalb des Vorgangsknotens** (wo?) ............, der **FEZ** ............ angegeben. Der **SAZ** wird **außerhalb des Vorgangsknotens** (wo?) ............, der **SEZ** ............ vermerkt.
- Der **kritische Weg** umfasst die Parallelvorgänge, die die (welche?) ............ Zeit beanspruchen. **Alle nicht kritischen Vorgänge** enthalten ............-, ............- oder ............zeiten. Es handelt sich hierbei stets um (welche?) ............Kapazitäten.
- Dort, wo zwischen frühestem und spätestem Anfangszeitpunkt oder zwischen frühestem und spätestem Endzeitpunkt **Übereinstimmung** besteht, gibt es **keine Zeit** ............ **Das ist immer bei den Vorgängen des** ............ **der Fall.**
- Die Unterschiede zwischen den Zeitangaben rechts oben (............) und rechts unten (............) bzw. zwischen links oben (............) und links unten (............) stellen die gesamten ............ reserven (............- oder ............ zeiten) dar.
- **Der freie Puffer** errechnet sich als Differenz zwischen der ............ des Nachfolgers und der ............ des jeweiligen Vorgangs.
  Ein Vorgang hat immer dann einen freien Puffer, wenn der FAZ des Nachfolgers (wie?) ............ ist als der ............ des jeweiligen Vorgangs.

## Arbeitsaufträge und Fragen zur Stofferschließung

1. **Beschäftigen Sie sich** nach dem **Durchlesen der Ausgangssituation** zunächst einmal mit dem **Aufbau eines Vorgangsknotens**, so wie er in der **Sachdarstellung (1. und 2.)** beschrieben ist. **Stellen Sie** gegebenenfalls **Fragen** an Ihren **BWL-Lehrer**.
2. **Bearbeiten Sie** den **nicht verzweigten Netzplan für die Teilvorgänge 1 bis 5 der Ausgangssituation. (Arbeitsvorlage 1)**
3. **Welche Funktionen** erfüllen die nach einem Vorgangsknoten angebrachten **Pfeile** (vgl. Sachdarstellung 3.)?
4. **Ergänzen Sie** die Ausführungen über die Voraussetzungen für die Erstellung von Netzplänen. **(Arbeitsvorlage 2)**
5. **Warum** werden Sie in der Praxis **weniger als 28 Minuten** für die Vorbereitung und das Einnehmen des Frühstücks benötigen?
6. Angenommen, Sie **teilen sich mit Ihrer Mutter die Arbeit der Frühstücksvorbereitung.** Sie übernehmen die **Kaffeezubereitung**, Ihre Mutter beschäftigt sich mit den übrigen **Frühstücksvorbereitungen.**
   a) **Welche Vorgänge** können **parallel erledigt** werden, **welche nicht? Geben Sie** die entsprechenden **Vorgangsnummern an.**
   b) **Ordnen Sie** auf einem Konzeptblatt die **Vorgangsknoten 1 bis 10** so an, dass die **Parallelvorgänge sichtbar** werden.
   c) **Vergleichen Sie** Ihre Vorgangsknotenanordnung mit derjenigen der **Arbeitsvorlage 3.**
   d) **Ergänzen Sie die Vorgangsknoten 1 bis 9** in **Arbeitsvorlage 3**.
   e) **Nach wie viel Minuten** ist die **Kaffeezubereitung beendet, wann** sind die **übrigen Frühstücksvorbereitungen erledigt?**
   f) **Wann** kann **frühestens** mit dem Frühstück begonnen werden?
   g) Den **längeren von beiden Parallelvorgängen**, in unserem Beispiel also die **Kaffeezubereitung**, bezeichnet man als den **„Kritischen Weg“**, weil er den **Endzeitpunkt** des Frühstücks **hinauszögert. Zeichnen Sie** den kritischen Weg in die **Arbeitsvorlage 3** ein, am besten mit **Doppelstrich** (═══).

h) **Welcher früheste Anfangszeitpunkt (FAZ)** gilt für den Teilvorgang 10?

i) **Bestimmen Sie** den **frühesten Endzeitpunkt (FEZ)** des Frühstücks.

j) **Was** gilt für **Vorgangsknoten**, bei denen **mehrere Pfeile** zusammenlaufen hinsichtlich des **frühesten Anfangszeitpunkts (FAZ)?**

k) **Von welchen Parallelvorgängen** wird die **Gesamtdauer** des Projekts **bestimmt?**

l) **Welche zeitlichen Folgen** hat es, wenn die **Zeitvorgaben des kritischen Weges nicht eingehalten** werden?

m) **Welche rechtlichen Folgen** können sich aus der **Nichteinhaltung von Fertigungsterminen** für einen Hersteller ergeben?

n) **Wie** kann **verhindert** werden, dass **Zeitvorgaben des kritischen Weges überschritten** werden?

**7.** a) **Was** ist das **Kennzeichen** aller **nicht kritischen Vorgänge** in zeitlicher Hinsicht? **Lösungshinweis:** Vergleichen Sie hierzu die Ausführungen in der **Sachdarstellung (4.)**.

b) Da **bei allen nicht kritischen Vorgängen Zeitreserven** vorhanden sind, gibt es außer einem FAZ und FEZ auch einen **spätesten Anfangs-** und einen **spätesten Endzeitpunkt (SAZ und SEZ). Welcher sachliche Beziehungszusammenhang** besteht zwischen SAZ und SEZ (Gleichung)?

c) Die **SAZ** wird bekanntlich im Vorgangsknoten **links unten**, die **SEZ rechts unten** eingetragen. Vervollständigen Sie den vorliegenden Netzplan durch **Eintragung der spätesten End- und Anfangszeiten (Rückwärtsrechnung). (Arbeitsvorlage 3)**

d) **Lesen Sie** in der **Sachdarstellung (4.)** die Ausführungen über die **Gesamtpufferzeit** nach und tragen Sie danach die jeweiligen Gesamtpufferzeit in das **mittlere untere Feld** der Vorgangsknoten ein. **(Arbeitsvorlage 3)**

e) **Befassen Sie sich** nun noch mit den **Ausführungen über die freie Pufferzeit (Sachdarstellung Punkt 4). Tragen Sie** danach die freie Pufferzeit in das **rechte untere Feld** des entsprechenden Vorgangsknotens **ein. (Arbeitsvorlage 3)**

**8.** **Erstellen** Sie für die **Übungsaufgabe (Arbeitsvorlage 4)** einen vollständigen Netzplan, möglichst ohne fremde Hilfe.

**9.** **Geben Sie** zur Festigung des Gelernten die **einzelnen Schritte (Phasen)** an, die zur Erstellung eines vollständigen Netzplans führen.

**10.** **Ergänzen Sie** abschließend noch die Zusammenstellung wichtiger Aufbauprinzipien der Netzplantechnik **(Arbeitsvorlage 5).**

**11.** **Stellen Sie einen mehrfach verzweigten Netzplan**[1] nach folgenden Angaben auf:

Die Elektrogeräte GmbH möchte eine neue Lagerhalle errichten. Der Architekt erstellt folgende Liste der erforderlichen Tätigkeiten:

| Vorgänge | Bezeichnung | Dauer in Tagen | direkte Vorgänger |
|---|---|---|---|
| Bau des Fundaments | A | 4 | – |
| Bau Außenmauer | B | 7 | A |
| Innenwände mauern | C | 4 | B |
| Dachstuhl | D | 7 | B |
| Ziegel aufbringen | E | 2 | D |
| Versorgungsleitungen | F | 3 | A |
| Installation | G | 8 | C, E, F |
| Fenster und Türen | H | 3 | C |
| Innenputz | I | 4 | G, H |

a) **Zeichnen Sie** für dieses Projekt einen **Netzplan** und tragen Sie **Vorgangsbezeichnung und -dauer** ein.

b) **Ermitteln Sie** den **frühesten Endzeitpunkt** des Projekts.

c) **Kennzeichnen Sie** in Ihrem Netzplan den **kritischen Weg. Geben Sie** zusätzlich die **Reihenfolge der Vorgangsnummern** an, die den kritischen Weg kennzeichnen.

1 Schriftliche Abschlussprüfung der Kaufmännischen Berufsschulen Baden-Württemberg, Ausbildungsberuf Industriekaufmann, Prüfungsfach Spezielle Betriebswirtschaftslehre, Sommer 1993, Aufgabe 3 (Wahlaufgabe).

# 4.5 Betriebswirtschaftliche Kennziffern: Produktivität – Wirtschaftlichkeit – Rentabilität

## Ausgangssituation

Die Apfelmosterei Karl Sauter hat im abgelaufenen Geschäftsjahr insgesamt 48 000 Liter Süßmost verkauft. Sie konnte dabei einen Reingewinn von 12.600,00 € erzielen. Sauter setzte hierbei 180.000,00 € Eigen- und 45.000,00 € Fremdkapital ein.

Bilanz der Apfelmosterei Karl Sauter zum 31. März 20..

| Aktiv | | Passiva | |
|---|---|---|---|
| Anlagevermögen | 150.000,00 | Eigenkapital | 180.000,00 |
| Umlaufvermögen | 75.000,00 | Fremdkapital | 45.000,00 |
| | 225.000,00 | | 225.000,00 |

Gewinn- und Verlustrechnung

| Aufwendungen | | Erträge | |
|---|---|---|---|
| Kosten für Mostobst: 1020 Zentner zu je 6,00 €, Einstandspreis | 6.120,00 | Verkaufserlöse für 48 000 Liter Süßmost zu je 0,49 € | 23.520,00 |
| Stromkosten für 300 Maschinenstunden zu je 1,20 € | 360,00 | | |
| Sonstige Kosten (Abschreibungen, Versicherungen, Steuern, Raumkosten u. a.) | 2.190,00 | | |
| Fremdkapitalzinsen | 2.250,00 | | |
| Reingewinn | 12.600,00 | | |
| | 23.520,00 | | 23.520,00 |

**Frage: War die Betriebstätigkeit der Apfelmosterei produktiv, wirtschaftlich und rentabel?**

## Sachdarstellung

### 1. Absolute und relative Zahlen

Der in der GuV-Rechnung ausgewiesene Gewinn ergibt sich als Saldo zwischen Erträgen und Aufwendungen. Die ermittelte **absolute Größe sagt nichts darüber aus, wie der Betrieb gearbeitet hat**, ob die Betriebstätigkeit produktiv, wirtschaftlich oder rentabel war.

Insbesondere gestattet eine solche Zahl **keinen Vergleich** mit den Ergebnissen anderer Betriebe. Um aussagefähige und vergleichbare Größen zu erhalten, müssen die Ergebnisse der Betriebstätigkeit in **Verhältniszahlen (Prozentzahlen)** ausgedrückt werden.

### 2. Die rechnerischen Ansätze für die einzelnen Kennziffern

- Bei der Berechnung der **Produktivität** wird die **Einsatzmenge** (der Input) **gleich 100 Prozent** gesetzt, die Ausbringungsmenge (der Output) ist dann gleich × Prozent.
- Wird die **Wirtschaftlichkeit** ermittelt, so muss der **Aufwand gleich 100 Prozent** gesetzt werden; der erzielte Ertrag ist dann gleich × Prozent.
- Bei **Rentabilitätsberechnungen** wird das **eingesetzte Kapital gleich 100 Prozent** gesetzt und der erzielte Gewinn ist dann gleich × Prozent.

### 3. Die Berücksichtigung des Unternehmerlohns

**Bei Rentabilitätsberechnungen** muss vom **erzielten Reingewinn**, soweit es sich um Einzelunternehmungen und Personengesellschaften handelt, der **Unternehmerlohn abgezogen** werden. Begründung: Er ist Entgelt für die Arbeitsleistung des Unternehmers und hat mit der Verzinsung des eingesetzten Kapitals nichts zu tun.

In **Kapitalgesellschaften** (GmbH, AG) werden die Gehälter der Geschäftsführer und Vorstandsmitglieder als Personalkosten gebucht; sie wirken sich Gewinn mindernd aus.

### 4. Die Verzinsung des Eigen- und des Gesamtkapitals

Die **Rentabilität des eingesetzten Eigenkapitals** wird als **Unternehmerrentabilität**, diejenige des **Gesamtkapitals (EK + FK)** als **Unternehmungsrentabilität** bezeichnet. Außer der Unternehmer- und Unternehmungsrentabilität kann als dritte Rentabilitätskennziffer noch die **Umsatzrentabilität** berechnet werden.

**Grundlage für die Verzinsung des Eigenkapitals** ist der **bereinigte Gewinn**, maßgebend für diejenige des **Fremdkapitals** sind die **gezahlten Fremdkapitalzinsen**. Aus bereinigtem **Gewinn** und **gezahlten Fremdkapitalzinsen** zusammen resultiert die **Verzinsung des Gesamtkapitals**.

**Arbeitsvorlage:** Beurteilung der erarbeiteten Rentabilitätskennziffern

- **Was versteht man unter Rentabilität?**
  Sie gibt die Verzinsung des investierten .................... an, genauer: den prozentualen Anteil des erzielten .................... einer bestimmten Periode am eingesetzten .................... (Eigen- oder ....................-kapital).
- **Was gilt als Maßstab für die Höhe der Rentabilität?**
  Die erzielte Rentabilität wird gemessen an der Durchschnittsverzinsung innerhalb einer bestimmten .................... ; außerdem kann die landesübliche Verzinsung des Sparkapitals unter Berücksichtigung des Unternehmerrisikos als Maßstab herangezogen werden.
- **Welche Aussagekraft haben Rentabilitätskennziffern?**
  Ist die Gesamtkapitalrentabilität höher als der Zinssatz für Fremdkapitalzinsen, dann lohnt sich die Aufnahme von weiterem ....................
- **Welche Bedeutung hat die Rentabilität für die Unternehmung?**
  Eine bestimmte Höhe der Rentabilität ist Voraussetzung für die Erhaltung und Sicherung des eingesetzten ...................., denn kein Unternehmer wird Kapital im Wirtschaftsprozess einsetzen, wenn nicht die Aussicht auf entsprechende Verzinsung besteht.
- **Welchen Zweck haben Rentabilitätsberechnungen?**
  Sie ermöglichen es, inner- und zwischenbetriebliche .................... zu erstellen.

## Arbeitsaufträge und Fragen zur Stofferschließung

1. **Bevor** Sie mit der Berechnung unterschiedlicher betriebswirtschaftlicher Kennziffern anfangen, sollten Sie wissen, **warum** man Sie mit solchen Arbeitsaufträgen plagt. **Lesen Sie** hierzu die Ausführungen in der **Sachdarstellung (1.)**.
2. **Welches** sind die **drei wichtigsten betriebswirtschaftlichen Kennziffern** und **wie** werden sie **ermittelt**? (Ansatz und Bruchstrich angeben.) **Lösungshinweis:** Sachdarstellung (2.).
3. Zunächst soll mithilfe des in der **Ausgangssituation** vorgegebenen Zahlenmaterials **berechnet** werden, **wie „PRODUKTIV“** die Apfelmosterei Karl Sauter **gearbeitet** hat.
   a) **Wie viel Liter Most** wurden **pro Arbeitsstunde** erzeugt, wenn der Inhaber der Mosterei, Herr Karl Sauter, insgesamt 540 Arbeitsstunden zur Erzielung des in der GuV-Rechnung ausgewiesenen Ergebnisses aufgewendet hat? **Lösungshinweis: Bilden Sie** aus den aufgewendeten Arbeitsstunden und dem Ergebnis des Arbeitens (48 000 Liter Süßmost) einen **Dreisatz**.
   b) **Leiten Sie** aus dem erarbeiteten Bruchstrich
   ba) eine **fallbezogene** und bb) eine **allgemein gültige Formel bzw. Gleichung** ab.
   c) **Als „Einsatzmenge“** können in die erarbeitete allgemein gültige **Formel** nicht nur Arbeitsstunden eingesetzt werden, sondern auch **Materialmengen, Maschinenstunden** und das in die Güterherstellung investierte **Anlagevermögen**; dementsprechend errechnet man eine **Material-**, eine **Maschinenstunden-** und eine **Kapitalproduktivität**.
   ca) **Wie viel Liter** Süßmost wurden im Durchschnitt **pro Zentner Mostobst** gewonnen? **(Mostmenge pro Zentner Mostobst = MATERIALPRODUKTIVITÄT.)**
   cb) **Welches Ergebnis** wurde **pro Maschinenstunde** herausgewirtschaftet? **(Mostmenge pro Maschinenstunde = MASCHINENSTUNDENPRODUKTIVITÄT.)**
   cc) **Welches Ergebnis** wurde **pro € investierten Anlagevermögens** erzielt? **(Mostmenge pro € investierten Anlagevermögens = KAPITALPRODUKTIVITÄT.)**
   d) **Untersuchen Sie** die **Aussagekraft** der erarbeiteten Produktivitätskennziffern. **Lösungshinweis: Überlegen Sie, welche Bezeichnungen** hinter den erarbeiteten Kennziffern stehen, ob es sich um **Mengen-** oder um **Wertbegriffe** handelt und worüber diese Größen **keine Auskunft** geben.
   e) **Versuchen Sie** die **Grenzen** für die **Aussagefähigkeit** von Produktivitätskennziffern abzustecken. **Lösungshinweis: Überlegen Sie**, ob die erarbeiteten **Produktivitätskennziffern für die Apfelmostherstellung** mit denjenigen für die **Bier-** und **Limonadenherstellung** oder gar mit denjenigen für die **Auto-** oder **Waschmittelproduktion verglichen** werden können.
   f) **Welche Bestimmungsfaktoren** gelten für die **Produktivität**?
   **Lösungshinweis:** Eine Veränderung der Produktivität kann zurückzuführen sein entweder auf eine **Veränderung der Zähler- oder der Nennergröße** oder **beider Größen**.
4. Nachdem wir nun wissen, wie „produktiv“ unser Mostereibetrieb gearbeitet hat, gilt unser weiteres In-

teresse nun der Frage, ob bei der Apfelmostherstellung auch **das WIRTSCHAFTLICHKEITSPRINZIP beachtet** wurde.

a) **Wie viel Euro Verkaufserlös (Ertrag)** wurden **für jeden** im Produktionsprozess eingesetzten Euro (Kosten bzw. Aufwand) erzielt? **Lösungshinweis:** Bilden Sie einen Dreisatz.

b) **Leiten Sie** aus dem erarbeiteten Bruchstrich
ba) eine **fallbezogene,** bb) eine **allgemein gültige Formel bzw. Gleichung** ab.

c) **Um welche Art von Größen** handelt es sich bei Wirtschaftlichkeitskennziffern (Begründung)?

d) Wirtschaftlichkeitskennziffern können sowohl für den **innerbetrieblichen** als auch für den **außerbetrieblichen Vergleich** verwendet werden. **Nennen Sie** jeweils ein praktisches **Beispiel.**

e) **Langfristig** verläuft eine Steigerung der Produktivität fast immer **parallel** zur Steigerung der Wirtschaftlichkeit. **Kurzfristig** kann jedoch trotz steigender Produktivität die **Wirtschaftlichkeit sinken. Woran** kann das **liegen**?
**Lösungshinweise:** Preis-, Lohnkostenentwicklung, außerordentliche Aufwendungen.

**5.** Abschließend soll noch die Frage geklärt werden, ob die Apfelmosterei Karl Sauter **RENTABEL gearbeitet** hat.

a) **Um wie viel Prozent** hat sich das **eingesetzte Eigenkapital** aufgrund des erwirtschafteten Gewinns **verzinst**?
**Lösungshinweis:** Lesen Sie hierzu die Ausführungen in der **Sachdarstellung (2. und 3.).**
**Ermitteln Sie** den **bereinigten Gewinn** und **bilden Sie** dann einen **Dreisatz.**

b) Leiten Sie aus dem erarbeiteten Bruchstrich
ba) eine **fallbezogene,**
bb) eine **allgemein gültige**
**Formel bzw. Gleichung** ab.
**Lösungshinweis:** Lesen Sie zuvor die Ausführungen der **Sachdarstellung (4.).**

c) **Um wie viel Prozent** hat sich das **GESAMTE** im Betrieb eingesetzte **Kapital (Eigen- und Fremdkapital) verzinst**?

d) **Um wie viel Prozent** haben sich aufgrund des erwirtschafteten Gewinns die **Umsätze verzinst (UMSATZRENTABILITÄT)**?

e) **Beurteilen Sie** die erarbeiteten **Rentabilitätskennziffern** mithilfe des vorstehenden **Lückentextes (Arbeitsvorlage).**

# 4.6 Gewerblicher Rechtsschutz

## 4.6.1 Patentschutz

**Ausgangssituation**

### In einer schlaflosen Nacht kam ihm die Idee mit der Doppelaxt

**Regensburger erfand den Quattrospalter – weltweit zum Patent angemeldet**

**REGENSBURG. „Warum ist da vor mir noch keiner draufgekommen?" Diese Frage stellte sich Hans-Jörg Meier in den letzten Monaten immer wieder. Der 48-jährige Regensburger hat eine Erfindung gemacht, die eine Revolution bei der Holzbearbeitung bedeuten könnte, zumindest aber Millionen Freizeit-Holzhacker in aller Welt eine Menge Arbeit ersparen kann: den Quattrospalter.**

Das ist eine Axt, die mit jedem Schlag Holzklötze nicht wie üblich in zwei, sondern gleich in vier Teile zerschlägt. „Das spart 40 Prozent Arbeitskraft und das ständige Bücken nach den halbierten Holzscheiten", schildert der Erfinder. Meiers Quattrospalter ist mittlerweile weltweit zum Patent angemeldet und auch die ersten 2500 Exemplare des neuen „Wunderwerkzeugs" sind bereits verkauft.

Die Neukonstruktion unterscheidet sich von den bisher gebräuchlichen Werkzeugen nicht einfach durch die Verdoppelung der Schneiden. „Nur das Axtblatt in Schlagrichtung ist messerscharf geschliffen. Das etwas zurückversetzte Querblatt wirkt nach dem Eindringen ins Holz dagegen eher wie zwei zusätzlich eingeschlagene Keile", erläutert Meier den Aufbau. Eine Reihe von Prototypen und auch wissenschaftliche Berechnungen waren notwendig, um nach der ersten Rohskizze die ergonomisch optimalste Form herauszufinden.

Zwei Jahre hat der Weg vom ersten Geistesblitz bis zur Serienreife des Quattrospalters gedauert. Ein großes österreichisches Werkzeugbauunternehmen übernahm die Produktion. „10000 Stück pro Monat kann unser Lieferant herstellen", sagt Meiers Sohn Michael, der den Vertrieb übernommen hat. Der Erfinder selbst hat dafür keine Zeit. Als Besitzer der Regensburger Historischen Wurstküche hat er bereits alle Hände voll zu tun.

aus: Südwestpresse (NWZ)

## Sachdarstellung

### 1. Geschichtliches

**Ein Mann mit über 2000 Patenten**

Einer der größten und vielseitigsten Erfinder unserer Zeit starb am 18. Oktober 1931: Thomas Alva Edison, geboren am 11. Februar 1847 in Milan (Ohio/USA). Er erfand unter anderem 1876 das heute noch verwendete Kohlekörner-Mikrofon, 1877 das Grammofon – damals Fonograf genannt – 1879 die elektrische Kohlefadenlampe mit jener Schraubfassung, die auch heute noch üblich ist und die ihm zu Ehren Edisongewinde genannt wird. 1881 baute er den ersten Generator zur Stromerzeugung und ein Jahr später das erste Elektrizitätswerk der Welt.

Edison mit seinem ersten Fonografen Foto: Süddeutscher Verlag
aus: Der Überblick, Nr. 9/1991

### 2. Gesetzliche Regelung

Patentgesetz (PatG) vom 16. Dezember 1980.

### 3. Patentarten

**Sach- oder Erzeugnispatente** dienen dem Schutz neuer Produkte, **Verfahrenspatente** schützen neue Herstellverfahren.

### 4. Die Entwicklung des Patentwesens in Deutschland

■ Patentanmeldungen mit Wirkung in Deutschland

| Jahr | 1995 | 1996 | 1997 | 1998 | 1999 | 2000 | 2001 |
|---|---|---|---|---|---|---|---|
| Insgesamt | 46 212 | 51 833 | 55 729 | 57 366 | 61 283 | 64 862 | 64 151 |
| Davon im Inland | 38 377 | 42 834 | 46 345 | 47 633 | 51 105 | 53 521 | 52 650 |

aus: Globus 8044

■ **Patente, verteilt auf die einzelnen Bundesländer**

Patentanmeldungen je 100 000 Einwohner im Jahre 2001: Bayern 119 – Baden-Württemberg 113 – Hamburg 86 – Hessen 69 – Rheinland-Pfalz 61 – Nordrhein-Westfalen 55 – Niedersachsen 41 – Berlin 35 – Saarland 33 – Thüringen 32 – Bremen 30 – Schleswig-Holstein 24 – Sachsen 20 – Sachsen-Anhalt 15 – Brandenburg 15 – Mecklenburg-Vorpommern 10.

aus: Globus 7712

■ **Firmenpatente**

Die hohe Zahl von Patentanmeldungen in Bayern und Baden-Württemberg hat ihre Ursache in der Ansiedlung von forschungsintensiver Großindustrie aus der Elektronik- und Fahrzeug-Branche in den Großräumen München und Stuttgart. 2001 lag die Robert Bosch GmbH (Stuttgart) mit 2 099 Anmeldungen an erster Stelle; Rang 2 nahm Siemens (München) mit 1 923 Patentanmeldungen ein, gefolgt von Volkswagen (Wolfsburg/1 189) und DaimlerChrysler (Stuttgart/1 154).

aus: Globus 8044

### 5. Lizenzen (praktische Beispiele)

**Lizenzvertrag mit Thermoselect**

**KARLSRUHE (lsw/eb). Die Badenwerk AG steigt im großen Stil in die Müllentsorgung nach dem neuartigen Thermoselect-Verfahren ein. Vorstandsvorsitzender Eberhard Benz hat gegenüber unserer Redaktion bestätigt, dass das Unternehmen als erster deutscher Energieversorger einen Lizenzvertrag mit der Schweizer Thermoselect AG abgeschlossen hat.**

Nach bisherigen Erkenntnissen ist das Thermoselect-Verfahren umweltverträglicher und rentabler als die herkömmliche Müllverbrennung. Bei dem Verfahren wird der Abfall hochverdichtet und unter Luftabschluss und Hitzezufuhr in Kohle umgewandelt.

**Lizenz übernommen**

(lsw). Die Salamander AG (Kornwestheim) übernimmt vom 1. Januar an von der Apollo-Schuhproduktions GmbH & Co. KG (Sindelfingen) eine Lizenz für die Fertigung und den Vertrieb von Herrenschuhen der Marken Apollo und Ascot by Apollo. Salamander will damit seine Marktposition weiter ausbauen.

**Lizenz an Südkorea**

(rtr). Die Iveco AG (Ulm) hat eine Lizenz für die Produktion von schweren Baufahrzeugen an ein südkoreanisches Unternehmen vergeben. Noch 19. . werde die „Halla Engineering and Heavy Industry Company" 250 Fahrzeuge mit 33 Tonnen Gesamtgewicht in Südkorea herstellen.

**Russland-Lizenz für Voith-Getriebe**

HEIDENHEIM. Die J. M. Voith GmbH (Heidenheim) schloss mit der russischen Kazan Motor Production Organisation (Kazan) einen Lizenzvertrag über die Fertigung von Voith-Automatgetrieben für Stadtbusse. Wie Voith-Pressesprecher Wolfgang Schmid auf Anfrage weiter mitteilte, sollen mittelfristig östlich von Moskau 6 000 Getriebe pro Jahr gebaut werden.

**Lizenzprodukte im Aufwind**

**NÜRNBERG** ■ Harry Potter und die beliebten Fernsehquizsendungen sollen in diesem Jahr die Spielwarenindustrie weiter auf ihrem Erfolgskurs vorantreiben. Lizenzprodukte wie zum Beispiel Pokémon-Spiele nehmen in der Branche einen immer größeren Stellenwert ein.

## Arbeitsaufträge und Fragen zur Stofferschließung

1. **Welche Voraussetzungen** müssen erfüllt sein, damit für den Quattrospalter ein **Patent erteilt** wird? **Lesen Sie** hierzu **PatG §§ 1 und 3**.
2. **Welche Wirkung** hat die Erteilung eines Patents für eine Erfindung wie den Quattrospalter? **Lösungshinweis:** Diese und die meisten der folgenden Fragen sind mithilfe des Patentgesetzes zu lösen.
3. **Was dürfen andere (Dritte)** ohne Zustimmung des Patentinhabers Hans-Jörg Meier mit der patentierten Axt **nicht tun**?
4. **Wie lange** dauert der Patentschutz für den Quattrospalter?
5. **Welche Gegenleistung** muss der **Erfinder** dem Staat gegenüber für den erhaltenen Patentschutz erbringen?
6. **Was** kann der **Erfinder** des Quattrospalters, Hans-Jörg Meier, tun, wenn er die Erfindung wegen Kapitalmangels **nicht selbst auswerten** kann?
7. **Was** versteht man unter einer **Lizenz**? Vergleichen Sie hierzu die entsprechende Sachdarstellung (5.).
8. **Wie** kann das an Hans-Jörg Meier **erteilte Patent** wieder **erlöschen**?
9. **Was** versteht man unter der **„Patentrolle"**?
10. **Geben Sie** die **wichtigsten Phasen** zur Erteilung eines Patents **an** (Vgl. PatG §§ 30, 35, 44, 49, 58 f.).
11. Angenommen, ein **anderer Erfinder** arbeitet auch an der Weiterentwicklung einer Axt.
    a) **Was** kann er **tun**, um sich über die Funktionsweise des Quattrospalters **zu informieren**?
    b) **Wer** bekommt dieses **Recht eingeräumt** und unter **welchen Voraussetzungen**?
    c) **Welcher Nachteil für den Patentinhaber** kann mit dieser leichten Zugänglichkeit zu den Patentunterlagen verbunden sein?
12. **In welchem geografischen Bereich** gilt der Patentschutz?
13. **Was** muss der Erfinder des Quattrospalters **tun**, um seine **Erfindung auch im Ausland zu schützen**?
14. **Welche Marktstellung** hat ein Anbieter, der ein patentgeschütztes Produkt herstellt oder vertreibt?
15. **Schließen sich** das gesamtwirtschaftliche Ziel der **Förderung des Wettbewerbs** und ein wirksamer **Patentschutz gegenseitig aus**?
16. **Woran erkennt man**, ob jemand auf einen Gegenstand wie den Quattrospalter ein **Patent** hat?

**17.** **Wie viel Patente** besaß **Edison**? **Nennen Sie drei** seiner größten Erfindungen.

**18.** In einer **Rede beim Deutschen Patentamt** in München am 31.01.2000 äußerte sich die damalige **Bundesjustizministerin Hertha Däubler-Gmelin** zum gewerblichen Rechtsschutz: **„Wer Wohlstand und Arbeitsplätze will, braucht einen leistungsfähigen Rechtsschutz von Marken und Patenten."** **Erläutern Sie** den **Beziehungszusammenhang** zwischen den erwähnten **Sachverhalten**.

## 4.6.2 Gebrauchsmusterschutz

### Ausgangssituation

Horst Zwicker mit neuer Brezel: Lizenz zum Räuchern — Foto: Tilp

**Rauch an die Brezel**

**Göppinger Bäcker erfindet Laugengebäck-Neuheit**

**GÖPPINGEN. Über des Schwaben liebstes Laugengebäck, die Brezel, schien alles gesagt zu sein. Sie galt als unveränderlich. Hat nun der Göppinger Bäcker Horst Zwicker in der Geschichte der Brezel ein neues Kapitel aufgeschlagen? Das Bundespatentamt in München meint, ja. Es bescheinigte ihm, die von ihm erfundene Räucherbrezel sei eine Weltneuheit. Heute kommt sie auf den Markt.**

Seit 5000 Jahren backen Menschen Teig. Doch die Idee Backwaren wie Fleisch zu räuchern, hatte noch nie jemand. Horst Zwicker und ein Miterfinder hatten den Einfall unter Palmen in der Dominikanischen Republik.

Ende 1995 begannen die Experimente. Da kein Bäcker einen Räucherofen hat, ging Zwicker zu Metzgern und räucherte seine bereits gebackenen Brezeln mit Buchensägemehl. Das verlieh der Patent-Brezel den pikanten Geschmack von geräuchertem Fleisch. Doch Zwickers Schlinggebäck hat einen entscheidenden Vorteil: Der konservierende Rauch hält die Brezel tagelang frisch. Noch nach einer Woche lässt sie sich problemlos wieder aufbacken.

Und welche Chancen sieht der findige Bäcker, dass die traditionsbewussten Schwaben von der klassischen Version des Laugengebäcks zur Zwicker-Brezel umschwenken? Geschäftspartner Christoph Heidt und er sind zuversichtlich, gibt sich doch seit Wochen fast die gesamte Fachwelt in der Bäckerei in der Grabenstraße die Klinke in die Hand. Heidt: „Seit Anmeldung des Patents war alles da, was im Backwesen in Deutschland Rang und Namen hat." Tausende von Musterbrezeln wurden angefordert. Und auch Hersteller von Räucheröfen sehen neben Metzgern eine ganz neue Klientel: die Bäcker. Es geht aber nicht nur ums Laugengebäck. Was die Brotproduzenten interessiert, ist das neue Konservierungsverfahren: Im Buchenholzrauch können auch sämtliche dunklen Brotsorten oder Croissants haltbar gemacht werden. Die Lizenz zum Räuchern will Heidt jetzt umgehend vermarkten. Und der Anteil des Erfinders? Heidt: „Vielleicht ein halber Cent je verkaufter Brezel.

aus: (Südwestpresse) NWZ

### Sachdarstellung

**1. Gesetzliche Regelung**

Gebrauchsmustergesetz von 1986 mit Änderungen

**2. Gegenstand des Schutzes**

Geschützt werden sog. **„kleine" Erfindungen**, also insbesondere **neue Anordnungen**, **neue Vorrichtungen** oder **Neugestaltungen von Arbeitsgeräten oder Gebrauchsgegenständen**, die deren Arbeits-, Gebrauchs- oder Verwendungsmöglichkeiten verbessern. Dazu gehören auch **Verbesserungen bei Produktionsverfahren**, insbesondere wenn damit **neue Wirkungen** (z. B. verbesserter Geschmack, längere Haltbarkeit) erzielt werden.

**3. Praktische Beispiele**

- Erfindungen im Rahmen des betrieblichen Vorschlagswesens
- Fahrradlenker mit Aufstützfunktion für die Arme
- Stiele für Gartengeräte, die zu mehreren Geräten passen
- Neugestaltung des Armaturenbretts bei einem Pkw (Styling)
- Scheren für Kinder mit abgestumpften Enden

**4. Das Verhältnis von Patent- und Gebrauchsmusterschutz**

Im Vergleich zum Gebrauchsmuster werden beim Patent **größere Anforderungen an die erfinderische Tätigkeit** gestellt. Ansonsten entsprechen die Anforderungen an ein Gebrauchsmuster im Wesentlichen denen des Patents, so hinsichtlich Neuheitsgrad und gewerblicher Anwendbarkeit.

Im Gegensatz zum Patent wird ein Gebrauchsmuster erteilt, **ohne** dass die **materiellen Schutzvoraussetzungen** (Neuheit, das Vorliegen eines erfinderischen Schrittes und gewerbliche Anwendbarkeit) vom Patentamt einzeln **geprüft** werden (§ 8, Abs. 1 Satz 2 GebrMG). Es ist lediglich erforderlich, bestimmte Formerfordernisse einzuhalten, z. B. die Unterschriftsleistung des Anmelders. Weil das gesamte **Verfahren** wesentlich **einfacher** ist, **greift** der Gebrauchsmusterschutz **schneller**; außerdem fallen **geringere Kosten** (Jahresgebühren) an. Dementsprechend eignet sich das Gebrauchsmuster als **schneller Schutz für relativ kurzlebige Produkte**.

## Arbeitsaufträge und Fragen zur Stofferschließung

1. **Lesen** Sie den **§ 1 des Gebrauchsmustergesetzes** und **vergleichen Sie** diese Vorschrift mit dem **§ 1 des Patentgesetzes. Welche Feststellung** können Sie treffen?
2. **Welche Voraussetzungen** gelten sowohl für den Patent- als auch für den Gebrauchsmusterschutz?
3. **Was** gilt nach dem Gebrauchsmustergesetz als **„Neuheit“**?
4. **Was** ist **Gegenstand** des Gebrauchsmusterschutzes und **was nicht**?
   **Lösungshinweis:** Sachdarstellung (2.).
5. Die Bäckerei Zwicker in Göppingen hat sich die Räucherbrezel patentieren lassen. Wäre auch ein **Gebrauchsmusterschutz** möglich gewesen?
   **Lösungshinweis:** Sachdarstellung (2.).
6. **Wie unterscheiden sich** trotz einheitlicher Definition im Gesetzestext Patent und Gebrauchsmuster hinsichtlich der **Schutzvoraussetzungen**?
   **Lösungshinweis:** Sachdarstellung (4.)
7. **Welche drei Hauptvorteile** weist das Gebrauchsmuster gegenüber dem Patent auf?
   **Lösungshinweis:** Sachdarstellung (4.).
8. **Bei welchen Produkten** ist ein Gebrauchsmusterschutz in Betracht zu ziehen? (Siehe Sachdarstellung!)
9. **Nennen Sie fünf praktische Beispiele** für Gebrauchsmuster.
   **Lösungshinweis:** Sachdarstellung (3.).
10. **Wo** wird der geschützte Gegenstand **registriert**?
    **Lösungshinweis:** Die Antworten für diese und die folgenden drei Fragen sind dem GebrMG zu entnehmen.
11. **Welche Wirkung** hat die **Eintragung**?
12. **Welche Schutzdauer** gilt für Gebrauchsmuster?
13. **Mit welchen Strafen** werden Gesetzesverstöße geahndet?
14. Die Bäckerei Zwicker kann aus ihrem Patent bestimmte **wirtschaftliche Vorteile** ziehen.
    a) **Welche Vorteile** sind das?
    b) Könnten solche Vorteile **auch aus einem Gebrauchsmuster** gezogen werden (Begründung)?
15. **Wie** kann man sich darüber **informieren**, ob eine bestimmte **Erfindung gebrauchsmustergeschützt** ist?

 

## 4.6.3 Markenschutz

**Ausgangs-situation**

### Baggerparty als Monopol

Begriff ist als Marke eingetragen und deshalb geschützt

**Der Begriff „Baggerparty" steht unter dem Schutz des Markengesetzes – das hat das Oberlandesgericht (OLG) Stuttgart entschieden. Damit darf nur jener findige Unternehmer seine Veranstaltungen zur Anbahnung zwischenmenschlicher Beziehungen als „Baggerparty" bezeichnen, der dieses Wort als Dienstleistungsmarke in die Zeichenrolle des Patentamts hat eintragen lassen.**

Der Unternehmer hatte gegen einen Göppinger Gastwirt geklagt, der offenbar die Idee mit der Baggerpary umsatzfördernd fand und deshalb jeden Mittwoch Kunden zur „Baggerparty" locken wollte – mit dem werbenden Zusatz „baggern, flirten, lustig sein!". Dies untersagte ihm das OLG Stuttgart: Der Inhaber der Marke „Baggerparty" habe einen Unterlassungsanspruch gegen Nachahmer. Dabei machte das Gericht darauf aufmerksam, dass es nicht nachzuprüfen habe, ob die Marke möglicherweise – etwa als nicht eintragungsfähige „Beschaffenheitsangabe" – zu Unrecht eingetragen sei. Die entscheidende Frage war, ob „Baggerparty" eine rein beschreibende Angabe ist, die nicht als Marke verwendet werden durfte. Das Gericht befand indes, dass der Begriff eine „Wortneubildung" sei – und damit als Marke verwendbar. Zwar bedeute das Wort „baggern" in der Umgangssprache, dass ein Mann sich, sexuell motiviert, an eine Frau heranmache (oder umgekehrt). Zugleich aber bedeute „baggern" bei der Bundeswehr so viel wie „essen", in der Seemannssprache dagegen „trinken". Weil damit der Aussagegehalt des Wortes eher unklar sei, müsse es nicht als beschreibender Begriff freigehalten werden. Die Eintragung sei erlaubt. (Az.: 2 U 136/95)

aus: Südwestpresse (NWZ)

### Sachdarstellung

- Seit Jahresbeginn **1995** ist das **neue Markenrecht** in Kraft. Es löst das bisherige Warenzeichengesetz ab und setzt **EU-Recht** in deutsches Recht um.
- Eine Marke ist **losgelöst von einem bestimmten Unternehmen** zu sehen. Als **rechtlich verselbstständigtes Objekt** stellt sie ein knappes Gut dar, das z. B. **verkäuflich, lizenzierbar** oder **verpfändbar** ist.
- Wer eine Marke anmelden will, erhält vom Deutschen Patentamt das **Anmeldeformular M** sowie das **Merkblatt** „Wie melde ich eine Marke an?".
- **Geschützte Marken** werden durch ® gekennzeichnet; es bedeutet „registered", d. h. eingetragene Marke.
- **Europaweiter Markenschutz** ist seit 1996 möglich, und zwar durch Eintragung einer Gemeinschaftsmarke (Euromarke) beim Europäischen Markenamt in Alicante (Spanien).

**Arbeitsvorlage 1:** Markenschutz in der EU u. a.

### Brüssel zeigt ein Herz für Feinschmecker

Parmaschinken, Fetakäse und Sprudel geschützt

**Parmaschinken aus Italien, Butter aus den belgischen Ardennen, Bressehühner aus Frankreich, schottisches Lamm, griechischer Fetakäse und 31 Mineralwasser aus Deutschland, von der Göppinger Quelle bis zum Überkinger, werden künftig in der gesamten Europäischen Union Rechtsschutz genießen.**

Die Europäische Kommission verabschiedete gestern eine Liste von 318 traditionellen Herkunftsbezeichnungen, die nur Lebensmittel zustehen sollen, die aus der Ursprungsregion stammen und nach einem bestimmten Verfahren hergestellt wurden. Nachahmungen sollen künftig verboten sein. Wie Umfragen gezeigt haben, nehmen zum Beispiel viele deutsche Verbraucher an, der „Feta", den es im Supermarkt gibt oder den man im Restaurant auf dem Bauernsalat vorfindet, sei echt griechisch. Ein Irrtum.

Tatsächlich stammt der Käse meistens weder aus Griechenland noch überhaupt von Schaf oder Ziege, sondern von Kühen aus Dänemark oder Deutschland. Die Dänen verkaufen im Jahr 100 000 Tonnen unter der Bezeichnung „Feta", die Deutschen 20 000 Tonnen. Weil pro Tonne 1.790,00 € Umsatz gemacht werden, hatten sich beide Regierungen vehement gegen einen hellenischen Exklusivanspruch auf das Etikett gewehrt. Es handle sich mittlerweile um einen Namen, der nicht geografisch gebunden sei.

Ähnlichen Streit gab es um Parmaschinken und Parmesan. Als „Gattungsbezeichnung" stufte die Kommission aber lediglich Brie, Camembert, Cheddar, Edamer, Emmentaler und Gouda ein. „Der Name Feta ist für Griechenland bestimmt", so Agrarkommissar Franz Fischler.

Insgesamt haben die Mitgliedstaaten 1 400 Bezeichnungen zum Schutz angemeldet, darunter auch Schwarzwälder Schinken, Lübecker Marzipan und bayerisches Bier. Der ersten Liste wird im Sommer eine zweite folgen.

aus: Südwestpresse (NZW)

#### „McDog" darf bleiben

Die Fastfood-Kette McDonald's hat den Prozess gegen einen bayerischen Tiernahrungshersteller verloren. Der darf auch künftig Hundefutter mit dem Namen „McDog" und Katzenfutter mit der Bezeichnung „McCat" auf den Markt bringen. Nach Ansicht des Münchner Landgerichts werden dadurch keine Namensrechte von McDonald's verletzt. Die Gefahr einer Wettbewerbsverzerrung bestehe nicht, denn beide Formen würden unterschiedliche Produktgruppen vermarkten. Dem mochte die Fastfood-Kette nicht widersprechen.

aus: Südwestpresse (NZW)

## Arbeitsvorlage 2: Verwechslungsmöglichkeit mit echtem Champagner?

**RECHT / Champagner-Hersteller gehen in nächste Instanz**

### Franzosenattacke auf eine Birne

**Die französischen Champagner-Hersteller und der Schlater Gastwirt Jörg Geiger treffen sich erneut vor Gericht. Die Franzosen wollen den Namen ihres Edelgesöffs partout nicht mit einem Birnenschaumwein teilen.**

**SCHLAT** ■ Jörg Geiger kann nur noch mit dem Kopf schütteln. In dem Bestreben, den Namen ihres edlen Getränks mit aller Macht zu schützen, will die Vereinigung französischer Champagner-Hersteller jetzt die Sortenbezeichnung einer alten Birne streichen lassen.

„Champagner Bratbirne" lautete die zertifizierte Sortenbezeichnung der Frucht vom Fuße der Schwäbischen Alb seit 200 Jahren. Der Schlater Gastwirt hat sie vor einigen Jahren wiederentdeckt und daraus einen Schaumwein kreiert, den er zunächst als „Champagner Bratbirnen Schaumwein" kredenzte. Den Franzosen stieß die plakative Verwendung des Begriffs „Champagner" sauer auf. Sie beriefen sich auf den geschützten Namen ihres Produktes und zogen vor Gericht.

Dieser Auffassung schloss sich das Landgericht Stuttgart im Grundsatz an und kam zu einem Urteil, das den Schlater Wirt durchaus zufrieden stellte. Geiger darf die Frucht, aus der sein spritziges Getränk gewonnen wird, weiter beim Namen nennen: „Schaumwein aus der Champagner Bratbirne" steht jetzt auf dem Flaschenetikett, für Geiger ist damit jede Verwechslungsmöglichkeit mit dem französischen Champagner ausgeschlossen. Nicht so für die Franzosen. Sie haben jetzt Berufung gegen das Urteil des Landgerichts eingelegt, mit dem Ziel, die Sortenbezeichnung der Birne zu untersagen.

„Lächerlich" findet Geiger die erneuten Anstrengungen der Champagner-Hersteller, die vorgeschlagen haben, den Namen durch Synonyme zu ersetzen, die irgendwann zur weiteren Charakterisierung der Birne verwendet wurden. Aber welcher Obstbauer weiß schon, was sich hinter einer „Birne mit glänzendem Laub" oder gar einer „Kopfbirne" verbirgt?

Für den Schlater aber, für Förderung und Vermarktung der alten Birnensorte jüngst mit dem Kulturlandschaftspreis des Schwäbischen Heimatbundes ausgezeichnet, geht es um die Wertigkeit seines Getränks. „Der Verbraucher hat bei Qualitätsprodukten das Recht zu wissen, was er trinkt", so Geiger. Andere Bratbirnensorten lieferten eben nicht die selben hochwertigen Grundweine.

aus: Südwestpresse (NWZ) vom 08.04.02

## Arbeitsaufträge und Fragen zur Stofferschließung

1. **Warum untersagte** das Oberlandesgericht Stuttgart dem Göppinger Gastwirt die **Verwendung des Begriffs „Baggerparty"** für seine Werbeaktionen?
2. **Wo** ist der Markenschutz **geregelt**?
3. **Lesen Sie** die **Sachdarstellung** und **beantworten Sie** hernach die folgenden Fragen:
   a) **Was** hat sich seit 1995 im Markenrecht **geändert**?
   b) **Welche Merkmale** kennzeichnen eine Marke als **Rechtsobjekt**?
   c) **Wie vollzieht sich** die **Anmeldung** einer Marke?
4. **Was** kann nach dem Markengesetz **geschützt** werden?
5. **Was** darf ein **Dritter** mit einer geschützten Marke, z. B. mit dem Wort „Baggerparty", **nicht tun**?
6. **Welche Rechte** hat der **Markeninhaber**, wenn **andere Geschäftsleute** das geschützte Wort „Baggerparty" **für sich in Anspruch nehmen**? **Lösungshinweis**: Beachten Sie die Ausführungen im vorstehenden Zeitungsartikel (Ausgangssituation) und im § 15 Markengesetz.
7. **Wie begründet** das **Gericht** seine Entscheidung, dass der Begriff „Baggerparty" **schutzwürdig** sei?
8. **Wo** muss der Begriff „Baggerparty" **eingetragen** sein, wenn es sich um eine geschützte Marke handeln soll?
9. **Wann beginnt** und **wann endet** die **Schutzdauer** für die Marke „Baggerparty", welche **Verlängerungsmöglichkeiten** gibt es?
10. **Wie** hätte sich der Göppinger Gastwirt darüber **informieren** können, ob das Wort „Baggerparty" markenrechtlich **geschützt** ist?
11. **Mit welchen Strafen** kann der Göppinger Gastwirt **belegt** werden, wenn er **widerrechtlich** das Wort „Baggerparty" für Werbezwecke **verwendet**?
12. **Beschäftigen Sie sich** nun noch ein wenig mit Marken, die als **geografische Herkunftsbezeichnungen** geschützt sind.
    a) **Lesen Sie** zunächst einmal den **Zeitungsartikel** über den Markenschutz in der Europäischen Union **(Arbeitsvorlage 1)**. **Nennen Sie** danach **fünf Beispiele** für markenrechtlich geschützte Lebensmittel mit einer Herkunftsbezeichnung.
    b) **Welche geografischen Herkunftsangaben** sind markenrechtlich **nicht geschützt**? Nennen Sie hierzu **fünf praktische Beispiele. Lösungshinweis: Arbeitsvorlage 1** und **§ 126 Markengesetz**.
13. **Warum** darf ein Hersteller von Tiernahrung die Marken „McDog" und „McCat" führen **(Arbeitsvorlage 1, rechts unten)**?
14. **Welche Auffassung** vertreten Sie im Streit um die **„Champagner Bratbirne"**? (Drei Argumente, **Arbeitsvorlage 2**)

## 4.6.4 Gütezeichenschutz

**Ausgangssituation**

**Auszug aus einer Zeitungsanzeige**

Thema Holzschutz:
Immer mehr Leser, aber auch Rundfunkhörer und Fernsehzuschauer fragen uns:

**Was stimmt denn nun?**

**Denn die Medien berichteten: Geschütztes Holz im Haus macht krank. Alles herausreißen und auf der Sondermülldeponie entsorgen; auch Putz, Teppiche, Tapeten, Möbel!**

**Inzwischen gibt es Holzschutzmittel mit dem „Gütezeichen RAL-Holzschutzmittel". Sie haben vor einer staatlichen Materialprüfanstalt ihre Holz schützende Wirksamkeit und vor dem Bundesgesundheitsamt ihre gesundheitliche Unbedenklichkeit bei bestimmungsgemäßer Verwendung nachgewiesen. Noch „amtlicher" kann Verbrauchersicherheit gar nicht sein.**

**Wer weitere Sachauskünfte wünscht, kann uns jederzeit fragen.**

Gütezeichen RAL
Holzschutzmittel

**Das neue Zeichen**

**DESOWAG**
**Materialschutz GmbH**
**Postfach 32 02 20 40132 Düsseldorf**

## Sachdarstellung

### 1. Begriffsabgrenzung zu den Warenzeichen

Anders als Marken, die Erzeugnisse eines einzelnen Herstellers kennzeichnen, werden Gütezeichen **von mehreren Lieferern gleichartiger Waren** aufgrund **freiwilliger Vereinbarungen gemeinschaftlich geschaffen und aufrechterhalten**. Es handelt sich nicht um **Firmen-**, sondern um **Gemeinschafts-, Verbands- bzw. Branchenzeichen**. Von den Gütezeichen im engeren Sinne (RAL-Gütezeichen)[1] sind Prüfzeichen (z.B. TÜV-Zeichen, GS = geprüfte Sicherheit) und andere Qualitätszeichen (beispielsweise „reine Schurwolle", „rein Leinen") zu unterscheiden. Im Verhältnis zum Ausland soll durch Gütezeichen der Begriff „Made in Germany" gefestigt werden.

[1] RAL: Abkürzung für **R**eichs**a**usschuss für **L**ieferbedingungen und Gütesicherung

**Noch immer bestes Image**

NÜRNBERG (AP). Das Markenzeichen „Made in Germany" hat in Europa immer noch das beste Image. Zu diesem Ergebnis kommt eine repräsentative Studie der Universität Bern unter rund 3420 internationalen Führungskräften, die auf der Jahrestagung der Gesellschaft für Konsum-, Markt- und Absatzforschung (GfK) in Nürnberg vorgestellt wurde. Weltweit rangierten deutsche Produkte hinter dem Spitzenreiter Japan auf Platz zwei zusammen mit den USA. Als renommierteste Branchen wurden der Automobil- und der Maschinenbau genannt. Als Stärken deutscher Produkte gelten ihre internationale Spitzenqualität, technologische Hochwertigkeit und Umweltfreundlichkeit.

aus: Südwestpresse (NWZ)

### 2. Arten von Gütezeichen

Webteppich-Signale:
**Teppich-Siegel:** Dieses Siegel gibt an, aus welchem Material der Teppichfloor (das ist die Nutzschicht) besteht. Außerdem trägt er eine Kontrollnummer mit dem Prüfvermerk des Deutschen Teppich-Forschungsinstitut, Aachen.
**Wollsiegel:** Besteht der Webteppich aus reiner Schurwolle, die nach den Vorschriften des Internationalen Wollsekretariats ausgewählt und behandelt ist, so wird dies mit dem Wollsiegel bestätigt. Die Wollsiegel-Vorschriften sind sehr streng: So muss etwa das Wollgarn auf einen bestimmten Restfettgehalt ausgewaschen sein, um schnelle Anschmutzung zu vermeiden. Zusätzlich erfolgt eine Mottenschutzbehandlung.
**Goldene Plombe:** Nur besonders hochwertige Webteppiche aus Schurwolle oder Naturseide erhalten diesen Gütenachweis nach Prüfung durch das Deutsche Teppich-Forschungsinstitut, Aachen. Verlangt wird für diese Webteppich-Spitzenprodukte zusätzlich ein überdurchschnittlich hoher, so genannter ComfortFaktor, den das Aachener Institut aus dem Florgarn-Einsatzgewicht, der Höhe des Teppichflors und der Dichte der Noppen (entsprechend der Knüpfdichte beim Knüpfteppich) ermittelt. Hierüber erhält jeder einzelne Teppich ein Zertifikat mit Prüfnummer: Es ist auf der Teppich-Rückseite befestigt. Sichtbar auf der Florseite trägt ein solcher Webteppich die goldene Plombe.

### 3. Entwicklungstendenzen bei den Gütezeichen

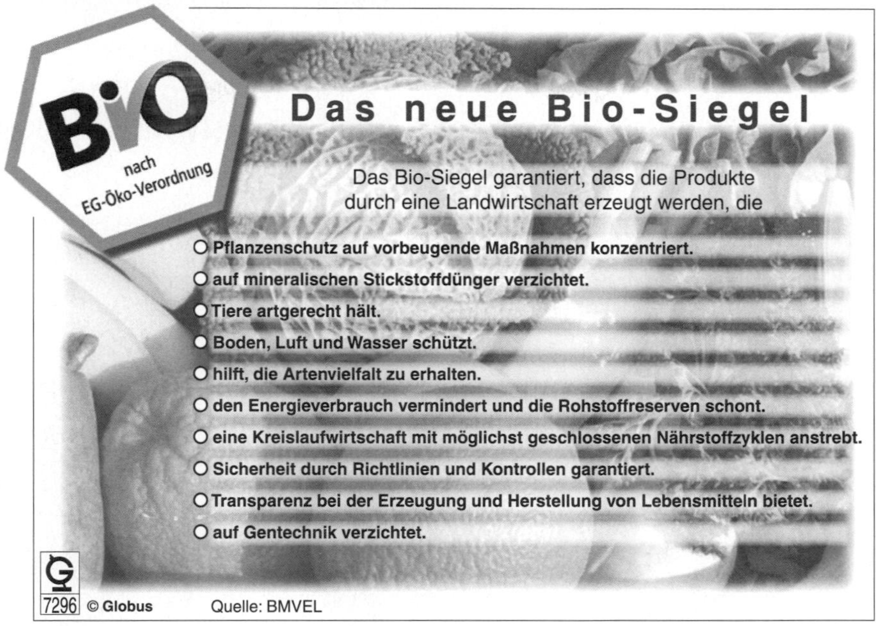


## Estmals ein einheitliches Gütesiegel

Den Verbrauchern mehr Orientierung bei der Suche nach Öko-Lebensmitteln geben – dies ist ein Ziel des neuen Bio-Siegels, das jüngst vom Verbraucherschutzministerium vorgestellt worden ist. Erstmals können Bio-Produkte in Deutschland mit einem einheitlichen Gütesiegel ausgezeichnet werden. Bisher wurden die Verbraucher noch durch eine Vielzahl von rund 100 unterschiedlichen Zeichen für Ökoprodukte verwirrt und stellten sich die Frage, ob wirklich „öko" drin ist, wo „öko" drauf steht. Das neue Siegel soll unverwechselbar Einheitlichkeit, Klarheit und Orientierung schaffen. – Die Kriterien für das Bio-Siegel richten sich nach der EG-Öko-Verordnung und knüpfen an die Richtlinien der Internationalen Vereinigung der ökologischen Landbaubewegungen (IFOAM) an; ihr gehören rund 500 Verbände aus 70 Ländern an. Das Verbraucherschutzministerium will mit dem Bio-Siegel auch den Öko-Landbau fördern. Das Ziel ist 20 Prozent Öko-Landbau im Jahr 2010.

Globus

**FLEISCHER**

## Eigenes Siegel für Bio-Metzger

**WÜRZBURG** ■ Verbraucher sollen künftig Öko-Fleisch bei ausgewiesenen „Bio-Metzgern" kaufen können. Ein entsprechendes Gütesiegel sei derzeit in Planung, berichtete der Sprecher des Deutschen Fleischer-Verbandes (DFV), Christoph Silber-Bonz, beim Deutschen Fleischer-Verbandstag in Würzburg. Entsprechende Metzgereien sollen wahrscheinlich von 2002 an der Marke „Bio-f" für Bio-Fleischer erkennbar sein. Sie müssten Herkunft und Verarbeitung des von ihnen angebotenen Fleischs nachweisen. Schon jetzt gebe es rund 250 Metzger, die vorrangig Bioware verkaufen. Das Siegel soll das Vertrauen in regionale Mittelständler stärken. Kunden eines Bio-Metzgers könnten sicher sein, dass das Fleisch von einem Bio-Bauernhof stamme und auch entsprechend sorgsam verarbeitet ist.

**GESUNDHEIIT**

## Gütesiegel für Sonnenstudios

**BERLIN** ■ Die etwa 9 000 Sonnenstudios in Deutschland sollen künftig zum gesundheitlichen Schutz der Verbraucher strengeren Kontrollen unterworfen werden. Von Ende dieses Jahres an soll es ein unabhängiges Gütesiegel geben. Unter dem Vorsitz des Bundesamtes für Strahlenschutz einigten sich Branchenvertreter und Experten beim „Runden Tisch Solarien" auf das neue Zertifikat. Es soll verbindliche Standards bei der Sicherheit der Geräte, ihrer Wartung, der Schulung des Personals und der Information der Kunden garantieren und so gesundheitliche Risiken verringern.

aus: Südwestpresse (NZW) vom 08.10.01 (dpa)/ 18.07.02 (dpa/AP)

### 4. Bedeutung von Gütezeichen

Gütezeichen sollen den **lauteren Wettbewerb schützen**, insbesondere sollen sie die Täuschung der Verbraucher verhindern. Sie spielen bei der **Gemeinschaftswerbung** eine wichtige Rolle.

## Arbeitsaufträge und Fragen zur Stofferschließung

1. **Was erwarten** die Hersteller von Holzschutzmitteln von dem neuen Gütezeichen?
2. **Welche Aufgaben** sollen Gütezeichen **ganz allgemein** und speziell **im Außenhandel** erfüllen?
3. **Nennen Sie fünf praktische Beispiele** für Gütezeichen.
4. **Wie unterscheiden sich Gütezeichen** von Warenmarken?
5. **Wer gibt Gütezeichen heraus** und **überwacht** die Einhaltung der Qualitätsnormen?
6. **Welche Entwicklungstendenzen** zeichnen sich in der Gegenwart bei den Gütezeichen ab? **Geben Sie** hierzu **drei Beispiele**.

## 4.6.5 Geschmacksmusterschutz

**Ausgangssituation**

**Eine Zeitungsmeldung:**

### Egeria klagt gegen Musterklau

(dpa/vwd). Einer der führenden deutschen Hersteller von Frottierwäsche und -mode, die Egeria International GmbH, Tübingen, will gegen die Nachahmung von Teilen ihrer Kollektion gerichtlich vorgehen. Die Modelle des Unternehmens werden nach Angaben der Geschäftsführung in der Bundesrepublik Deutschland und in Portugal kopiert und zu erheblich niedrigeren Preisen verkauft. Dadurch seien dem Unternehmen schon Kunden verloren gegangen, sagte Geschäftsführer Heinz R. Jaeger auf der Fachmesse Heimtextil in Frankfurt.

aus: Südwestpresse (NWZ)

**Sachdarstellung**

**1. Gesetzliche Regelung**

Geschmacksmustergesetz

**2. Praktische Beispiele für Produktpiraterie**

Wasserkocher, das Original (l.) und das griechische Plagiat
Foto: si

Der Streit um die Wackelhunde

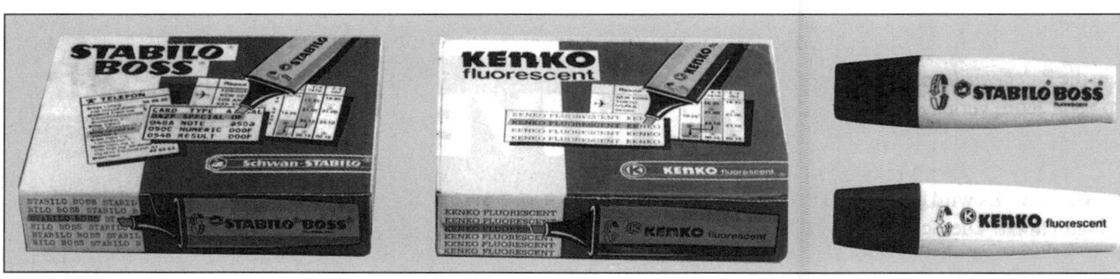


**3. Die praktische Bedeutung des Geschmacksmusterschutzes**

### Mode-Plagiate kosten Firmen Millionen

**Trotz schärferer Gesetze haben nachgemachte Designer-Klamotten Hochkonjunktur**

**Wer freut sich nicht über ein Schnäppchen beim Einkauf, wenn beispielsweise die begehrte Jeans mit dem kleinen roten Etikett an der Tasche gleich mehrere Scheine weniger kostet? Die Begeisterung jedoch ist meist nur einseitig, denn der Markenhersteller dieser Hose verdient keinen Cent an ihr – wenn es sich um eine von vielen kursierenden Kopien handelt. Levi's Germany, Hersteller der Kultjeans 501, beziffert allein seinen diesjährigen Schaden durch Markenpiraterie mit 12,8 Mio. €. Gerade in der Mode haben die Markenpiraten ihr Eldorado gefunden.**

Doch damit nicht genug: Gejagt, angeprangert und bestraft durch ein verschärftes Plagiatgesetz in Deutschland ersinnen Produktpiraten immer neue Tricks. Neuerdings mischen Fälscher echte und gefälschte Exemplare, um sich ihr Riesengeschäft mit Marken- und Designfälschungen nicht zerstören zu lassen und den Fahndern die Arbeit zu erschweren. Paul Lange, Rechtsanwalt in Düsseldorf und seit vielen Jahren auf Produktpiraterie spezialisiert: „Mit der wirtschaftlichen Rezession haben sich die Plagiatfälle innerhalb des letzten Jahres verdoppelt."

Die Mode scheint das Eldorado aller Plagiatkünstler zu sein. Sie wissen, dass Schnelligkeit und günstiger Preis auf dem Markt der Eitelkeiten zum Erfolg führen. Ob die Edelmarke Chanel, Pop-Couture von Versace oder kunterbunte Kindermode von Oilily – Renommiermarken und Designernamen stehen beim Verbraucher hoch im Kurs, die preisgünstigere Fälschung findet ihre Käufer. Zwar rollt die Prozesswelle gegen die Diebe geistigen Eigentums, wie Lange bestätigt, aber nicht selten zahlen Produktpiraten ihre Geldbuße, ohne mit der Wimper zu zucken. Haben sie die heiße Ware doch schon längst über dunkle Kanäle an Mann und Frau gebracht und ihren Profit in der Tasche.

Bereits der Versuch eines Plagiats ist strafbar. Drei Jahre Freiheitsstrafe oder eine hohe Geldstrafe drohen für die einfache, vorsätzliche Produktpiraterie.

aus: Südwestpresse (NWZ)

**4. Zeitungsmeldungen über aufgedeckte Fälle der Produktpiraterie**

**PLAGIARIUS / Negativpreis auf „Ambiente" verliehen**

## Garderobe kopiert

**Der schwarze Zwerg „Plagiarius" wandert nach China: Auf dem ersten Platz im Wettbewerb um Ideenklau landete ein Garderobenständer.**

**FRANKFURT/MAIN** ■ Weltweit werden ungehemmter denn je Produkte kopiert und nachgemacht. Dabei kommen die Plagiate längst nicht mehr nur aus Fernost. „Nachahmungen haben Hochkonjunktur. Dabei haben auch europäische und amerikanische Unternehmen gelernt, dass man mit Plagiaten und Fälschungen schnelles Geld verdienen kann", sagte der Oberlerchinger Professor Rido Busse von der Aktion Plagiarius am Rande der weltgrößten Konsumgütermesse „Ambiente" in Frankfurt. Weltweit wird der jährliche Schaden durch Produktpiraterie mittlerweile auf bis zu 300 Mrd. € geschätzt. Die Zahl der in diesem Jahr eingereichten Plagiate habe sich im Vergleich zum Vorjahr verdoppelt.

Die Jury, in der Vertreter von Wirtschaft und Wissenschaft sitzen, hat in diesem Jahr den ersten Preis in diesem Negativwettbewerb einem chinesischen Hersteller zuerkannt, dessen Namen unbekannt ist, der aber von La Foir Fouille in Frankreich vertrieben wird. Nach Ansicht der Jury haben die Chinesen den Garderobenständer „Eden" der Firma „Koziol Geschenkartikel GmbH" (Erbach) abgekupfert. Platz zwei erreichte der Jury zufolge Calvin Klein Eyewear (New York) für das Plagiat der Titan-Brille von Silhouette International Schmied AG (Linz). Der 3. Preis geht an die Firma Pemaks (Istanbul) für das Abkupfern der Pneumatischen Zylinder von Festo in Esslingen.

**RAUBKOPIEN**

## Musikindustrie klagt

**KÖLN** ■ Durch illegal kopierte Musikartikel sind der deutschen Schallplattenindustrie im vergangenen Jahr Schäden in Höhe von mehreren hundert Mio. € entstanden. Allein der Verkauf illegal gebrannter CDs auf Schulhöfen habe der Branche Verluste von über 100 Mio. € eingebracht, sagte der Verbandsvorsitzende der Phonographischen Wirtschaft, Peter Zombik, in Köln.

Daher werde der Kampf gegen Raubkopierer noch verstärkt. In den vergangenen 15 Monaten sei man gegen insgesamt 1 300 illegale Anbieter im Internet vorgegangen, erklärte er vor der im August in der Domstadt stattfindenden Internationalen Musikmesse Popkomm.

Weltweit bieten nach den Worten Zombiks etwa 700 000 Anbieter illegal Online-Musik an. Die Branche fürchte in den nächsten Jahren eine Zunahme des Problems. Noch seien erst 3 Prozent der deutschen Haushalte mit CD-Brennern ausgestattet. Diese hätten aber im vergangenen Jahr bereits rund 60 Mio. CDs gebrannt. Der Kampf gegen Raubkopien vor allem aus dem Internet soll ein Hauptthema auf der Musikmesse Popkomm werden, hieß es.

Die im vergangenen Jahr von der Branche gestartete Aktion „copy kills music" hat laut Zombik die Sensibilität für das Thema schon gestärkt. Der Verband hofft nach eigenen Angaben darauf, in wenigen Monaten mit den deutschen Internetprovidern zu einer Einigung zu kommen.

AP

aus: Südwestpresse (NWZ) vom 16.02.02/15.06.00

## Arbeitsaufträge und Fragen zur Stofferschließung

**1.** Die Firma Egeria stützt sich bei ihrer Klage gegen den Musterklau auf das **Geschmacksmustergesetz**.

a) **Was** ist den Konkurrenten der Firma Egeria nach dem GeschmG **verboten**?

b) **Wie erlangt** die Firma Egeria für ihre Muster und Modelle durch das GeschmG **Schutz gegen Nachbildungen**?

c) **Welche Gegenleistung** muss die Firma Egeria für den gewährten Geschmacksmusterschutz ihrer Produkte **erbringen**?

d) **Wie lange dauert** der Geschmacksmusterschutz für die Erzeugnisse der Firma Egeria?

e) **Was** könnte ein **Konkurrent** der Firma Egeria **tun**, wenn er sich vergewissern will, ob für bestimmte Frottierwaren dieses Herstellers ein Geschmacksmuster besteht oder nicht?

f) **Was** kann die Firma Egeria von den **Nachahmern** ihrer Kollektion verlangen, wenn sie ihnen einen **Verstoß gegen das GeschmG nachweisen kann**?

**2.** Nach der rein **rechtlichen Seite** wollen wir nun die **praktische Seite des Geschmacksmusterschutzes** betrachten. **Lesen Sie** hierzu den vorstehend angeführten **Zeitungsartikel über Plagiate** (Fälschungen).

a) **In welchen Branchen** kommen Produktfälschungen **besonders häufig** vor?

b) **Aus welchen Erdteilen** kommen die meisten Fälschungen?

c) Nennen Sie **Beispiele für Textilfirmen**, die von solchen Nachahmungen betroffen sind.

d) Nennen Sie Beispiele für **Güter des täglichen Bedarfs**, die kopiert werden.

e) **Welche wirtschaftlichen Auswirkungen** hat nach Schätzungen von Experten der Musterklau?

f) Was soll durch die **Verleihung des „Plagiarius"-Preises** erreicht werden?

g) Was sagen die vorstehenden **Zeitungsartikel** über die **Wirksamkeit des Geschmacksmusterschutzes** in der Wirtschaftspraxis aus?

## 4.7 Die optimale Fehlerquote

### Ausgangssituation

Im Oberschwäbischen Milchverarbeitungswerk Wangen werden regelmäßig Stichproben in Bezug auf die Jogurtbecher gemacht, die an die verschiedenen Abnehmer ausgeliefert werden. Je mehr Stichproben gemacht werden, desto geringer ist die zu erwartende Fehlerquote. Sie bezeichnet den Anteil der fehlerhaften Produkte an der Losgröße in Prozent. Je nach der zu erwartenden Fehlerquote ergeben sich unterschiedliche Qualitätskontrollkosten und Kosten mangelhafter Qualität.

Im Einzelnen wurden im Oberschwäbischen Milchverarbeitungswerk Wangen folgende Zahlen ermittelt:

| Zahl der Stichproben[1] | Zu erwartende Fehlerquote | Qualitäts-kontrollkosten | Kosten mangelhafter Qualität | Gesamte Qualitätskosten |
|---|---|---|---|---|
| 0 | 2,0 % | 470,00 € | 1.400,00 € | 1.870,00 € |
| 10 | 1,8 % | 500,00 € | 1.300,00 € | 1.800,00 € |
| 20 | 1,6 % | 540,00 € | 1.200,00 € | 1.740,00 € |
| 30 | 1,4 % | 590,00 € | 1.100,00 € | 1.690,00 € |
| 40 | 1,2 % | 650,00 € | 1.000,00 € | 1.650,00 € |
| 50 | 1,0 % | 720,00 € | 900,00 € | 1.620,00 € |
| 60 | 0,8 % | 800,00 € | 800,00 € | 1.600,00 € |
| 70 | 0,6 % | 950,00 € | 700,00 € | 1.650,00 € |
| 80 | 0,4 % | 1.150,00 € | 600,00 € | 1.750,00 € |
| 90 | 0,2 % | 1.400,00 € | 500,00 € | 1.900,00 € |
| 100 | 0,0 % | 1.650,00 € | 400,00 € | 2.050,00 € |

1 bei einem Los von 10000 Stück Jogurtbecher

### Sachdarstellung

**1. Die Wirtschaftlichkeit der Qualitätskontrolle**

Bei den meisten Industrieprodukten geht es darum, die **Kosten der Qualitätskontrolle** (Fehlerverhütungskosten, Prüfkosten) **ins richtige Verhältnis** zu den **Kosten mangelhafter Qualität** (Fehlerkosten und Fehlerfolgekosten) zu bringen.

**Beispiel:**

In einer Papierfabrik fallen monatlich **10.000,00 € Prüfkosten** an, ohne Prüfungen würden jedoch **nur 2.500,00 € Kosten für Ausschuss und Nacharbeiten** entstehen. In diesem Falle sind die Kosten der Qualitätskontrolle im Verhältnis zu den Kosten mangelhafter Qualität **zu hoch**.

**2. Total Quality Management**

Diese **moderne Unternehmensphilosophie** geht **über** die **bloße Qualitätsverbesserung** von Produkten **hinaus**. Sie weist **vier Komponenten** auf: das **Nullfehlerziel (NFZ)**, die **kompromisslose Kunden- und Marktorientierung** des Unternehmens **(KMO)**, die **konsequente Entscheidungsdelegation (KED)** sowie den **kontinuierlichen Verbesserungsprozess (KVP)**. Letztendlich geht es darum, „topfit in Qualität und Menschlichkeit" zu werden. **Ausgelöst** wurde diese Entwicklung vor allem durch den Druck, der von der **Globalisierung der Märkte** und von **internationalen Qualitätsstandards** (DIN ISO 9001) ausgeht.

**Übersicht:**

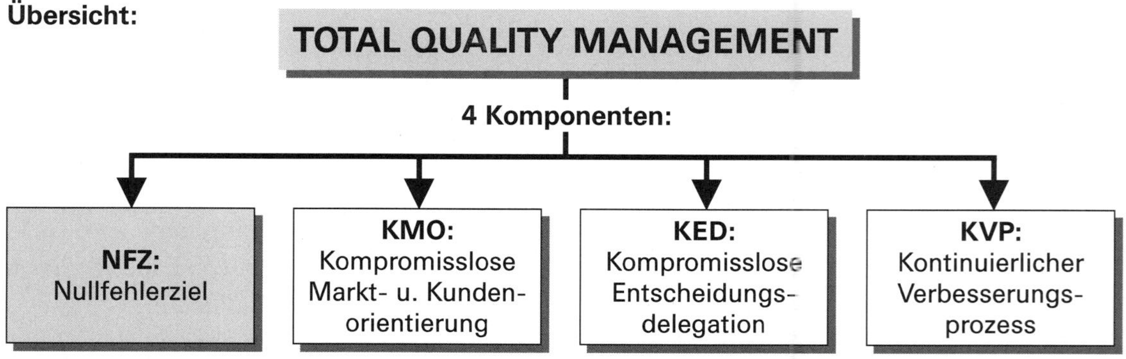

## **Arbeitsvorlage 1:** Grafische Darstellung

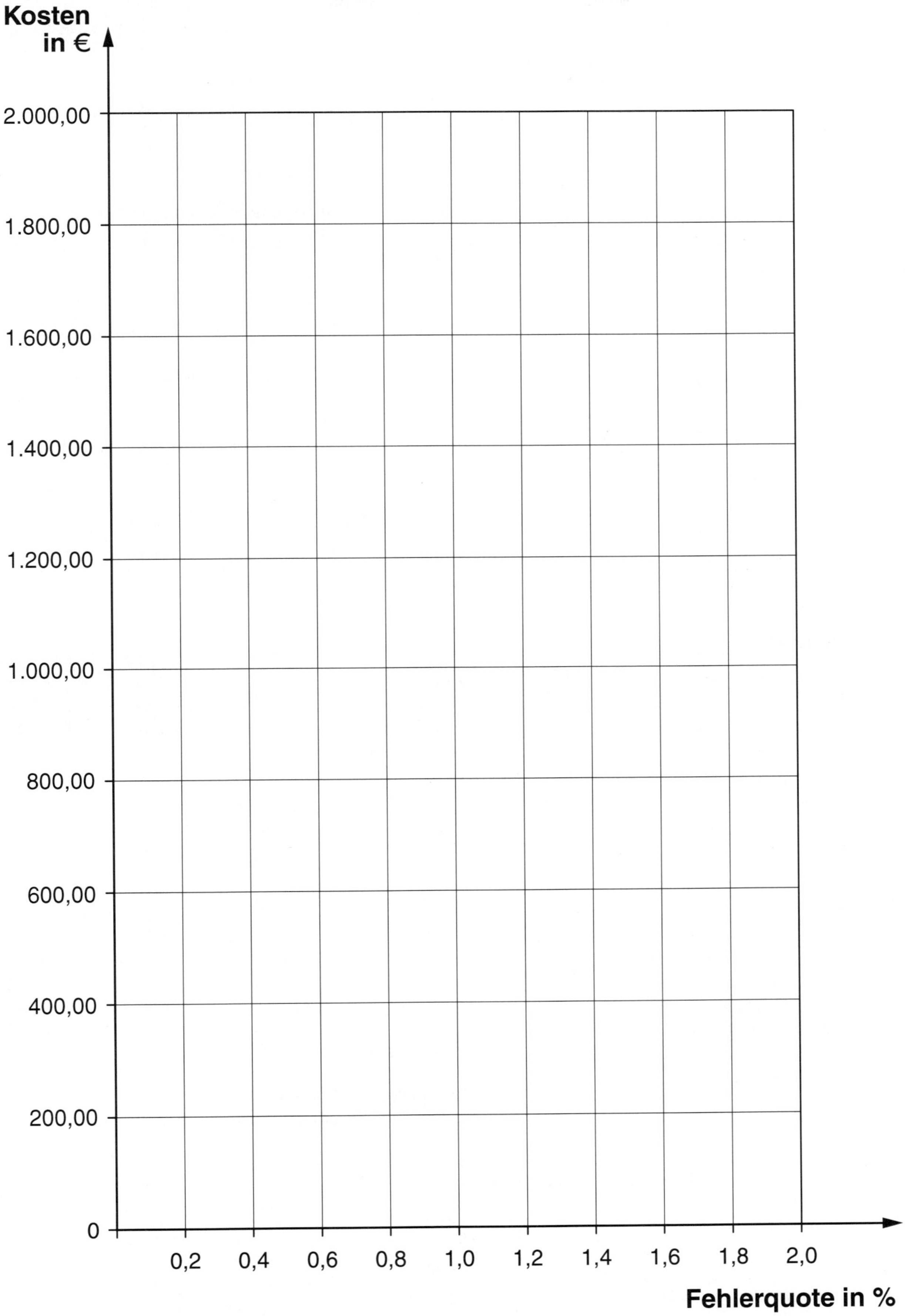


 

## Arbeitsvorlage 2: Auswertung des Zahlenmaterials der Tabelle und der grafischen Darstellung

**(1) Zusammenhang zwischen der Anzahl der Stichproben und der zu erwartenden Fehlerquote**
Je mehr Stichproben gemacht werden, desto .................................... ist die zu erwartende Fehlerquote.

**(2) Zusammenhang zwischen Fehlerquote und Qualitätskosten**
Je geringer die Fehlerquote sein soll,
– desto .................................... sind die Qualitätskontrollkosten,
– desto .................................... sind die Kosten mangelhafter Qualität und umgekehrt.

**(3) Verlauf der gesamten Qualitätskosten**
Mit sinkender Fehlerquote .................................... die gesamten Qualitätskosten bis zum Punkt der optimalen Fehlerquote; danach .................................... sie.

**(4) Optimale Fehlerquote**
**Tabellarisch** kann sie **auf zweifache Weise ermittelt** werden:
– in der Spalte „Qualitätskontrollkosten" und „Kosten mangelhafter Qualität": beide Beträge sind .......... .................................................................................... ;
– in der Spalte „Gesamtkosten": ....................................................................................
**Grafisch** ergibt sich die optimale Fehlerquote als
– Schnittpunkt der Kostenkurve für die .................................... kosten und der Kurve für die Kosten .................... .................................................................................... ;
– .................................... Punkt der Kurve für die gesamten Qualitätskosten.

## Arbeitsvorlage 3: Beispielsammlung

| Lfd. Nr. | Beispiele für Qualitätskosten | Kosten der Qualitäts-kontrolle | Kosten mangelhafter Qualität |
|---|---|---|---|
| 1 | Kosten durch Beschäftigungsrückgang infolge von Absatzeinbußen | | |
| 2 | Kosten für die mit der Qualitätsprüfung beschäftigten Personen | | |
| 3 | Kosten aus der Bearbeitung von Mängelrügen der Kunden | | |
| 4 | Kosten für das bei der Qualitätsprüfung zerstörte oder verbrauchte Material, z. B. Materialproben | | |
| 5 | Kosten für die bei der Qualitätsprüfung verwendeten Hilfsmittel (Geräte, Apparate, Werkzeuge), insbesondere Abschreibungskosten | | |
| 6 | Kosten für die Erbringung von Ersatzleistungen aufgrund von berechtigten Mängelrügen der Kunden | | |
| 7 | Kosten für die Nachbesserung (z. B. Reparatur) von Erzeugnissen, die mit Mängeln behaftet waren | | |
| 8 | Aufwand durch Mindererlöse für Ausschuss und Fehlpartien | | |
| 9 | Kosten für die zur Durchführung der Qualitätsprüfung benötigten Räumlichkeiten | | |
| 10 | Kosten für die Beseitigung des Ausschusses | | |
| 11 | Kosten für die bei der Qualitätsprüfung verbrauchte Energie (Heizmaterial, Strom-, Benzinkosten) | | |
| 12 | Kosten für die Nacharbeit an schadhaften Werkstücken | | |
| 13 | Kosten eines Probedurchlaufs bei Neukonstruktion | | |
| 14 | Kosten für die Herstellung und Entwicklung von Prüfgeräten | | |
| 15 | Kosten für die Wareneingangskontrolle | | |

## Arbeitsvorlage 4: Übersicht

**Qulitätskosten**

| KOSTEN DER QUALITÄTS........................ | KOSTEN ................................ QUALITÄT |
|---|---|
| je 2 Gruppen: | |
| ............................................ kosten | ............................................ kosten |
| ............................................ kosten | ............................................ kosten |
| Beispiele: ............................................ | Beispiele: ............................................ |
| ............................................ | ............................................ |
| ............................................ | ............................................ |
| ............................................ | ............................................ |
| ............................................ | ............................................ |
| ............................................ | ............................................ |

**Beachte:**
**Im weiteren Sinne gehören zu den Qualitätskosten auch immaterielle Werte, so z. B. die Schädigung des Rufs und des Ansehens (Images) einer Firma durch qualitativ minderwertige Produkte.**

## Arbeitsaufträge und Fragen zur Stofferschließung

1. **Beschäftigen Sie sich** mit der **Ausgangssituation** und dem dazugehörigen **Zahlenmaterial. Beantworten Sie** danach folgende **Fragen**:
   a) **Wie verändert sich** mit der **Zahl der Stichproben** die zu erwartende **Fehlerquote**? In welchem **mathematischen Verhältnis** steht die Zahl der Stichproben zu der zu erwartenden Fehlerquote?
   b) **Wie verändern sich** mit der **Zahl der Stichproben** die **Qualitätskontrollkosten**? In welchem **mathematischen Verhältnis** stehen beide Größen zueinander?
   c) **Wie verändern sich** mit der **Zahl der Stichproben** die **Kosten mangelhafter Qualität**? In welchem **mathematischen Verhältnis** stehen beide Größen zueinander?
   d) **Wie verändern sich** mit der **Zahl der Stichproben** die **gesamten Qualitätskosten**?
2. **Ermitteln Sie** mithilfe der **Tabelle in der Ausgangssituation** die **optimale Fehlerquote. Markieren Sie** die entsprechende Zeile in der Tabelle mit Farbstift und **begründen Sie** Ihre Aussage auf **zweifache Weise**.
3. **Stellen Sie** die in der Tabelle der **Ausgangssituation** angegebenen Werte **grafisch dar. (Arbeitsvorlage 1)**
4. **Ermitteln Sie grafisch** die **optimale Fehlerquote** und **begründen Sie** die gefundene **Lösung**.
5. **Ergänzen Sie** zur Wiederholung und Festigung des Gelernten den Text der **Arbeitsvorlage 2**.
6. **Beschäftigen Sie sich** nun noch mit der **Frage**, was unter **„Kosten der Qualitätskontrolle"** und **„Kosten mangelhafter Qualität"** zu verstehen ist.
   a) **Teilen Sie** die in **Arbeitsvorlage 3** angeführten **Beispiele** durch **Ankreuzen** in **zwei Gruppen** ein, in **Kosten der Qualitätskontrolle** und in **solche mangelhafter Qualität**.
   b) **Verarbeiten Sie** die soeben gewonnenen Erkenntnisse in der Weise, dass Sie mithilfe des in **Arbeitsvorlage 4** vorgegebenen **Rasters** eine **Übersicht über die Qualitätskosten** erstellen.
7. **Lesen Sie** abschließend noch die **Ausführungen in der Sachdarstellung**.
   a) **Was** versteht man unter **„Wirtschaftlichkeit"** im Zusammenhang mit der Qualitätskontrolle?
   b) **Warum** ist es **nicht** in jedem Falle ratsam, eine **hundertprozentige Qualität** anzustreben?
   c) **Was** versteht man unter dem **„Total Quality Management"**?

 

# 4.8 Das Gesetz der Massenproduktion

**Ausgangssituation**

Die Jahreskapazität einer Stuhlfabrik beträgt für den Bürostuhl Typ PNX-3 insgesamt 5 000 Stück. Die jährlich entstehenden Fixkosten (Kosten der Betriebsbereitschaft) belaufen sich auf 150.000,00 €; pro Stück entstehen Kosten von 60,00 € (= veränderliche oder variable Kosten).

In den vergangenen Jahren wurden 1 820, 2 360, 3 380 und 4 890 Stück produziert.

## Sachdarstellung

Eine Reihe von Industrieprodukten, vor allem technische Geräte, ist in den letzten Jahrzehnten trotz allgemeiner Kosten- und Preissteigerungen billiger geworden, so z. B. Videogeräte, Taschenrechner, Digitaluhren, Fernsehgeräte, Geschirrspül- und Waschmaschinen, Computer, Videokameras, Handys, Mikrowellengeräte.

Zurückzuführen ist die Preissenkung dieser und anderer Massengüter auf das „Gesetz der Massenproduktion": **steigende Nachfrage nach diesen Gütern ermöglicht eine kostengünstigere Produktion**.

Wie diese **durch Produktion größerer Stückzahlen** verursachte **Verringerung der Stückkosten** zustande kommt, soll am Beispiel der Ausgangssituation verdeutlicht werden.

**Arbeitsvorlage 1:** Wertetafel

| Prod.-Menge (Stück) | 1820 | 2 360 | 3 380 | 4 890 |
|---|---|---|---|---|
| Grad der Kapazitätsauslastung (%) | | | | |
| Fixe Gesamtkosten (€) | 150.000,00 | 150.000,00 | 150.000,00 | 150.000,00 |
| Variable Gesamtkosten (€) | | | | |
| Gesamtkosten (fix und variabel) (€) | | | | |
| Fixkosten je Stück (€) | | | | |
| Variable Kosten je Stück (€) | | | | |
| Stückkosten insgesamt (€) | | | | |

**Arbeitsvorlage 2:** Auswertung der Tabelle (siehe folgende Seite).

**Arbeitsvorlage 3:** Ableitung von Erkenntnissen über das Verhältnis von Beschäftigung (Kapazitätsauslastung) und Fixkostenbelastung (siehe folgende Seite).

## Arbeitsaufträge

1. **Ergänzen Sie** nach dem Durchlesen der Ausgangssituation und der Sachdarstellung die **Arbeitsvorlage 1**.
2. **Werten Sie** das **Zahlenmaterial der Tabelle** in der Weise aus, dass Sie die **Textlücke**n in **Arbeitsvorlage 2 ergänzen**.
3. **Ergänzen Sie** abschließend noch den Text der **Arbeitsvorlage 3**.

## Arbeitsvorlage 2: Auswertung der Tabelle

(1) **Steigende Kapazitätsauslastung** (= steigende Beschäftigung) wirkt sich auf die **Entwicklung der Gesamtkosten** wie folgt aus:
- Die fixen Gesamtkosten .......................... ;
- die variablen Gesamtkosten .......................................... absolut (in €);
- die Summe aus fixen und variablen Gesamtkosten .................................................................................. .

(2) **Steigende Kapazitätsauslastung** (= steigende Beschäftigung) wirkt sich auf die **Entwicklung der Stückkosten** wie folgt aus:
- Die variablen (proportionalen) Kosten je Stück ........................................(................................) ;
- die fixen Kosten je Stück ................................................ . Begründung: Je größer die Produktionsmenge ist, desto .......................................... ist der Anteil der Fixkosten an den gesamten Stückkosten. Die Fixkosten verteilen sich dann auf eine ................................... Produktionsmenge.
- Die gesamten Stückkosten (fixe und variable) .................................... .

(3) Welche Gesetzmäßigkeit kann in Bezug auf die Stückkosten festgestellt werden?
Je höher der Grad der Kapazitätsauslastung (Beschäftigungsgrad) ist, desto geringer werden die .................. Kosten je Stück und umso niedriger werden die .................................. kosten insgesamt.

(4) Welche Formel gilt für die Stückkosten?
Ausgehend von den Gesamtkosten der Produktion (fixe und variable) errechnet man die Stückkosten nach folgender Gleichung:

$$\text{Stückkosten (K)} = \frac{\text{Gesamtkosten (fixe und variable)}}{\ldots\ldots\ldots\ldots\ldots\ldots}$$

$$\textbf{oder} \quad = \frac{\ldots\ldots\ldots\ \text{Gesamtkosten}}{\ldots\ldots\ldots\ldots\ldots\ldots} + \frac{\ldots\ldots\ldots\ \text{Gesamtkosten}}{\ldots\ldots\ldots\ldots\ldots\ldots}$$

$$\textbf{oder} \quad = \frac{\ldots\ldots\ldots\ \text{Gesamtkosten (F)}}{\ldots\ldots\ldots\ldots\ldots\ldots\ \text{(M)}} + \ldots\ldots\ldots\ \text{Kosten je Stück (v)}$$

$$\textbf{oder (in Kurzform):} \quad = \frac{\quad}{\quad} + \ldots\ldots$$

Man nennt diese Formel das **Gesetz der** ............................................. **produktion.**

## Arbeitsvorlage 3: Ableitung von Erkenntnissen über das Verhältnis von Beschäftigung (Kapazitätsauslastung) und Fixkostenbelastung

(1) **Steigende Beschäftigung (Kapazitätsauslastung) und Fixkostenbelastung**
**Je kapitalintensiver ein Betrieb ist,** desto ............................... wird der Anteil der fixen Kosten an den Gesamtkosten und desto ................................ ermäßigen sich die Stückkosten bei .............................. Produktionsmenge.

**Niedrigere Stückkosten** bedeuten aber in jedem Falle ............................... Wettbewerbschancen; sie bewirken bei entsprechenden Marktpreisen eine wesentliche ............................... des Gewinns. Hieraus erklärt sich u. a. die Überlegenheit der ............................... betriebe gegenüber den Handwerksbetrieben.

(2) **Sinkende Beschäftigung (Kapazitätsauslastung) und Fixkostenbelastung**
Das Gesetz der Massenproduktion wirkt sich allerdings auch bei einem Produktions**<u>rückgang</u>** aus, und zwar in (welcher?) ............................... Richtung. **Je höher der Fixkostenanteil** an den Gesamtkosten ist, **desto schneller** gehen die ............................... kosten bei einer rückläufigen Entwicklung der Produktion in die Höhe, desto ............................... werden also die **Verluste** bei einem entsprechenden Beschäftigungsrückgang **(Gesetz der Kostenremanenz).** Dies erklärt die größere ............................... anfälligkeit kapitalintensiver Betriebe gegenüber Handwerksbetrieben.

(3) **Zusammenfassung**
Das Gesetz der Massenproduktion wirkt sich – in beiden Richtungen – **am stärksten bei** (welchen?) ........................................................................ Betrieben aus.

**Betriebe mit Massenproduktion** haben einerseits bei guter Beschäftigung einen deutlichen......................-..............vorteil, sind aber andererseits bei schlechter Beschäftigung auch besonders ............................................ .

 

## 4.9 Die Gewinnschwelle (Break-even-Point)

**Ausgangssituation**

Stoßseufzer des Inhabers einer Autowaschanlage nach Durchsicht seiner Geschäftsbücher: „Endlich haben wir auch in den Wintermonaten den kritischen Punkt überwunden!" Er meint damit den Tatbestand, dass die Erlöse aus dem Betrieb der Waschanlage höher waren als deren Gesamtkosten, dass also Gewinn erzielt wurde.

Feste Kosten pro Monat: Miete 6.000,00 €, Gehälter 8.000,00 €, Kosten für Reinigung, Licht u. a. 1.000,00 €, Verzinsung des investierten Kapitals 7.000,00 €, Abschreibungen 8.000,00 €, insgesamt also 30.000,00 €.

Bei jedem einzelnen Waschvorgang fallen noch folgende Kosten an: Wasser (einschl. Abwasser) 1,80 €, Strom 0,30 €, Reinigungs- und Konservierungsmittel 0,40 €. Die Kapazitätsgrenze liegt bei 16 000 Autos monatlich.

**Frage: Wie viele Autos müssen pro Monat mindestens durch die Anlage laufen, wenn bei einem Waschpreis von 5,00 € die Gesamtkosten des Betriebs durch die Erlöse gedeckt werden sollen?**

### Sachdarstellung

**Voraussetzungen (Prämissen) für die abzuleitenden Erkenntnisse:**

- **Das Produktionsprogramm** besteht lediglich aus einem einzigen Artikel (sog. Einproduktunternehmen).
- **Ein Fertigwarenlager** existiert nicht, da keine Lagervorräte gebildet werden; produzierte und abgesetzte Menge sind also identisch.
- **Die Faktorpreise** werden ebenso wie der Verkaufspreis für die Betrachtungszeit als konstante Größe angesehen.
- **Die Kostenstruktur**. Das Unternehmen arbeitet mit absolut festen und proportional variablen Kosten.

**Arbeitsvorlage 1:** Wertetafel (siehe folgende Seite).

**Arbeitsvorlage 2:** Grafische Darstellung (siehe Seite 116).

**Arbeitsvorlage 3:** Auswertung der tabellarischen und grafischen Darstellung (siehe Seite 117).

### Arbeitsaufträge

1. **Ergänzen Sie** zunächst einmal die **Tabelle der Arbeitsvorlage 1**. **Ermitteln Sie** hierbei den sog. **„Kritischen Punkt"**, bei dem die Gesamtkosten den Erlösen entsprechen **(Gewinn- oder Nutzenschwelle, Break-even-Point)**. Bitte **markieren** Sie diesen Punkt in der **Tabelle** (durch Farbstifte oder Textmarker).
2. Die in der Tabelle dargestellten Zusammenhänge können auch **grafisch dargestellt** werden. Hierbei kann entweder eine **Gesamtkosten- oder** eine **Stückkostenbetrachtung** angestellt werden. Zeichnen Sie in das Koordinatensystem der **Arbeitsvorlage 2** folgende **Sachverhalte** ein: die Gesamtkostenkurve – die Stückkostenkurve – die Erlöskurve – die Kurve der fixen Gesamtkosten – die Preisgerade – die Kapazitätsgrenze – die Schnittpunkte der einzelnen Kurven – die Verlust- bzw. Gewinnzone – das Gewinnmaximum.
3. **Ergänzen Sie** die **Auswertung der Arbeitsvorlage 3**.

## Arbeitsvorlage 1: Wertetafel

| ① | ② | ③ | ④ | ⑤ | ⑥ | ⑦ | ⑧ | ⑨ | ⑩ | ⑪ |
|---|---|---|---|---|---|---|---|---|---|---|
| **Gereinigte Autos pro Monat (Menge x)** | **Fixe Kosten je Monat in € (F)** | **Variable Kosten in € (V)** | **Gesamtkosten in € (G)** | **Umsatz in € (x · p) (U)** | **Gewinn (+)/ Verlust (–) in €** | **Reinigungskosten pro Auto (Stückkosten) (k)** | **Stückpreis in € (p)** | **Stückgewinn oder -verlust (+)/(–)** | **Variable Kosten pro Stück (v)** | **Fixe Kosten pro Stück (f)** |
| 5 000 | | | | | | | | | | |
| 6 000 | | | | | | | | | | |
| 7 000 | | | | | | | | | | |
| 8 000 | | | | | | | | | | |
| 9 000 | | | | | | | | | | |
| 10 000 | | | | | | | | | | |
| 11 000 | | | | | | | | | | |
| 12 000 | | | | | | | | | | |
| 13 000 | | | | | | | | | | |
| 14 000 | | | | | | | | | | |
| 15 000 | | | | | | | | | | |
| 16 000 | | | | | | | | | | |

 

**Arbeitsvorlage 2:** Grafische Darstellung

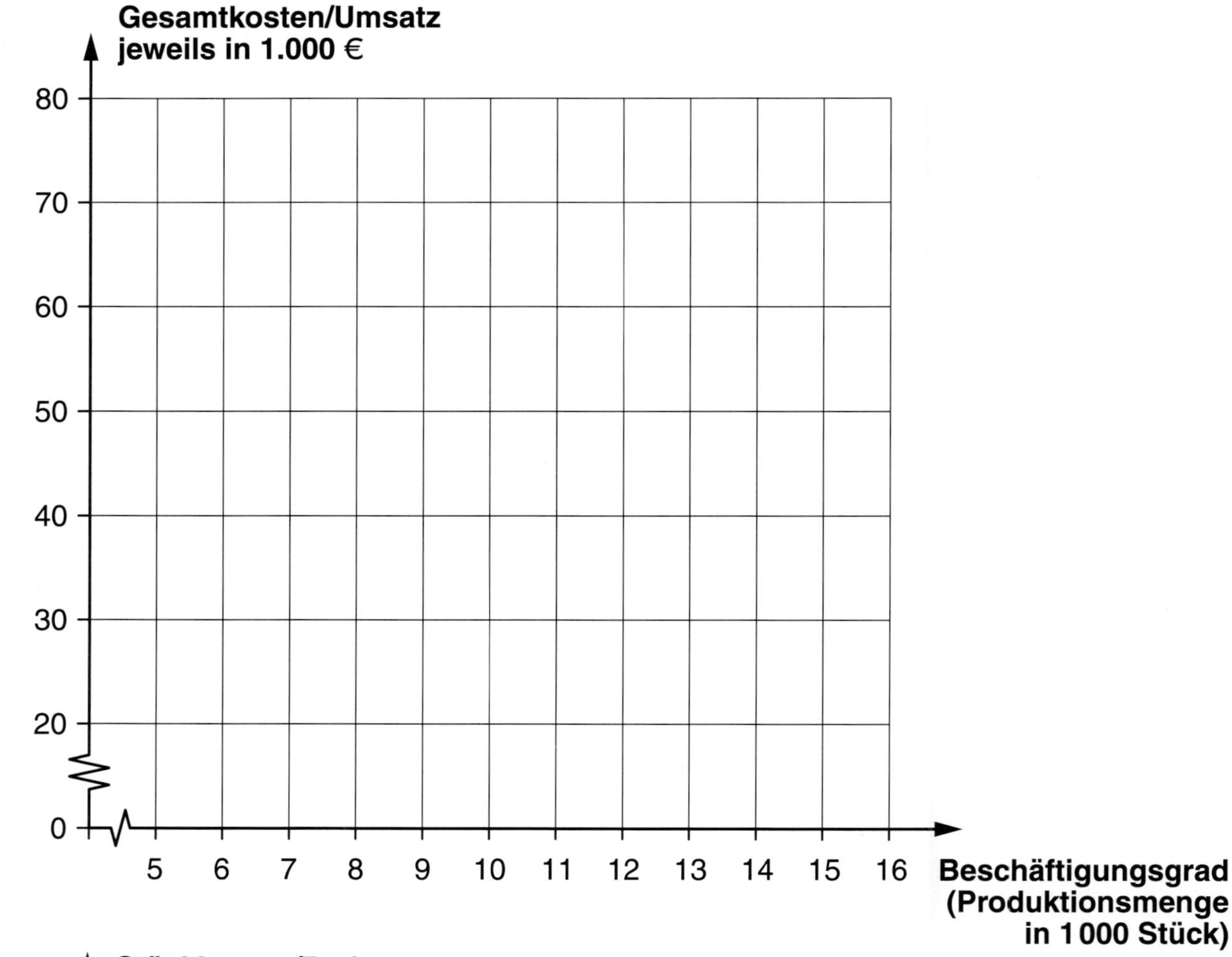


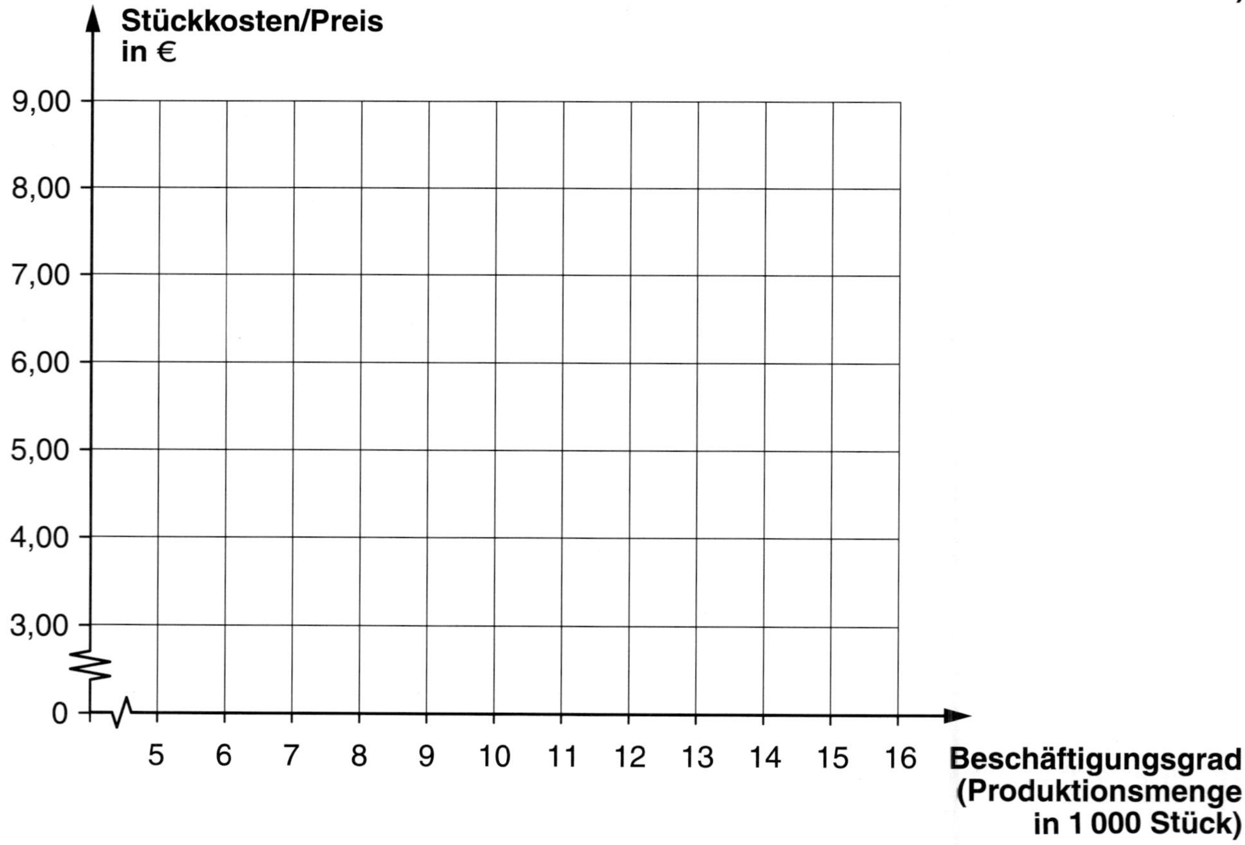

## **Arbeitsvorlage 3:** Auswertung der tabellarischen und grafischen Darstellung

a) **Die Gesamtkostenkurve**
Ihr Verlauf ist (wie?) .................................. . Sie steigt im Verhältnis zur Erlöskurve (wie?) .................................. steil an; deshalb schneiden sich beide Kurven an einem bestimmten Punkt.

b) **Die Stückkostenkurve**
Sie verläuft (wie?) .................................., d. h., je höher die produzierte Menge ist, desto .................................. sind die Kosten pro Stück.
Grund für die Kostendegression: die proportional-variablen Kosten je Stück sind .................................., die fixen Kosten je Stück nehmen jedoch mit steigender Beschäftigung .................... . Vergleichen Sie hierzu die Spalten 10 und 11 der Tabelle in Arbeitsvorlage 1.

c) **Die Erlöskurve** verläuft ebenfalls (wie?) .................................................. . Der absolut höchste Erlös wird an der .................................................. erreicht.

d) **Die Kurve der fixen Gesamtkosten** verläuft (wie?) .................................. zur x-Achse.

e) **Die Preisgerade** stellt eine Parallele zur .................................. dar.

f) **Die Kapazitätsgrenze** kann grafisch als Parallele zur .................................. dargestellt werden.

g) **Der Schnittpunkt von Gesamtkosten- und Erlöskurve** wird als **Gewinn-** oder **Nutzenschwelle**, als **toter Punkt** oder als **Break-even-Point** bezeichnet.
Die **Gleichung** für den Schnittpunkt lautet:

.................................................. = ..................................................
.................................................. = ..................................................
Eingesetzt:
.................................................. = ..................................................
.................................................. = ..................................................
x = .................................. Stück

**Die Schnittmenge** von Erlös- und Gesamtkostenkurve entspricht bei Stückbetrachtung der Schnittmenge von ..................................- und .................................. kurve.

h) **Verlust-/Gewinnzone**
Bei einer Ausbringungs**menge** (Beschäftigung), die **kleiner** ist als die Nutzenschwelle, arbeitet der Betrieb mit .................................. , bei einer **höheren** Ausbringungsmenge bewegt sich das Unternehmen in der .................................. zone.

i) **Gewinnmaximum**
Es liegt (wo?) an der .................................................. . Dort ist sowohl die Differenz zwischen .................................. und .................................. (bei Gesamtbetrachtung) als auch diejenige zwischen Preis und .................................. .................................. (bei Stückbetrachtung) am größten.
Die Grafik verdeutlicht, dass bei Massenproduktion nur dann ein Gewinnmaximum erreicht wird, wenn die Kapazitäten .................................. sind.

 

# 4.10 Substitution eines arbeits- bzw. lohnintensiven Produktionsverfahrens durch ein kapital- bzw. anlagenintensives

## 4.10.1 Substitution mit Kapazitätserweiterungseffekt

**Ausgangssituation**

Firmennachricht im Wirtschaftsteil einer Tageszeitung:

„Trotz eines Personalabbaus von 3 % gelang es der SAMO AG im vergangenen Wirtschaftsjahr, die Produktion um 5 % zu steigern."

**Erklärung** des Produktionsleiters dieser Firma:

Einführung eines neuen Produktionsverfahrens, dadurch Senkung der variablen Stückkosten von 30,00 € auf 20,00 €, ermöglicht durch die Einsparung von Arbeitskräften. Die Kapazität konnte von 1000 auf 1200 Einheiten monatlich ausgeweitet werden. Die fixen Kosten je Monat hingegen stiegen um 8.000,00 € auf 28.000,00 €.

**Arbeitsvorlage 1:** Wertetafel

| Erzeugungsmenge in Stück | Arbeits- oder lohnintensives Produktionsverfahren | | | | Kapital- oder anlagenintensives Produktionsverfahren | | | |
|---|---|---|---|---|---|---|---|---|
| | Fixkosten je Monat in € | Variable Kosten in € | Gesamtkosten | Stückkosten | Fixkosten je Monat in € | Variable Kosten in € | Gesamtkosten | Stückkosten in € |
| 200 | | | | | | | | |
| 400 | | | | | | | | |
| 600 | | | | | | | | |
| 800 | | | | | | | | |
| 1000 | | | | | | | | |
| 1200 | | | | | | | | |

**Arbeitsvorlage 2:** Grafische Darstellung

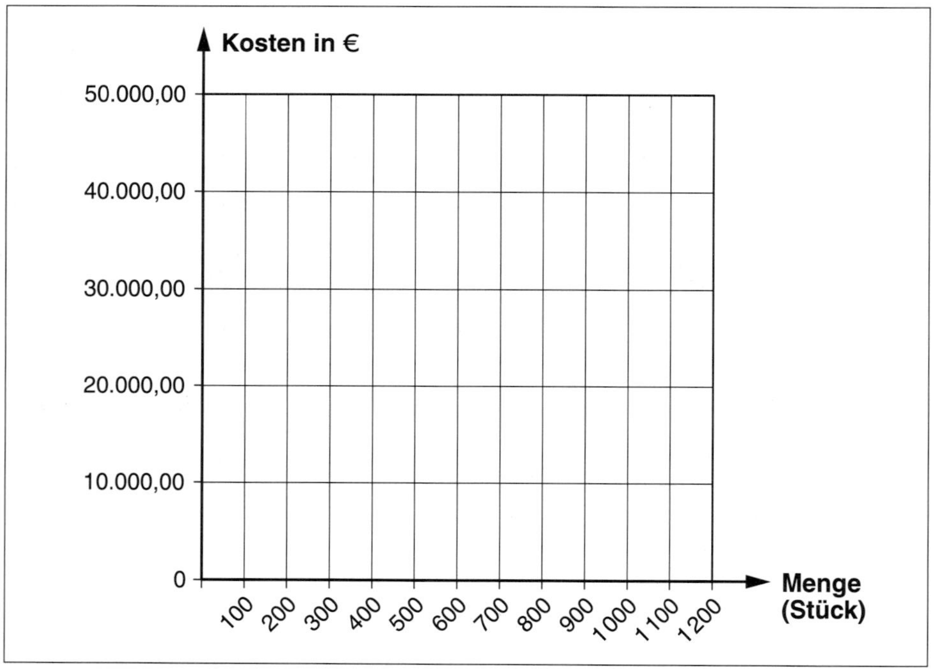

## Arbeitsvorlage 3: Kostenentwicklung bei Einführung kapitalintensiver Produktionsverfahren

(1) **Im dargestellten Fall** werden arbeits- oder lohnintensive Produktionsverfahren durch ............- oder anlagenintensive Produktionsverfahren ersetzt (substituiert). Anders ausgedrückt: Der Produktionsfaktor ............ wird bei Rationalisierungsmaßnahmen zunehmend durch den Produktionsfaktor ............ ersetzt (substituiert).

(2) **Hauptkostenfaktor** bei **arbeits**intensiven Produktionsverfahren sind die ............ kosten; sie steigen und fallen je nach der Anzahl der eingesetzten Arbeitskräfte, d. h., sie haben vorwiegend (welchen?) ............ Charakter.

(3) **Hauptkostenfaktor** bei **anlagen**intensiven Produktionsverfahren sind die ............- und ............ kosten; sie fallen unabhängig von der Höhe der Kapazitätsauslastung an, sind also unabhängig vom jeweiligen ............ grad und haben deshalb (welchen?) ............ Charakter.

(4) **Je stärker** sich ein Betrieb **anlagen**intensiver Produktionsverfahren bedient, desto höher ist der Anteil der ............ Kosten an den Gesamtkosten, desto geringer ist andererseits der Anteil der ............ Kosten an den Gesamtkosten.

(5) **Je kapitalintensiver** ein **Produktionsverfahren** ist, desto höher ist die ............ kostenbelastung des Betriebs.

## Arbeitsvorlage 4: Die Ermittlung der „kritischen Produktionsmenge"

(1) **Im vorliegenden Fall** wird der Betrieb nur dann auf das **kapitalintensive Produktionsverfahren** übergehen, wenn er auf Dauer mit einer Absatzmenge rechnen kann, die über ............ Einheiten liegt.

(2) **Unterhalb** dieser Absatzmenge ist das ............ intensive Produktionsverfahren kostengünstiger, da die Gesamtkosten hierbei (wie?) ............ sind als die des anlageintensiven Verfahrens.

(3) **Die Menge**, bei der die Gesamtkosten des arbeitsintensiven Verfahrens gleich den Gesamtkosten des anlagenintensiven Verfahrens sind, nennt man die **„............ Menge"** bzw. die **„............ Produkt............"**. Sie liegt im obigen Beispiel bei ............ Einheiten.

(4) Die **kritische Menge** kann auf **dreierlei Art und Weise** ermittelt werden:

a) **tabellarisch:** Gesamtkosten des Verfahrens 1 sind identisch mit den ............ des Verfahrens 2;

b) **grafisch** als Schnittpunkt der beiden ............kurven;

c) **mathematisch** durch Gleichsetzung der ............kosten des arbeitsintensiven und derjenigen des ............intensiven Verfahrens;

**Gleichungen:**

| | | |
|---|---|---|
| Gesamtkosten des ............ -intensiven Produktionsverfahrens | = | Gesamtkosten des ............ -intensiven Produktionsverfahrens |
| Fixkosten + ............ Kosten (Verfahren 1) | = | Fixkosten + ............ Kosten (Verfahren 2) |

**Eingesetzt ergibt sich:**

| | | |
|---|---|---|
| ............ + ............ | = | ............ + ............ |
| ............ x – ............ x | = | ............ – ............ |
| x | = | ............ Stück |

(5) **Durch Anwendung von kapitalintensiven Produktionsverfahren** ergibt sich zwangsläufig eine Ausweitung der ............grenze. Grund: steigende Produktions............ .

(6) **Die Stückkosten** sind umso **niedriger**, je näher der Betrieb an der ............grenze arbeitet, je höher also der ............- oder ............grad ist. Begründung: Je näher der Betrieb an der Kapazitätsgrenze arbeitet, auf desto mehr Einheiten werden die ............kosten verteilt **(Gesetz der ............produktion)**.

## Arbeitsauftrag

**Bearbeiten Sie** nach der Beschäftigung mit der **Ausgangssituation** nacheinander die **Arbeitsvorlage 1 bis 4**.

## 4.10.2 Substitution mit Berücksichtigung von Faktorpreisänderungen

**Ausgangssituation**

Im vorstehenden Beispiel wird angenommen, dass die **variablen Kosten** infolge von **Lohn- und Materialerhöhungen** um 25 % steigen.

**Frage: Wie wirkt sich diese Kostenveränderung auf die „kritische Menge" aus?**

**Arbeitsvorlage 1:** Wertetafel

| Erzeugungsmenge in Stück | Arbeits- oder lohnintensives Produktionsverfahren | | | | Kapital- oder anlagenintensives Produktionsverfahren | | | |
|---|---|---|---|---|---|---|---|---|
| | Fixkosten je Monat in € | Variable Kosten in € | Gesamtkosten | Stückkosten in € | Fixkosten je Monat in € | Variable Kosten in € | Gesamtkosten | Stückkosten in € |
| 200 | | | | | | | | |
| 400 | | | | | | | | |
| 600 | | | | | | | | |
| 800 | | | | | | | | |
| 1000 | | | | | | | | |
| 1200 | | | | | | | | |

**Arbeitsvorlage 2:** Grafische Darstellung

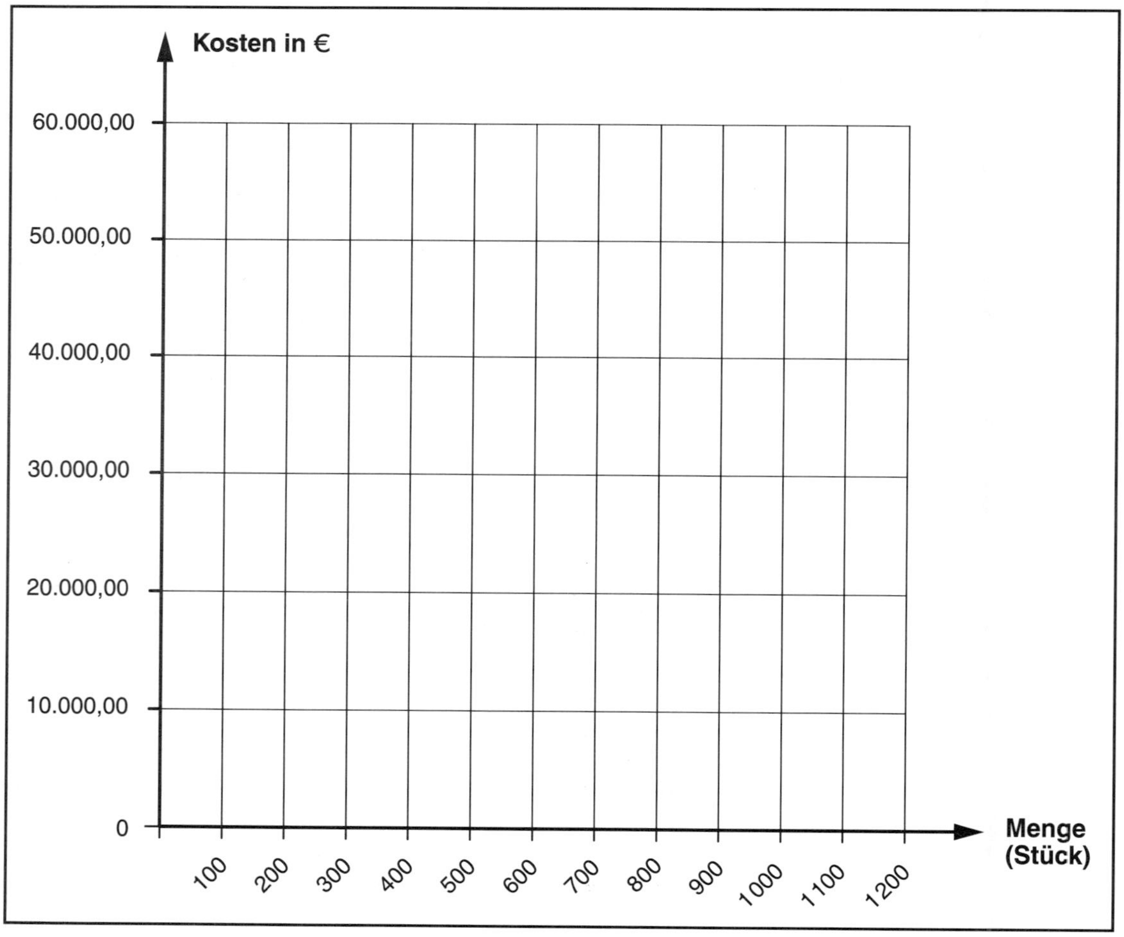

**Arbeitsvorlage 3:** Auswertung des Zahlenmaterials

(1) **Berechnung der „kritischen Menge“:**

| Gesamtkosten beim **arbeits**intensiven Produktionsverfahren | = | Gesamtkosten beim **kapital**intensiven Produktionsverfahren |
|---|---|---|
| ..................... | = | ..................... |
| ..................... | = | ..................... |
| ..................... | = | ..................... |
| ..................... | = | ..................... |

(2) **Materialpreis- und Lohnerhöhungen** wirken sich auf arbeitsintensive Produktionsverfahren (wie?) .................... aus als auf kapitalintensive Produktionsverfahren.
Anders ausgedrückt: Infolge von Lohnerhöhungen steigt die Gesamtkostenkurve des arbeitsintensiven Verfahrens (wie?) .................... an als die Gesamtkostenkurve des anlagenintensiven Verfahrens.

(3) **Infolge des steileren Anstiegs** bei den Gesamtkostenkurven ist die kritische Menge (wie?) .................... als vor der Lohnerhöhung.

(4) **Je teurer das arbeitsintensive Verfahren** infolge der Lohnerhöhungen wird, desto eher erscheint ein Übergang auf das .................... Verfahren angebracht.

(5) **Zusammenfassung:** Je anlagenintensiver ein Produktionsverfahren ist, desto .................... ist die Bedeutung von Lohnkosten für die Entwicklung der Gesamtkosten. Oder: Je höher die Lohnkostensteigerungen sind, desto eher lohnt sich der Übergang zu einem .................... intensiven Produktionsverfahren.

## Arbeitsaufträge

1. **Ergänzen Sie** die **Arbeitsvorlage 1**.
2. **Stellen Sie** das in **Arbeitsvorlage 1** ermittelte Zahlenmaterial **grafisch dar (Arbeitsvorlage 2)**. **Zeichnen Sie** in das Koordinatensystem die **neue „kritische Menge“** ein.
3. **Ergänzen Sie** die **Arbeitsvorlage 3**.

## 4.10.3 Substitution mit Berücksichtigung von Absatzpreisänderungen

**Ausgangssituation**

Die Max Bender KG, Hersteller von Haushaltsgeräten, beabsichtigt für die Produktion von Mikrowellen mit Grill ein neues Verfahren einzuführen. Dadurch würden die proportionalen Stückkosten von 100,00 € auf 75,00 € sinken, andererseits müsste mit einem Anstieg der Fixkosten je Rechnungsperiode von 15.000,00 € auf 25.000,00 € gerechnet werden. Verkaufspreis: zuerst 125,00 €, später 110,00 €.

**Frage: Ab welcher Produktionsmenge „lohnt“ sich die Einführung des neuen Produktionsverfahrens, wenn man außer Kostengesichtspunkten auch die Erlöse in die Berechnung mit einbezieht?**

**Arbeitsvorlage 1:** Kostenvergleich

| Ausbringung (Stück) | Arbeits- od. lohnintensives Produktionsverfahren | | | Kapital- od. anlagenintensives Produktionsverfahren | | |
|---|---|---|---|---|---|---|
| | Fixe Kosten | Variable Kosten | Gesamtkosten | Fixe Kosten | Variable Kosten | Gesamtkosten |
| 100 | | | | | | |
| 200 | | | | | | |
| 300 | | | | | | |
| 400 | | | | | | |
| 500 | | | | | | |
| 600 | | | | | | |
| 700 | | | | | | |
| 800 | | | | | | |

## Arbeitsvorlage 2: Grafische Darstellung

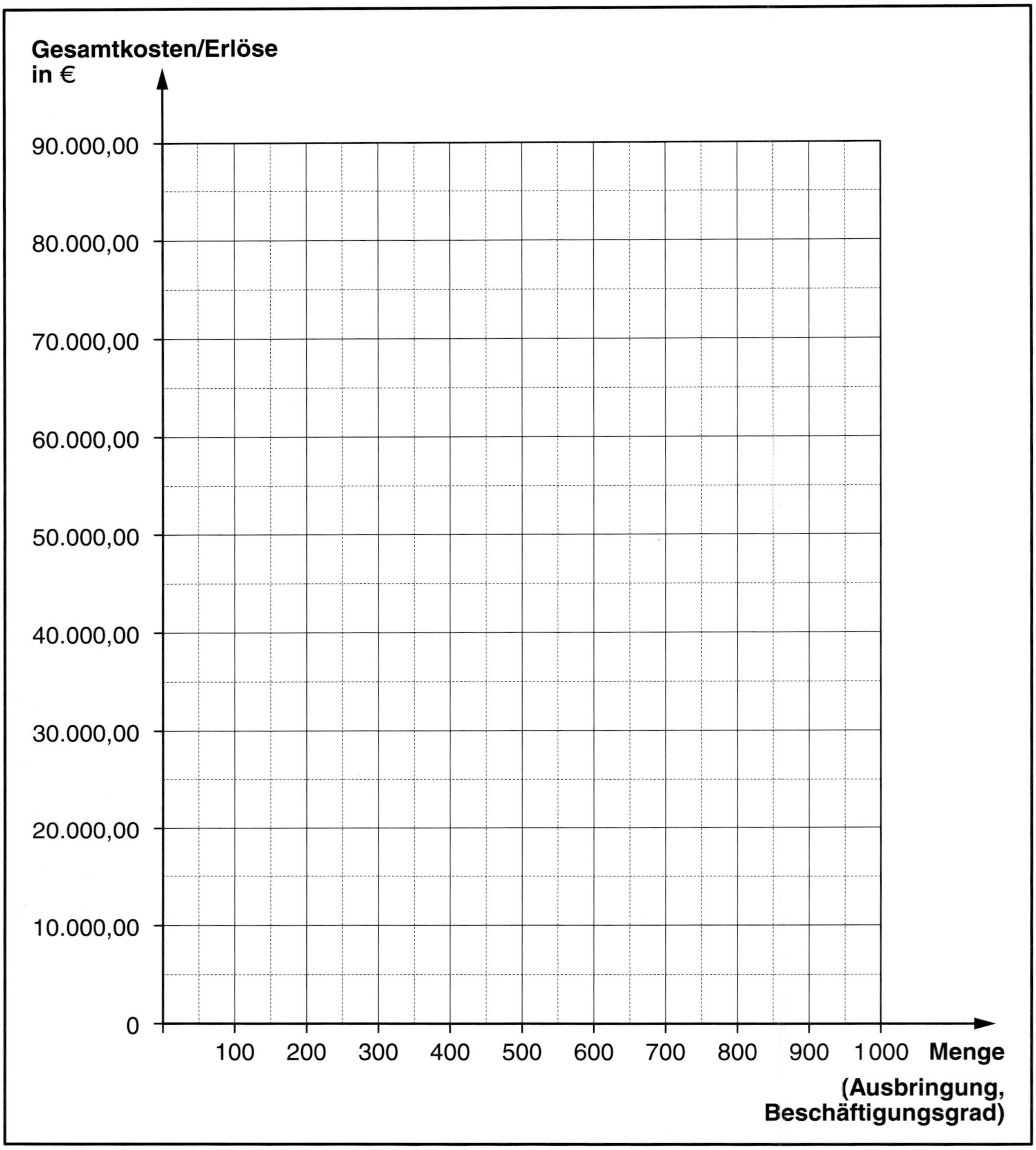


## Arbeitsvorlage 3: Ermittlung der Verkaufserlöse

| Ausbringungsmenge (Stück) | 100 | 200 | 300 | 400 | 500 | 600 | 700 | 800 |
|---|---|---|---|---|---|---|---|---|
| Erlöse beim Stückpreis 125,00 € | | | | | | | | |
| Erlöse beim Stückpreis 110,00 € | | | | | | | | |

## Arbeitsaufträge

1. **Führen Sie** mithilfe von **Arbeitsvorlage 1** einen Kostenvergleich zwischen dem arbeits- oder lohnintensiven und dem anlagen- bzw. kapitalintensiven Produktionsverfahren durch. **Ermitteln** Sie hierbei die **„kritische Menge"** zunächst einmal **tabellarisch** (besondere Markierung in der Tabelle).
2. **Zeichnen Sie** die beiden **Fixkosten-** und **Gesamtkostenkurven** in das Koordinatensystem der **Arbeitsvorlage 2** ein. **Ermitteln Sie** hierbei die **„kritische Menge"** durch besondere Markierung auf der Mengenachse (x-Achse).
3. **Ermitteln Sie** nun noch die **„kritische Menge"** auf **rechnerische Art und Weise**.
4. **Erläutern Sie** die **Bedeutung** der auf dreifache Art und Weise ermittelten **„kritischen Menge"**.
5. **Der Preis von 125,00 €** für eine Mikrowelle soll zunächst **beibehalten** werden. **Später** ist wegen des sich verstärkenden Konkurrenzdrucks an eine **Preissenkung auf 110,00 €** gedacht.
   a) **Ermitteln Sie** mithilfe von **Arbeitsvorlage 3** die **Verkaufserlöse** bei alternativen Verkaufspreisen und unterschiedlichen Absatzmengen.
   b) **Ermitteln Sie die Nutzenschwelle** für das alte (arbeits- oder lohnintensive) und für das neue (anlagen- oder kapitalintensive) Produktionsverfahren unter der Voraussetzung, dass der **alte Verkaufspreis 125,00 € beibehalten** wird (**rechnerische** und **grafische Lösung**). Abkürzung: NS1 = Nutzenschwelle 1, NS2 = Nutzenschwelle 2.
   c) **Ermitteln Sie** die **Nutzenschwelle** für das **neue (anlagenintensive) Produktionsverfahren** für den Fall, dass der **Verkaufspreis** für die Mikrowelle auf **110,00 € gesenkt** wird. Abkürzung: NS3 = Nutzenschwelle 3.
6. **Beantworten Sie** abschließend noch in differenzierter Weise die **Frage der Ausgangssituation**.

# 4.11 Die optimale Losgröße (Auflage) bei Serienfertigung

### Ausgangssituation

In der Schraubenfabrik C. Merk & Sohn, Schwerin, werden mehrere Sorten Maschinenschrauben hergestellt. Der Jahresabsatz beträgt 100 000 Stück. Die einzelnen Schraubensorten können alle auf denselben Maschinen gefertigt werden; sie müssen jedoch bei Sortenwechsel umgerüstet und neu eingestellt werden. Das verursacht pro Sortenwechsel Kosten in Höhe von 10.000,00 €.

Der Wert der durchschnittlich auf Lager befindlichen Schrauben beträgt das Fünffache der jeweiligen Losgröße. Die Lager- und Zinskosten machen 20 % des Werts der gelagerten Ware aus.

**Frage:**
**Welche Losgröße ist unter den gegebenen Bedingungen die optimalste, d. h. kostengünstigste?**

## Sachdarstellung

### 1. Auflagefixe Kosten (Rüstkosten)

Wird eine Serie neu aufgelegt, so muss der Produktionsapparat zeitweise stillgelegt werden. Die dadurch verursachten Kosten werden als **Rüstkosten** bezeichnet. Dazu gehören alle während des Produktionsstillstands anfallenden Kosten, so z. B. die anteiligen Abschreibungen für Maschinen, Werkzeuge und Fabrikgebäude, die Zinsen für das investierte Kapital, Miete, Heizungs- und Stromkosten, Kosten für das mit dem Umbau beschäftigte Personal.

Diese Umstellungskosten auf eine neue Serie sind **unabhängig von der jeweiligen Serie (Auflage)**; sie werden deshalb als **auflagefixe Kosten** bezeichnet. **Je mehr** eine bestimmte Produktionsmenge (z. B. 100 000 Stück) in **einzelne Lose (Auflagen)** aufgeteilt wird, **desto höher** sind naturgemäß die **gesamten Rüstkosten**, da bei jeder neuen Auflage eine erneute Umstellung des Produktionsapparates erfolgen muss.

### 2. Auflagevariable Kosten (Lager- und Zinskosten)

Nach dem bisher Gesagten wäre es ökonomisch sinnvoll, die **Losgröße möglichst hoch anzusetzen**, um auf diese Weise die **Rüstkosten** möglichst **gering** zu halten. Eine **hohe Losgröße (hohe Auflage)** führt jedoch ihrerseits zu **steigenden Lager- und Zinskosten**, da die in großen Mengen produzierten Waren nur sukzessive abgesetzt werden können.

 

Zu diesen durch eine hohe Losgröße verursachten Kosten gehören die Kosten für das Lagerpersonal und die Sachkosten für die Lagerräume, die Lagereinrichtung und das Lagergut, so z. B. Abschreibungen, Zins-, Raparatur-, Versicherungs- und Risikokosten. Diese **Lager- und Zinskosten** werden **in Bezug auf die gesamte Produktionsmenge als fixe Größe** angesehen, **in Bezug auf die Anzahl der einzelnen Lose** hingegen **als variabel betrachtet**. Man bezeichnet sie deshalb auch als **„auflagevariable Kosten"**.

**3. Die optimale Losgröße**

Es ist nun die **Aufgabe der Unternehmensleitung, die Produktionsmenge herauszufinden**, bei der die **Summe aus auflagefixen Kosten (Rüstkosten) und auflagevariablen Kosten (Lager- und Zinskosten) am niedrigsten** ist. Diese Produktionsmenge bzw. diesen Beschäftigungsgrad nennt man **optimale Losgröße**.

## Arbeitsvorlage 1: Wertetafel

| ① | ② | ③ | ④ | ⑤ | ⑥ | ⑦ | ⑧ |
|---|---|---|---|---|---|---|---|
| **Anzahl der Lose (Auflagen)** | **Losgröße (Stück)** | **Auflagefixe Kosten (Rüstkosten) insgesamt (€)** | **Auflagefixe Kosten je Stück (der Gesamtmenge) (€)** | **Wert der gelagerten Ware (€)** | **Auflagevariable Kosten (Zins- und Lagerkosten), 20 % insgesamt (€)** | **Auflagevariable Kosten (Zins- und Lagerkosten) je Stück (€)** | **Gesamtkosten (auflagefixe und -variable Kosten) (€)** |
| 1 | 100.000 | 10.000,00 | | | | | |
| 2 | | | | | | | |
| 3 | | | | | | | |
| 4 | | | | | | | |
| 5 | | | | | | | |
| 8 | | | | | | | |
| 10 | | | | | | | |

## Arbeitsvorlage 2: Grafische Darstellung (siehe folgende Seite)

## Arbeitsvorlage 3: Auswertung der Wertetafel und der Grafik (siehe folgende Seite)

## Arbeitsaufträge

1. **Ergänzen Sie** die Wertetafel der **Arbeitsvorlage 1**. **Ermitteln Sie** die optimale Losgröße **tabellarisch (Markierung!)**.
2. **Stellen Sie** die in **Arbeitsvorlage 1** ermittelten **Zahlenwerte grafisch** dar. **Markieren Sie** in der Grafik die optimale Losgröße. **(Arbeitsvorlage 2)**
3. **Ergänzen Sie** den Text der **Arbeitsvorlage 3**.

## Arbeitsvorlage 2:
Grafische Darstellung

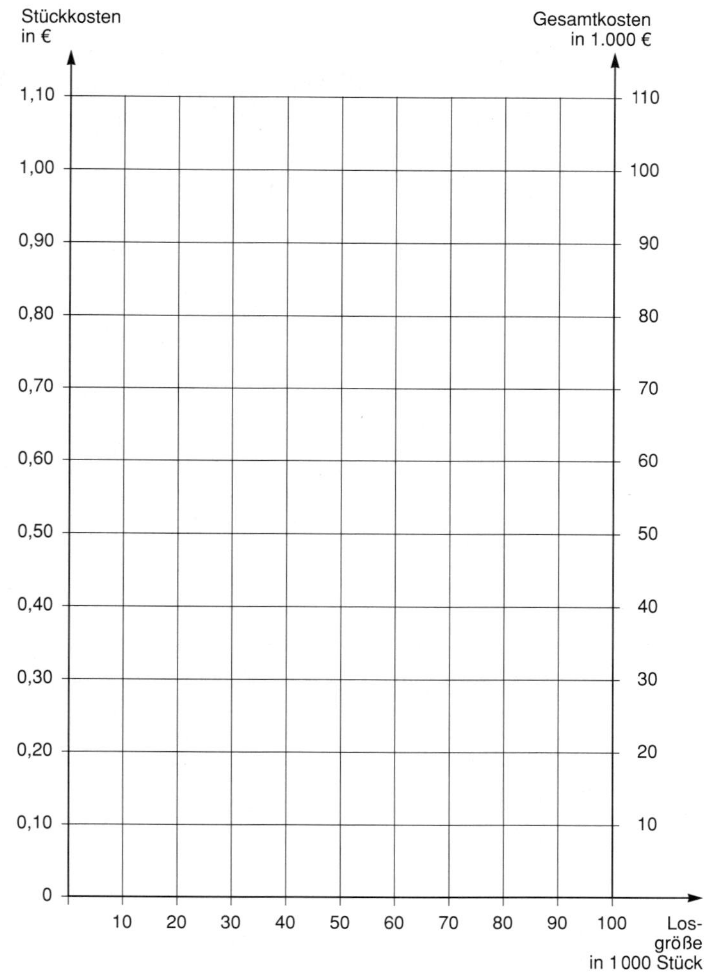


**Optimale Losgröße bei ........... Stück;**
**............. maliges Umrüsten der Maschinen erforderlich.**

## Arbeitsvorlage 3: Auswertung der Wertetafel und der Grafik

- **Je größer die Anzahl der Lose (Auflagen) ist,** desto .................................. ist die Losgröße und umgekehrt.
- **Die gesamten Rüstkosten für eine bestimmte Produktionsmenge** (z. B. 100 000 Stück) sind umso **niedriger,** je .......................... die Losgröße ist, d. h. je .................................. die Anzahl der Lose ist.
- **Die auflagefixen Kosten je Stück** sind umso **niedriger,** je .................... die Losgröße ist, d. h. je .................... die Anzahl der Lose ist.
- **Die gesamten Lager- und Zinskosten** sind umso **niedriger,** je .......................... die Losgröße ist, d. h. je .................... die Anzahl der Lose ist.
- **Die Lager- und Zinskosten je Stück** sind umso **niedriger,** je ................................ die Losgröße ist, d. h. je .................... die Anzahl der Lose ist.
- **Die Gesamtkosten (Summe aus Rüst- und Lagerkosten) sinken** mit .................................. Anzahl der Lose, also mit ............................. Losgröße, bis zu einem bestimmten Punkt, danach .......................... sie.
- **Die optimale Losgröße** gibt an, bei welcher Fertigungsmenge ...
  - die Summe aus auflagefixen Kosten (Rüstkosten) und auflagevariablen Kosten (Lager- und Zinskosten) am .......................... ist. Mathematisch ergibt sich dieser Punkt durch Anlegen einer .......................... als Parallele zur x-Achse an die ...................................... kurve.
  - die auflagefixen Stückkosten (= ............................ kosten je Stück) genau so hoch sind wie die auflage .......................... Stückkosten (= ............................ und ............................kosten je Stück). Mathematisch ergibt sich dieser Punkt als Schnittpunkt zwischen den beiden .......................... kurven.

## 4.12 Eigenfertigung oder Fremdbezug (Outsourcing)

### Ausgangssituation

**Situation I:** In einem Autowerk ist die Entscheidung zu treffen, ob ein bestimmtes Autoteil selbst hergestellt oder von einem Zulieferer bezogen werden soll. Bei der Eigenfertigung entstehen 60.000,00 € Fixkosten; die variablen Kosten pro Stück betragen 30,00 €. Bei Fremdbezug müssen 46,00 € pro Stück aufgewendet werden (Bezugspreis). Kapazitätsreserven zur Eigenproduktion sind nicht vorhanden. Nähere Angaben über die Bedarfsmengen enthält Arbeitsvorlage 1.

**Situation II:** Bei einem anderen Autohersteller ist die Entscheidung zu treffen, ob bisher fremdbezogene Einbauteile nunmehr selbst hergestellt werden sollen, da ausreichend Kapazitätsreserven vorhanden sind. Für die infrage kommenden Autoteile ergibt sich folgende Kosten- bzw. Preissituation:

| Autoteil (Bezeichnung) | Bedarfsmenge (Stück je Monat) | Günstigster Fremdbezugspreis P (FB) in € | Variable Stückkosten bei EF kv in € |
|---|---|---|---|
| Felgen | 200 000 | 120,00 | 135,50 |
| Auspuff | 80 000 | 180,00 | 162,00 |
| Vergaser | 120 000 | 200,00 | 200,00 |

**Situation III:** Ein Autozulieferbetrieb verfügt über Kapazitätsreserven von insgesamt 4 200 Maschinenstunden. Sie sollen für die Herstellung der Autoteile T1 bis T5 verwendet werden.

| Autoteile | T1 | T2 | T3 | T4 | T5 |
|---|---|---|---|---|---|
| Bedarfsmenge in Stück | 3 000 | 1 500 | 4 000 | 2 400 | 1 500 |
| Fertigungszeit je St. in Min. | 30 | 20 | 15 | 40 | 10 |
| Fremdbezugspreis in € | 40,00 | 30,00 | 25,00 | 60,00 | 20,00 |
| Variable Stückk. in € | 32,00 | 24,00 | 20,00 | 50,00 | 25,00 |

### Sachdarstellung

#### 1. EF-Entscheidungen als Kapazitätsproblem

Bei Entscheidungen über Eigenfertigung oder Fremdbezug **(Outsourcing)** sind **drei verschiedene betriebliche Situationen** (vgl. Ausgangssituation) zu unterscheiden:

- **Situation I: Vollauslastung des vorhandenen Produktionsapparates.** Für die Eigenfertigung von weiteren Teilen müssen in diesem Falle wegen des **Fehlens von Kapazitätsreserven Investitionen getätigt** werden. Dadurch entstehen **zusätzliche Fixkosten**, z. B. in Form von Abschreibungen. Die bei der Eigenproduktion der Teile anfallenden **Gesamtkosten** bestehen deshalb sowohl aus **fixen** als auch aus **variablen Kosten.** Dementsprechend müssen die bei Fremdbezug anfallenden Aufwendungen mit sämtlichen bei Eigenproduktion entstehenden Kosten verglichen werden **(Vergleich auf Vollkostenbasis).**

- **Situation II: Keine Vollauslastung** des vorhandenen Produktionsapparates. Für die Eigenfertigung sind **ausreichende Kapazitätsreserven vorhanden. In diesem Falle kann der vorhandene Produktionsapparat durch die Eigenfertigung von Teilen besser ausgenutzt werden. Man kommt also ohne zusätzliche Investitionen und Personaleinstellungen** aus. Deshalb dürfen bei einem Kostenvergleich in diesem Falle **nur variable Kosten der Eigenproduktion** dem Beschaffungsmarktpreis bei Fremdbezug gegenübergestellt werden **(Vergleich auf Teilkostenbasis).**

- **Situation III: Keine Vollauslastung** des vorhandenen Produktionsapparates, jedoch sind die **vorhandenen Kapazitätsreserven begrenzt.** Sie **reichen nicht aus**, um **alle** die Teile **selbst herstellen** zu können, deren **variable Kosten unter dem Bezugspreis** liegen. Es entsteht in diesem Falle ein sog. **Engpassproblem.** Es hat zur Folge, dass **bei den eigengefertigten Teilen** eine **Auswahl getroffen** werden muss.

#### 2. Die praktische Bedeutung von EF-Entscheidungen

- Die **Versorgung** einer Unternehmung mit Sachgütern und Dienstleistungen kann auf **zweierlei Art und Weise** erfolgen: entweder durch **Eigenfertigung** oder durch **Fremdbezug.** Entscheidungen über Eigenfertigung oder Fremdbezug (sog. **EF-Entscheidungen**) fallen in erster Linie im **Produktionsbereich** an, beispielsweise wenn es darum geht, ob ein bestimmtes Einbauteil vom Lieferanten bezogen oder selbst hergestellt werden soll. Aber **auch in anderen Unternehmensbereichen** sind EF-Entscheidungen notwendig, so z. B. im Bereich der Beschaffung, des Absatzes, der Finanzierung oder der Verwaltung. **Beispiele** hierzu enthält die **Arbeitsvorlage 3**.

■ Im Zusammenhang mit **neueren Entwicklungen im Produktionssektor** erlangen **EF-Entscheidungen** eine **neue Qualität**. „Viele Unternehmungen bemühen sich gegenwärtig um eine schlankere Produktion (Leanproduction), das heißt um die Kostensenkung durch Verringerung der Leistungstiefe und Auslagerung von Fertigungen auf Zulieferer. Im Zuge der stärkeren Zusammenarbeit mit Lieferern, Händlern, Spediteuren und Recyclern entstehen gegenwärtig **neue Formen gesamtgesellschaftlicher Arbeitsteilung**, bei denen **EF-Entscheidungen wichtiger und wichtiger werden.**"[1]

■ **In kostenrechnerischer Hinsicht** kann **Fremdbezug (Outsourcing)** als ein **besonderes Herstellungsverfahren** gedeutet werden, bei dem im Regelfall **nur variable**, aber **keine fixen Kosten** auftreten. So gesehen zielen Entscheidungen für oder gegen Eigenfertigung immer darauf ab, ein möglichst **kostenoptimales Produktionsverfahren** zu verwirklichen.

■ Die **Auslagerung** von bisher selbst erstellten Leistungen hat eine **geringere Fertigungstiefe** zur Folge. Das ist mit dem **Vorteil** verknüpft, dass sich das ausgelagerte Unternehmen wieder mehr auf das **eigentliche Hauptgeschäft konzentrieren** und auf diese Weise **Kostensenkungen** erzielen kann.

## Arbeitsvorlage 1: Vergleich auf Vollkostenbasis (Situation I)

### a) Wertetafel

| Bedarfsmenge x (Stück/Monat) | Fixkosten ($K_F$) | Variable Kosten ($K_V$) | Gesamtkosten ($K_G$) | Stückkosten ($K_{St}$) | Kosten bei Fremdbezug $K_{(FB)}$ |
|---|---|---|---|---|---|
| 1000 | | | | | |
| 2000 | | | | | |
| 3000 | | | | | |
| 4000 | | | | | |
| 5000 | | | | | |

### b) Grafische Darstellung

**(1) Gesamtkosten**

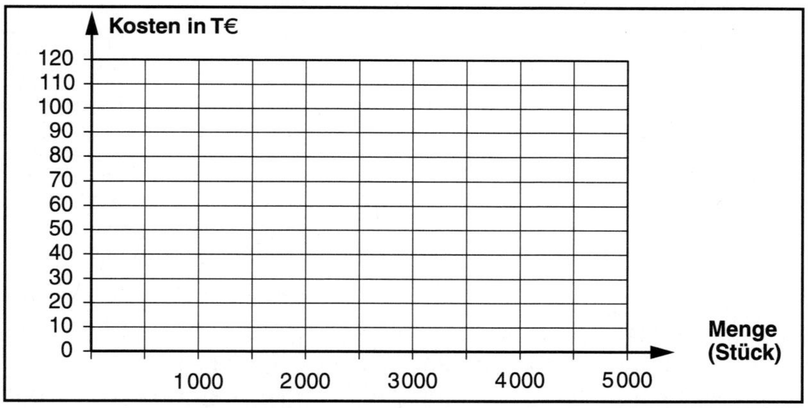


**(2) Stückkosten**

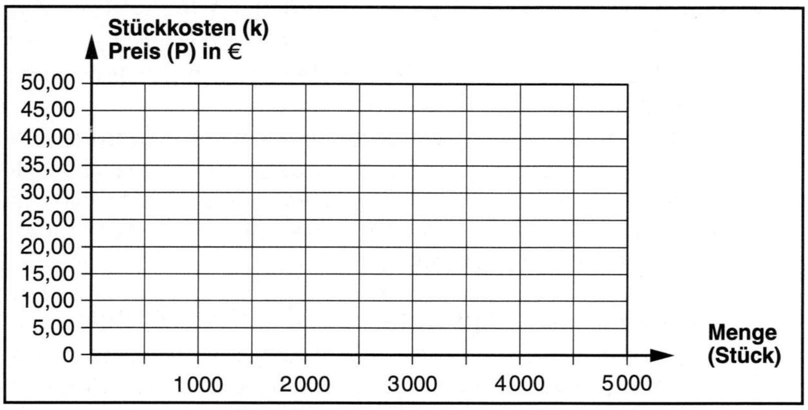


1 Aus: Klaus-Dieter Däumler, Eigenfertigung oder Fremdbezug – Wegweiser zur Entscheidungsfindung, in: bilanz & buchhaltung /b&b/, 7–8/95, S. 279.

## **Arbeitsvorlage 2:** Engpassproblem (Situation III)

**a) Berechnung des Kapazitätsbedarfs in Stunden**

| Autoteile | T1 | T2 | T3 | T4 | T5 | Summe |
|---|---|---|---|---|---|---|
| Kapazitätsbedarf in Minuten | | | | | | |
| Kapazitätsbedarf in Stunden | | | | | | |

**b) Berechnung des Kapazitätsfehlbedarfs**

| | |
|---|---|
| Benötigte Kapazität .......... | Maschinenstunden |
| – vorhandene Kap. .......... | Maschinenstunden |
| Kapazitätsfehlbedarf ........ | Maschinenstunden |

**c) Vorauswahl:** T5 verursacht bei EF variable Stückkosten in Höhe von .................... €; der Fremdbezugspreis beträgt lediglich .................... €. Somit kommt bei T5 nur (was?) .................... infrage. Der Kapazitätsfehlbedarf verringert sich dadurch um .................... auf .................... Maschinenstunden.

**d) Ermittlung einer Rangfolge der Produkte für die Eigenfertigung**

| Teile | Bezugspreis | Variable Stückkosten $k_V$ | Kostenersparnis je Stück | Fertigungszeit je Stück[1] | Kostenersparnis je Engpassstd. | Rangfolge |
|---|---|---|---|---|---|---|
| T1 | | | | | | |
| T2 | | | | | | |
| T3 | | | | | | |
| T4 | | | | | | |

1 in Minuten

**e) Festlegung des Produktionsprogramms für die Eigenfertigung**

| Rangfolge | Teile | Eigenfertigung (Menge) | Fremdbezug (Menge) | Fertigungszeit (Stunden) | Freie Kapazität (Stunden/Rest) |
|---|---|---|---|---|---|
| 1 | | | | | |
| 2 | | | | | |
| 3 | | | | | |
| 4 | | | | | |
| 5 | | | | | |

## **Arbeitsvorlage 3:** Unterschiede zwischen Eigen- und Fremdbezug:

**(1)** Genaue Qualitätskontrollen durch eigenes Personal möglich (erhöhte Qualitätsanforderungen). – **(2)** Spezialisierung auf bestimmte Produkte möglich, daher Kostenvorteile durch Massenproduktion (niedrigere Produktionskosten). – **(3)** Belastung hauptsächlich mit variablen Kosten – **(4)** Belastung mit fixen und variablen Kosten – **(5)** In der Regel keine Kapitalbindung – **(6)** Unsicherheit bei der Einhaltung von Lieferterminen – **(7)** Fixkostenbelastung durch Einrichtung und Unterhaltung einer besonderen Einkaufs- und Produktionsabteilung – **(8)** Es bestehen Auswahlmöglichkeiten zwischen mehreren Lieferanten, zwischen unterschiedlichen Preisen, Qualitäten, Lieferterminen u. a. – **(9)** Kapitalbindung durch extra bereitgestelltes Anlagevermögen – **(10)** Es fallen nur Bezugskosten für die bei der Herstellung eines Produkts verwendeten Roh-, Hilfs- und Betriebsstoffe an. – **(11)** Ist man mit den Leistungen eines Lieferanten unzufrieden, kann der Zulieferer gewechselt werden. – **(12)** Es können lange Lieferzeiten bestehen. – **(13)** Es fallen vermehrt Bezugskosten an. – **(14)** Fehlende Erfahrung mit der Herstellung eines Produkts, d. h. fehlendes „Know-how". – **(15)** Verlagerung des Fertigungs- und Investitionsrisikos auf den Zulieferer – **(16)** Geheimhaltung von Besonderheiten der Fertigung möglich, z. B. bei Fertigung nach Rezepten. – **(17)** Schwankende Preise für Fertigteile erschweren die Kalkulation des Abnehmers. – **(18)** Erhöhte Anforderungen an die Betriebsorganisation, insbesondere an die Fertigungsplanung – **(19)** Größere Abhängigkeit von Zulieferern – **(20)** Soweit Kapazitätsreserven bestehen, kann eine bessere Auslastung des Produktionsapparates erreicht werden. – **(21)** Bei stärkeren Produktionsschwankungen kann die Bereitstellung von Einzelteilen leichter dem Bedarf angepasst werden. – **(22)** Langjährige Produktionserfahrung der Zulieferer auf einem bestimmten Gebiet – **(23)** Unsicherheit bei der Einhaltung von Lieferterminen – **(24)** Wegfall von Beschaffungszeiten (Lieferzeiten).

## Arbeitsaufträge und Fragen zur Stofferschließung

**1.** **Beschäftigen Sie sich** zuerst mit der **Situation I (Ausgangssituation).**

a) **Ergänzen Sie** die **Wertetafel** der **Arbeitsvorlage 1**.

b) **Stellen Sie** die erarbeiteten Größen **grafisch** dar, und zwar als Gesamtkosten und als Stückkosten. **(Arbeitsvorlage 1b)**

c) **Ermitteln Sie** die **„kritische Menge“**, und zwar
ca) rechnerisch und
cb) grafisch.

d) **Lesen Sie** in der **Sachdarstellung** die Ausführungen zur **Situation I.**
da) **Auf welcher Basis** wurde der **Kostenvergleich** zwischen Eigenproduktion und Fremdbezug durchgeführt?
db) **Warum** müssen **auch die Fixkosten** in den Kostenvergleich mit **einbezogen** werden?
dc) **Unter welcher Voraussetzung** kann bei den gegebenen Bedingungen eine **Eigenfertigung** von Teilen nur stattfinden?

**2.** **Bearbeiten Sie** nun die **Situation II.**

a) **Entscheiden Sie** mit Begründung, bei welchen Autoeinbauteilen Eigenfertigung bzw. Fremdbezug infrage kommt (**Ausgangssituation II**).

b) **Lesen Sie** in der Sachdarstellung die Ausführungen zur **Situation II.**
ba) **Auf welcher Basis** wurde der **Kostenvergleich** in diesem Falle durchgeführt?
bb) **Warum** müssen im vorliegenden Falle **keine Fixkosten** in den Kostenvergleich einbezogen werden?
bc) **Welche Wirkung** hat die **Eigenfertigung** in diesem Fall auf die **Kapazitätsauslastung**?

c) **Welche Regel** kann bei vorhandenen Kapazitätsreserven für die Eigenfertigung bzw. für den Fremdbezug aufgestellt werden?

**3.** **Beschäftigen Sie sich** nun noch mit **Situation III** der Ausgangssituation und mit den **dazugehörigen Ausführungen in der Sachdarstellung**.

a) **Beschreiben Sie** die **Kapazitätslage**, die für die Entscheidung für oder gegen Eigenfertigung bzw. Fremdbezug in diesem Falle maßgeblich ist.

b) **Welche Konsequenzen** ergeben sich aus der vorliegenden **Kapazitätslage** in Bezug auf die **Eigenfertigung**?

c) **Berechnen Sie** nach **Arbeitsvorlage 2a** den Kapazitätsbedarf in Stunden.

d) **Berechnen Sie** nun noch den **Kapazitätsfehlbetrag (Arbeitsvorlage 2b).**

e) **Ergänzen Sie** anschließend den mit **„Vorauswahl“** überschrittenen Text der **Arbeitsvorlage 2c.**

f) **Ermitteln Sie** nun eine **Rangfolge der Produkte für die Eigenfertigung. (Arbeitsvorlage 2d)**

g) **Legen Sie** abschließend noch das **Produktionsprogramm für die Eigenfertigung** fest. **(Arbeitsvorlage 2e)**

**4.** **Bisher** haben wir die EF-Entscheidungen unter **rein quantitativen,** d. h. **Kostengesichtspunkten** gefällt. Neben diesen spielen aber oft auch andere, **mehr qualitative Gesichtspunkte** eine Rolle.

a) **Kennzeichnen Sie** die in **Arbeitsvorlage 3** angegebenen **Unterschiede** mit folgenden **Abkürzungen**: **V-FB** = **V**orteil des **F**remd**b**ezugs – **N-FB** = **N**achteil des **F**remd**b**ezugs – **V-EF** = **V**orteil der **E**igen**f**ertigung – **N-EF** = **N**achteil der **E**igen**f**ertigung. Lösungsbeispiele: (1) V-EF

b) **Verschaffen Sie sich** einen **Überblick über die Vor- und Nachteile** der Eigenfertigung und des Fremdbezugs in der Weise, dass Sie die von Ihnen klassifizierten Unterscheidungsmerkmale **der Nummer nach** in folgendes **Schema eintragen**:

Eigenfertigung (EF) oder Fremdbezug (FB) von Fertigteilen

| | |
|---|---|
| Vorteile der Eigenfertigung (V-EF) | Nachteile der Eigenfertigung (N-EF) |
| ..................... | ..................... |
| Vorteile des Fremdbezugs (V-FB) | Nachteile des Fremdbezugs (N-FB) |
| ..................... | ..................... |

c) **Kennzeichnen Sie** die in **Arbeitsvorlage 3** angegebenen **Unterschiede** danach, ob sie **quantitativer (m)** oder **qualitativer (g)**[1] **Natur** sind. Lösungsbeispiel: (1) g

d) **Bei welcher Kostensituation** werden EF-Entscheidungen **auf jeden Fall** nach **qualitativen** Gesichtspunkten gefällt?

1 „m“ wie Menge, „g“ wie Güte

# Handlungsfeld 5: Marketing (Absatz)

## 5.1 Kundenorientierung als Leitmaxime unternehmerischen Handels

**Ausgangssituation**

**Ein Modetrend oder mehr?**

**Sachdarstellung**

**Kundenorientierung als Wesensmerkmal des Marketingbegriffs**

- Im Gegensatz zu früher bestimmt heutzutage nicht mehr die Produktion, was der Markt aufzunehmen hat; vielmehr **entscheidet die Nachfrage darüber, was produziert wird.** Die unternehmerischen Aktivitäten müssen sich daher zwangsläufig auf den Absatzmarkt und hier insbesondere **auf den Kunden konzentrieren.** Im Hinblick auf die unternehmerische Zielsetzung verdeutlicht also der Begriff „Marketing" den Erfahrungstatbestand, „dass der Unternehmenserfolg nur dann gesichert werden kann, wenn die Unternehmung sich als eine Einrichtung zur Befriedigung gegenwärtiger und künftiger Bedürfnisse der jetzigen und der potenziellen Käufer versteht."[1]
- Bei dem im heutigen Käufermarkt bestehenden Konkurrenzdruck darf der Hersteller oder Händler **nicht warten, bis der Kunde mit seinen Wünschen an ihn herantritt,** sondern er muss seinerseits mannigfache Initiativen ergreifen. „Marketing bedeutet ... agieren und nicht nur reagieren, den Markt im Sinne der unternehmerischen Zielsetzung zu beeinflussen."[2]
- In der kapitalintensiven Wirtschaft von heute müssen die Unternehmer **Absatzmärkte schaffen** und **Absatzmärkte gestalten.** Hierzu gehört es, **Kaufwiderstände von vornherein auszuschalten,** z. B. durch Werbung. Marktchancen müssen systematisch aufgespürt und neue Bedürfnisse geweckt werden. Neben der Markterschließung muss sich der Unternehmer um eine Marktsicherung und Marktausweitung bemühen. Marketing bedeutet somit **„Märkte machen", „Märkte produzieren".**
- **Im Mittelpunkt** dieses expansiven Verhaltens steht immer der **Kunde.** Um ihn zufrieden zu stellen, muss ihm der Verkäufer von Produkten **echte Problemlösungen** bieten, beispielsweise in Form von neuartigen Erzeugnissen, die arbeitssparend und pflegeleicht sind, die technische Vorteile bieten oder dem Prestigebedürfnis des Konsumenten entgegenkommen.
- Zur Erreichung ihrer absatzpolitischen Ziele (Umsatzsteigerung, Marktanteilsmaximierung) bedienen sich die Unternehmer **fein aufeinander abgestimmter Maßnahmen und ausgefeilter Methoden.** Im Gegensatz zu dem früher zu beobachtenden passiven Marktverhalten der Unternehmer, das in dem bloßen Absetzen der Ware im Sinne eines möglichst reibungslosen Verteilens und Vertreibens der Ware bestand, ist der **Kampf um den Kunden** und mit ihm das **systematische Vermarkten der Ware** getreten. „Systematisch" oder „planmäßig" bedeutet in diesem Zusammenhang, dass der Unternehmer versucht, im Kampf um den Kunden die absatzpolitischen Mittel, die **Marketinginstrumente** (z. B. Werbung, Kundendienst), in sachlicher und zeitlicher Hinsicht optimal einzusetzen. Man spricht in diesem Zusammenhang vom „Systemdenken" und vom „Marketingkonzept". Bei beiden Begriffen steht der **Kunde im Mittelpunkt der Betrachtung.**

1 Bidlingmaier, Marketing 1, in: rororo studium 32, S. 14
2 Ebenda, S. 13

## Arbeitsvorlage 1: Praktische Beispiele für konsequente Kundenorientierung von Anbietern

Auszug aus dem Begleitschreiben zur Fragebogenaktion:

Sehr geehrter Herr ...

die **Qualität im Kundenservice** und die damit verbundene **Kundenzufriedenheit** haben für uns einen besonders hohen Stellenwert.

Gerade bei Qualität und Kundenzufriedenheit kommt es aber nicht darauf an, was wir darunter verstehen, sondern was unsere Kunden erwarten. Deshalb haben wir immer wieder gute Erfahrungen damit gemacht, **unsere Kunden direkt nach ihrer Meinung und Erfahrung zu fragen**.

Aus derartigen Befragungen entstand zum Beispiel das Angebot verlängerter Öffnungszeiten in unserer Filialdirektion Göppingen, die Verbesserung der Diskretion an den Beraterplätzen in einigen Filialen oder auch unser preisgünstiges Angebot ...

**Heute bitten wir auch Sie um Ihre Meinung.**

Nur wenige Minuten Zeit sind erforderlich, um den von uns vorbereiteten Fragebogen auszufüllen, zutreffende Antworten anzukreuzen oder einige Stichworte zu notieren. Selbstverständlich werden die von Ihnen gemachten Angaben absolut anonym behandelt und nur zu statistischen Zwecken ausgewertet. Den ausgefüllten Fragebogen bitten wir im Freiumschlag so bald als möglich zurückzusenden. ...

- **Beispiel 1:**

**Fragebogenaktion der Sparkassen** (Auszug)

1. Zunächst ganz allgemein gefragt:
   Wenn Sie in unsere Geschäftsstelle kommen, wie zufrieden sind Sie da mit der **Bedienung und Betreuung**?
   *Geben Sie bitte eine Note* *von* **1** *= sehr gut*
   *bis* **5** *= mangelhaft* *Note:* ______

2. Was könnte hierbei **verbessert** werden?
   ______________________
   ______________________
   ______________________
   ☐ nichts zu verbessern

3. Haben Sie den Eindruck, dass sich die Mitarbeiter/-innen dort um Sie als Kundin/Kunden **wirklich bemühen**?
   ☐ ja
   ☐ nein

7. Nun hätten wir gerne noch gefragt, wie Sie die **Zusammenarbeit** mit uns im Einzelnen bewerten.
   *Geben Sie bitte Noten* *von* **1** *= sehr gut*
   *bis* **5** *= mangelhaft* *Note:* ______

   Urteilen Sie bitte einfach nach Gefühl. Wenn Sie etwas nicht bewerten können oder wollen, geben Sie bitte eine Null.

| Wie bewerten Sie | Note 1–5 |
|---|---|
| – die **Freundlichkeit** der Mitarbeiter/innen | ______ |
| – die Qualität der **fachlichen Beratung** | ______ |
| – die **Zügigkeit** der Bedienung am Schalter | ______ |
| – die **Zinsen** für Guthaben und Geldanlagen | ______ |
| – die **Preise** für die Kontoführung | ______ |
| – die **Diskretion** bei der Beratung | ______ |
| – die **Art und Weise**, wie man Sie informiert | ______ |
| – die Ausstattung mit **Geldautomaten** u. **Kontoauszugsdruckern** | ______ |
| – die **Erreichbarkeit**/Nähe? | ______ |

- **Beispiel 2:**

**KRANKENKASSEN**

**GEK kundenfreundlich**

**SCHWÄBISCH GMÜND** ■ Zum fünften Mal in Folge ist die Gmünder Ersatzkasse GEK zu Deutschlands kundenfreundlichster Krankenkasse gewählt worden. Das ist das Ergebnis des jährlich durchgeführten „Kundenmonitors Deutschland", der europaweit größten Umfrage zur Kundenzufriedenheit.

aus: Südwestpresse (NWZ) vom 18.10.01

- **Beispiel 3:**

**Serviceleistungen der Firma Breuninger**

Bei Breuninger in Stuttgart können Eltern ihren Nachwuchs im Kindergarten abgeben. Sie erhalten einen Elektropiepser, über den sie jederzeit erreichbar sind. (Maximale Kundenorientierung, a. a. O., S. 65)
Außerdem können Kundinnen ihren Kaufwunsch telefonisch durchgeben, z. B. ein Kostüm, Größe 36, moderner Schnitt, ein Modell von Joop oder Lagerfeld. Zum vereinbarten Termin stellt eine Verkäuferin eine Auswahl an Kostümen für die Kundin zusammen und berät sie. (S. 79)

- **Beispiel 4:**

**Die individuellen Problemlösungen der Firma MLP**

Der Finanzdienstleister Marschollek, Lautenschläger und Partner, kurz MLP, wurde schon viermal hintereinander im Unternehmenstest des Managermagazins zum „Unternehmen des Jahres" gekürt. Einer der beiden Gründer des Unternehmens beschreibt die entscheidenden Erfolgsfaktoren so: „Wir wollen unseren Kunden maßgeschneiderte Produkte bieten. Dafür haben wir ein Marktforschungsteam, das sich gewaschen hat – 600 Verkäufer, die nur draußen sind." In unzähligen Verkaufsgesprächen werden die individuellen Bedürfnisse der Kunden festgestellt und daraufhin maßgeschneiderte, individuelle Problemlösungen entwickelt. (S. 79)

## Arbeitsvorlage 2: Praktische Beispiele für fehlende Kundenorientierung

### ● Service oft mangelhaft

Der Kundenservice per Internet oder Call-Center ist oft mangelhaft. Zu diesem Ergbnis kommt eine Studie des Instituts für Markt- und Kommunikationsforschung für den Deutschen Direktmarketing Verband. Außerdem wird die Beratungsleistung zumeist als unbefriedigend eingestuft.

aus: Südwestpresse (NWZ) vom 22.08.01

### ● Abgewimmelte Kunden

„Schönen guten Tag, hier ist die Service-Hotline der Firma XY, mein Name ist Erika Mustermann, was kann ich für Sie tun?“, flötet eine sanfte Stimme durch das Telefon – doch dann hängt der Kunde in der Warteschleife. Einerseits bieten immer mehr Unternehmen eine standardisierte, sterile Freundlichkeit; andererseits aber klagen Kunden immer häufiger darüber, einfach abgewimmelt zu werden, wenn sie Wünsche oder Beschwerden vorbringen wollen.

aus: Pressemitteilung von Bayern 2 Radio vom 15.04.02

### ● Unzureichende Kundenorientierung in kleineren und mittleren Unternehmen

INNOVATIONEN

#### Mehr nach Kunden richten

**MANNHEIM** ■ Kleinere und mittlere Unternehmen in Deutschland verschenken nach einer Studie bares Geld, weil sie sich bei neuen Produkten nicht ausreichend an den Bedürfnissen der Kunden orientieren. Obwohl Unternehmen mit weniger als 500 Beschäftigten den Löwenanteil bei den Firmen des verarbeitenden Gewerbes stellten, die in neue Produkte und Herstellungsprozesse investierten, bleibe ihr Innovationserfolg deutlich hinter dem der Großunternehmen zurück, schrieb das Zentrum für Europäische Wirtschaftsforschung in einer Studie.

Etwa 30 Prozent ihres Umsatzes erwirtschafteten kleinere Unternehmen 1998 den Angaben des Forschungszentrums zufolge mit den Produktinnovationen der vergangenen drei Jahre. Der Durchschnitt aller Unternehmen liege allerdings bei 40 Prozent. AP

aus: Südwestpresse (NWZ) vom 30.06.00

### ● Ein Beispiel für viele: Servicemängel beim Computerkauf

#### Computer-Kauf Glückssache

**FRANKFURT/MAIN** ■ Ein Computerkauf im Versandhandel scheint reine Glückssache zu sein. Schlechte Beratung, späte Lieferung und bedenkliche Geschäftsbedingungen fanden zumindest anonyme Testkäufer, die im Auftrag des Computermagazins „C’T“ einen Komplett-PC mit DVD-Laufwerk und TV-Ausgang für nicht mehr als 1.534,00 € kaufen sollten. Getestet wurden Qualität der Beratung, Güte der gelieferten Geräte und Allgemeine Geschäftsbedingungen (AGB).

Bei der Beratung versuchten die Verkäufer konsequent, den Anrufern teurere Systeme aufzuschwatzen, ohne das Preislimit von 1.534,00 € zu beachten. Die „C’T“-Redaktion hätte bei den Beratern mehr technisches Know-how erwartet, stieß jedoch nach eigenen Angaben auf viel Halb- und Nichtwissen. Nicht einmal die Kenntnis des eigenen Produktangebots kann vorausgesetzt werden. So konnte kaum ein PC die Anforderungen erfüllen. Größte Überraschung war der Vertrieb illegaler Windows-Versionen. Microsoft will in diesem Fall rechtliche Schritte gegen den Händler einleiten.

aus: Südwestpresse (NWZ) vom 30.06.00

## Arbeitsvorlage 3: Ergebnisse einer Kundenbefragung

UMFRAGE/Wenig Lob für Dienstleistung

### Weiterhin Servicewüste

#### Zumindest Amtsstuben holen aber auf

**Das Thema Dienstleistung wird in Deutschland offenbar noch immer stiefmütterlich behandelt. Das hat zumindest eine Umfrage des Allensbacher Instituts ergeben.**

**ALLENSBACH** ■ Die meisten Deutschen erleben die Bundesrepublik einer Umfrage zufolge immer noch als „Servicewüste“. Im Vergleich zur letzten Erhebung dieser Art vor fünf Jahren sei das Lob für Dienstleistungen fast überall kleiner geworden, teilte das Allensbacher Institut für Demoskopie mit. Über den Service von Bahn, Banken und Lebensmittelhandel werde sogar noch lauter geklagt als damals.

Als guten Service werteten die rund 1 600 Befragten im gesamten Bundesgebiet die Bedienung in Apotheken und in Geschäften mit handwerklicher Tradition wie Friseurläden, Bäckereien und Metzgereien. Besonders verheerend sei hingegen das Urteil über die Deutsche Bahn und die Deutsche Telekom.

Fast jeder Zweite sage über die ehemaligen Staatsbetriebe: „Hier ist der Service schlecht.“ Insgesamt gebe es nur einen Bereich mit Hinweisen auf Verbesserung, so die Demoskopen. Gemeinde- und Stadtverwaltungen hätten vor fünf Jahren zu den Spitzenreitern auf der Klageliste gezählt. Zwar beschwerten sich immer noch 40 Prozent über deren Service. Gleichzeitig hat aber der deutsche Amtsschimmel an Sympathien gewonnen. So lobten immerhin 30 Prozent der Befragten die kommunalen Einrichtungen in Deutschland. Das waren 5 Prozent mehr als in der Befragung vor fünf Jahren, berichtete das Allensbacher Institut. epd

aus: Südwestpresse (NWZ) vom 10.10.02

## Arbeitsvorlage 4: Die Notwendigkeit der konsequenten Kundenorientierung

- Zitate aus dem Buch von Christian Gündling über **Maximale Kundenorientierung** (Schäffer Poeschel Verlag, Stuttgart 1996):

- „Der wichtigste heute vernachlässigte Managementgrundsatz ist wohl die Nähe zum Kunden, seine Bedürfnisse zu erfüllen und seinen Wünschen zuvorzukommen. Für allzu viele Unternehmen ist der Kunde zum lästigen Störenfried geworden." (S. 17)
- „Über den Erfolg oder Misserfolg eines Unternehmens entscheidet ... nur einer: der Kunde." (Vorwort)
- „Wir müssen uns weniger mit unseren eigenen Visionen und mehr mit denen unserer Kunden beschäftigen." (Hans Olaf Henkel, Präsident des Bundesverbands der Deutschen Industrie, 1995, zitiert im Vorwort)
- „Unternehmerischer Erfolg ist heute noch weniger als schon früher kein Zufall mehr, sondern das Ergebnis von konsequent gelebter Kundenorientierung. Betrachtet man die Erfolgsfaktoren exzellenter Unternehmen ... wie seit einigen Jahren Bertelsmann, BMW, OTTO sowie heute die Citibank, die Zeitschrift FOCUS und viele mehr, so haben alle diese Unternehmen eines gemeinsam: eine maximale, individuell auf ihre Segmente[1] zugeschnittene Kundenorientierung. Der entscheidende Wettbewerbsvorteil heißt heute nicht mehr Kosten- oder Differenzierungsstrategie[2], sondern schlicht und ergreifend Maximale Kundenorientierung." (S. 20 f.)
- „Wenigen Unternehmen ist es heute gelungen, die Maximale Kundenorientierung als den Erfolgsfaktor ihres unternehmerischen Handelns und Tuns zu identifizieren und in der Praxis zu leben." (S. 20)

- Auszug aus dem Unternehmensleitbild der Hinterkopf GmbH, Eislingen (Flis), einem mittelständischen Unternehmen

Kundenorientierung und der Aufbau sowie die Pflege langjähriger Kundenbeziehungen stehen bei uns an oberster Stelle.
Unsere Produkte und unsere Dienstleistungen sind streng an den Bedürfnissen und den Wünschen der Kunden ausgerichtet. Dabei berücksichtigen wir die Anforderungen aus den unterschiedlichsten Bereichen.
Durch eine kooperative und kontinuierliche Zusammenarbeit mit unseren Kunden bauen wir Partnerschaften auf. Unser Kunde bleibt auch nach der Inbetriebnahme der Maschine mit seinen Fragen nicht alleine.
Die Nähe und der enge Kontakt zum Kunden spielen dabei eine wichtige Rolle. Unser Direktvertrieb bildet dafür die grundlegende Voraussetzung.

## Arbeitsaufträge und Fragen zur Stofferschließung

1. Beschäftigen Sie sich zunächst einmal mit der **Sachdarstellung.**
   a) Analysieren Sie den **Begriff Marketing** in der Weise, dass Sie ihm sechs typische Merkmale zuordnen.
   b) Erläutern Sie, in welchem **Beziehungszusammenhang** Marketing mit **Kundenorientierung** steht. (Vier Angaben)
2. **Analysieren Sie** die in **Arbeitsvorlage 1** angeführten **Beispiele einer konsequenten Kundenorientierung.**
   a) **Welche praktischen Konsequenzen** kann die Kreissparkasse Göppingen aus den **Kundenfragebögen** ziehen?
   b) **Wie beurteilen Sie** die **Serviceleistungen** der Firma **Breuninger**?
   c) **Welcher Beziehungszusammenhang** besteht zwischen **Kundenorientierung** und **individuellen Problemlösungen?**
3. In der **Arbeitsvorlage 2** werden vier konkrete **Beispiele für fehlende Kundenorientierung** in der Wirtschaftspraxis angeführt.
   a) **Welche Mängel** werden angeprangert?
   b) **Welche negativen Folgen** können sich aus der mangelnden Kundenorientierung eines Unternehmens ergeben? (Vier Angaben)
   c) **Welche Bedeutung** hat die Kundenorientierung für **kleinere und mittlere Unternehmen?**
4. **Was** spricht für eine **maximale Kundenorientierung?**
5. **Begründen Sie,** warum die Kundenorientierung in jedem **Unternehmensleitbild** verankert sein sollte.

1 Segmente: Teilbereiche eines Marktes
2 Differenzierungsstrategie: Weitgehend identische Produkte werden in verschiedenen Variationen (Modellen, Typen, Ausführungsarten, Sorten, Größen) angeboten.

# 5.2 Marktforschung

**Ausgangssituation**

**Das Weingut Christian Hofmeister KG in Neustadt an der Weinstraße betreibt Weinbau und Weinhandel. Das Angebot laut Preisliste umfasst 15 verschiedene Weißwein- und drei Rotweinsorten; hinzu kommen noch Spezialitäten wie Weingelee, Winzersekt, Traubensaft und Biowein. Der Umsatz im abgelaufenen Geschäftsjahr betrug 19,25 Millionen €. Vor allem wegen der starken Konkurrenz auf dem europäischen Binnenmarkt war die Umsatzentwicklung in den letzten Jahren leicht rückläufig.**

**Bisher erfolgte der Absatz der Weine durch Direktversand an die Kunden. Rund 70 % der Abnehmer sind Privatkunden, die restlichen 30 % zählen zu den gewerblichen Abnehmern (Weinhandlungen, Gasthäuser, Hotels u. a.). Das Absatzgebiet erstreckt sich auf die gesamte Bundesrepublik Deutschland, schwerpunktmäßig jedoch auf den süddeutschen Raum (Baden-Württemberg und Bayern). Die Kundschaft wird von acht Handlungsreisenden und 15 Handelsvertretern betreut. Sie bemühen sich um die Erhaltung des bisherigen Kundenstamms sowie um die Gewinnung neuer Kunden. Dies geschieht vor allem durch Kundenbesuche, Telefonaktionen, Probeausschank in Privathäusern und bei regionalen Messen und Ausstellungen sowie durch besondere Werbeaktionen (z. B. Sonderangebote).**

**Die neueste Aktion der C. Hofmeister KG ist die Durchführung einer Befragung in ausgewählten Gebieten der Bundesrepublik Deutschland über die Trinkgewohnheiten in einzelnen Haushalten. Die Geschäftsleitung erhofft sich von dieser Werbemaßnahme außer einer Erhöhung des Bekanntheitsgrades auch die Gewinnung neuer Kunden und eine Stabilisierung der Umsatzentwicklung.**

**Begleitschreiben zur Fragebogenaktion:**

**Auf Ihre Meinung kommt es an!**

Sehr geehrte Dame, sehr geehrter Herr,

wir führen zurzeit bei einem repräsentativen Kreis der Bevölkerung eine Umfrage über Kauf- und Trinkgewohnheiten durch.

Auch Sie wurden für diese Befragung ausgewählt. Dürfen wir Sie bitten die wenigen Fragen durch Ankreuzen des entsprechenden Kästchens zu beantworten?

Bitte senden Sie die ausgefüllte Fragekarte möglichst umgehend an uns zurück. Sie helfen uns damit, unseren Kundendienst zu verbessern.

Als Dank für Ihre Mitarbeit bekommen Sie ein Geschenk: Sobald Ihre ausgefüllte Karte bei uns eingeht, erhalten Sie kostenlos einen **Original-Rebwurzelkorkenzieher** und eine **kostenlose Kellermeister-Weinprobe** mit 8 Qualitäts-und Prädikatsweinen aus unserem Weinprogramm. Lernen Sie dabei völlig unverbindlich die bekanntesten deutschen Anbaugebiete, den Jahrgang 20.. und den Jahrhundertjahrgang 20.. kennen.

Sie werden erstaunt sein, wie viele Geschmacksunterschiede Sie bei einer fachmännischen Weinprobe entdecken können.

Für Ihr Verständnis und Ihre Mitarbeit vielen Dank!

**FRAGEBOGEN** Verbraucheruntersuchung „Wein"

**WICHTIG:** Die für Sie zutreffende Antwort im Kästchen ankreuzen!

Bitte hier abtrennen

| | Kennwort | Zeichen | | Nr. |
|---|---|---|---|---|
| | B: 03073/NTH | NK/NB/5 | | 01 |
| | Frage | Antwort | | Ausw. |
| 1 | Welche Getränke werden in Ihrem Haushalt getrunken? | Bier | | |
| | | Wein | | |
| | | Spirituosen | | |
| 2 | Wie häufig wird Wein bei Ihnen zu Hause getrunken? | Oft | | |
| | | Manchmal | | |
| | | Nie | | |
| 3 | Welche Weinart wird bei Ihnen zu Hause am meisten getrunken? | Weißwein | | |
| | | Rotwein | | |
| 4 | Wie viele Flaschen Wein haben Sie insgesamt in den letzten 12 Monaten ungefähr eingekauft? | Bis 30 Flaschen | | |
| | | 31 bis 100 Flaschen | | |

| | Frage | Antwort | | Ausw. |
|---|---|---|---|---|
| 5 | Was geben Sie im Durchschnitt für eine Flasche Wein aus? | Bis 3,00 € | | |
| | | Bis 5,00 € | | |
| | | Mehr als 5,00 € | | |
| 6 | Haben Sie stets einen größeren Vorrat an Wein im Haus? | Habe einen Vorrat | | |
| | | Habe keinen Vorrat | | |
| 7 | Zu welcher Berufsgruppe gehört der Haushaltsvorstand | Freie Berufe | | |
| | | Arbeiter | | |
| | | Angestellte | | |
| | | Beamte | | |
| | | Rentner | | |
| 8 | Dürfen wir Sie bitten eine Angabe über Ihr Alter zu machen? | Unter 30 Jahren | | |
| | | Über 30 Jahre | | |

**WICHTIG:** Bitte ausgefüllte Karte zurücksenden

## Sachdarstellung

### 1. Die Marktforschung als Form der Marktuntersuchung

**MARKTUNTERSUCHUNG**

**Markterkundung**

Marktuntersuchungen, die **nur gelegentlich** und **unsystematisch** vorgenommen werden, z. B. Kundengespräche, Vertreterbesuche, Auswertung von Branchenveröffentlichungen, Besuch von Messen und Ausstellungen.

**Marktforschung (MaFo)**

Marktuntersuchungen, die **systematisch** und **mit wissenschaftlichen Methoden** durchgeführt werden. Je nach dem gewählten Unterscheidungskriterium können **mehrere Formen der MaFo** unterschieden werden.

### 2. Formen der Marktforschung

#### a) Unterscheidung nach Zeitgesichtspunkten

**MaFo**

**Marktanalyse**

**Erforschung des Marktes zu einem bestimmten Zeitpunkt**, z. B. Ermittlung der Marktsituation am 15. August 20.. (**Zeitpunktbetrachtung**).

Es sollen auf diese Weise **Informationen über die derzeitige Marktlage** gewonnen werden. Das so gewonnene **einmalige Augenblicksbild** dient als Grundlage für die Entscheidungsfindung im Absatzbereich.

**Zwei Bereiche:**

- **Kapazitätsanalyse:** Erforscht wird die Aufnahmefähigkeit (Kapazität) bestimmter Märkte für bestimmte Produkte.
- **Motivanalyse:** Erforscht wird das Verhalten der Kunden (die Kundenreaktionen) bei absatzpolitischen Maßnahmen eines Anbieters, z. B. der Preiserhöhungen, bei Durchführung von Werbemaßnahmen.

**Marktbeobachtung**

Erforschung des Marktes über **längere Zeit** hinweg, z. B. über zwei bis drei Jahre (**Zeitraumbetrachtung**).

**Es sollen auf diese Weise Veränderungen auf dem Markt** (z. B. hinsichtlich der Preise, der Qualitäten, der Produktgestaltung) **laufend erfasst** und anschließend ausgewertet werden (**ständige** Ermittlung von Daten).

**Drei Bereiche:**

- **Kundenbeobachtung:** Ziel ist die Beschaffung von Informationen über Kunden (Nachfrager).
- **Konkurrenzbeobachtung:** Ziel ist die Beschaffung von Informationen über Mitbewerber (Konkurrenten).
- **Konjunkturbeobachtung:** Es werden Veränderungen der gesamtwirtschaftlichen Daten ermittelt, z. B. die Nachfrage nach Konsumgütern.

**Merke: Die Marktforschung** mit ihren Teilbereichen Marktanalyse und Marktbeobachtung bildet **die Grundlage für die Marktprognose**. Letztere macht **Aussagen über die zukünftige Marktentwicklung** und dient **als Grundlage für die Absatzplanung** und für den **Einsatz der absatzpolitischen Instrumente**.

#### b) Unterscheidung nach dem Untersuchungsgegenstand

**MaFo**

**Tatsachenforschung**

Sie ermittelt **objektive Daten über den Markt**, z. B. die Anzahl der Nachfrager, die Einkommensverhältnisse (Kaufkraft), den vorhandenen Bedarf bzw. den erreichten Sättigungsgrad.

**Meinungsforschung**

Sie erkundet die **Meinung der Kunden über die eigenen und die Konkurrenzprodukte**, z. B. in Bezug auf die Qualität, die Vor- und Nachteile, die Funktionsfähigkeit, die Lieferungs- und Zahlungsbedingungen, den Service.

**Motivforschung**

Sie versucht die **Gründe (Auslöser) für die Kaufentscheidung** zu ermitteln. Beispiele: War der Preis ausschlaggebend für die Kaufentscheidung oder war es die Qualität der Ware, das Design, die Funktionalität oder die herausragende Technik?

 

### c) Unterscheidung nach der Art der Informationsgewinnung

**MaFo**

**Primärforschung**
(Feldforschung/Fieldresearch)

**Wesen**

Informationen werden **unmittelbar am Markt gewonnen**, und zwar durch **besondere Erhebungen**. Sie können von einzelnen Unternehmungen oder von Marktforschungsinstituten durchgeführt werden. **Vorteil** dieser Art Forschung: hoher Aussagewert der gewonnenen Daten; **Nachteil:** zeitraubend, kostspielig.

**Methoden der Datengewinnung**

**Neue Daten** über Absatzmarktverhältnisse lassen sich **auf dreierlei Weise gewinnen**, nämlich durch ...

**Befragung** | **Beobachtung** | **Testmärkte** z. B. für Innovationen

(z. B. für neu entwickelte Produkte).

Die am **häufigsten** angewandte Methode der Marktforschung ist die **Befragung**. Sie kann schriftlich (z. B. mit Fragebogen), mündlich (z. B. in Form eines Interviews) oder telefonisch durchgeführt werden.

Je nach dem jeweils befragten Personenkreis lassen sich folgende **Befragungsarten** unterscheiden:

- **Kundenbefragung**. Sie erfolgt in der Regel durch Handlungsreisende und Handelsvertreter bei Kundenbesuchen. Die Kunden äußern sich z. B. über die Produktqualität, die Preisgestaltung, den Service oder über einzelne Werbeaktionen.
- **Haushaltsbefragung**. Die Fragen beziehen sich auf alle zu einem Haushalt gehörenden Personen, nicht nur auf einzelne Haushaltsmitglieder, z. B. den Haushaltsvorstand. Beispiel: Verbraucherbefragung der Statistischen Landesämter zur Ermittlung des Preisindexes für die Lebenshaltungskosten.
- **Expertenbefragung**. Sie wendet sich an Unternehmer, Händler, Handwerker, leitende Angestellte, Freiberufler u. a. Berufsgruppen. Beispiele: Ärzte werden über die Wirkungsweise von Arzneimitteln befragt. Der Umgang mit Experten stellt an die Befrager (Interviewer) besonders hohe Ansprüche; deshalb werden für solche Befragungen in der Regel hoch qualifizierte Fachkräfte eingesetzt.

**Sekundärforschung**
(Schreibtischforschung/Deskresearch)

**Wesen**

Informationen werden **aus bereits vorhandenem Zahlenmaterial** bzw. aus bereits vorliegenden Informationsquellen (betriebsinterne oder betriebsexterne Unterlagen) gewonnen. Die Informationsgewinnung geschieht durch **Aufbereitung und Auswertung vorhandener Daten**, also nicht durch besondere Erhebungen.

**Beispiele für Informationsquellen**

– **Betriebsinterne Informationsquellen**, z. B. Informationen aus ...
  - der Buchhaltung
  - der Kostenrechnung
  - der Verkaufsstatistik
  - den Kundendateien
  - den Lieferantendateien
  - den Reiseberichten der Handlungsreisenden und Handelsvertreter
  - dem Intranet

**Betriebsexterne Informationsquellen**, z. B.

- Informationen aus **fachlichem Schrifttum**, z. B. Fachzeitungen, Fachzeitschriften, Firmenveröffentlichungen (Geschäftsbericht, Bilanzen, Jubiläumsschriften, Preislisten, Kataloge);
- Informationen von **privaten und halbamtlichen Institutionen**, so u. a. Veröffentlichungen von Wirtschaftsverbänden (Jahresberichte, Festschriften), Industrie- und Handelskammern, Innungen (z. B. Broschüren), wirtschaftswissenschaftlichen Instituten (z. B. EMNID-Institut in Bielefeld, Institut für Demoskopie in Allensbach am Bodensee, INFRATEST-Institut in München, MAFO-Institut in Schwalbach im Taunus).
- Informationen aus **amtlichen Statistiken**: Informationsmaterial des Statistischen Bundesamts in Wiesbaden (z. B. Statistisches Jahrbuch), der Statistischen Landesämter (z. B. über die Entwicklung des Preisindexes für die Lebenshaltungskosten).
- Informationen aus dem **Internet**

#### Ergänzendes zur Primärforschung: Erhebungstechniken

**1. Voll- und Teilerhebungen**

Aus Zeit- und Kostengründen kann in der Regel **nur ein Teil der Personen aus einer Zielgruppe** (z. B. Weintrinker, Fotofreunde, Gartenbesitzer) **befragt** werden. Man bezeichnet eine solche Befragung als Teilerhebung. Die **ausgewählten Personen** müssen jedoch hinsichtlich der Untersuchungsmerkmale (z. B. Geschlecht, Alter, Beruf) mit der Zielgruppe möglichst weitgehend übereinstimmen, also **repräsentativ** sein.

**2. Panelerhebung***

Für die **fortlaufende Befragung** (Marktbeobachtung) eignet sich die Panelerhebung, bei der ein für eine bestimmte Zielgruppe **repräsentativer Personenkreis** über einen **längeren Zeitraum** hinweg **in bestimmten Zeitabständen immer wieder befragt** wird, um durch **Wiederholen derselben Fragen im Zeitabstand Meinungs- und Verhaltensänderungen** festzustellen.

* panel (engl.): abgegrenztes Feld – zwei Hauptformen: Industrie- und Verbrauchspanels

**d) Unterscheidung nach der Art der gewonnenen Daten**

**MaFo**

| **Ökoskopische Marktforschung** | **Demoskopische* Marktforschung** |
|---|---|
| Sie zielt auf die Gewinnung **quantitativer Daten** wie z. B. Marktanteil und Marktvolumen. Dieser Zweig der Marktforschung ist **sach- und objektbezogen**, also auf den betreffenden Markt oder das jeweilige Produkt gerichtet und gehört zur **Tatsachenforschung**. | Sie ermittelt **qualitative Daten**, z. B. über die Verhaltensweisen und Einstellungen der Abnehmer oder über die Wirkungen von absatzpolitischen Maßnahmen (z. B. Wirkungen von Preiserhöhungen, Produktvariationen). Diese Sparte der Marktforschung beschäftigt sich mit den Nachfragern; sie ist also **subjektbezogen**. Sie gehört deshalb zur **Meinungs- und Motivforschung**. Angewandt werden bei den Forschungen sowohl psychologische als auch soziale Methoden. |

* Demoskopie: Meinungsumfrage, Meinungsforschung

**Die unter b) und d) angeführten Formen** der Marktforschung **überschneiden sich inhaltlich** sehr stark. So ist die ökoskopische Marktforschung in erster Linie Tatsachenforschung; die demoskopische Marktforschung ist wesensgemäß Meinungs- und Motivforschung.

### 3. Organisatorische Einordnung der Marktforschung

**Organisatorisch** kann die Marktforschung in das hierarchische Gefüge des Unternehmens entweder als **selbstständige Abteilung** im Absatz- oder Beschaffungsbereich oder als **Stabsstelle** bei der Geschäftsleitung oder der Leitung der vorgenannten Funktionsbereiche (Absatz/Beschaffung) eingegliedert werden.

**Arbeitsvorlage 1:** Beispielsammlung zu den einzelnen Teilbereichen der Marktforschung (Marktanalyse und Marktbeobachtung)

| Von der Marktforschung untersuchte Fragen und Sachverhalte (Auswahl) | Klassifizierung |
|---|---|
| (1) Welchen Spielraum für eigene Absatzerfolge lassen die den Markt bereits beliefernden Konkurrenzunternehmen? (Daten über Mitbewerber, ihre Preise, die Warenqualität, die Lieferungs- und Zahlungsbedingungen.) | |
| (2) Wie groß ist der mögliche Bedarf? (Beurteilungskriterium: Einkommensentwicklung, Geburtenzahl, Verbrauchsgewohnheiten u. a.) | |
| (3) Wie reagieren die Abnehmer auf bestimmte Absatzmethoden (z. B. Verkauf im Fachgeschäft, durch Reisende, durch Direktversand)? | |
| (4) Welche Modetrends sind erkennbar? | |
| (5) Sind bedeutsame technische Neuerungen zu erwarten? | |
| (6) Wie verändert sich die eigene Marktposition? | |
| (7) Welche Vor- und Nachteile haben die Produkte der Konkurrenten? | |
| (8) Wie entwickelt sich die Einstellung der Abnehmer gegenüber dem eigenen Erzeugnis? | |
| (9) Wie reagieren die Abnehmer auf Sortimentsänderungen, z. B. auf Änderungen der Sortimentstiefe? | |
| (10) Welche Wohn- und Verkehrsdichte weist das untersuchte Absatzgebiet auf? | |

**Arbeitsvorlage 2:** Sammlung von Vor- und Nachteilen der einzelnen Befragungsarten

| Beschreibung der einzelnen Vor- und Nachteile | Klassifizierung |
|---|---|
| (1) Unmittelbarer persönlicher Kontakt zwischen Interviewer und Auskunftsperson. | |
| (2) Häufig geringe Rücklaufquote. | |
| (3) Kostengünstig, weil z. B. keine Reisekosten für den Interviewer anfallen. | |

*Fortsetzung folgende Seite*

## Arbeitsvorlage 2: (Fortsetzung)

| Beschreibung der einzelnen Vor- und Nachteile | Klassifizierung |
|---|---|
| (4) Der Befragte kann dann antworten, wenn er gerade Zeit hat. | |
| (5) Relativ geringe Kosten, sofern eine angemessene Rücklaufquote gewährleistet ist. | |
| (6) Schwieriges Erreichen bestimmter Berufskreise, z. B. Fernfahrer, Reisende, Schichtarbeiter. | |
| (7) Verhältnismäßig hohe Kosten (Reise-, Übernachtungs-, Ausbildungskosten). | |
| (8) Die zeitliche Kürze verhindert oft wohl überlegte Antworten. | |
| (9) Möglichkeit eine größere Anzahl von Fragen zu stellen. | |
| (10) Kein oder nur geringer Interviewereinfluss auf den Befragten. | |
| (11) Die Rücksender der Fragebogen sind häufig nicht repräsentativ für die Gesamtmasse. | |
| (12) Relativ hoher Zeitaufwand für den Befrager. | |

## Arbeitsvorlage 3 a): Übersicht

**MARKTFORSCHUNG**

| Marktanalyse | Marktbeobachtung |
|---|---|
| Kapazitätsanalyse | Kundenbeobachtung |
| (2) ........................ | ........................ |
| Motivanalyse | Konkurrenzbeobachtung |
| ........................ | (1) ........................ |
| | Konjunkturbeobachtung |
| | ........................ |

## Arbeitsvorlage 3 b): Übersicht

**Die praktische Bedeutung der einzelnen Befragungsformen**

| Bedeutung → / Befragungsarten ↓ | Vorteile | Nachteile |
|---|---|---|
| **Schriftliche Befragung** | ........................ | (2) ........................ |
| **Persönliche (mündliche) Befragung** | (1) ........................ | ........................ |
| **Telefonische (fernmündliche) Befragung** | ........................ | ........................ |

## Arbeitsaufträge und Fragen zur Stofferschließung

1. **Begründen Sie**, warum die Befragungsaktion der C. Hofmeister KG **als Marktforschung** und **nicht** als **Markterkundung** einzustufen ist.
2. **Entscheiden Sie** mit Begründung, ob die Fragebogenaktion des Weinguts Hofmeister als **Marktanalyse** oder als **Marktbeobachtung** zu klassifizieren ist.

**3.** **Was** soll mit den **Fragen 1 bis 4** des Fragebogens erforscht werden?

**4.** **Warum** sind **Informationen über das Trinkverhalten** der Befragten für das Weingut Hofmeister von **absatzpolitischer Bedeutung?**

**5.** **Wonach** wird in den **Fragen 5 bis 8** des Fragebogens gefragt?

**6.** **Erläutern Sie**, welche **marketingpolitischen Erkenntnisse** die Firma Hofmeister aus den **Fragen 5 bis 8** ziehen kann.

**7.** Kapazitäts- und Motivanalyse sind Teilbereiche der **Marktanalyse**; Kunden-, Konkurrenz- und Konjunkturbeobachtung lassen sich unter dem Oberbegriff **„Marktbeobachtung"** zusammenfassen. Damit Sie eine konkrete Vorstellung vom Inhalt dieser Begriffe bekommen, sollten Sie die Beispielsammlung der Arbeitsvorlage 1 bearbeiten.

a) **Klassifizieren Sie** die angegebenen Fragen und Sachverhalte unter Verwendung folgender **Abkürzungen: KapAn = Kapazitätsanalyse – MotAn = Motivanalyse – KuB = Kundenbeobachtung – KoB = Konkurrenzbeobachtung – DaB = Konjunkturbeobachtung (Beobachtung gesamtwirtschaftlicher Daten).**

b) **Ordnen Sie** danach die klassifizierten Fragen und Sachverhalte in die **Arbeitsvorlage 3a)** ein. **Lösungsbeispiel:** Siehe Eintragungen (laufende Nummern 1 und 2) in die Arbeitsvorlage 3a).

**8.** Bei der **Durchsicht der Verkaufsstatistik** für den Monat März fällt dem Komplementär Christian Hofmeister der **starke Umsatzrückgang** im Verkaufsbezirk Hamburg-Niederelbe auf.

a) **Aus welchem Quellenmaterial** bezieht C. Hofmeister in diesem Fall seine Informationen?

b) **Nennen Sie weitere Informationsquellen** dieser Art.

c) Für seine weiteren Marketingplanungen benötigt das Weingut Hofmeister genaues **Zahlenmaterial über die Entwicklung des Weinkonsums** in den vergangenen Jahren in der Bundesrepublik Deutschland. **Woher** können solche **Informationen bezogen** werden?

**9.** **In welche Kategorie von Marktforschung** ist die Fragebogenaktion des Weinguts Hofmeister **einzustufen?** (Begründung)

**10.** **Wen** hätte das Weingut Hofmeister mit der Durchführung einer solchen Aktion **betrauen** können, falls sich die Mitarbeiter dieser Firma **nicht für kompetent genug halten** eine solche Befragung Erfolg versprechend durchzuführen?

**11.** **Welchen Hauptvor- und -nachteil** hat eine von unternehmensfremden Kräften durchgeführte Fragebogenaktion?

**12.** **Außer durch Befragung** lassen sich Informationen über die zurzeit bestehenden Marktverhältnisse auch **noch auf andere Art und Weise gewinnen. Wie?**

**13.** Die **Befragung der Haushalte** erfolgt im vorliegenden Fall mithilfe eines **Fragebogens. Wie** hätte die Befragung **sonst noch durchgeführt** werden können?

**14.** **Vor der Entscheidung** für die Fragebogenaktion musste die Geschäftsleitung des Weinguts Hofmeister die **Vor- und Nachteile der einzelnen Befragungsarten** genauestens **abwägen.**

a) **Klassifizieren Sie** die **in Arbeitsvorlage 2 angeführten Beschreibungen** von Vor- und Nachteilen unter Verwendung folgender **Abkürzungen:**
V-SB = Vorteil der schriftlichen Befragung
N-SB = Nachteil der schriftlichen Befragung
V-PB = Vorteil der persönlichen Befragung
N-PB = Nachteil der persönlichen Befragung
V-TB = Vorteil der telefonischen Befragung
N-TB = Nachteil der telefonischen Befragung

b) **Ordnen Sie** danach die klassifizierten Beschreibungen **mit ihrer jeweiligen Nummer** in das Schema der **Arbeitsvorlage 3b) ein.**
**Lösungsbeispiel:** Siehe Eintragungen (laufende Nummern 1 und 2) in die **Arbeitsvorlage 3b**).

**15.** **Entscheiden Sie** mit Begründung, ob es zur Durchführung der Fragebogenaktion eine **andere Befragungsalternative** gegeben hätte.

**16.** **Zu welcher Befragungsart** gehört die Fragebogenaktion der Firma Hofmeister, wenn nach dem jeweils **befragten Personenkreis** unterschieden wird?

**17.** **Erklären Sie** am Beispiel der von der C. Hofmeister KG **eingesetzten Marketinginstrumente** den **Begriff „Kundenbefragung"**.

**18.** Nennen Sie ein **Beispiel für eine Expertenbefragung** im Bereich des Weinbaus.

**19.** **Erklären Sie**, warum die vom Weingut Hofmeister durchgeführte Fragebogenaktion niemals eine Vollerhebung, sondern immer nur eine **Teilerhebung** sein kann.

**20.** **Was** ist die **wichtigste Voraussetzung** dafür, dass eine solche Teilerhebung zu **guten Ergebnissen** führt?

**21.** **Wie beurteilen Sie** den **Erfolg der Fragebogenaktion** des Weinguts Hofmeister?

**22.** Angenommen, die Geschäftsleitung der Firma Hofmeister gelangt aufgrund der Fragebogenaktion zu der Überzeugung, sie müsse das **Produktionsprogramm erweitern**, um in einzelne Marktnischen eindringen zu können. Deshalb wird erwogen, **Diabetikerwein** in das Produktionsprogramm aufzunehmen.
**Wie** kann **verhindert** werden, dass sich dieses Vorhaben später als gewaltiger **„Flop"** herausstellt?

## 5.3 Marketinginstrumente

**Ausgangssituation**

### 1. Eine Zeitungsmeldung

**Hersteller stöhnen über Farbfernsehgeräte-Halden**

**Kurzfristige Besserung zeichnet sich bislang nicht ab**

**Zwischen 600 000 und 800 000 unverkaufte Geräte**

Frankfurt (M). Die deutsche Rundfunk- und Fernsehgeräteindustrie, die jetzt mit erheblichen Absatzschwierigkeiten zu kämpfen hat, will nunmehr mithilfe von Kurzarbeit ihre auf mehr als 600 000 Farbfernseher angewachsenen Lagerbestände abbauen.

Wie der AEG-Telefunken-Konzern am Freitag bekannt gab, hat die Telefunken Fernseh- und Rundfunk GmbH Hannover für die Zeit vom 26. Februar bis 16. März Kurzarbeit beantragt. Von dieser Maßnahme sind etwa die Hälfte der insgesamt 10 000 Mitarbeiter in den Werken Hannover, Berlin, Celle und Braunschweig betroffen. Auch die Loewe Opta GmbH (Kronach) hat nach Angaben eines Firmensprechers vorsorglich Kurzarbeit angemeldet.

Telefunken hat die Kurzarbeit mit dem unerwartet schwachen Absatz im Inland und auf den westeuropäischen Exportmärkten begründet. Angesichts des sehr enttäuschenden Weihnachtsgeschäfts mussten auch die Absatzerwartungen für die erste Hälfte dieses Jahres erheblich reduziert werden, zumal keine großen „Fernsehereignisse", wie im letzten Jahr die Fußball-Weltmeisterschaft, zu erwarten sind. Auch Loewe Opta begründete die Entscheidung mit schwierigen Marktverhältnissen.

### 2. Krisenstimmung bei der Telstar AG

Wie in der gesamten Branche, so ist auch bei der Telstar AG der Umsatz bei Ferbfernsehgeräten seit zwei Jahren rückläufig. In der Geschäftsleitung herrscht daher seit einiger Zeit Krisenstimmung. Verstärkt wird sie durch die von der Abteilung Statistik für das abgelaufene Geschäftsjahr (Jahr 5) ermittelten Verkaufszahlen, die weit hinter den geplanten Ergebnissen zurückliegen. Die im Folgenden abgebildeten Grafiken verdeutlichen die Talfahrt der Umsätze sehr deutlich.

**Geplanter und erreichter Jahresumsatz der Telstar AG in %** (Jahr 0 = 100)

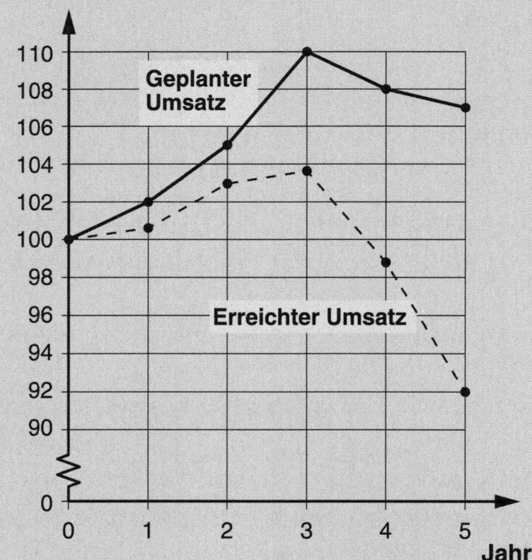


**Umsatzentwicklung des Gesamtmarkts in %** (Jahr 0 = 100)

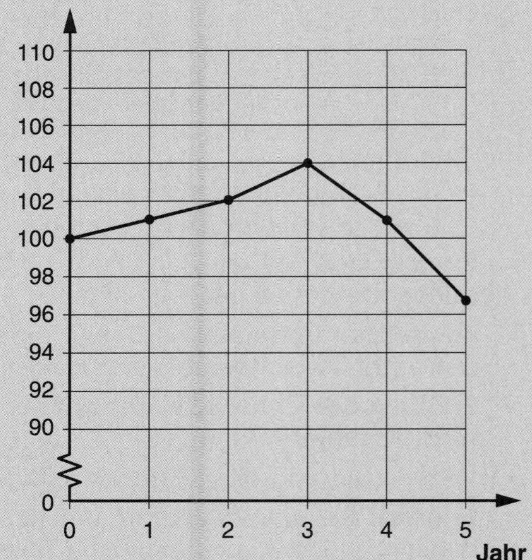


In einer zu Beginn des laufenden Geschäftsjahres (Jahr 6) abgehaltenen **Krisensitzung** beraten die leitenden Mitarbeiter des Unternehmens u. a. über folgende Sachverhalte:
- Umsatzentwicklung der Telstargeräte im Verhältnis zu der des Gesamtmarktes;
- Ursachen des Umsatzrückgangs;
- einzuleitende Gegenmaßnahmen.

## Sachdarstellung

### 1. Marketingstrategien

- **Begriff:** Es handelt sich um Verhaltsgrundsätze auf dem Markt, mit denen die angestrebten Unternehmensziele erreicht werden sollen.
- **Arten:**
  - **Strategie der Markterschließung.** Mit den vorhandenen Produkten sollen unter Einsatz bestimmter Marketinginstrumente (z. B. Werbung, Preispolitik) neue Märkte für ein Unternehmen erschlossen werden.
  - **Strategie der Marktdurchdringung.** Mit den vorhandenen Produkten sollen auf einem bestehenden Markt möglichst hohe Umsätze erzielt werden. Der Marktanteil des betreffenden Unternehmens soll sich erhöhen; möglicherweise wird sogar die Marktbeheherrschung angestrebt.
  - **Strategie der Anpassung.** Ein Unternehmen stellt solche Produkte her, die sich von denen der Konkurrenz nicht wesentlich unterscheiden.
  - **Strategie der Differenzierung.** Ein Anbieter versucht sich mit seinen Produkten möglichst deutlich von Konkurrenzangeboten abzuheben, z. B. durch die Aufmachungsverpackung der Ware, das Styling, das Design der Produkte.
  - **Strategie der Segmentierung.** Um die Bedürfnisse der einzelnen Zielgruppen (Abnehmer) besser erfassen und gezielter bearbeiten zu können, wird der Absatzmarkt eines Unternehmens in verschiedene Teilmärkte (Marktsegemente) aufgeteilt. Die Bildung von Marktsegementen (Teilmärkten) kann nach verschiedenen Kriterien erfolgen. Einen Überblick über mögliche Marktsegemente vermittelt die folgende Tabelle:

| Marktsegemente | Praktische Beispiele und Begriffserklärungen |
|---|---|
| Produktgruppen | Fernseh-, Video-, Radioapparate, Hifi-Anlagen, Kassettenrekorder u. a. |
| Abnehmergruppen | Privatleute und Behörden – Großabnehmer und Kleinabnehmer – Selbstabholer und Abnehmer mit Zustellung |
| Preisgruppen | Produkte des gehobenen, des mittleren und des unteren Preisniveaus. |
| Marktgrößengruppen | Inlandsmarkt, europäischer Markt, Weltmarkt (geografische Marktaufteilung) |
| Horizontale Marktaufteilung | Marktaufteilung nach verbraucherspezifischen Merkmalen wie z. B. Alter, Geschlecht, Beruf, Einkommen, Bevölkerungsschichten. |
| Vertikale Marktaufteilung | Marktaufteilung nach Verhaltensmerkmalen der Konsumenten, z. B. nach Kaufmotivationen und Bedürfnissen. Hierbei wird die Frage nach der Flexibilität (Beweglichkeit) bzw. nach der Verfestigung des Verbraucherverhaltens gestellt. |
| Laterale Marktaufteilung | Marktaufteilung nach Konsumententypen, z. B. preisbewusste – modische – kritische Käufer. |

In der Wirtschaftspraxis kommen die genannten Marketingstratigien nicht immer in Reinkultur zur Anwendung, sondern als Mischformen (Kombinationen) und als individuelle Marketingstrategien einzelner Unternehmen.

### 2. Marketinginstrumente

Die im Kampf um den Kunden einsetzbaren Marketinginstrumente werden mithilfe der **Arbeitsvorlagen 1 und 2** erarbeitet und systematisiert. Wie aus Arbeitsvorlage 2 ersichtlich ist, unterscheidet man bei den Marketinginstrumenten vier Bereiche: **die Produkt-, die Distributions-, die Kommunikationspolitik** und **die Preis- und Konditionenpolitik.**

**Arbeitsvorlage 1:** Checkliste über mögliche Gründe (Ursachen) des Umsatzrückgangs (Ursachenanalyse)

**Mögliche Ursachen Gruppe I:**
- Sind die Produkte bei den Abnehmern zu wenig bekannt?
- Wurden in der Vergangenheit im Kampf um den Kunden falsche Mittel oder Medien eingesetzt?
- Wurden beim Bemühen den Bekanntheitsgrad unserer Produkte zu erhöhen wirkungslose Methoden angewandt?
- Wurde versäumt neue Bedürfnisse zu wecken, vorhandene Bedürfnisse zu steigern?
- Wurde versäumt vorhandene Wertschätzungen für unsere Produkte zu erhalten oder zu fördern?
- Wurde in der Vergangenheit zu wenig Wert auf die Hebung des Unternehmensimages, auf die Gewinnung öffentlichen Vertrauens und Verständnisses gelegt?

**Mögliche Ursachen Gruppe II:**
- Sind die Preise für unsere Produkte im Verhältnis zu den Konkurrenzangeboten relativ hoch?
- Wurde die Leistungsfähigkeit der ausländischen Konkurrenz (insbesondere der japanischen) unterschätzt?
- Wurde versäumt durch Differenzierung des Preises verschiedene Zielgruppen anzusprechen?
- Wurde versäumt durch das Angebot von Billigprodukten zusätzliche Käuferschichten zu erschließen?
- Wurde das vorhandene Markenimage preispolitisch nicht ausgenutzt?

**Mögliche Ursachen Gruppe III:**
- Sind die Verkaufsbedingungen ungünstig; bestehen z. B. zu kurze Zahlungsfristen, werden zu niedrige Mengenrabatte und Barzahlungsnachlässe (Skonto) gewährt?
- Besteht ein zu geringer Anreiz zur Aufnahme unserer Produkte in das Händlersortiment?
- Besteht für unsere Kunden ein zu geringer Anreiz zur schnellen Bezahlung und zum Kauf größerer Mengen?
- Ist die Zustellung der Ware bei unseren Kunden verbesserungsbedürftig?
- Sind die Umtausch- und Rückgabemöglichkeiten für unsere Kunden stark eingeschränkt?
- Bestehen Erfüllungsort- und Gerichtsstandsvereinbarungen zulasten der Abnehmer?

**Mögliche Ursachen Gruppe IV:**
- Ist die Anpassung an Kundenwünsche unzureichend? Besteht daher ein zu geringer Anreiz zum Ersatzkauf und zum Kauf neuer Produkte?
- Fehlt es an technischen Neuentwicklungen?
- Gibt es erkennbare Verbesserungen bei der Ausstattung unserer Produkte?
- Wie lange ist die Formgebung (das Design) unserer Produkte schon unverändert?
- Wann haben sich Material und Farbe unserer Produkte zum letzten Mal verändert?
- Haben unsere Produkte in letzter Zeit neue Verwendungszwecke erhalten?
- Heben sich unsere Geräte ausreichend von Konkurrenzprodukten ab?
- Ist die mit dem Markennamen verbundene Vorstellung einer guten Qualität deutlich ausgeprägt?
- Ist die Produktqualität unzureichend?

**Mögliche Ursachen Gruppe V:**
- Bestehen zu wenig Wahlmöglichkeiten für die Käufer? Gibt es zu wenig Ausführungsarten (Modelle) bei den Farbfernsehgeräten?
- Sind die Unterschiede zwischen den einzelnen Modellen (Preis, Qualität, Design, Material) zu gering?
- Gibt es zu wenig Zubehör zu den einzelnen Modellen?

**Mögliche Ursachen Gruppe VI:**
- Gibt es zu wenig Leistungen an Kunden, die über die eigentliche Hauptleistung hinausgehen? Ist somit das Dienstleistungsangebot zur Beeinflussung der Kaufentscheidung unzureichend?
- Ist der Reparatur- und Wartungsdienst (einschließlich Ersatzteillager) verbesserungsbedürftig?
- Fehlen Garantieleistungen?
- Fehlt es an Kulanz bei Gewährleistungsansprüchen der Kunden?
- Fehlen Anleitungen zum richtigen Gebrauch unserer Geräte?

**Mögliche Ursachen Gruppe VII:**
- Gab die Absatzorganisation in der Vergangenheit mehrfach zu Beanstandungen Anlass? Ist sie schwerfällig und unrationell?
- Sollen mehr Handelsvertreter und weniger Handlungsreisende eingesetzt werden?
- Sollen bei der Belieferung unserer Kunden mehr eigene Fahrzeuge eingesetzt werden oder soll ein vermehrter Einsatz von Spediteuren erfolgen?
- Soll der Vertrieb mehr durch eigene Verkaufseinrichtungen oder mehr über den Großhandel oder gar direkt an den Einzelhandel erfolgen?

**Mögliche Ursachen Gruppe VIII:**
- Wurden Messen und Ausstellungen, so z. B. die Berliner Funkausstellung, regelmäßig mit unseren Produkten beschickt?
- Wurden in den letzten Jahren ausreichend Vorführungen unserer Geräte veranstaltet?
- Wurde die Mitarbeiter- und Händlerschulung vernachlässigt?

## **Arbeitsvorlage 2:** Übersicht

### MARKETINGINSTRUMENTE

**Produktpolitik**

z. B.

**Preis- und Konditionenpolitik**

z. B.

**Distributionspolitik**

Absatzformen[1]

Absatzsysteme[2]

**Kommunikationspolitik**

z. B.

1 **Absatzformen** betreffen die Frage, welche Verkaufsorgane beim Absatz der Produkte eingeschaltet werden sollen: **unternehmenseigene** (z. B. Filialgeschäfte) oder **unternehmensfremde** Verkaufsorgane (z. B. Handel).

2 **Absatzsysteme** betreffen die Frage, **von welcher Stelle aus** der Absatz der Produkte erfolgen soll: von einer Zentrale aus (zentraler Absatz) oder von mehreren Stellen aus (**dezentraler Absatz**). Vergleichen Sie hierzu Abschnitt 5.9: Der optimale Vertriebsweg – Sachdarstellung.

## **Arbeitsvorlage 3:** Marketingstrategien und Marktsegmentierungen (Beispielsammlung)

① Die Hersteller von Fernsehapparaten bringen zunehmend Geräte mit superflachen Bildröhren auf den Markt. Die Telstar AG passt sich in ihrer Produktpolitik diesem Vorgehen an.

② Die Telstar AG produziert neuerdings Fernsehapparate mit supergroßem Bildschirm, außerdem werden diese Produkte mit einem futuristischen Design ausgestattet.

③ Aufteilung der Käufer von Telstar-Fernsehapparaten in solche, die Markentreue beweisen und solche, die ein unreflektiertes, gewohnheitsmäßiges Einkaufsverhalten zeigen.

④ Die Telstar AG, die bisher nur den europäischen Markt belieferte, versucht in mehreren überseeischen Märkten Fuß zu fassen, z. B. in Nordamerika und Japan.

⑤ Einteilung der Käufer von Telstar-Fernsehapparaten nach ihrem Einkommen: Personen mit hohem, mittlerem und niedrigem Einkommen.

⑥ Einteilung der Käufer von Telstarapparaten in preisbewusste, qualitätsbewusste, servicebewusste, terminbewusste Abnehmer, in kritische, mündige Verbraucher, in Selbstbediener in der Massenauswahl und in Verzichter und Nörgler.

⑦ Die Telstar AG, die bisher ihre Fernsehapparate hauptsächlich an Privatpersonen geliefert hat, beabsichtigt ihre Produkte auch an Schulen, Kindergärten und Weiterbildungsanstalten zu verkaufen.

⑧ Einteilung der Käufer von Telstar-Geräten nach Alters- und Berufsgruppen sowie nach dem Geschlecht.

⑨ Durch Verbesserung des Designs und der Produktqualität versucht die Telstar AG den Umsatz zu steigern und gegenüber den Konkurrenten ihren Marktanteil zu vergrößern.

## Arbeitsaufträge und Fragen zur Stofferschließung

1. **Beurteilen Sie** die **Umsatzentwicklung der Telstar AG** im Verhältnis zu der des **Gesamtmarktes.**

2. Anhand der obigen **Checkliste (Arbeitsvorlage 1)** sollen **bisherige Versäumnisse** und damit auch **mögliche Ursachen** des rapiden Umsatzrückgangs bei der Telstar AG aufgedeckt werden **(Ursachenanalyse). Nennen Sie** mögliche **Gründe (Ursachen)** für den Umsatzrückgang, und zwar nach folgender Aufgliederung:[1]

   a) Gründe, die in erster Linie bei der **Unternehmensführung** liegen;

   b) Gründe, die hauptsächlich bei den **Absatzvermittlern** (Händlern, Reisenden, Vertretern, Kommissionären) angesiedelt sind;

   c) Gründe, die vor allem bei den **Endabnehmern** zu suchen sind;

   d) Gründe, die primär bei der **Konkurrenz** zu finden sind.

3. Die obige **Checkliste (Arbeitsvorlage 1)** ist nach den von der Firma Telstar AG bisher im Wettbewerb um den Kunden **eingesetzten Marketinginstrumenten** (Absatzmitteln) gegliedert.
   **Stellen Sie fest, welche Marketinginstrumente** die Firma Telstar AG bisher im Wettbewerb einsetzte.
   Lösungshinweis: **Bilden Sie** für jede Ursachengruppe eine **Überschrift**.

4. **Ordnen Sie** die von der Telstar AG eingesetzten **Marketinginstrumente** in die Übersicht der Arbeitsvorlage 2 ein.

5. **Versuchen Sie** den **Begriff „Marketinginstrumente"** zu **definieren.**

6. **Welche Marketinginstrumente** würden Sie **in verstärktem Umfang einsetzen**, wenn die **Umsatzrückgänge** auf **folgende Ursachen** zurückgeführt werden können?

   a) Die japanische Konkurrenz hat zahlreiche Billigprodukte auf den Markt geworfen.

   b) Der Bekanntheitsgrad unserer Produkte lässt zu wünschen übrig.

   c) Für unsere Kunden bestehen zu geringe Auswahlmöglichkeiten, außerdem wird zu wenig Zubehör angeboten.

   d) Viele unserer Kunden haben erhebliche Finanzierungsprobleme.

   e) Es fehlen zugkräftige Anreize für die Händler, unsere Produkte in ihr Sortiment aufzunehmen.

7. Für die Telstar AG stellt sich nicht nur die **Frage, welche Marketinginstrumente** sie in Zukunft zur Umsatzsteigerung **einsetzen** will. Es stellt sich auch das übergeordnete **Problem, welche Marketingstrategie künftig verfolgt** werden soll, um das angestrebte Ziel der **Umsatzsteigerung** zu erreichen.

   a) **Bearbeiten** Sie nach dem sorgfältigen Durcharbeiten der verschiedenen Marketingstrategien die **Arbeitsvorlage 3. Bestimmen Sie** mithilfe der in diesem Text gemachten Sachaussagen die jeweilige **Marketingstrategie** bzw. die **Art der Marktsegmentierung**.

   b) **Überprüfen Sie** jede einzelne der in der **Sachdarstellung** angegebenen **fünf Marketingstrategien** auf ihre **Eignung**, die Telstar AG aus ihrem derzeitigen Umsatztief herauszuführen.

   c) **Erläutern Sie** mithilfe von **konkreten Merkmalsangaben**, was man unter einer **horizontalen, vertikalen und lateralen Marktaufteilung** versteht.

   d) **Nennen Sie praktische Beispiele für Marktsegmente** nach Produkt-, Preis-, Abnehmer- und Marktgrößengruppen.

   e) **Welche Vorschläge** würden Sie als Assistent des Vorstandsvorsitzenden der Telstar AG ihrem Chef unterbreiten, um den **Absatz der Farbfernsehgeräte anzukurbeln?**
   (**Drei Vorschläge** mit möglichst genauer **Begründung**).

1 Sachliche Überschneidungen bei den einzelnen Ursachengruppen können nicht ausgeschlossen werden.

# 5.4 Marketingmix

**Ausgangssituation**

Um die Umsatzrückgänge der vergangenen Zeit aufzufangen, soll bei der Telstar AG der Einsatz von insgesamt sechs der bisher eingesetzten acht Marketinginstrumente im kommenden Geschäftsjahr **verändert** werden. Da es aus Kostengründen **nicht möglich** ist, den Einsatz **sämtlicher** Marketinginstrumente zu intensivieren, muss der verstärkte Einsatz einzelner Instrumente durch einen verminderten Einsatz anderer Absatzmittel ausgeglichen werden. Unter dieser Bedingung hat die Geschäftsleitung der Telstar AG in Bezug auf den geplanten Einsatz der Marketinginstrumente **fünf verschiedene Strategien entwickelt**, die **etwa gleich hohe Kosten** verursachen, jedoch einen **unterschiedlich hohen Wirkungsgrad** aufweisen.

Es geht nun darum, den Einsatz der einzelnen Marketinginstrumente **so wirkungsvoll wie möglich** zu gestalten, also einen **optimalen MARKETINGMIX** zu erzielen.

## Sachdarstellung

### 1. Probleme bei der Bestimmung des Marketingmix

Schon aus **Kostengründen** ist es vielfach **nicht** möglich, **sämtliche Marketinginstrumente gleichzeitig einzusetzen.** Deshalb muss aus mehreren Marketinginstrumenten eine **Auswahl getroffen** werden, und zwar hinsichtlich ihrer **Wirksamkeit** bei der Erreichung der angestrebten **Unternehmensziele**.

Wenn sich die Unternehmensleitung über die einzusetzenden Marketinginstrumente klar geworden ist, dann muss sie die **Wirkung** der einzelnen Instrumente aufeinander **abzuschätzen versuchen**. Beispielsweise ist die **Wirksamkeit der Werbung** in der Regel davon abhängig, welche **Preis-** und **Produktpolitik** betrieben wird, welche Qualität der **Kundendienst** hat u. a.

**Nicht nur** die **richtige Auswahl** und die **wechselseitige Abstimmung der Marketinginstrumente** ist wichtig, außerdem muss die **Intensität ihres Einsatzes** sowie der **Zeitpunkt der Marktaktivitäten (das Timing)** bestimmt werden.

Unter einem **Marketingmix** versteht man eine **optimale Kombination der absatzpolitischen Instrumente. Optimal** sollte sie im Hinblick auf **Art, wechselseitige Abstimmung** der Instrumente sowie hinsichtlich der **Intensität** und dem **Zeitpunkt des Einsatzes** sein.

### 2. Marketingbereiche (Submixe)

Mit dem Marketingmix wird das **Marketingkonzept (Marketingleitprogramm)** eines Unternehmens verwirklicht. Als **Gesamtheit der absatzpolitischen Aktivitäten eines Unternehmens** umfasst der **Marketingmix** im Wesentlichen **vier Bereiche**, nämlich den Produkt-, den Kontrahierungs-, den Distributions- und den Kommunikationsmix **(Submixe)**.

**Arbeitsvorlage 1:** Übersicht

**MARKETINGMIX**

| Produktmix | Kontrahierungsmix | Distributionsmix | Kommunikationsmix |
|---|---|---|---|
| z. B. ______ | z. B. ______ | z. B. ______ | z. B. ______ |
| ______ | ______ | ______ | ______ |
| ______ | ______ | ______ | ______ |
| ______ | ______ | ______ | ______ |
| ______ | ______ | ______ | ______ |
| ______ | ______ | ______ | ______ |
| ______ | ______ | ______ | ______ |

 

## **Arbeitsvorlage 2:** Ermittlung des optimalen Marketingmix

### a) Bewertung der einzelnen Marketinginstrumente

Um zu ermitteln, welche Marketingstrategie voraussichtlich die wirksamste ist, muss der **Einsatz der einzelnen Marketinginstrumente bepunktet (quantifiziert)** werden. Hierbei richten sich die zu ermittelnden **Punktzahlen** – so wird angenommen – nach zwei Gegebenheiten: nach der **Intensität des Einsatzes eines Marketinginstruments** und nach seiner **Bedeutung für die Zielerreichung des Unternehmens,** hier also in Bezug auf die geplante Umsatzsteigerung. **Je intensiver** ein **Marketinginstrument eingesetzt** wird und **je größer** seine **Bedeutung für den Absatzerfolg** eines Unternehmens ist, **desto höher** wird es **bepunktet.**

**Je nach Intensität des geplanten Einsatzes eines Marketinginstruments** ergeben sich **unterschiedliche Rangordnungen.** Hierbei bedeutet:

+ + → **stark steigender Einsatz** eines Marketinginstrumente, also Rang 1: 5 Punkte;
+ → **mäßig steigender Einsatz** eines Marketinginstruments, also Rang 2: 4 Punkte;
+ – → **unveränderte Intensität des Einsatzes eines** Marketinginstruments, also Rang 3: 3 Punkte;
– → **verringerter Einsatz** eines Marketinginstruments, also Rang 4: 2 Punkte;
– – → **stark verringerter Einsatz** eines Marketinginstruments, also Rang 5: 1 Punkt.

Die von der Geschäftsleitung der Telstar AG entworfenen **Marketingstrategien** sowie die **Gewichtung der einzelnen Marketinginstrumente** sind aus der folgenden **Tabelle** ersichtlich.

### b) Alternative Marketingstrategien der Telstar AG

| Marketing-instrumente | G | Strategie A | | | Strategie B | | | Strategie C | | | Strategie D | | | Strategie E | | |
|---|---|---|---|---|---|---|---|---|---|---|---|---|---|---|---|---|
| | | EI | RP | GP | EI | RP | GP | EI | RP | GP | EI | RP | GP | EI | RP | GP |
| 1. Werbung/ Öffentlichkeits-arbeit | 30 | + – | | | + | | | + + | | | + – | | | + – | | |
| 2. Preisgestaltung | 25 | + – | | | + + | | | + – | | | + | | | + | | |
| 3. Produkt-gestaltung | 20 | + + | | | + – | | | + | | | + – | | | + | | |
| 4. Programm-gestaltung | 10 | – | | | – – | | | + – | | | – | | | + – | | |
| 5. Vertriebspolitik | 10 | + – | | | + – | | | – | | | + – | | | + – | | |
| 6. Kundendienst (Service) | 5 | + – | | | + – | | | + – | | | + | | | + | | |
| Summe | 100 | | | | | | | | | | | | | | | |

**Zeichenerklärung:** G = **G**ewichtung – EI = **E**insatz**i**ntensität des jeweiligen Marketinginstruments – RP = **R**angordnungs**p**unkte – GP = **g**ewichtete **P**unkte

## Arbeitsaufträge

1. **Beschäftigen Sie sich** zunächst einmal mit den **Problemen**, die sich in der **Wirtschaftspraxis** bei der **Bestimmung des Marketingmix** ergeben (Sachdarstellung 1.). **Nennen Sie vier** solcher Probleme.
2. **Versuchen Sie** den **Begriff „Marketingmix"** zu **definieren**. Vergleichen Sie hierzu die Ausführungen der Sachdarstellung (1.).
3. **Ergänzen Sie** die vorstehende **Übersicht** über das Marketingmix **(Arbeitsvorlage 1**).
4. **Bestimmen Sie** mithilfe der Ausführungen in der **Arbeitsvorlage 2** die **wirkungsvollste Marktstrategie** der Telstar AG, den **Marketingmix**.
5. **Beurteilen Sie** die von Ihnen bestimmte **optimale Marktstrategie. Zählen Sie** hierbei je **zwei Vor- und Nachteile** des praktizierten Verfahrens zur Bestimmung des Marketingmix auf.

# 5.5 Werbeplanung

**Ausgangssituation**

**Vorläufige[1] und verkürzte Gewinn- und Verlustrechnung zum 31. Dezember 20..**
für das Gartencenter Hermann Ullman, Weilheim.[2]

| Aufwendungen | | GuV-Rechnung | Erträge |
|---|---|---|---|
| Summe aller Aufwendungen (ohne Werbekosten) | 3.868.000,00 | Umsatz | 4.800.000,00 |
| Werbekosten | 600.000,00 | Sonstige Erträge | 28.000,00 |
| Gewinn | 360.000,00 | | |
| | **4.828.000,00** | | **4.828.000,00** |

**Arbeitsvorlage 1:** Werbeplan für das kommende Geschäftsjahr (siehe folgende Seite)

**Arbeitsvorlage 2:** Textauszüge aus eigenem und fremdem Werbematerial

**a) Auszug aus unserem neuesten Farbkatalog:**
„Golden Delicious, Dezember bis April, Hochstamm, Halbstamm, Niederstamm, Busch oder Spalier, einjährige Veredelung. Eine Hauptanbausorte mit enormer Tragbarkeit, Frucht grünlich-gelb, sonnenseitig etwas gerötet, mit Rostpünktchen besetzt. Edler, feiner, würziger Wohlgeschmack."

**b) Auszug aus einem Werbeschreiben:**
„Besichtigen Sie unseren Rosenanzuchtbetrieb! Mehr als 200 Rosensorten erwarten Sie in einem der größten Rosenanzuchtbetriebe der Bundesrepublik Deutschland! Jeder Besucher erhält als Werbegeschenk eine Rose nach freier Wahl."

**c) Auszug aus unseren Lieferbedingungen:**
„Der Stückpreis gilt bei Abnahme bis 49 Stück, der 100-Stück-Preis gilt ab 50 bis 499 Stück, der 1 000-Stück-Preis ab 500 Stück, und zwar innerhalb ein und derselben Pflanzart, Sorte und Wuchsform."
„Für Bestellungen über 100,00 € berechnen wir keine Verpackungs- und Versandkosten."

**d) Textauszüge aus Katalogen von Konkurrenzunternehmen:**
„Der neueste Züchtungserfolg: ein Mandarinenbaum als Zimmerpflanze!"
„Ihre Erdbeererträge lassen sich problemlos verzehnfachen – durch rankende Erdbeeren! So etwas gab es bisher noch nicht!"
„Einmalig! Heidelbeeren so groß wie Kirschen – und das in Ihrem eigenen Garten!"
„Ganz neu! Das müssen Sie unbedingt ausprobieren! Säen Sie mühelos und mit viel Freude mit Rollo-Saatbändern. Nur auslegen, gießen, wachsen lassen."

**Arbeitsvorlage 3:** Auszüge aus gesammelten Werbeschriften von Konkurrenzunternehmen

a) „Garten-Heidelbeeren. Ernten Sie Jahr für Jahr eine Riesenmenge zuckersüßer, kirschgroßer Früchte in Ihrem eigenen Garten!" Testergebnis eines Hobbygärtners: Der durchschnittliche Jahresertrag eines Strauches betrug ein bis zwei Pfund. Größe und Geschmack entsprachen weitgehend dem der Waldheidelbeeren.

b) „Gönnen Sie sich eine Freude! Machen Sie einen Versuch mit unseren Brassica-oleracea-capitata-alba-Saaten mit dem Plus-Effekt!"

c) Werbeslogan eines Konkurrenzunternehmens ...
- in Zeitungsanzeigen: „Staufen-Gartencenter – das **Fachgeschäft**, das Ihr Vertrauen verdient!"
- in Werbeschreiben: „Staufen-Gartencenter – das Geschäft mit der **Riesenauswahl**!"
- in Werbedrucksachen: „Staufen-Gartencenter – das Geschäft mit den **Super-Discountpreisen**!"

d) „**Unbelastetes** Gemüse ernten Sie in unserem Omega-Kleingewächshaus."

e) „Zur Erntezeit veranstalten wir jeden Samstag ein großes **Erdbeer-Baby-Sitting**, wobei die Eltern ungehindert auf unseren Feldern Erdbeeren pflücken können, während die Kinder von uns beaufsichtigt und mit Erdbeeren und Süßigkeiten versorgt werden!"

f) Auszug aus unserer Verkaufsstatistik: Umsatz im Mai des Vorjahres: 300.000,00 €, Umsatz im Mai dieses Jahres: 400.000,00 €. Anmerkung des Verkaufsleiters: Werbeaktion im April dieses Jahres (Rundschreiben an alle wichtigen Kunden).

1 Die einzelnen Zahlenwerte mussten am Beginn des neuen Geschäftsjahres für die Zwecke der Werbeplanung teilweise geschätzt werden.
2 Aus: Horst W. Stierand, Die Werbung, in: Erziehungswissenschaft und Beruf, Vierteljahresschrift für Unterrichtspraxis und Lehrerbildung, Merkur Verlag, Rinteln, 35. Jg., Heft 1, 1. Quartal 1987.

 

**Arbeitsvorlage 1:** Werbeplan für das kommende Geschäftsjahr

## WERBEPLAN 20..

| (b) WIE WERBEN? = Streu-____ / Streuung → | (c) WIE VIEL JE WERBEMITTEL = Streu ____ | | (d) WANN? | | WANN? | | WANN? | | WANN? | | (e) WER? = Streu ____ | (f) WO? = Streu ____ |
|---|---|---|---|---|---|---|---|---|---|---|---|---|
| | | | = Streu ____ | | | | | | | | | |
| | % | Betrag | V* | Frühjahr | V* | Sommer | V* | Herbst | V* | Winter | Zielgruppen (Adressaten) | Geografischer Bereich der Werbung |
| **Farbkataloge** | 60 | | 4 | | 1 | | 3 | | 2 | | Bisherige Kunden + Interessenten, Fachhändler, Hobbygärtner | Umkreis von Weilheim (20–30 km) |
| **Anzeigen in Fachzeitschriften** | 10 | | 4 | | 1 | | 2 | | 3 | | | Göppingen, Eislingen, Geislingen, Kirchheim (Teck), Nürtingen, Wendlingen, Köngen, Plochingen, Esslingen |
| **Werbedrucksachen** | 15 | | 2 | | 2 | | 2 | | 4 | | Bisherige Kunden + Interessenten | |
| **Werbebriefe** | 10 | | 6 | | – | | 4 | | – | | | |
| **Ausstellungen** | 5 | | – | | – | | 10 | | – | | Ausstellungsbesucher | Weilheim |
| **Summen:** | 100 | 600.000,00 | | | | | | | | | | |

(a) ***WIE VIEL INSGESAMT?***

________________ oder

________________

* V = Verhältniszahl

## Arbeitsvorlage 4: Karikatur zur Macht der Werbung

*Werbung weckt Bedürfnisse*

aus: Werbung in Grenzen – Report über Werbekontrolle in Deutschland, edition ZAW, 11. Aufl., Bonn 1994, S. 13

## Arbeitsaufträge und Fragen zur Stofferschließung

1. **Analysieren Sie** die **GuV-Rechnung** des Gartencenters Ullmann.
   a) **Wie viel Prozent** des Umsatzes betragen die **Werbekosten**?
   b) **Wie** ist das **Verhältnis** dieser **Kosten zum Gewinn** (Prozentsatz angeben)?
   c) **Wie** muss die Firma Ullmann **vorgehen**, wenn sie eine verhältnismäßig große Summe für Werbung ausgibt und damit bestimmte Ziele erreichen will?
2. **Beschäftigen Sie sich** nun mit dem **Werbeplan (Arbeitsvorlage 1)**.
   a) **Ergänzen Sie** das **Zahlenmaterial** in diesem Werbeplan.
   b) **Erarbeiten Sie** im Unterrichtsgespräch mit Ihrem Lehrer die **sechs Bestandteile (Elemente) des Werbeplans** der Firma Ullmann (Punkte a bis f). Zu jedem der im Werbeplan angegebenen **Fragewörter** passt einer der folgenden **Spezialbegriffe** der Werbelehre: Streugebiet(-region) – Streudichte – Streuzeit – Streumittel (Werbemittel) – Streukreis – Werbeetat bzw. Werbebudget.
3. **Fertigen Sie eine Übersicht** über die Werbeplanung nach folgendem Muster an:

**DIE WERBEPLANUNG**

| 1 | 2 | 3 |
|---|---|---|
| **Bestandteile** (Elemente) des Werbeplans | **Zielsetzungen** der Werbung (Werbeziele) | **Anforderungen** an die Werbung (Werbegrundsätze) |

   **Format** der Übersicht: etwa eine A4-Seite. Sie wird im Folgenden **schrittweise ergänzt**.
4. **Tragen Sie** zur Wiederholung die ermittelten **BESTANDTEILE (Elemente) des Werbeplans** mit den dazugehörigen **Fragen** in die **Übersicht** über die Werbeplanung ein (**linke Spalte**). (Vgl. Sie hierzu Arbeitsauftrag 2.b.)
5. **Lesen Sie** die **Auszüge aus eigenem und konkurrenzseitigem Werbematerial (Arbeitsvorlage 2)** aufmerksam durch. **Überlegen Sie sich, welche ZIELSETZUNGEN** die Werbenden jeweils mit den einzelnen Werbebotschaften verfolgen.
   **Tragen Sie** das Ergebnis Ihrer Überlegungen wiederum in die Übersicht über die Werbeplanung **(mittlere Spalte)** ein.
6. **Analysieren Sie** nun noch die **Auszüge aus gesammelten Werbeschriften von Konkurrenzunternehmen (Arbeitsvorlage 3)** dahin gehend, **welche ANFORDERUNGEN an die Werbung** gestellt werden, wenn sie Erfolg haben soll.
   **Tragen Sie** die von Ihnen erarbeiteten **Werbegrundsätze** wiederum in die **Übersicht (rechte Spalte)** ein.
7. **Halten Sie** auf der Grundlage der erarbeiteten **Übersicht** einen **Kurzvortrag** zum **Thema „Werbeplanung“**.
8. **Interpretieren Sie** abschließend noch die vorstehende **Karikatur** (**Arbeitsvorlage 4**).

# 5.6 Der Produktlebenszyklus

**Zum Beispiel Maggi-Würze: Ein Produkt mit einem sehr langen Lebenszyklus**

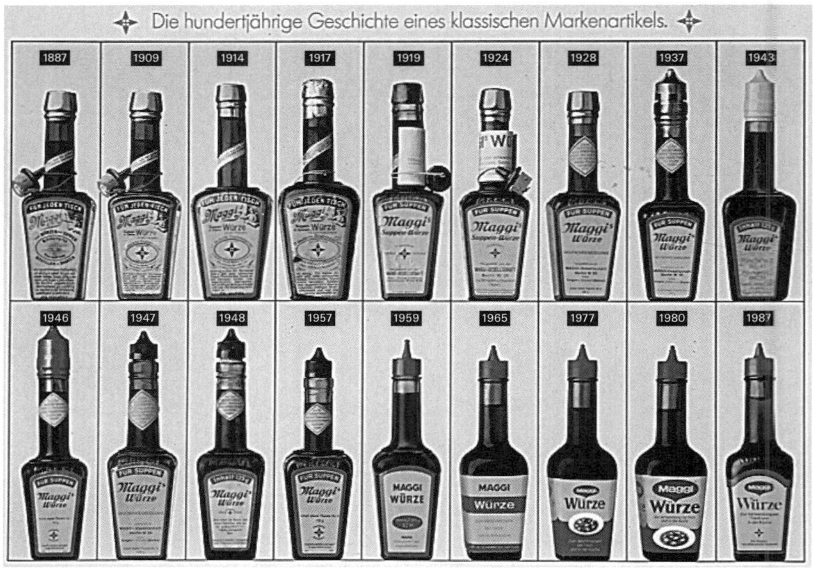


**Geschichte einer Flasche: Über 100 Jahre Maggi auf einen Blick** Bild: Maggi
aus: Sonntag aktuell, Südwestpresse Ulm, vom 28. März 1993

## Ausgangssituation

Die Zweirad AG in Bielefeld hat seit zwölf Jahren das Kinderfahrrad Modell „Sausewind" im Programm. In dieser Zeit wurden mehr als 250 000 Stück verkauft. In letzter Zeit ist jedoch der Absatz stark rückläufig. Hauptursache hierfür sind technisch verbesserte und neu gestylte Kinderfahrräder aus den Niederlanden und aus Italien.

Wegen der deutlichen Umsatzeinbrüche wird in der Geschäftsleitung der Zweirad AG überlegt, ob das Modell „Sausewind" aus dem Produktionsprogramm herausgenommen werden soll.

## Sachdarstellung

### 1. Die begrenzte Lebensdauer von Produkten

Ein Unternehmen, das seine Produkte über längere Zeit hinweg technisch und ausstattungsmäßig unverändert anbietet, erleidet in einer evolutorischen Wirtschaft im Laufe der Zeit Umsatzeinbußen, da **verbesserte Konkurrenzprodukte** auf den Markt kommen. Infolge des **technischen Fortschritts** und **veränderter Konsumwünsche** müssen Produkte nach einer bestimmten „Lebensdauer" aufgegeben werden. Hieraus wird deutlich, dass jedes Produkt einen kürzeren oder längeren **Markt-Lebenszyklus** durchläuft. Er kann je nach Art des Produkts sehr verschieden sein; im Idealfall weist er **fünf Phasen** auf.

### 2. Der idealtypische Produktlebenszyklus (5-Phasen-Schema)

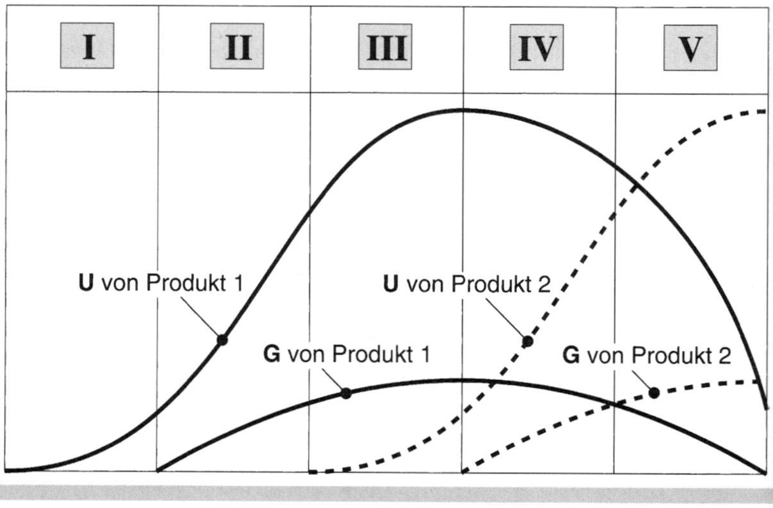


Zeichenerklärung:
**U** = Umsatz
**G** = Gewinn

### Arbeitsvorlage 1: Kennzeichen der einzelnen Phasen des Produktlebenszyklus

(1) Das Produkt ist zur Selbstverständlichkeit geworden.
(2) Einsetzen starker Nachfrage nach dem Produkt.
(3) Auftauchen von immer mehr Konkurrenten bei steigender Marktsättigung.
(4) Die Kosten sind höher als die Umsatzerlöse (hohe Entwicklungs-, Werbungs- und Distributionskosten; außerdem hohe Produktionsstückkosten wegen geringer Stückzahl).
(5) Auftauchen überlegener und völlig neuer Konkurrenzprodukte.
(6) Erste Nachahmungsversuche der Konkurrenz.
(7) Verfeinerung der Produktgestaltung, um den differenzierten Ansprüchen der Verbraucher gerecht zu werden.
(8) Überwindung von erheblichen Marktwiderständen, z. B. durch Einräumung kulanter Lieferungs- und Zahlungsbedingungen.
(9) Verbessertes Serviceangebot, um die Umsatzeinbußen aufzufangen und um das eigene Produkt gegenüber dem Konkurrenzangebot attraktiver zu machen.
(10) Aktivierung latenter Nachfrage durch intensiven Werbemitteleinsatz; starke Umwerbung der Opinionleaders, der meinungsbildenden Schicht.
(11) Preisunterbietungen und steigende Kosten für Absatzförderungsmaßnahmen führen zu rückläufigen Gewinnen.
(12) Starker Umsatzrückgang erzwingt die Aufgabe des Produkts.
(13) Das Produkt wird nur in wenigen Typen auf den Markt gebracht.
(14) Produktdifferenzierungen werden vorgenommen, um die Umsatz- und Gewinneinbußen abzufangen und um neue Käuferschichten zu erschließen.
(15) Einführung eines neuen Produkts am Ende dieser Phase empfehlenswert (Markterneuerungsprogramm), um die kontinuierliche Entwicklung von Umsätzen und Gewinnen sicherzustellen.
(16) Verpackungspolitik und Verkaufsförderung gewinnen für die weitere Umsatzentwicklung zentrale Bedeutung.
(17) Verlassen der Verlustzone und Erzielung steigender Gewinne.
(18) Spätester Zeitpunkt für den Aufbau eines neuen Produkts.
(19) Austragung des Wettbewerbs über die Preise und Konditionen.

### Arbeitsvorlage 2: Übersicht (5-Phasen-Schema)

| Phasen | I | II | III | IV | V |
|---|---|---|---|---|---|
| Bezeichnung der Phasen | | | | | |
| Verlauf der Umsatzkurve | | | | | |
| Verlauf der Gewinnkurve | | | | | |
| Ideale Umsatzverteilung | | | | | |
| Typische Kennzeichen der einzelnen Phasen | | | | | |

### Arbeitsvorlage 3: Arten von Produktlebenszyklen (realtypische Produktlebenszyklen)

(siehe folgende Seite)

## Arbeitsaufträge und Fragen zur Stofferschließung

1. **Warum** haben Produkte nur eine **begrenzte Lebensdauer**?
2. **Welcher Beziehungszusammenhang** besteht zwischen der **Intensität des technischen Fortschritts** und der **Produktlebensdauer?**
3. **Ordnen Sie** die in **Arbeitsvorlage 1** angegebenen **Kennzeichen** den einzelnen **Phasen des Produktlebenszyklus zu. Lösungsbeispiel:** (1)/III
4. **Ergänzen Sie die Arbeitsvorlage 2** mithilfe folgender **Angaben:**
   - **Phasenbezeichnungen:** Einführungs-, Expansions-, Degenerations-, Niedergangs-, Reife-, Sättigungs-, Stagnations-, Verfall-, Wachstumsphase. Beachten Sie, dass es sich hierbei teilweise um synonyme (bedeutungsgleiche) Begriffe handelt.
   - **Umsatzkurve:** stark rückläufig – stark steigend – steigend – schwach steigend bzw. relativ konstant – leicht sinkend.

 

- **Gewinnkurve:** leicht steigend bzw. relativ konstant – rückläufig – stark rückläufig – stark steigend – negativ (Verlustzone).
- **Ideale Umsatzverteilung** (in % des Gesamtumsatzes): 10–15 %/20 %/10–15 %/40–50 %/20 %.
- **Typische Kennzeichen der einzelnen Phasen:** Zu jeder Phase sind die jeweiligen Nummern anzugeben, so wie sie in Arbeitsauftrag 3 ermittelt wurden.

5. **Stellen Sie** anhand der Sachdarstellung (2.) fest, **welcher Beziehungszusammenhang** zwischen der **Umsatzkurve** des sich auf dem Markt befindlichen Produkts (Produkt 1) und derjenigen des Nachfolgeprodukts (Produkt 2) besteht. Gehen Sie hierbei auch auf die **Gewinnentwicklung** bei beiden Produkten ein.
6. **Versuchen Sie** die in **Arbeitsvorlage 3** dargestellten **Produktlebenszyklen näher zu bestimmen**. In Betracht kommen folgende Zyklusarten:
   - Lebenszyklus für Modegüter,
   - Lebenszyklus für ein wachstumsstarkes Produkt,
   - Lebenszyklus für ein wachstumsschwaches Produkt,
   - Normal verlaufender Lebenszyklus,
   - Lebenszyklus einer gescheiterten Neueinführung („Flop“),
   - Lebenszyklus eines Produkts, bei dem in der Sättigungsphase verstärkte Absatzaktivitäten (z. B. Werbemaßnahmen) eingeleitet werden, um den Umsatz erneut in die Höhe zu treiben (sog. Verlängerungsstrategie).
7. **Beurteilen Sie** abschließend noch die **Ausgangssituation**. Kann die Produktelimination des Modells „Sausewind“ vermieden werden?

**Arbeitsvorlage 3:** Arten von Produktlebenszyklen (realtypische Produktlebenszyklen)

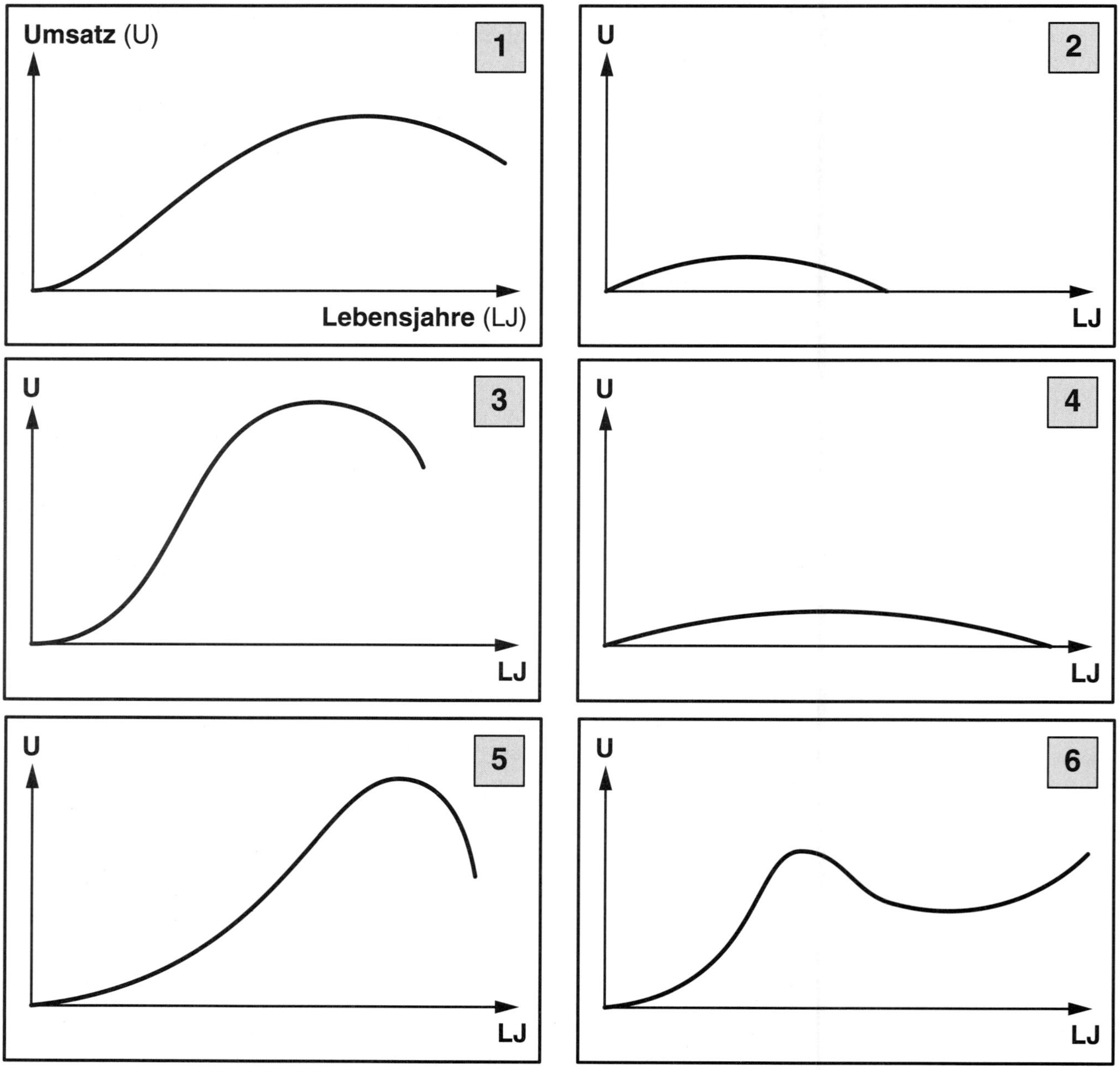

# 5.7 Produktelimination

**Meldungen aus dem Wirtschaftsteil der Tageszeitung:**

„Metzeler produziert keine Lkw-Reifen mehr."

„Hertie zeigt sich umweltbewusst – 2 000 Artikel aus dem Sortiment gestrichen."

„4711 stellt die Produktion von Seife ein."

„Gruner und Jahr (Düsseldorf) stellen die Frauenzeitschrift ‚Viva' ein."

## Ausgangssituation

**Welches Produkt muss aus dem Produktionsprogramm genommen werden?**

Die Thüringische Elektroartikel GmbH steckt in Absatzschwierigkeiten. Von der Geschäftsleitung werden Maßnahmen zur Verkaufsförderung eingeleitet. Nach der Überprüfung des Produktionsprogramms wurde auch die Elimination mehrerer Produkte vorgeschlagen.

**Die Kosten- und Erlössituation für die Produkte A, B und C stellt sich wie folgt dar:**

| Produkte | A | B | C |
|---|---|---|---|
| Nettoerlöse in € | 22,00 | 18,00 | 15,50 |
| Variable Kosten in € | 16,00 | 15,50 | 9,00 |
| Durchschnittliche Absatzmenge je Monat in Stück | 8 000 | 4 000 | 12 000 |
| Erzeugnisfixe Kosten je Monat in € | 25.000,00 | 18.000,00 | 48.000,00 |

## Sachdarstellung

### 1. Begriff

Produktelimination bedeutet die **Herausnahme eines Produkts aus dem Produktionsprogramm eines Industriebetriebes oder aus dem Sortiment eines Handelsbetriebes**. Produktelimination betrifft also die Programm- oder Sortimentsgestaltung.

Die Produktelimination kann Auswirkungen auf die **Breite** oder auf die Tiefe des Produktionsprogramms oder des Sortiments haben. Ohne eine solche Bereinigung würde das Produktionsprogramm bzw. das Sortiment immer breiter oder tiefer. Durch das **Mitschleppen umsatzschwacher und unrentabler Artikel** ergeben sich negative Auswirkungen auf die betriebliche **Kosten- und Gewinnsituation**.

### 2. Situationsanalyse

Bevor ein Produkt aus dem Produktionsprogramm bzw. aus dem Sortiment eliminiert wird, müssen möglichst **genaue Analysen** durchgeführt werden, beispielsweise Umsatz-, Kosten- und Gewinnberechnungen. Zu klären sind hierbei u. a. Fragen wie diese:

- **Welchen Beitrag** leistet das Produkt **zur Abdeckung der Fixkosten und zur Gewinnerzielung?**
- **Welche zukünftigen Umsatzerwartungen** vermag das Produkt zu erfüllen?
- Kann durch eine **Produktvariation** oder eine **Produktdifferenzierung** die Elimination vermieden werden?
- **Welchen Beitrag** leistet das zu eliminierende Produkt **zum Absatz anderer Güter (Komplementärgüter)?**

### 3. Entscheidungskriterien

**Maßgeblich für die Herausnahme** eines Produkts aus dem Produktionsprogramm oder aus dem Sortiment können mehrere Kriterien sein, z. B. eine negative Umsatz- oder Marktanteilsentwicklung, die Änderung der Verbrauchsgewohnheiten, Modeänderungen, häufige Reklamationen, fehlende Umweltverträglichkeit (verbunden mit einer Beeinträchtigung des Firmenimages), sinkender Beitrag zur Abdeckung der Fixkosten oder Verlusterzielung, die Änderung gesetzlicher Vorschriften (z. B. Verschärfung der Umweltschutzvorschriften, der Produkthaftung, Einfuhrverbote), Störungen im Produktionsablauf, abnehmender Umsatzanteil am Gesamtumsatz (Auslaufmodell), sinkende Rentabilität (Verhältnis von Gewinn zu eingesetztem Kapital), sinkender Kapitalumschlag (beispielsweise lange Lagerdauer des Produkts im Fertigwarenlager).

Die genannten Entscheidungskriterien können in **zwei Gruppen** eingeteilt werden, in die **quantitative** und in die **qualitative Produktbeurteilung**. Vorteilhaft ist bei der quantitativen Produktbeurteilung die rechnerische Nachprüfbarkeit; nachteilig wirkt sich jedoch aus, dass sich in der Wirtschaftspraxis Kosten und Erlöse nicht immer zweifelsfrei einem bestimmten Produkt genau zurechnen lassen.

**4. Die Deckungsbeitragsrechnung**

**Eines der wichtigsten Entscheidungskriterien** bei der Produktelimination ist der **Deckungsbeitrag**.

In der Deckungsbeitragsrechnung werden die **Gesamtkosten in variable und erzeugnisfixe Kosten aufgeteilt**. Der **Deckungsbeitrag I** zeigt auf, inwieweit durch den **Verkaufspreis** die **variablen Stückkosten abgedeckt** werden bzw. was noch **zur Abdeckung der fixen Stückkosten und eines Gewinns übrig bleibt.** Wird der **Stückkostendeckungsbeitrag mit der Absatzmenge multipliziert,** dann ergibt sich der **gesamte Deckungsbeitrag I**.

Von dieser Größe werden die **erzeugnisfixen Kosten abgezogen**; das Ergebnis ist der **Deckungsbeitrag II.** Er gibt an, inwieweit **durch die Verkaufserlöse sowohl die variablen als auch die erzeugnisfixen Kosten abgedeckt** sind.

Die **Formeln** für die Ermittlung der einzelnen Deckungsbeiträge lauten wie folgt:

Verkaufspreis pro Stück (Nettoerlös)
– variable Kosten pro Stück

Deckungsbeitrag pro Stück **(Deckungsbeitrag I)**

Stückdeckungsbeitrag · verkaufte Stück (z. B. je Monat)
= Deckungsbeitrag I insgesamt (z. B. je Monat)
– erzeugnisfixe Kosten (z. B. je Monat)

Deckungsbeitrag je Monat **(Deckungsbeitrag II)**

## Arbeitsaufträge und Fragen zur Stofferschließung

1. **Mit welchem Fachbegriff** können die in der **Ausgangssituation** genannten **Zeitungsmeldungen** bezeichnet werden?
2. **Versuchen Sie** eine **Definition** des Begriffs „Produktelimination".
3. **Nennen Sie drei Probleme**, die geklärt werden müssen, bevor ein Produkt **endgültig** aus dem Programm bzw. aus dem Sortiment **herausgenommen** wird.
4. **Teilen Sie** entsprechend den Gepflogenheiten in der betriebswirtschaftlichen Literatur die in der **Sachdarstellung (3.)** angegebenen **Entscheidungskriterien bei der Produktelimination** nach folgendem **Schema** ein:

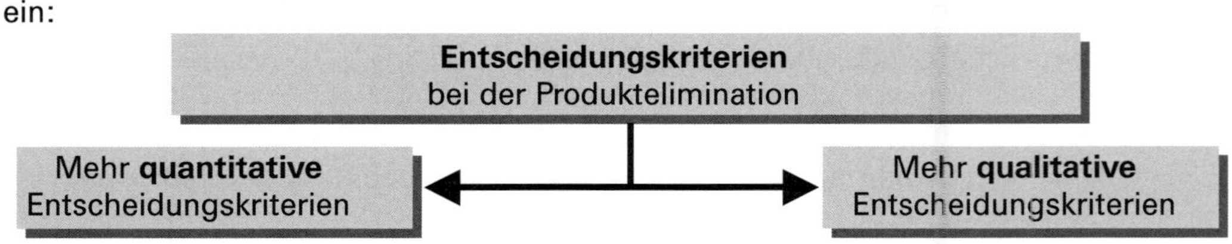


5. **Was** wird mit dem **Deckungsbeitrag pro Stück (Deckungsbeitrag I)** zum Ausdruck gebracht?
6. **Welche Aussage** macht der **Deckungsbeitrag II** eines Produkts?
7. **Lösen Sie** entsprechend der in der **Sachdarstellung (4.)** angegebenen **Formel** das **Rechenbeispiel der Ausgangssituation**.
   a) **Entscheiden Sie,** welches Produkt aus dem **Produktionsprogramm herauszunehmen** ist.
   b) **Wie wirkt sich** die Elimination auf den **monatlichen Gewinn** aus?
   c) **Nennen Sie Tatbestände**, die trotz eines negativen Deckungsbeitrags **gegen die Elimination** eines Produkts aus dem Gesamtprogramm sprechen könnten.

# 5.8 Produktdiversifikation

## Ausgangssituation

**1. Produktdiversifikation bei der VEW Aktiengesellschaft**

**Wenn wir Diversifikation sagen, schließen unsere Kunden messerscharf auf Vielseitigkeit.**

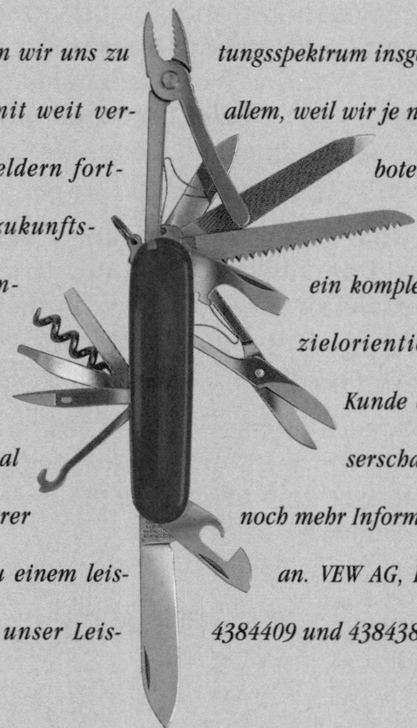

*Über die Energieversorgung hinaus haben wir uns zu einem Dienstleistungsunternehmen mit weit verzweigten Geschäfts- und Kompetenzfeldern fortentwickelt. Heute sind wir auf solch zukunftsträchtigen Märkten wie Entsorgung, Umwelttechnik, Infrastruktur-Dienstleistungen und Telekommunikation mit Know-how und einem beträchtlichen Potenzial an Synergien tätig – zum Nutzen unserer Kunden. Die Vielseitigkeit macht uns zu einem leistungsstarken Partner. Nicht nur, weil unser Leistungsspektrum insgesamt gewachsen ist, sondern vor allem, weil wir je nach Kundenwunsch unsere Angebote individuell kombinieren können. Sei es ein Detailauftrag oder ein komplexes Projekt, wir verwirklichen es zielorientiert und effizient – so wie der Kunde es benötigt. Wenn Sie jetzt messerscharf schließen, dass Sie eigentlich noch mehr Informationen brauchen, rufen Sie bitte an. VEW AG, Public Relations, Telefon 0231-4384409 und 4384382.*

VEW Aktiengesellschaft

AGENTA

**2. Produktdiversifikation bei anderen deutschen Großunternehmen**

**In seinem Buch über „Die kleinen Seitensprünge großer Unternehmen" hat der Autor Lutz Dreesbach aufgelistet, was sich deutsche Konzerne so alles an Ablegern leisten:**

- **VW z. B. hält 67,3 % an einer Farm in Brasilien (140 000 Hektar, 100 000 Rinder);**
- **BASF betreibt seit 1908 eine hauseigene Weinkellerei (Jahresumsatz 1,5 Millionen Flaschen);**
- **Henkel bietet neben Waschmitteln auch Hunde- und Katzenfutter an;**
- **Krupp formt nicht nur Eisen und Stahl, sondern bildet auf der firmeneigenen „Germania IV" Hochseesegler aus;**
- **Oetker stellt nicht nur Backpulver her, sondern entwickelt Aktivitäten im Bierbrauen, im Versicherungsgeschäft, in der Schifffahrt, im Bankfach und im Hotelgewerbe.**

**Die Reihe dieser Beispiele könnte noch lange fortgesetzt werden.**

## Sachdarstellung

### 1. Begriffliches

Diversifikation liegt vor, wenn ein Unternehmen **bisher noch nicht von ihm geführte Produkte in sein Produktionsprogramm (Industriebetrieb) oder in sein Sortiment (Handelsbetrieb) aufnimmt oder zusätzliche Dienstleistungen** (z. B. Maklerdienste der Banken) **anbietet (Dienstleistungsbetriebe)**, um damit **in neue, bisher noch nicht erreichte Märkte einzudringen.**

**2. Arten der Diversifikation**

- **Horizontale Diversifikation** liegt vor, wenn das Produktionsprogramm bzw. Sortiment durch Produkte erweitert wird, die auf der **gleichen Produktionsstufe** wie die bisher gefertigten bzw. geführten angesiedelt sind. Beispielsweise stellt eine Küchenmöbelfabrik auch noch Wohnzimmermöbel her. In diesem Falle besteht zwischen dem bisher gefertigten und den neu ins Produktionsprogramm aufgenommenen Produkten ein **sachlicher Zusammenhang**. Dieser Verknüpfungspunkt kann das zur Produktion verwendete Material (z. B. Holz), die Nutzung des vorhandenen Produktions- oder Vertriebsapparates oder die Belieferung der gleichen Abnehmergruppe sein.

- **Vertikale Diversifikation** erfolgt durch **Ausdehnung der unternehmerischen Aktivitäten auf eine vor- oder nachgelagerte Produktionsstufe**. Beispielsweise kauft eine Möbelfabrik ein Furnierwerk auf oder sie beteiligt sich an einem großen Möbelhaus in der Nähe ihres Standorts. Der **Beziehungszusammenhang** der neuen mit den bisherigen unternehmerischen Aktivitäten kann also entweder in **Richtung Beschaffung** oder in **Richtung Absatz** hergestellt werden.

- **Laterale Diversifikation** bedeutet **Vorstoß in neue Gebiete der Produktion** und in **neue Märkte**. Ein **sachlicher Beziehungszusammenhang** zur bisherigen Angebotspalette ist **nicht vorhanden**. Deshalb kann in diesem Falle streng genommen überhaupt **nicht** von **Diversifikation** gesprochen werden. Es liegt vielmehr eine **Konglomeratbildung** vor, die zu sog. **Mischkonzernen** führt.

  **Beispiel:** Eine Süßwarenfabrik gliedert sich eine Fahrradfabrik an. Entstehen können solche Mischkonzerne durch **Aufkauf** anderer Unternehmen, durch Zusammenschluss mit anderen Unternehmen, aber auch durch **Neugründung** oder **Kapitalbeteiligungen**.

## Arbeitsaufträge und Fragen zur Stofferschließung

1. **Nennen Sie zwei Merkmale**, die den Begriff „Diversifikation" **wesenhaft** bestimmen.
2. **Stellen Sie** mithilfe der Ausführungen in der **Sachdarstellung (2.)** fest, um **welche Art von Diversifikation** es sich bei dem **in der Ausgangssituation angeführten Beispiel** handelt.
3. **Was** lässt sich **kritisch** zur **lateralen Diversifikation** sagen?
4. **Wie unterscheidet sich** die **horizontale** von der **vertikalen Diversifikation?**
5. **Versuchen Sie** mithilfe der folgenden **Stichwörter** herauszufinden, **welche Motive** der Diversifikation zugrunde liegen können und **welche Zielsetzungen** damit verfolgt werden.

   **Stichworte:**

   (1) Produktionskapazitäten
   (2) Vertriebsorganisation
   (3) Abhängigkeit
   (4) Unternehmenswachstum
   (5) Rentabilität
   (6) Konkurrenz und ruinöser Wettbewerb
   (7) finanzielle Reserven
   (8) Unternehmensrisiko
   (9) Bedürfnisse der Abnehmer

## 5.9 Der optimale Vertriebsweg

**Ausgangssituation**

Der Elektroingenieur Dieter Krause stellt seit sechs Jahren mit Marmor verkleidete 3-Wege-Lautsprecherboxen her, die ihm einen hervorragenden Ruf als Boxenhersteller eingebracht haben. Durchschnittlich verkauft er pro Jahr auf direktem Wege per Katalog 140 Stück zum Einzelpreis von 20.000,00 € an Hi-Fi-Liebhaber. Nach einer Marktanalyse erweitert Dieter Krause sein Produktionsprogramm um vier Modelle, die er zu Preisen von 800,00 bis 2.500,00 € anbietet. Er plant jährlich nur etwa 4 000 Stück herzustellen, um den besonderen Ruf seiner Produkte zu wahren.
Mit der Erweiterung des Produktionsprogramms stellt sich für Krause die Frage nach der bestmöglichen Absatzmethode.

**Sachdarstellung**

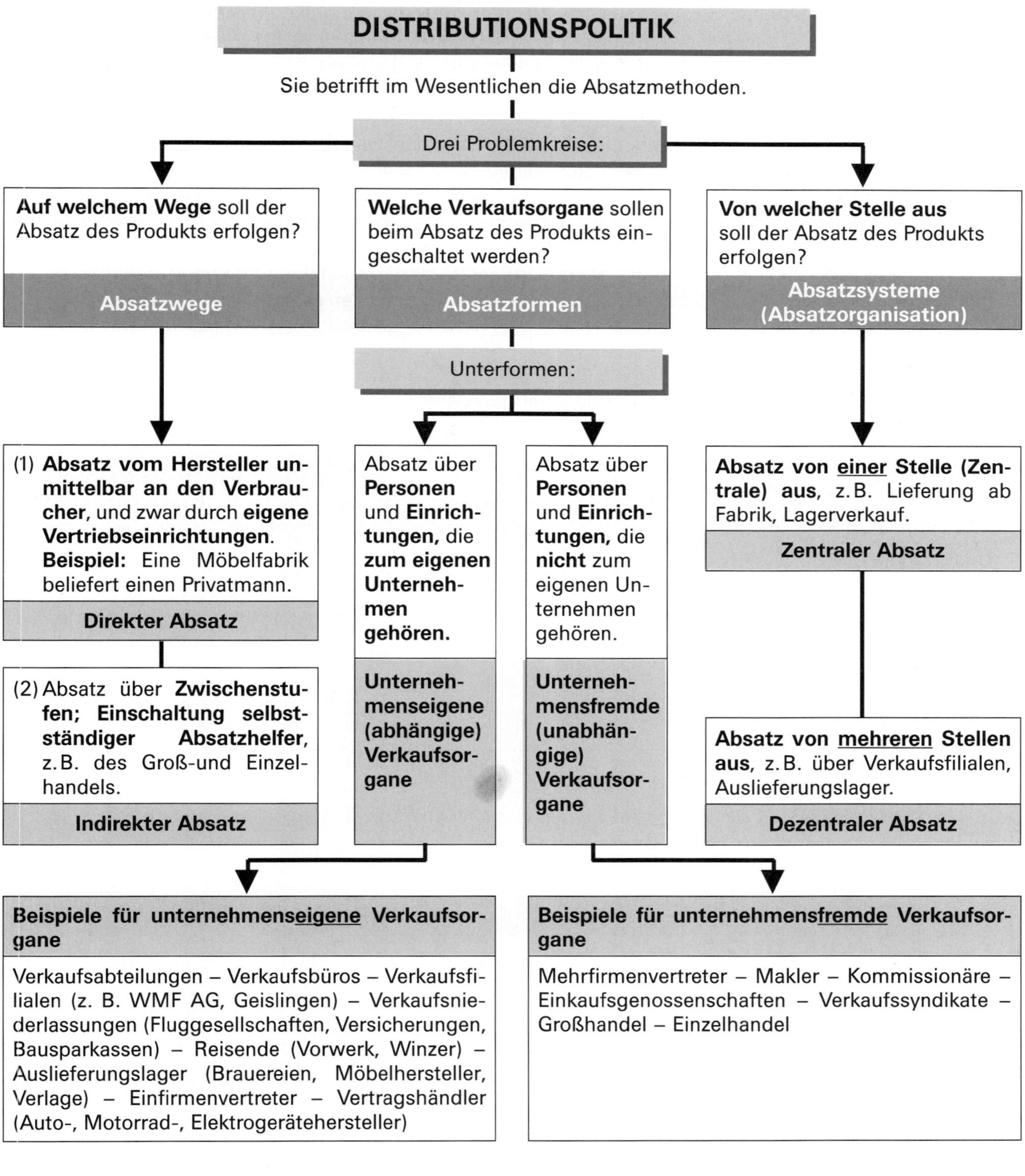

## Arbeitsvorlage 1: Bestimmungsfaktoren für die Wahl des optimalen Absatzweges

(1) Unmittelbarer Kontakt mit den Kunden, dadurch evtl. bessere Absatzchancen.
(2) Hohe Vertriebskosten, da die Funktionen des Handels übernommen werden müssen.
(3) Erfordert einen größeren Kapitalbedarf für die Absatzorganisation und die Lagerhaltung.
(4) Dieser Absatzweg erlaubt dem Hersteller eine starke Einflussnahme auf die Absatzmärkte.
(5) Durch die Ausschaltung des Handels kommen die sonst dem Händler zufließenden Gewinne dem Hersteller selbst zugute (Provisionen, Händlerrabatte).
(6) Der Produzent ist nicht der Einkaufsmacht von Großeinkäufern (z. B. Großmärkten) ausgesetzt.
(7) Hohe fixe Kosten für Personal, Lager, Transporteinrichtungen.
(8) Der Produzent selbst muss die zwischen ihm und seinen Abnehmern entstehenden Spannungen überwinden und beseitigen.
(9) Der Hersteller hat einen starken Einfluss auf die Förderung des Absatzes seiner Produkte; er kann seinen Absatzorganen sämtliche Aktivitäten vorschreiben, so die Art der Werbung, der Raumgestaltung, des Sortimentsaufbaus, des Personaleinsatzes, der Preisgestaltung und die Lieferbedingungen.
(10) Der Produzent hat ein stärkeres Interesse am Absatz seiner Produkte als der Handel, da Letzterer auch Konkurrenzprodukte anbietet und den Abnehmern die Wahl überlässt.
(11) Kundenwünsche erreichen ohne Umwege den Hersteller (unmittelbare Rückkopplung von Verbraucherwünschen).
(12) Raschere Belieferung der Kunden möglich (kürzere Vertriebswege).
(13) Ein Großteil des Absatzrisikos (Preisrisiko, Lagerrisiko) kann vom Hersteller nicht auf andere abgewälzt werden.
(14) Bessere Beratung und Betreuung der Kunden durch gut geschulte unternehmenseigene Fachleute möglich.
(15) Viele Produkte sind erst im Rahmen eines Sortiments voll verkaufsfähig (größere Anziehungskraft).
(16) Kleine Auftragsgrößen und Beschäftigungsschwankungen machen es dem Hersteller unmöglich, den Produktionsplan langfristig aufzustellen und die Produktionskapazitäten gleichmäßig auszulasten.

## Arbeitsvorlage 2: Bewertungstabelle ohne Gewichtung

| Absatzwege → / Beurteilungskriterien ↓ | Direkter Verkauf an Kunden (Punkte) | Verkauf über Großhändler (Punkte) | Verkauf über ausgewählte Facheinzelhändler (Punkte) |
|---|---|---|---|
| Vertriebskosten | | | |
| Wahrung der Exklusivität | | | |
| Qualität der Kundenberatung | | | |
| Möglichkeit einen breiteren Kundenkreis anzusprechen | | | |
| Summe der Punkte | | | |

## Arbeitsvorlage 3: Bewertungstabelle mit vorgegebener Gewichtung

| Absatzwege → / Beurteilungskriterien ↓ | Gewichtung | Direkter Verkauf an Kunden | | Verkauf über Großhändler | | Verkauf über ausgewählte Einzelhändler | |
|---|---|---|---|---|---|---|---|
| | | EP[1] | GP[1] | EP[1] | GP[1] | EP[1] | GP[1] |
| Vertriebskosten | 20 | | | | | | |
| Wahrung der Exklusivität | 30 | | | | | | |
| Qualität der Kundenberatung | 40 | | | | | | |
| Möglichkeit ... (s. o., AV2) | 10 | | | | | | |
| Summe der Punkte | 100 | | | | | | |

[1] EP = **E**inzel**p**unkte – GP = **G**ewichtete **P**unkte

## Arbeitsaufträge und Fragen zur Stofferschließung

**1.** Bevor Sie die im Zusammenhang mit der **Ausgangssituation** gestellte **Frage** beantworten können, müssen Sie sich zunächst einmal mit den verschiedenen **Absatzmethoden** befassen.

**Beantworten Sie** nach eingehender Beschäftigung mit der **Übersicht über die Absatzmethoden** die nachfolgenden **Fragen**.

a) **Welche drei Problemkreise** umschließt der Begriff **„Absatzmethode"?**

b) **Nennen Sie je fünf Beispiele** für **unternehmenseigene** und **unternehmensfremde Verkaufsorgane**.

c) **Wie unterscheidet sich direkter** von **indirektem Absatz?**

d) **Wie unterscheidet sich zentraler** von **dezentralem Absatz?**

**2.** Bei **indirektem Absatz** vertreibt der Hersteller seine Leistungen über den **Handel** und/oder über selbstständige **Absatzvermittler** (z. B. Handelsvertreter, Handelsmakler).

**Zeigen Sie** nach dem unten stehenden **Lösungsmuster weitere Möglichkeiten des indirekten Absatzes** auf. Es handelt sich hierbei um mögliche **Kombinationen** von selbstständigen Absatzhelfern und Absatzvermittlern, wie sie in der vorstehenden Übersicht (Sachdarstellung) als **Beispiele für betriebsfremde (selbstständige) Verkaufsorgane** angegeben sind.

**Abkürzungen:** H = Hersteller, HV = Handelsvertreter, Ma = Makler, EV = Endverbraucher, Ko = Kommissionär, Sy = Syndikat, Gh = Großhändler, Eh = Einzelhändler.

**Lösungsbeispiel:** (1) H → Gh → Eh → EV.

**3.** Die in der **Übersicht** (Sachdarstellung) angegebenen **Absatzformen** haben spezifische **Vor- und Nachteile. Nennen Sie** für jede Absatzform **jeweils zwei Vor- und Nachteile. Gehen Sie** hierbei nach folgendem **Schema** vor:

**Stichwörter, zugleich Lösungshinweise:** Weisungsgebundenheit – Art der anfallenden Kosten (variable Kosten, Fixkosten) – Kontrollierbarkeit der eingesetzten Kräfte – anderweitige Verwendbarkeit der Mitarbeiter – Möglichkeiten zur Vertragsauflösung – mögliche Kundenverluste bei Vertragsauflösung.

**4.** **Beschäftigen Sie sich** nun mit den in der **Arbeitsvorlage 1** angeführten **Bestimmungsfaktoren für die Wahl des optimalen Absatzweges. Wählen Sie** nach eigenem Gutdünken **fünf Bestimmungsfaktoren** aus und **erläutern Sie deren Einfluss auf die Wahl des optimalen Absatzweges.**

**5.** Um eine **Entscheidung über den bestmöglichen Absatzweg** treffen zu können, müssen Sie die **spezifischen Vor- und Nachteile des direkten und des indirekten Absatzes** kennen.

**Kennzeichnen Sie** die in der **Arbeitsvorlage 1** angegebenen Sachverhalte wie folgt: **Vdir** = ein Vorteil des direkten Absatzes – **Ndir** = ein Nachteil des direkten Absatzes.

Beachten Sie hierbei, dass die Vorteile des direkten (indirekten) Absatzes in der Regel die Nachteile des indirekten (direkten) Absatzes darstellen.

**Lösungsbeispiel:** (1) Vdir.

**6.** Nach einer eingehenden **Beschäftigung mit den verschiedenen Absatzmethoden** überlegt sich Krause, **welcher Absatzweg** nach der Erweiterung des Produktionsprogramms **künftig eingeschlagen** werden soll. Als **Entscheidungshilfe** benutzt er die vorstehend angeführte **Tabelle**.

a) **Ordnen Sie jedem Absatzweg** für jedes der genannten **Kriterien** einen **Skalenwert von –3 bis +3** zu. Bei den möglichen Skalenwerten –3/–2/–1/0/+1/+2/+3 bezeichnet der **Wert –3** die **schlechteste** und der **Wert +3** die **günstigste Situation (Arbeitsvorlage 2)**.

b) **Bearbeiten Sie** denselben Sachverhalt **mit Gewichtung (Arbeitsvorlage 3).** Welche **Unterschiede** können Sie feststellen?

c) **Entscheiden Sie sich** aufgrund der vorgenommenen Bewertungen für den **geeigneten Absatzweg** bzw. für die geeigneten Absatzwege. **Begründen Sie** Ihre **Entscheidung.**

# 5.10 Der Handelsvertreter

## 5.10.1 Der Abschluss eines Agenturvertrags

**Ausgangssituation**

**Eine Zeitungsannonce:**

> Wir suchen im Bundesgebiet
>
> **Handelsvertreter,**
>
> die an einer Zweitvertretung interessiert sind. Unser Programm ist Sport- und Turnbekleidung für Damen. Der Kundenkreis: Sportartikelfachgeschäfte.
>
> Zuschriften mit Angabe des evtl. Gebietes unter DE 86276 an die Frankfurter Allgemeine, 60383 Frankfurt am Main, Postfach 34 63.

### Sachdarstellung

**1. Rechtsstellung des Handelsvertreters**

- **Gesetzlich geregelt** wird der Handelsvertreter in den **§§ 84 bis 92 HGB**. In § 84 Abs. 1 HGB wird festgelegt, wer als Handelsvertreter zu gelten hat. Demnach ist dieser Kaufmannstyp durch folgende **vier Begriffsmerkmale** gekennzeichnet: (1) Selbstständiges Betreiben eines Handelsgewerbes im Sinne des § 1 Abs. 1 HGB (Istkaufmann); (2) Vermittlung oder Abschluss von Geschäften; (3) Tätigwerden im Namen und für Rechnung eines anderen Unternehmens; (4) ständiges Ausüben der Vermittlungs- oder Abschlusstätigkeit.
- Zur Verdeutlichung des vom Gesetzgeber Gemeinten wird im § 84 Abs. 1 Satz 2 HGB definiert, was unter **„selbstständig"** zu verstehen ist: „Selbstständig ist, wer im Wesentlichen frei seine Tätigkeit gestalten und seine Arbeitszeit bestimmen kann." Was ein **„Handelsgewerbe"** ist, wird in § 1 Abs. 2 HGB erläutert. Demnach umschließt dieser Begriff jeden Gewerbebetrieb, der einen in kaufmännischer Weise eingerichteten Geschäftsbetrieb erfordert. § 84 Abs. 4 HGB bestimmt jedoch, dass die Vorschriften über den Handelsvertreter auch dann Anwendung finden, „wenn das Unternehmen des Handelsvertreters nach Art und Umfang einen in kaufmännischer Weise eingerichteten Geschäftsbetrieb nicht erfordert", wenn also ein Kleingewerbebetrieb vorliegt. In diesem Falle hat der Handelsvertreter die Rechtsstellung eines Kannkaufmanns mit einem Eintragungswahlrecht in Bezug auf das Handelregister.
- Der Handelsvertreter schließt mit seinem Auftraggeber (Unternehmer) einen **Handelsvertreter-** oder **Argenturvertrag** ab. In diesem Vertrag werden alle von den HGB-Bestimmungen abweichenden Vereinbarungen festgehalten. Mehrere Firmen zugleich darf ein Handelsvertreter jedoch nur dann vertreten, wenn dies im Agenturvertrag nicht ausdrücklich ausgeschlossen wurde. Grundsätzlich können **Zweitvertretungen** immer nur für Komplementärartikel, nicht jedoch für Konkurrenzgüter übernommen werden. Beispiel: Der Vertreter für Sport- und Turnbekleidung vertritt zugleich auch eine Sportschuhfabrik.

**2. Arten von Handelsvertretern**

**Handelsvertreter**

unterschieden nach ...

**der Vertretungsmacht**

**Abschlussvertreter:** Handelsvertreter, die Abschlussvollmacht haben. Sie können Verträge rechtswirksam im Namen und auf Rechnung des Auftraggebers abschließen.

**Vermittlungsvertreter:** Sie vermitteln lediglich Verträge, schließen sie aber nicht ab. Die Verträge kommen zwischen dem Auftraggeber und dem Kunden zustande (§§ 55, 91, 91a HGB).

**dem Tätigkeitsgebiet**

**Platzvertreter:** Sie sind nur für einen bestimmten Ort (z. B. für Stuttgart) zuständig.

**Bezirks- oder Gebietsvertreter:** Sie haben als Tätigkeitsgebiet einen bestimmten Raum (z.B. Nordwürttemberg) zu betreuen.

**Reisevertreter:** Ihr Tätigkeitsgebiet wird vom Auftraggeber von Fall zu Fall festgelegt, es wechselt also ständig.

**sonstigen Gesichtspunkten**

- **nach dem Geschäftszweig:** Waren-, Versicherungs-, Bausparkassen-, Transport-, Schifffahrtsvertreter.
- **nach der Anzahl der vertretenen Unternehmungen:** Einfirmen- oder Mehrfirmenvertreter.
- **nach dem Tätigkeitsland:** Inlands- oder Auslandsvertreter.

### 3. Die Rechte und Pflichten des Handelsvertreters

**Handelsvertreter (HV)** — Gesetzliche Regelung: **§§ 55 und 84 ff. HGB** — **Auftraggeber (Unternehmer)**

**Beachten Sie:**
Die Rechte des Handelsvertreters sind in der Regel die Pflichten des Auftraggebers (Unternehmers) und umgekehrt.

| Handelsvertreter (HV) | Nr. | Gesetzliche Regelung | Inhalt | Nr. | Auftraggeber (Unternehmer) |
|---|---|---|---|---|---|
| PFLICHTEN | 1 | § 86 Abs. 1 HGB (1. Satz) | Bemühungspflicht | 1 | RECHTE |
| PFLICHTEN | 2 | § 86 Abs.1 HGB (2. Satz) | Interessenwahrung | 2 | RECHTE |
| PFLICHTEN | 3 | § 86 Abs. 2 HGB | Benachrichtigungspflicht | 3 | RECHTE |
| PFLICHTEN | 4 | § 86 Abs. 3 HGB | Sorgfaltspflicht | 4 | RECHTE |
| PFLICHTEN | 5 | § 90 HGB | Verschwiegenheitspflicht | 5 | RECHTE |
| PFLICHTEN | 6 | § 90 a HGB | Pflicht zur Wettbewerbsenthaltung | 6 | RECHTE |
| RECHTE | 7 | § 86 a Abs. 1 HGB | Unterstützung des Handelsvertreters | 7 | PFLICHTEN |
| RECHTE | 8 | § 86 a Abs. 2 HGB | Benachrichtigung des Handelsvertreters | 8 | PFLICHTEN |
| RECHTE | 9 | § 86 b HGB | Zahlung von Delkredereprovision[1] | 9 | PFLICHTEN |
| RECHTE | 10 | § 87 HGB | Zahlung von Abschluss- und Inkassoprovision[2] | 10 | PFLICHTEN |
| RECHTE | 11 | § 87 c HGB | Durchführung der Abrechnung | 11 | PFLICHTEN |
| RECHTE | 12 | §§ 91 Abs. 2/55 Abs. 4 HGB | Entgegennahme von rechtswirksamen Erklärungen der Kunden[3] | 12 | PFLICHTEN |
| RECHTE | 13 | § 89 b HGB | Ausgleichsanspruch | 13 | PFLICHTEN |
| RECHT | 14 | §§ 89/89 a HGB | Recht auf Kündigung | 14 | RECHT |

1 Provision für die Übernahme der Haftung bei Zielgeschäften.
2 Provision für das Einkassieren offen stehender Rechnungen.
3 Beispiel: Mängelanzeigen (Reklamationen)

## **Arbeitsvorlage 1:** Bewerbung um eine Zweitvertretung für Sport- und Turnbekleidung (Brief)

Peter Pfitzmann, Handelsvertreter, Neckarsulmer Straße 302, 74072 Heilbronn (Neckar) an die Frankfurter Allgemeine Zeitung, Chiffre DE 276, Postfach 34 63, 60383 Frankfurt am Main – Heilbronn, am 12. Juni 20..

Ihre Anzeige in der FAZ vom 10. Juni 20..

Sehr geehrte Damen und Herren,

**Sie suchen** einen in Sportartikelfachgeschäften gut eingeführten Vertreter, der Sport- und Turnbekleidung für Damen verkaufen soll.

**Ich biete** die von Ihnen gewünschten Beziehungen zu den Kunden, ausgezeichnete Warenkenntnisse auf dem Textilsektor und langjährige Erfahrungen in dieser Branche, einen regen Verstand, gute Umgangsformen, großen Arbeitseifer, bedingungslosen Einsatz meiner Person sowie ständige Verfügbarkeit zu jeder Zeit durch ein eigenes Auto und den Einsatz moderner Kommunikationsmittel.

**Ich bin** 35 Jahre alt, unverheiratet, habe Abitur und vertrete seit fünf Jahren mit bestem Erfolg die Firma F. Klepper, Sportoberbekleidung, im Raum Nordwürttemberg.

Meine Lehr- und eine zweijährige Angestelltenzeit als Einkaufssachbearbeiter verbrachte ich bei der Firma Textil-Scharpf, Stuttgart, Königstraße 19. Danach war ich mehrere Jahre als Reisender der Firma Xaver Strohmeyer, Plochingen, tätig, für die ich textile Campingartikel, insbesondere Zelte und Schlafsäcke, vertrieb. Meine Reisen führten mich durch ganz Südwestdeutschland und machten mich in vielen führenden Sportartikelfachgeschäften bekannt.

**Ich interessiere mich** für die Vertretung Ihrer Firma, weil in letzter Zeit immer mehr Kunden mit der Bitte an mich herantraten ihnen neben sportlicher Oberbekleidung auch Sport- und Turnbekleidung anzubieten. Ich glaube, dass ich Ihnen aufgrund meiner bisherigen Tätigkeit und meiner langjährigen Erfahrung gute Geschäfte in Aussicht stellen kann.

Die oben genannten Firmen können über meine Tätigkeit und meine Person Auskunft erteilen. Ich hoffe auf eine günstige Antwort.

Mit freundlichen Grüßen ...

## **Arbeitsvorlage 2:** **Notizen** zu dem **Bewerbungsgespräch** des Handelsvertreters Pfitzmann bei der Chamer Sportmoden GmbH

**CSM** Gesprächsnotiz **CSM**

**Name des Mitarbeiters:** W. Kohler
**Gesprächspartner:** Peter Pfitzmann, Handelsvertreter
**Anschrift:** Neckarsulmer Str. 302, 74072 Heilbronn

| **Telefon:** | **Datum:** | **Zeit (von ... bis)** | **Form des Gesprächs** |
|---|---|---|---|
| 09971/863290 | 20..-06-24 | 14:10 – 16:30 Uhr | persönl. ~~/ telefonisch~~ |

Herr Pfitzmann übernimmt ab dem Ersten des nächsten Monats die Vertretung unserer Produkte für den Raum Nordwürttemberg (Anlage 1). Rechtsgrundlage ist ein Handelsvertretungsvertrag, dessen Bestimmungen mit Herrn Pfitzmann einzeln besprochen wurden. Er enthält die folgenden Vereinbarungen:

- Vertreterbezirk: Raum Stuttgart-Ulm lt. Anlage 1 (Alleinvertretung)
- Kundenkreis: Sportartikelfachgeschäfte
- Provision: 8 % vom Verkaufspreis ab Werk
- Nicht provisionspflichtige Geschäfte: Aufträge von Sportvereinen, Behörden, Privatpersonen.
- Provisionsabrechnung: am 15. jedes Monats (für den vorhergehenden Monat), und zwar für alle ausgeführten Geschäfte
- Kundenbestand: Übernahme des Altkundenbestands lt. Anlage 3
- Gegenstand der Vertretung: sämtliche derzeitigen Erzeugnisse (Anlage 2)
- Vertragsende: Erreichen des 65. Lebensjahres von Herrn Pfitzmann
- Kündigung: Schriftform erforderlich
- Kündigungsfristen: in den ersten 3 Jahren 6 Wochen, danach 3 Monate zum Quartalsende
- Sonstiges: Probezeit 6 Monate; Wahrung der Sorgfaltspflicht; Interessenwahrungspflicht; kein Aufwandsersatz.

## **Arbeitsvorlage 3:** Begleitschreiben zur Übersendung des Agenturvertrags

Chamer Sportmoden GmbH, Im Wiesengrund 18, 94413 Cham (Oberpfalz) an Peter Pfitzmann, Neckarsulmer Straße 302, 74072 Heilbronn (Neckar).

Cham (Oberpfalz), 25. Juni 20..

**Handelsvertretervertrag**

Sehr geehrter Herr Pfitzmann,

vereinbarungsgemäß senden wir Ihnen heute den bei unserem Zusammentreffen in Cham ausgehandelten Handelsvertretervertrag zur Unterzeichnung zu. In diesem Vertrag sind alle zwischen Ihnen und unserem Geschäftsführer, Herrn W. Kohler, mündlich getroffenen Vereinbarungen berücksichtigt worden.

Bitte überprüfen Sie die einzelnen Vertragsbestimmungen. Sofort nach Rücksendung des von Ihnen zu unterzeichnenden Originalexemplars erhalten Sie von uns die Kundenliste für den Vertreterbezirk Nordwürttemberg, die Preislisten mit Rabattsätzen und die sonstigen Lieferungs- und Zahlungsbedingungen sowie umfangreiches Werbematerial.

Sie dürfen versichert sein, dass wir uns bemühen werden, Sie bei Ihrer Arbeit bestmöglich zu unterstützen.

Mit freundlichen Grüßen ...

Anlage: Handelsvertretervertrag in zweifacher Ausfertigung

## **Arbeitsvorlage 4:** Auszug aus dem Agenturvertrag

**Handelsvertretervertrag**

Zwischen der Firma Chamer Sportmoden GmbH ... – im Folgenden kurz Firma genannt – und Herrn Peter Pfitzmann ... – im Folgenden kurz Handelsvetreter genannt – werden folgende vertragliche Vereinbarungen getroffen:

**§ 1: Rechtsstellung des Handelsvertreters, Vertretungsbezirk**

(1) Der Handelsvertreter übernimmt als Bezirksvertreter/Mehrfirmenvertreter die Vertretung der Firma im Bezirk Nordwürttemberg (Stuttgart – Ulm). Die genaue Begrenzung dieses Bezirks ergibt sich aus dem als Anlage diesem Vertrag beigefügten Kartenausschnitt **(Anlage 1)**. ...

(2) Die Vertretung erstreckt sich auf sämtliche derzeitigen Erzeugnisse der Firma, die gegenwärtig zu ihrem Produktions- und Verkaufsprogramm gehören **(Anlage 2)**. ...

(3) Die Vertretung erstreckt sich auf Sportartikelfachgeschäfte. Folgende Kunden sind von der Bearbeitung durch den Handelsvertreter ausdrücklich ausgeschlossen und Geschäfte mit diesen Kunden sind dementsprechend auch nicht provisionspflichtig: a) Sportvereine, b) Behörden (z. B. Schulen), c) Privatpersonen.

(4) Der gesamte im Vertretungsbezirk zum Zeitpunkt des In-Kraft-Tretens dieses Vertrags vorhandene Kundenstamm (Altkundenstamm) wird vom Handelsvertreter zur weiteren Betreuung übernommen. Name und Anschrift dieser Altkunden sowie der mit ihnen in den letzten zwölf Monaten vor In-Kraft-Treten dieses Vertrags erzielte Umsatz ist in einer besonderen Liste zusammengefasst, die diesem Vertrag beigefügt ist **(Anlage 3)**.

**§ 2: Pflichten des Handelsvertreters**

(1) Der Handelsvertreter hat im übertragenen Vertretungsbezirk die Aufgabe im Namen und für Rechnung der Firma Verkaufsgeschäfte abzuschließen. Dabei hat er die Interessen der Firma mit der Sorgfalt eines ordentlichen Kaufmanns wahrzunehmen und sich nach besten Kräften für eine Umsatzausweitung und Umsatzsteigerung einzusetzen. Alle als Abnehmer in Betracht kommenden potenziellen Kunden hat er regelmäßig zu bearbeiten. Der Handelsvertreter ist nicht zum Inkasso von offen stehenden Rechnungen berechtigt. ...

**§ 3: Pflichten der Firma**

(1) Die Firma hat den Handelsvertreter bei der Ausübung seiner Tätigkeit nach besten Kräften zu unterstützen und ihm stets die erforderlichen Nachrichten und Auskünfte zu geben. Bei der Ausübung ihres Weisungsrechts hat die Firma der selbstständigen Stellung des Handelsvertreters Rechnung zu tragen. ...

**§ 4: Provisionspflichtige Geschäfte**

(1) Dem Handelsvertreter steht ein Provisionsanspruch in Höhe von 8 % vom Verkaufspreis ab Werk (ohne Mehrwertsteuer) zu, und zwar für alle von ihm abgeschlossenen Geschäfte, für alle Bezirksgeschäfte im Sinne des § 87 Abs. 2 HGB und für alle Neugeschäfte, bei denen er Kunden für Geschäfte der gleichen Art geworben hat. ...

**§ 5: Provisionsabrechnung**

(1) Die Firma hat über die dem Handelsvertreter zustehende Provision jeweils am 15. eines jeden Monats abzurechnen. In der Provisionsabrechnung sind diejenigen Provisionsansprüche zu erfassen, die bis zum Ende des Vormonats infolge der Ausführung des Geschäfts durch die Firma entstanden sind. ...

**§ 8: Unkosten des Handelsvertreters**

(1) Der Handelsvertreter hat keinen Anspruch auf Ersatz der ihm im regelmäßigen Geschäftsbetrieb entstandenen üblichen Aufwendungen. ...

**§ 12: Probezeit, Vertragsdauer, Kündigung**

(1) Die ersten sechs Monate dieses Vertrags gelten als Probezeit. Während der Probezeit kann der Vertrag mit Monatsfrist für den Schluss eines Kalendermonats gekündigt werden. Erfolgt keine Kündigung, wandelt sich der Vertrag nach Ablauf der Probezeit in einen auf unbestimmte Zeit abgeschlossenen Handelsvertretervertrag um. Nach der Umwandlung ist der Vertrag bis zu einer Gesamtvertragsdauer von drei Jahren seit seinem In-Kraft-Treten mit einer Frist von sechs Wochen, danach mit einer Frist von drei Monaten, jeweils zum Ende eines Kalendervierteljahres, kündbar.

(2) Beide Vertragspartner können den Vertrag bei Vorliegen eines wichtigen Grundes ohne Einhaltung einer Frist kündigen.

(3) Die Kündigung muss schriftlich erfolgen.

(4) Dieser Vertrag endet, ohne dass es einer Kündigung bedarf, mit dem Ende des Jahres, in dem der Handelsvertreter das Alter von 65 Jahren erreicht. ...

**§ 15: Sonstige Bestimmungen**

... (3) Sollte durch diesen Vertragstext ein regelungsbedürftiger Punkt nicht erfasst sein, so gelten ergänzend die gesetzlichen Bestimmungen des § 84 ff. HGB bzw. die von der Rechtsprechung entwickelten Grundsätze. ...

(6) Dieser Vertrag wird zweifach ausgefertigt. Jeder Vertragsteil hat eine vom anderen Vertragspartner unterzeichnete Ausfertigung erhalten. ...

(7) Dieser Vertrag tritt am 1. Juli 20.. in Kraft. ...

**Arbeitsvorlage 5:** Zustandekommen und Erfüllung des Handelsvertretervertrags

Handelsvertreter ↔ Auftraggeber = Unternehmer

❶ ← **Phase 1:** Zeitungsanzeige der Chamer Sportmoden GmbH.

❷ → **Phase 2:** Handelsvertreter Pfitzmann bewirbt sich um die ausgeschriebene Vertretung.

❸ ↔ **Phase 3:** Aushandeln der Vertragsbedingungen. Vergleichen Sie hierzu die Gesprächsnotiz (Arbeitsvorlage 2).

❹ ← **Phase 4:** Die Chamer Sportmoden GmbH überträgt Herrn Pfitzmann die Vertretung durch Zusendung des unterschriftsreifen Handelsvertretungsvertrags.

❺ → **Phase 5:** Pfitzmann unterschreibt den ihm zugesandten Handelsvertretungsvertrag und schickt ihn sofort wieder an die Chamer Sportmoden GmbH zurück.

❻ ← **Phase 6:** Die Chamer Sportmoden GmbH übersendet Pfitzmann die notwendigen Arbeitsunterlagen (Kunden-, Preisliste, Lieferungs- und Zahlungsbedingungen).

❼ → **Phase 7:** Pfitzmann schließt Geschäfte im Namen und auf Rechnung der Chamer Sportmoden GmbH ab.

❽ ← **Phase 8:** Die Chamer Sportmoden GmbH überweist dem Handelsvertreter die Provision und erfüllt die sonstigen vertraglichen Verpflichtungen.

## Arbeitsaufträge und Fragen zur Stofferschließung

**1.** **Beschäftigen Sie sich** zunächst einmal mit den Ausführungen in der **Sachdarstellung (1. und 2.)**. **Stellen Sie** bei Bedarf **Fragen** an Ihren **BWL-Lehrer**.

2. **Beantworten Sie** danach folgende **Fragen:**
   a) **Welche Rechtsstellung** hat Herr Pfitzmann als Handelsvertreter? (Vier Angaben)
   b) **Welcher Art** ist die Vertretung, die Herr Pfitzmann ausübt? (Vier Benennungen)
3. **Erläutern Sie** die in der **Sachdarstellung (3.)** angegebenen **Rechte und Pflichten von Handelsvertretern (Nr. 1 bis 14),** möglichst mit **praktischen Beispielen.**
   **Lösungsbeispiel:** (1) Bemühungspflicht: Der HV muss sich um die Vermittlung oder den Abschluss von Geschäften bemühen, d. h., er muss aktiv werden, z. B. Kunden aufsuchen, Werbung betreiben.
4. **Lesen Sie** das **Bewerbungsschreiben** von Peter Pfitzmann **(Arbeitsvorlage 1)** aufmerksam durch. **Notieren Sie** alle **positiven Aspekte**, die der Bewerber in diesem Schreiben zur Unterstützung seiner Bewerbung angibt.
5. **Lesen Sie Arbeitsvorlage 3 und überprüfen Sie** anstelle von Herrn Pfitzmann, ob alle bei dem Bewerbungsgespräch getroffenen **mündlichen Vereinbarungen (Arbeitsvorlage 2)** auch in den **Agenturvertrag (Arbeitsvorlage 4) aufgenommen** wurden. **Vergleichen Sie** also möglichst genau die **Bestimmungen des Agenturvertrags** mit den in der Gesprächsnotiz festgehaltenen **mündlichen Vereinbarungen.** Lassen sich irgendwelche **Abweichungen feststellen?**
6. **Beurteilen Sie** den obigen Handelsvertretervertrag im Hinblick auf seine **inhaltliche Ausgewogenheit. Welche Punkte** sind mehr zum **Vorteil des Handelsvertreters,** welche **begünstigen** mehr die **Herstellerfirma?**
7. **Würden Sie** anstelle von Herrn Pfitzmann den **Agenturvertrag unterschreiben?** (Begründung)
8. Im Fach **„Allgemeine Wirtschaftslehre"** haben Sie das **Verpflichtungs- und Erfüllungsgeschäft** am Beispiel des Kaufvertrags kennen gelernt. Mithilfe dieser Kenntnisse sollten Sie nunmehr in der Lage sein das **Zustandekommen und die Erfüllung eines Agenturvertrags**, so wie er zwischen dem Handelsvertreter Peter Pfitzmann und der Chamer Sportmoden GmbH abgeschlossen wurde, zu **erklären. Erläutern Sie** die **rechtliche Bedeutung** der in der **Arbeitsvorlage 5** dargestellten **Phasen**, und zwar der **Phasen 1 bis 4 einzeln** und der **Phasen 4 und 5** bzw. **6 bis 8 zusammen.**

## 5.10.2 Abschluss- und Vermittlungsvertreter

**Ausgangssituation**

**Auszug aus der Provisionsabrechnung der Chamer Sportmoden GmbH für den Handelsvertreter Peter Pfitzmann, Heilbronn:**

**Provisionsabrechnung Nr. 1893/2** — Zeitraum: 1. Februar bis 28. Februar 20..

| Auftr.-Nr. | Rechn.-Nr. | Datum | Empfänger | Ab-Werk-Preis (€) | Provision (%) | Provision (€) | sonstige Provision |
|---|---|---|---|---|---|---|---|
| 888 | 4223 | 2. Februar | Sportcenter, Winnenden | 900,00 | 8 | 72,00 | |
| 889 | 4234 | 3. Februar | Sport-Kaiser, Leonberg | 1.417,30 | 8 | 113,38 | |

**Anmerkung: Der oben angeführte Auftrag 888, Rechnungs-Nr. 4223, vom 2. Februar 20.. beinhaltet die Lieferung von 30 Damen-Freizeitanzügen. Frage: Wie kommt ein solches Geschäft zustande und wie wird es abgewickelt?**

**Arbeitsvorlage 1:** Auftragsabwicklung bei Handelsvertretern **mit** Abschlussvollmacht (Abschlussvertreter) (siehe folgende Seite)

**Arbeitsvorlage 2:** Auftragsabwicklung bei Handelsvertretern **ohne** Abschlussvollmacht (Vermittlungsvertreter) (siehe übernächste Seite)

### Arbeitsaufträge und Fragen zur Stofferschließung

1. **Ergänzen Sie Arbeitsvorlage 1.** (Siehe folgende Seite.)
2. **Ergänzen Sie** danach **Arbeitsvorlage 2.** (Siehe übernächste Seite.)
3. **Welchen Vorteil** hat das **Fehlen einer Abschlussvollmacht** des Handelsvertreters für den **Auftraggeber** (Unternehmer)?
4. **Wie** kann sich der **Auftraggeber** (Unternehmer) dagegen **absichern**, dass ein Abschlussvertreter **Geschäfte mit unsoliden Kunden** abschließt?

**Arbeitsvorlage 1:**

# AUFTRAGSABWICKLUNG BEI HANDELSVERTRETERN MIT ABSCHLUSSVOLLMACHT (ABSCHLUSSVERTRETER)

**Auftraggeber (Unternehmer)** — **HANDELSVERTRETER** — **Kunde**

**Beachten Sie:**
Der **Abschluss des Handelsvertreter- bzw. Agenturvertrags** zwischen dem Auftraggeber und dem HV stellt das **Verpflichtungsgeschäft I dar.**

**1** Verbindliches Angebot über 30 Damen-Freizeitanzüge zum Preis von 900,00 € ab Werk.

Rechtliche Bedeutung:

______________________

**2** Der Kunde unterschreibt das Bestellformular.

Rechtliche Bedeutung:

______________________

**3** ______________________ der Bestellung zur Bearbeitung

**Eine zusätzliche Auftragsbestätigung** des Auftraggebers (Unternehmers) ist in diesem Fall rechtlich von/ohne[1] Bedeutung.

**Begründung**: Der Kaufvertrag ist in diesem Falle unmittelbar

zwischen dem ______________________

und dem ______________________

zustande gekommen.

[1]Nichtzutreffendes streichen.

Rechtliche Bedeutung der **Phasen 1 und 2** zusammen:

Zustandekommen eines

______________________

**Bezeichnung:**

______________________-

**GESCHÄFT (II)**

**4** ______________________ und ______________________übertragung an der Ware

**5** ______________________ und ______________________übertragung am Geld

Rechtliche Bedeutung der **Phasen 4 und 5:** Sie betreffen das

**= ______________________ - oder ______________________GESCHÄFT (I)**

(Grundlage: Kaufvertrag)

**6** ______________________-rechnung

**7** ______________________ und ______________________-übertragung am Geld

**Phasen 6 und 7** zusammen ergeben das

______________________-

**oder** ______________________-

**GESCHÄFT (II)**

(Grundlage: Agenturvertrag)

## Arbeitsvorlage 2:

# AUFTRAGSABWICKLUNG BEI HANDELSVERTRETERN OHNE ABSCHLUSSVOLLMACHT (VERMITTLUNGSVERTRETER)

Auftraggeber (Unternehmer) | HANDELSVERTRETER | Kunde

1 ____________ ____________

2 ____________ (____________)

3 ____________ ____________

4 ____________

**Phasen 2 und 4** zusammen:

= ____________ **VERTRAG**

= ____________ **GESCHÄFT (II)**[1]

5 ____________ und ____________ -übertragung an der Ware

6 ____________ und ____________ -übertragung am Geld

**Phasen 5 und 6** zusammen:

= ____________ **- oder** ____________ **GESCHÄFT (I)**

(Grundlage: Kaufvertrag)

7 ____________ -rechnung

8 ____________ und ____________ -übertragung am Geld

**Phasen 7 und 8** zusammen:

____________ -

**oder** ____________ -

**GESCHÄFT (II)**

(Grundlage: Agenturvertrag)

[1] **Beachten Sie:**
Der **Abschluss des Handelsvertreter- bzw. Agenturvertrags** zwischen dem Auftraggeber und dem HV stellt das **VERPFLICHTUNGSGESCHÄFT I dar.**

## 5.11 Handelsvertreter oder Handlungsreisende (Vergleich)

**Ausgangssituation**

Die Schwarz OHG, Ulm, ist Hersteller von Türen aus Holz und Metall. Der Absatz erfolgt durch Handelsvertreter. Die konjunkturelle Entwicklung brachte beachtliche Umsatzsteigerungen mit sich, die sich nach Einschätzung der Unternehmensführung in Zukunft noch verstärken dürften.

In der Geschäftsleitung wird deshalb die Frage diskutiert, ob künftig statt Handelsvertretern Handlungsreisende beim Absatz der Ware eingesetzt werden sollen. Um die Frage zu prüfen, beauftragt sie die Unternehmensleitung außer einer Kosten- auch eine Nutzwertanalyse durchzuführen.

Eine Marktuntersuchung ergibt folgende Daten:

- Kosten des Absatzes durch Handelsvertreter: jährliche Aufwandsentschädigung 12.000,00 €; Provision 11,5 % vom Nettoumsatz.
- Kosten des Absatzes durch Reisende: jährliche Personalkosten 120.000,00 €; Provision 4 % vom Nettoumsatz.

**Arbeitsvorlage 1:** Grafische Darstellung des Kostenvergleichs

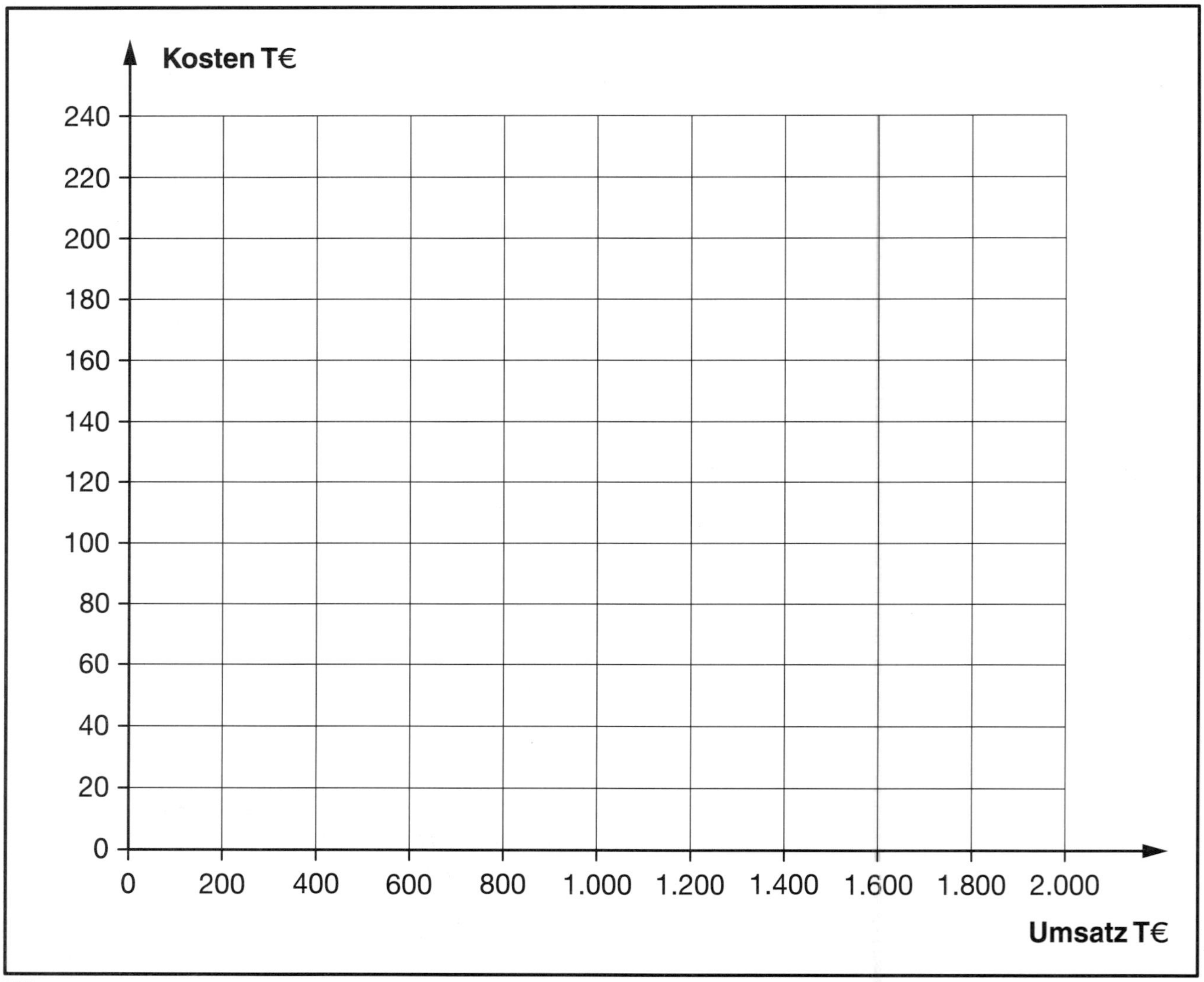


**Arbeitsvorlage 2:** Wesensmerkmale von Handlungsreisenden und Handelsvertretern

(1) Verursacht keine hohen Einarbeitungskosten.

(2) Ist im Verkaufsgebiet in der Regel ortsansässig, kennt Land und Leute und eignet sich daher besonders gut für die Markterkundung.

(3) Ist nicht für mehrere Firmen zugleich, sondern ausschließlich für eine Firma tätig (kein Splitting von Energie und Tatkraft).

(4) Unterliegt weniger der Gefahr der Betriebsblindheit infolge einer längere Zeit unverändert bleibenden Produktpalette.

(5) Ist von der Unternehmensseite her leichter kontrollierbar.

(6) Ist nicht unmittelbar weisungsgebunden.

(7) Besprechungen, Unterweisungen, Konferenzen, Schulungen usw. müssen nicht in der Arbeitswoche durchgeführt werden.

(8) Kann auch mit anderen Aufgaben betraut werden.

(9) Bei starken Umsatzrückgängen braucht kein gleich bleibend hohes Gehalt bezahlt werden (weniger Fixkosten!).

(10) Bei Beendigung des Vertragsverhältnisses brauchen in der Regel keine besonderen Abfindungen an den Absatzvermittler bezahlt zu werden.

(11) Verursacht dem Unternehmer wesentlich weniger, evtl. sogar keine fixe Kosten.

(12) Ist flexibler einsetzbar, z. B. bei kurzfristig durchzuführenden Werbefeldzügen oder im Bedarfsfall im Innendienst.

(13) Sein Einsatz erfordert wesentlich weniger Kapitalkraft (z. B. entfällt die Ausstattung mit firmeneigenen Fahrzeugen).

(14) Es besteht die Möglichkeit, das Dienstleistungsangebot durch Einrichtung von Musterlagern, Auslieferungszentren, eigenen Verkaufsbüros, durch verstärkte Kundenbesuche und -beratungen wesentlich zu erweitern.

(15) Sein Einsatz bietet sich vor allem dort an, wo neuartige Güter oder Hightechprodukte durch Fachleute erklärt und vorgeführt werden müssen.

(16) Vergütung in der Regel ausschließlich nach Umsatzhöhe, also rein erfolgs- bzw. leistungsorientiert.

(17) Der Unternehmer hat die Möglichkeit bei Aufträgen von „zweifelhaften" Kunden die Haftung für den Forderungseingang auf den Absatzvermittler abzuwälzen.

(18) Leerzeiten in der Außendienstpraxis (vergebliche Kundenbesuche, oft stundenlanges Warten auf den Gesprächspartner, An- und Abreisen zum und vom Kunden) gehen nicht direkt zulasten des Unternehmers.

(19) Keine so hohen finanziellen Belastungen, weil keine Sozialabgaben und andere Lohnnebenkosten vom Unternehmer bezahlt werden müssen.

(20) Hält Kontakt zu sehr unterschiedlichen Kundengruppen, weil er in der Regel mehrere Firmen zugleich vertritt; das kann insbesondere bei der Einführung neuer Produkte in den Markt von Vorteil sein.

(21) Arbeitet umsatzintensiver, weil er Komplementärgüter vertritt und weil er daher seinen Kunden ein breiteres Sortiment anbieten kann. Artikel, die weniger „gut laufen", werden durch solche ergänzt, nach denen die Nachfrage relativ groß ist.

(22) Kann sich durch den Verkauf der jeweils besonders stark nachgefragten Artikel bei den Kunden ständig in Erinnerung bringen, sodass der Direktkontakt zu ihnen eigentlich nie verloren geht.

(23) Liefert dem Unternehmen in den Reiseberichten vielfältige Informationen, die für die Beurteilung der Markt- und Konkurrenzverhältnisse von großer Bedeutung sind, so z. B. Informationen über Kundenwünsche, Verbraucherverhalten, Beurteilung der Konkurrenzprodukte, den Erfolg eigener Werbemaßnahmen.

## **Arbeitsvorlage 3:** Einbeziehung qualitativer Kriterien in die Entscheidung

| Entscheidungskriterien | Gewichtung | Handelsvertreter Punkte einzeln | Handelsvertreter Punkte gesamt | Reisender Punkte einzeln | Reisender Punkte gesamt |
|---|---|---|---|---|---|
| – Weisungsgebundenheit | 10 % | | | | |
| – Eigeninteresse am Umsatz | 40 % | | | | |
| – Marktübersicht | 20 % | | | | |
| – Betreuung von Kunden | 30 % | | | | |
| Summe | 100 % | | | | |

## Arbeitsaufträge und Fragen zur Stofferschließung

1. **Berechnen Sie** auf der Basis eines **Jahresumsatzes von 1,2 Millionen €** netto, **welcher** der beiden **Absatzvermittler** der Schwarz OHG weniger Kosten verursacht.

2. **Berechnen Sie die Umsatzhöhe,** bei der **Kostengleichheit** besteht **(kritischer Umsatz).**

3. **Zeichen Sie** die Kostenkurven der beiden Absatzvarianten in das **Koordinatensystem** der **Arbeitsvorlage 1** ein.

4. **Zeichnen Sie** in die **Grafik** auch folgende **Sachverhalte** ein:
   a) die **Kurve der fixen Kosten** für den Reisenden und den Handelsvertreter;
   b) die **Höhe des kritischen Umsatzes;**
   c) den **Umsatzbereich,** in dem der **Handelsvertreter** bzw. der **Handlungsreisende kostengünstiger** ist.

5. **Welche Entscheidung** über den Einsatz der Absatzvermittler werden Sie auf der Grundlage der gegebenen **Kostensituation treffen?**

6. Im Gegensatz zur **Kostenanalyse,** die nur Geldgrößen berücksichtigt, werden in einer **Nutzwertanalyse auch qualitative Gesichtspunkte** in die Entscheidung mit einbezogen. Um eine solche Nutzwertanalyse durchführen zu können, muss die Geschäftsleitung **wissen, welcher Absatzvermittler welche Vor- bzw. Nachteile** hat.

   **Entscheiden Sie** bei den in **Arbeitsvorlage 2** angegebenen Sachverhalten, ob es sich um **Vorteile des Handelsvertreters** (Kennzeichnung mit **HV**) oder um **solche des Handlungsreisenden** (Kennzeichnung mit **HR**) handelt.

   **Lösungsbeispiel:** (1) HV – (2) HV – (3) HR usw.

7. **Fertigen Sie stichwortartig** eine **Übersicht** nach folgendem **Muster** an:

   **Wesensmerkmale der Absatzvermittler**

   | VORTEILE DES HANDELSVERTRETERS = Nachteile des Handlungsreisenden | NACHTEILE DES HANDELSVERTRETERS = Vorteile des Handlungsreisenden |
   |---|---|

8. **Angenommen,** die **Geschäftsleitung** legt von all den angeführten Wesensmerkmalen der Absatzvermittler **besonderen Wert auf folgende Kriterien:**

   Weisungsgebundenheit (10 %) – Eigeninteresse am Umsatz (40 %) – Marktübersicht (20 %) – Betreuung von Kunden (30 %).

   **Bewerten Sie** die einzelnen **Entscheidungskriterien in Arbeitsvorlage 3** durch **Vergabe von Punkten (0 bis maximal 3 Punkte). 3** (bzw. **0**) Punkte vergeben Sie, wenn das jeweilige qualitative Entscheidungskriterium vom betreffenden Absatzvermittler **voll (überhaupt nicht) erfüllt wird.**

   **Entscheiden** Sie sodann, welcher Absatzvermittler nach den oben angeführten **qualitativen** Kriterien der Schwarz OHG **am meisten nutzt (Arbeitsvorlage 3).**

9. **Erläutern Sie** Ihre **Punktevergabe** für die **Merkmale „Weisungsgebundenheit"** und **„Betreuung von Kunden".**

10. **Fällen Sie abschließend** eine **Entscheidung** über die bei der Schwarz OHG einzusetzenden Absatzvermittler, und zwar **unter Einbeziehung sowohl der Ergebnisse der Kosten- als auch derjenigen der Nutzwertanalyse. Begründen Sie** Ihre in der Praxis sehr folgenschwere **Entscheidung möglichst genau.**

11. **Beurteilen Sie** kritisch das bei der Erledigung von **Arbeitsauftrag 8** angewandte **Verfahren der NUTZWERTANALYSE bei Absatzvermittlern.**

## 5.12 Das Kommissionsgeschäft

**Ausgangssituation**

Die Stauferland Fahrradwerke in Göppingen haben ein neuartiges Fahrrad entwickelt, das Easymobil 21. Bei dieser Weltneuheit wird durch ein eingebautes Hydrauliksystem die Fortbewegung ganz wesentlich erleichtert. Vor allem wird das Befahren von Steigungen fast mühelos möglich. Auf ebener Strecke lassen sich Fahrtgeschwindigkeiten bis zu 60 km/h erzielen.

Der derzeitige Verkaufspreis für diese Neuentwicklung liegt bei ca. 1.600,00 €. Demnächst soll mit der Serienproduktion begonnen werden. Voraussetzung hierfür ist, dass möglichst viele Fahrradhändler in Deutschland und im angrenzenden Ausland dieses neuartige Produkt in ihr Sortiment aufnehmen. Um dieses Ziel zu erreichen, müssen die Händler von dem Risiko befreit werden auf dem neu entwickelten und relativ teuren Produkt „sitzen" zu bleiben.

Wie kann das Absatzrisiko der Fahrradhändler möglichst gering gehalten werden?

### Sachdarstellung

**1. Merkmale des Kommissionsgeschäfts**

- Das Kommissionsgeschäft ist **gesetzlich geregelt** in den **§§ 383 bis 406 HGB**. Es kommt zustande zwischen dem **Kommissionär (Beauftragter)** und dem **Kommittenten (Auftraggeber)** einerseits sowie zwischen dem **Kommissionär** (Verkäufer der Ware) und seinem **Kunden** (Käufer der Ware) andererseits. **§ 383 Abs. 1 HGB** bestimmt, dass derjenige als **Kommissionär** zu gelten hat, der „es gewerbsmäßig übernimmt, Waren oder Wertpapiere **für Rechnung eines anderen** (des Kommittenten) **in eigenem Namen** zu kaufen oder zu verkaufen".
- Nach **§ 383 Abs. 2 HGB** gelten die Vorschriften über das Kommissionsgeschäft auch für **Nichtkaufleute**. Ihre Geschäfte machen vom Umfang her einen in kaufmännischer Weise eingerichteten Geschäftsbetrieb nicht erforderlich. Auch sind sie nicht nach § 2 HGB als Kleingewerbetreibende ins Handelsregister eingetragen. Sie führen keine eigene Firma und schließen ihre Geschäfte unter ihren bürgerlichen Namen ab.
- Die als Kommissionäre tätigen Fahrradhändler handeln im **eigenen Namen**, d.h., sie schließen die Kaufverträge mit ihren Kunden unter ihrer eigenen Firma ab. Man spricht in diesem Zusammenhang von einer **indirekten Stellvertretung** – im Gegensatz zur direkten Stellvertretung des Handelsvertreters, der in fremdem Namen tätig wird.
- Die Kommissionäre handeln jedoch **für fremde Rechnung**, d.h., sie müssen sich an die Weisungen des Kommittenten, insbesondere an die von ihm genannten Preisgrenzen, halten, andernfalls sind sie zum Ersatz des entstandenen Schadens verpflichtet oder das abgeschlossene Geschäft gilt nicht für Rechnung des Kommittenten abgeschlossen (§ 385 f. HGB).
- Der Kommissionär ist für den Kommittenten entweder **ständig** oder **von Fall zu Fall** tätig.
- Das von den Fahrradhändlern unterhaltene Warenlager wird, soweit es die Kommissionsware betrifft (z.B. fünf Fahrräder des Typs „Easymobil 21"), als **Kommissionslager** bezeichnet. Ein Kommissionslager im Ausland heißt **Konsignationslager**.

**2. Beispiele für inländische Kommissionsgeschäfte**

- S stellt seinen <u>Gebrauchtwagen</u> bei einer Tankstelle zum kommissionsweisen Verkauf ab.
- Die Badische Pelzfabrikation GmbH gibt dem Kürschnermeister K einige Wochen vor Weihnachten fünf <u>Nerzmäntel</u> in verschiedenen Mutationsfarben in Kommission.
- Die Pforzheimer <u>Schmuckwaren</u> GmbH stellt einem Kölner Juwelier eine Kollektion teurer Kolliers kommissionsweise zur Verfügung.
- Der Fabrikant F möchte die schlechte Liquiditätslage seiner Firma verbessern. Zu diesem Zweck verkauft er kommissionsweise einige <u>Antiquitäten</u> und wertvollen Familienschmuck.
- Zeitungs- und Zeitschriftengroßhändler stellen den Einzelhändlern (Zeitungskioske, Lottoannahmestellen, Schreibwarengeschäfte) bestimmte Kontingente an <u>Tages-, Wochenzeitungen</u> und <u>Illustrierten</u> für den Verkauf zur Verfügung.

## **Arbeitsvorlage 1:** Beispiel für einen Kommissionsvertrag

Zwischen den Stauferland Fahrradwerken GmbH, 73033 Göppingen, im Folgenden bezeichnet als Kommittent, und dem Fahrradcenter Walter Braun, 56332 Wuppertal, im Folgenden bezeichnet als Kommissionär, wird folgender Vertrag abgeschlossen:

**§ 1**
**Gegenstand des Vertrags und Eigentum am Kommissionsgut**

Der Kommittent übergibt dem Kommissionär fünf Fahrräder des Typs „Easymobil 21" zum kommissionsweisen Verkauf. Eigentümer des Kommissionsguts bleibt der Kommittent.

**§ 2**
**Kostenübernahme**

Die Versendung der Ware erfolgt auf Kosten des Kommittenten. Auch wird die Ware vom Kommittenten auf eigene Kosten gegen Feuerschäden und Diebstahl versichert.

**§ 3**
**Ausführung der Kommission und Abrechnung**

Der Kommissionär verpflichtet sich den Mindestpreis von 1.600,00 € nicht ohne Einwilligung des Kommittenten zu unterschreiten. Jede ausgeführte Kommission muss sofort angezeigt, belegt und abgerechnet werden. Spätestens acht Tage nach Ausführung der Kommission ist der Verkaufserlös an den Kommittenten zu überweisen. Geschieht dies nicht, so hat der Kommittent das Recht, den Kommissionär für sämtliche noch nicht abgerechneten Fahrräder als Selbstkäufer in Anspruch zu nehmen.

**§ 4**
**Provisionsanspruch**

Der Kommissionär erhält für jedes zur Ausführung gekommene Geschäft eine Provision in Höhe von 15 % des Verkaufspreises. Der Kommissionär steht dem Kommittenten bei Zielgeschäften dafür ein, dass der Fahrradkäufer (Dritte) seine Verbindlichkeiten erfüllt. Dafür hat er Anspruch auf eine Delkredereprovision in Höhe von 2 %.

**§ 5**
**Selbsteintrittsrecht des Kommissionärs**

Der Kommissionär ist berechtigt das Kommissionsgut selbst als Käufer zu übernehmen.

**§ 6**
**Sorgfaltspflicht des Kommissionärs**

Der Kommissionär ist für den Verlust und die Beschädigung des in seiner Verwahrung befindlichen Gutes verantwortlich, es sei denn, dass der Verlust oder die Beschädigung auf Umständen beruht, die durch die Sorgfalt eines ordentlichen Kaufmanns nicht abgewendet werden konnten.

**§ 7**
**HGB-Vorschriften**

Ergänzend zu diesem Kommissionsvertrag gelten die Bestimmungen des § 383 ff. HGB.

Göppingen, 12. März 20..

STAUFERLAND FAHRRADWERKE GMBH
ppa. *Schneider*

*FAHRRADCENTER WALTER BRAUN*
*Marktstraße 23, 56332 Wuppertal,*

*Walter Braun* (Unterschrift)

## Arbeitsvorlage 2:

**Der Ablauf einer Verkaufskommission, dargestellt am Beispiel der Einführung der Fahrradneuheit („Easymobil 21") in den Markt.**

**Stauferland Fahrradwerke GmbH (Kommittent = Auftrageber)**

**Fahrradhandlungen (Kommissionäre = Beauftragte)**

**Kunden der Fahrradhandlungen (Käufer des Easymobils 21)**

**1** Verkaufsauftrag für das Easymobil 21.
**Rechtliche Bedeutung:**
______

**2** Annahme des Verkaufsauftrags. **Vorbehalt: Rückgaberecht** für die nicht verkauften Fahrräder.
**Rechtliche Bedeutung:**
______
______

**1** und **2** zusammen ergeben das

______ **GESCHÄFT I**
**= Abschluss eines** ______ -
______ **VERTRAGS**

**3** Lieferung von fünf Stück Easymobil 21, d. h., die Kommissionsware wird dem Kommissionär
______
**Rechtliche Bedeutung:** Der Kommissionär wird ______
Besitzer, nicht aber ______ -
______ der Kommissionsware.

**8** Abrechnung für die verkauften Räder. Abzuführender Betrag
= Verkaufserlös – ______
für den Kommissionär.

**9** Die nicht verkauften Räder
werden ______.

**3**, **8** und **9** zus. ergeben das

______ **- oder**
______ **GESCHÄFT II** (in Bezug auf den Kommissionsvertrag)

**1**, **2**, **3**, **8** und **9** zusammen ergeben das **Abwicklungsgeschäft.** Es bezieht sich auf das ______ verhältnis.

**4** Ein Fahrradhändler bietet einem Kunden ein Easymobil 21 zum Preis von 1.600,00 € an.
**Rechtliche Bedeutung:**
______

**5** Der Kunde unterschreibt einen Kaufvertrag.
**Rechtliche Bedeutung:**
______
______

**4** und **5** zusammen ergeben das

______ **GESCHÄFT II**
**= Abschluss eines** ______ -
**VERTRAGS**

**6** Lieferung eines Fahrrads an den Kunden F. Klein.
**Rechtliche Bedeutung:**
Der Kunde wird ______ -
______ und ______
Besitzer des Fahrrads.

**7** Zahlung des Kaufpreises von 1.600,00 €.
**Rechtliche Bedeutung:**
Der Kommissionär wird ______ -
______ und ______
Besitzer des Geldes.

**6** und **7** zusammen ergeben das

______ **- oder**
______ **GESCHÄFT I**
(in Bezug auf den Kauf)

**4**, **5**, **6** und **7** zusammen ergeben das **Ausführungsgeschäft.** Es bezieht sich auf das ______ verhältnis.

 

## Arbeitsaufträge und Fragen zur Stofferschließung

1. **Beantworten Sie** zunächst die **Frage der Ausgangssituation** (Problemstellung).
2. **Lesen Sie** den oben stehenden **Kommissionsvertrag (Arbeitsvorlage 1)** aufmerksam durch und **beantworten Sie** danach möglichst genau die folgenden **Auswertungsfragen:**
   a) **Wie nennt man** die am Abschluss eines Kommissionsvertrags **Beteiligten?**
   b) **Wozu verpflichten sich** die **Fahrradhändler** mit dem Abschluss eines Kommissionsvertrags **ganz allgemein?**
   c) **Wozu verpflichten sich** die als **Kommissionäre** fungierenden Fahrradhändler **im Einzelnen,** d. h. hinsichtlich der **Ausführung** und **Abrechnung der Kommission?**
   d) **Wozu verpflichten sich** die **Stauferland Fahrradwerke** als Kommittent insbesondere?
   e) **Wer ist Eigentümer** der in unmittelbarem Besitz der Fahrradhändler befindlichen **Kommissionsware?**
   f) **Wie** wird ein **Käufer** des Easymobils 21 **Eigentümer** der Kaufsache?
   g) **Welches Recht** haben die als **Kommissionäre** handelnden Fahrradhändler, falls es ihnen **nicht gelingt,** das Easymobil 21 **zu verkaufen?**
   h) **Wer trägt** demzufolge das **Verkaufsrisiko?**
3. **Erweitern Sie** die bisher erworbenen **Kenntnisse** über den Kommissionär und das Kommissionsgeschäft durch eine Beschäftigung mit den wichtigsten **gesetzlichen Vorschriften.**
   **Beantworten** Sie nach dem Studium des Gesetzestextes folgende **Fragen.**
   a) **Wo** ist das Kommissionsgeschäft **gesetzlich geregelt?**
   b) **Welche Rechtsstellung** hat der Kommissionär nach **§ 383 HGB?**
   (Lösungshinweis: Kaufmannseigenschaft – Tätigkeit – Tätigwerden in wessen Namen und auf wessen Rechnung?) **Vergleichen Sie** hierzu auch die **Sachdarstellung (1.).**
   c) **Welche Arten** von Kommissionären werden in **§ 383 HGB** genannt?
   d) **Welche Pflichten** haben nach den Bestimmungen des **HGB** die als **Kommissionäre** fungierenden Fahrradhändler im Einzelnen (vier Angaben)? **Vergleichen Sie** hierzu auch die entsprechenden Bestimmungen im **Kommissionsvertrag.**
   e) **Muss** der **Kommissionär** dafür **haften,** wenn ein Käufer des Easymobils 21 seinen **Zahlungsverpflichtungen nicht nachkommt? Vergleichen Sie** hierzu auch die entsprechenden **Vertragsbestimmungen.**
   f) **Was bedeutet es,** wenn ein Fahrradhändler von seinem **„Selbsteintrittsrecht"** als Kommissionär **Gebrauch macht? Vergleichen Sie** hierzu die Bestimmungen im **Kommissionsvertrag.**
4. **Ergänzen Sie** die vorstehende **Darstellung über den Ablauf einer Verkaufskommission (Arbeitsvorlage 2).**
5. **Beschäftigen Sie sich** noch mit der vorstehenden **Sachdarstellung.**
   a) Der Kommissionär handelt im **eigenen Namen** und für **fremde Rechnung. Was** bedeutet das?
   b) **Was** versteht man unter einem **Konsignationslager?**
   c) **Nennen Sie** drei praktische **Beispiele** für **Verkaufskommissionen im Inland.**
6. **Beurteilen Sie** den oben stehenden **Kommissionsvertrag** im Hinblick auf seine **Ausgewogenheit. Würden Sie** diesen Vertrag als Kommissionär ohne weiteres **unterschreiben?**
7. **Erörtern Sie** die **Bedeutung des Kommissionsgeschäfts** nach folgendem **Schema:**

| Bedeutung des Kommissionsgeschäfts | Kommissionär (Beauftragter) | Kommittent (Auftraggeber) |
|---|---|---|
| 1. **Vorteile**<br>a) in finanzieller Hinsicht | | |
| b) in absatzmäßiger Hinsicht | | |
| c) in Bezug auf die Risikotragung | | |
| 2. **Nachteile** | | |

8. **Stellen Sie** in einer **Übersicht** dem Kommissionär **andere Absatzvermittler** (Handlungsreisender, Handlungsvertreter) vergleichend gegenüber. **Führen Sie** diesen **Vergleich** anhand folgender **Kriterien** durch: (1) Gesetzliche Regelung (Rechtsgrundlage) – (2) Rechtsstellung – (3) Art der vertraglichen Regelung – (4) Tätigkeit (in wessen Namen und auf wessen Rechnung) – (5) Vertretungsmacht (Vermittlungs- oder Abschlussvollmacht?) – (6) Dauer des Vertragsverhältnisses – (7) Vergütungsanspruch.

# Handlungsfeld 6: Finanzierung

## 6.1 Ermittlung des Kapitalbedarfs

**Ausgangssituation**

Die PlastiCont GmbH in Saarbrücken stellt mit großem Erfolg Industriecontainer aus Plastikmüll her. Um die Marktchancen auf dem osteuropäischen Markt besser nutzen zu können, plant die Firma die Errichtung eines Zweigwerks in Zwickau.
Dem Controller stehen zur Ermittlung des Gesamtkapitalbedarfs folgende Daten zur Verfügung:

- Anschaffungskosten für eine Produktionshalle einschließlich Grundstück und Anschaffungsnebenkosten 4.000,00 T€;
- Anschaffungskosten für Maschinen und sonstige Ausstattung (einschließlich Installationskosten) 5.000,00 T€;
- Ausgaben für die Einführungswerbung: 600 T€;
- Ausgaben für die Errichtung einer Betriebsorganisation: 100 T€;
- tägliche Ausgaben für das Fertigungsmaterial (Materialeinzelkosten): Produktionsleistung 12 t täglich, Preis je Tonne Plastikmüll: 600,00 €, chemische Zusätze: je t 900,00 €;
- eiserner Bestand: Rohstoffvorräte (Plastikabfälle und Zusätze) für eine Produktionswoche (fünf Tage);
- täglich anfallende Fertigungslöhne (Schätzung): 8 T€;
- Materialgemeinkosten in Prozent des Fertigungsmaterials: 80 %, davon ausgabewirksam: 50 %;
- Fertigungsgemeinkosten in Prozent der Fertigungslöhne: 200 %, davon ausgabewirksam 50 %;
- Verwaltungs- und Vertriebsgemeinkosten in Prozent der ausgabewirksamen Herstellkosten: 40 % (vollständig ausgabewirksam);
- durchschnittliche Lagerdauer des eingekauften Materials: 15 Tage;
- durchschnittliche Produktionsdauer: acht Tage (aus Vereinfachungsgründen wird unterstellt, dass die Produktionszeit unmittelbar nach Ablauf der durchschnittlichen Lagerdauer für das Fertigungsmaterial einsetzt);
- durchschnittliches Zahlungsziel der Lieferanten: zwölf Tage;
- durchschnittliche Lagerdauer der Fertigprodukte: zehn Tage;
- durchschnittliches Zahlungsziel der Kunden: 20 Tage.

## Sachdarstellung

### 1. Die Kapitalbedarfsplanung

**Kapitalbedarf** entsteht immer dann, wenn die für einen bestimmten Zeitraum (z. B. ein Quartal) **geplanten Einnahmen geringer** sind als die **geplanten Ausgaben.** Das ist regelmäßig dann der Fall, wenn **Investitionen getätigt** werden müssen. **Anlässe** für solche Investitionen sind die **Gründung** und **Erweiterung von Unternehmungen** sowie die **Aufrechterhaltung der laufenden Betriebstätigkeit.** In allen diesen Fällen muss der Kapitalbedarf nach Art und Umfang sorgfältig geplant werden, um die **Zahlungsfähigkeit (Liquidität) des Unternehmens zu sichern.**

Die Kapitalbedarfsplanung bezieht sich auf einen **genau abgegrenzten Zeitraum**. Dieser umschließt die **Zeit vom Kapitaleinsatz** (z.B. Kauf von Maschinen und Rohstoffen) über die Produktion und Lagerung **bis zum Rückfluss des investierten Kapitals** in Form von Umsatzerlösen (Zahlungseingang).

Ermittelt wird in dieser Rechnung zunächst einmal der **Kapitalbedarf für das Anlagevermögen**, sodann derjenige für das **Umlaufvermögen**. Beides zusammen ergibt den **Gesamtkapitalbedarf**.

**Von diesem ordentlichen bzw. regulären** ist der **außerordentliche (irreguläre) Kapitalbedarf** zu unterscheiden. Letzterer betrifft die Finanzierung von **Vorgängen, die außerhalb der gewöhnlichen Betriebstätigkeit** liegen, beispielsweise der Kapitalbedarf bei einer notwendig gewordenen Sanierung, bei einem Vergleich, bei einer Fusion oder bei einer beabsichtigten Beteiligung.

**2. Der Kapitalbedarf für das Anlagevermögen**

Er setzt sich zusammen aus den jeweiligen **Anschaffungskosten der benötigten Anlagegüter** (z. B. Grundstücke, Gebäude, Maschinen, Fahrzeuge, Einrichtungsgegenstände). Hinzu kommen mögliche **Anschaffungsnebenkosten**, z. B. Architektenhonorare, Notariatsgebühren, Grunderwerbsteuer, Installationskosten).

Zum Kapitalbedarf für das Anlagevermögen rechnet auch der **eiserne Bestand des Fertigungsmaterials**, des Weiteren die **Kosten für die Einführungswerbung**. Bei Betriebsgründungen kommen noch die **Ausgaben für die Errichtung einer Betriebsorganisation** hinzu, evtl. auch **Ausgaben für die Marktforschung**.

Addiert man alle die genannten Positionen, so ergeben sich als Summe die **Ausgaben für die Herstellung der Betriebsbereitschaft**.

**3. Der Kapitalbedarf für das Umlaufvermögen**

Er resultiert aus der **Durchführung des betrieblichen Leistungsprozesses**.

**Die Art und Weise**, wie der Kapitalbedarf für die laufende Betriebstätigkeit ermittelt wird, kann aus Arbeitsvorlage 2 entnommen werden. Er ist wesentlich **schwieriger** als der Kapitalbedarf für das Anlagevermögen zu ermitteln, weil die laufenden Material-, Produktions-, Verwaltungs- und Vertriebsgemeinkosten eine unterschiedliche Kapitalbindungsdauer haben. (Vergleichen Sie hierzu **Arbeitsvorlage 1**). Außerdem muss bei den genannten **Gemeinkosten** zwischen **ausgabewirksamen** und **nicht ausgabewirksamen Elementen** unterschieden werden.

Die **Gesamtausgaben** für die Bereiche Material, Produktion, Verwaltung und Vertrieb ermittelt man, indem man die **durchschnittlichen Ausgaben pro Tag** mit der jeweiligen **Kapitalbindungsdauer multipliziert**.

**4. Schwächen der Kapitalbedarfsrechnung**

- Die beispielhaft durchgeführte Kapitalbedarfsrechnung bezieht sich auf einen **eng begrenzten Zeitraum**; der **zukünftige Kapitalbedarf** bleibt ebenso außer Betracht wie die **zukünftigen Einnahmen**.
- **Unberücksichtigt** bleiben in dieser Rechnung **Veränderungen jeglicher Art**, so z. B. Materialpreiserhöhungen, Produktionsausfälle wegen Anlaufschwierigkeiten, Absatzprobleme.
- **Grundlage** der Kapitalbedarfsermittlung sind u. a. auch **Schätzungen**, beispielsweise in Bezug auf die zu zahlenden Fertigungslöhne, die ausgabewirksamen Gemeinkosten (in den Bereichen Material, Fertigung, Verwaltung und Vertrieb) und die durchschnittlichen Lieferanten- und Kundenziele.

**Arbeitsvorlage 1:** Kapitalbedarfsrechnung der PlastiCont GmbH

**a) Ermittlung des Kapitalbedarfs für das Anlagevermögen**

– ........................................ ............ TEUR
– ........................................ ............ TEUR
– ........................................ ............ TEUR
– ........................................ ............ TEUR

**b) Ermittlung des Kapitalbedarfs für das Umlaufvermögen**

Fertigungsmaterial für ........ Tage/........ t zu je ........ EUR ............ TEUR
+ Materialgemeinkosten .... % vom FM: = ........ TEUR, davon ausgabewirksam .... %[1] ............ TEUR

Materialkosten für .... Tage: ............ TEUR
Fertigungslöhne für .... Tage/.... TEUR je Tag ............ TEUR
+ Fertigungsgemeinkosten .... %, davon ausgabewirksam .... %[1] ............ TEUR

ausgabewirksame Fertigungskosten für .... Tage ............ TEUR

ausgabewirksame Herstellkosten ............ TEUR
+ Verwaltungs- und Vertriebsgemeinkosten ........ % der ausgabewirksamen Herstellkosten ............ TEUR

Ausgaben für die Durchführung des betrieblichen Leistungsprozesses ............ TEUR

**c) Ermittlung des Gesamtkapitalbedarfs**

Kapitalbedarf für das ........................ vermögen ............ TEUR
+ Kapitalbedarf für das ........................ vermögen ............ TEUR

Gesamtkapitalbedarf ............ TEUR

1 Nicht alle in die Kalkulation einbezogenen Kosten sind ausgabewirksam, so z. B. die kalkulatorischen Kosten (kalkulatorischer Unternehmerlohn, kalkulatorische Miete, kalkulatorische Abschreibungen, kalkulatorische Wagnisse).

## Arbeitsvorlage 2: Ermittlung der Kapitalbindungsdauer für das Umlaufvermögen

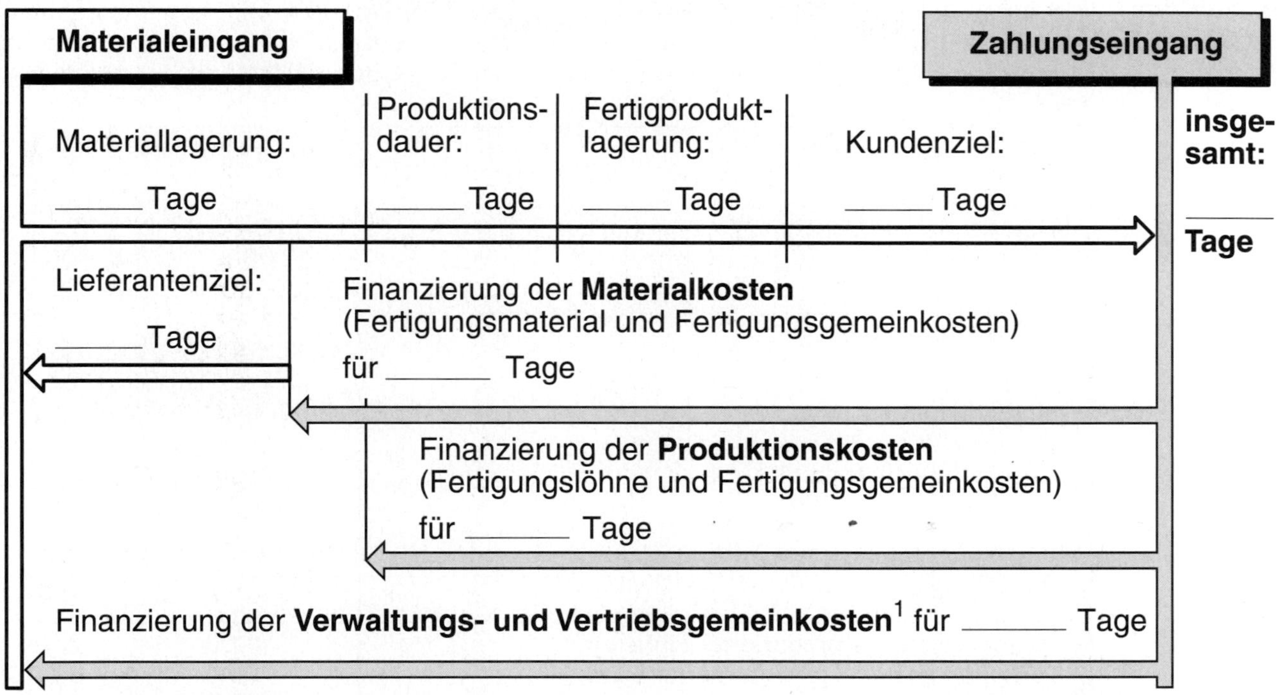


1 Die **Vertriebsgemeinkosten** werden hinsichtlich der Kapitalbindungszeit den Verwaltungsgemeinkosten gleichgestellt. Genau genommen, müsste für die Vertriebsgemeinkosten eine Kapitalbindungsdauer von lediglich 20 Tagen (Kundenziel) angesetzt werden. Jedoch ist eine klare Trennung zwischen beiden Gemeinkostenarten praktisch kaum durchführbar. Auf diese Weise werden gewisse Finanzierungsreserven („Puffer") angelegt.

## Arbeitsaufträge und Fragen zur Stofferschließung

**1.** **Beschäftigen Sie sich** nach dem Durchlesen der **Ausgangssituation** zunächst einmal mit den Ausführungen über die **Kapitalbedarfsplanung** (Punkt 1 der Sachdarstellung).

a) **Was** sind die **wichtigsten Anlässe** der Kapitalbedarfsplanung?

b) **Was** muss durch die Kapitalbedarfsplanung **sichergestellt** werden?

c) **Welchen Zeitraum** umschließt die Kapitalbedarfsrechnung?

d) Aus **welchen zwei Komponenten** setzt sich der Gesamtkapitalbedarf zusammen?

e) **Was** versteht man unter einem **außerordentlichen (irregulären) Kapitalbedarf?**

**2.** **Lesen Sie** die Ausführungen über den **Kapitalbedarf für das Anlagevermögen** (Sachdarstellung 2.).

a) **Aus welchen Elementen** kann sich der Kapitalbedarf für das Anlagevermögen **zusammensetzen?**

b) **Ermitteln Sie** mithilfe des in der **Ausgangssituation** angeführten **Zahlenmaterials den Kapitalbedarf für das Anlagevermögen** bei der Firma PlastiCont GmbH **(Arbeitsvorlage 1 a).**

c) **Was** bringt die von Ihnen **ermittelte Summe zum Ausdruck?**

**3.** **Lesen Sie** die Aufführungen über den **Kapitalbedarf für das Umlaufvermögen** (Sachdarstellung 3.).

a) **Woraus resultiert** der Kapitalbedarf für das Umlaufvermögen?

b) **Aus welchen Elementen** setzt sich der Kapitalbedarf für das Umlaufvermögen **zusammen?** Vergleichen Sie hierzu **Arbeitsvorlage 1 b).**

c) **Aus welchen Gründen** ist der Kapitalbedarf für das Umlaufvermögen wesentlich **schwieriger zu ermitteln** als derjenige für das Anlagevermögen?

d) **Ergänzen Sie** mithilfe des **Datenmaterials der Ausgangssituation die Arbeitsvorlage 2**.

e) **Ermitteln Sie** nun den **Kapitalbedarf für den laufenden Geschäftsbetrieb (Arbeitsvorlage 1 b)**

f) **Wie hoch** ist der **Gesamtkapitalbedarf?** Ergänzen Sie **Arbeitsvorlage 1 c).**

**4.** **Beschäftigen Sie sich** abschließend noch mit den **Schwächen der** beispielhaft aufgezeigten **Kapitalbedarfsrechnung** (Sachdarstellung 4.). **Nennen Sie** aus dem Gedächtnis heraus **drei Kritikpunkte**.

## 6.2 Die statische Investitionsrechnung

**Ausgangssituation**

Der Autozulieferer ALCO GmbH verfügt über eine auf 25.000,00 € abgeschriebene Anlage zur Herstellung von Scheibenwischern, die im folgenden Geschäftsjahr durch eine neue Anlage ersetzt werden soll. Die betriebswirtschaftlichen Daten dieser beiden Anlagen lauten wie folgt:

| (I.) Allgemeine Angaben | alte Anlage | neue Anlage |
|---|---|---|
| – Anschaffungswert (€) | 300.000,00 | 400.000,00 |
| – Nutzungsdauer (Jahre) | 10 | 10 |
| – Leistungsmenge in Stück pro Jahr | 12 000 | 15 000 |
| – Auslastungsgrad | 10 800 (90 %) | 10 800 |
| (II.) Jährliche Fixkosten | | |
| – Abschreibungen (Restwert der Altanlage am Ende des 10. Jahres in €) | 25.000,00 | 40.000,00 |
| – jährliche Zinsen (10 % vom halben Anschaffungswert in €) | 15.000,00 | 20.000,00 |
| – sonstige Fixkosten (€) | 10.000,00 | 15.000,00 |
| Summe der Fixkosten pro Jahr (€) | 50.000,00 | 75.000,00 |
| (III.) Variable Kosten | | |
| – Personalkosten je produzierter Einheit (€) | 4,00 | 2,00 |
| – Fertigungsmaterial je produzierter Einheit (€) | 5,00 | 5,00 |
| – sonstige variable Kosten je produzierter Einheit (€) | 1,00 | 0,50 |
| Summe der variablen Kosten je produzierter Einheit (€) | 10,00 | 7,50 |

**Verkaufspreis pro Einheit: 16,00 €**

Es wird unterstellt, dass die **produzierte gleich der verkauften Menge** ist, dass also **keine Lagerbestände im Fertigwarenlager** entstehen.

## Sachdarstellung

### 1. Aufgabe von Investitionsrechnungen

Bei der **Durchführung von Investitionen** können theoretisch **vier Phasen** unterschieden werden:

- Phase 1: Erkennen der Notwendigkeit einer Investition;
- Phase 2: Analyse der vorhandenen Investitionsalternativen;
- Phase 3: Aufbereitung von Vorschlägen zur Investitionsentschädigung;
- Phase 4: Entscheidung für ein bestimmtes Investitionsobjekt.

In dem zuletzt genannten Teilabschnitt kommen Investitionsrechnungen zur Anwendung.

Sie sind ein **Hilfsmittel der Investitionsplanung** und dienen dazu, **Investitionsalternativen** unter Kosten-, Ertrags-, Gewinn- oder zeitlichen Aspekten miteinander **zu vergleichen.**

Immer wenn eine geplante Investition gegenüber einer bestehenden Anlage Kosten- oder Gewinnvorteile aufweist, sind solche Berechnungen anzustellen. Hierbei ist zwischen **statischen** und **dynamischen Investitionsrechnungen** zu unterscheiden.

### 2. Arten von Investitionsrechnungen

**Statische Investitionsrechnungen** werden unter der **Voraussetzung (Prämisse)** erstellt, dass die **Kosten, Gewinne** u. a. während des Investitionszeitraums **konstant** bleiben, sich also nicht verändern.

Demgegenüber werden in die **dynamische Investitionsrechnung** möglichst zuverlässige **Prognosen über die künftige Kosten- oder Gewinnentwicklung** mit einbezogen.

Da Aussagen über die zukünftigen Veränderungen von wirtschaftlichen Größen vor allem dann besonders schwierig sind, wenn sie sich über längere Zeiträume erstrecken, beschränken sich die folgenden Ausführungen auf die Darstellung der **statischen** Investitionsrechnung.

### 3. Übersicht über die Arten der statischen Investitionsrechnung

Um die **Vorteilhaftigkeit einer Investition** zu ermitteln, werden in der Wirtschaftspraxis **mehrere Verfahren** der statischen Investitionsrechnung angewandt.

**STATISCHE INVESTITIONSRECHNUNG**

**Arten bzw. Formen**

| Kostenvergleichsrechnung | Gewinnvergleichsrechnung | Rentabilitätsvergleichsrechnung | Amortisationsvergleichsrechnung |
|---|---|---|---|
| **Vorgehensweise** | | | |
| Vergleich der **Kosten** einer alten mit denen einer neuen Anlage. | Vergleich des **Gewinns** einer alten Anlage mit dem geschätzten Gewinn einer Neuanlage. | Vergleich einer alten mit einer neuen Anlage in Bezug auf das **Verhältnis von Gewinn zu Kapitaleinsatz**. | Vergleich einer alten mit einer neuen Anlage in Bezug auf die **Zeitspanne**, in der das investierte Kapital in Form von Abschreibungen wieder ins Unternehmen zurückfließt. |
| **Entscheidungsfindung** | | | |
| Entscheidung für die Alternative mit den **niedrigsten Kosten.** | Entscheidung für die Alternative mit dem **maximalen Gewinn.** | Entscheidung für die Alternative mit der **maximalen Rentabilität.** | Entscheidung für die Alternative mit der **kürzesten Rückflusszeit.** |

### 4. Wesensmerkmale der einzelnen statischen Investitionsrechnungen

#### a) Die Kostenvergleichsrechnung

- **Grundlage des Vergleichs** zweier Investitionsobjekte sind die jeweiligen **Gesamtkosten.** Hierbei wird zwischen **fixen** und **variablen Kosten** unterschieden.

  In der Regel werden die **Kosten einer bestehenden Anlage** mit denen einer **neuen Anlage** verglichen. **Neuinvestitionen** weisen gegenüber Altanlagen häufig einen **höheren Automatisierungsgrad** auf. In einem solchen Falle sind bei **neuen Anlagen** die **Fixkosten höher** und die **variablen Kosten niedriger** als bei Altanlagen. Die **Gesamtkostenkurve** für die Neuanlage verläuft demgemäß **flacher** als diejenige für die Altanlage; sie beginnt jedoch wegen der größeren Fixkosten auf einem höheren Niveau.

- **Die „kritische Menge" (Grenzmenge)** ist bei dem Beschäftigungsgrad erreicht, bei dem die **Gesamtkosten beider Anlagen gleich hoch** sind. Vor dem Erreichen des kritischen Punktes arbeitet die **Alt**anlage, danach die **Neu**investition **kostengünstiger.** Somit spielt der jeweilige **Beschäftigungsgrad** die Hauptrolle bei der Entscheidungsfindung.

- Eine weitere wichtige Rolle bei der Entscheidungsfindung spielt auch die Frage, **inwieweit** eine **bestehende Anlage bereits abgeschrieben** ist. Soweit eine **Vollabschreibung** der Altanlage noch **nicht erreicht** ist, müssen in Höhe des kalkulatorischen Restwerts **Abschreibungen in die Fixkosten einbezogen** werden. Sie sind durch die **Kostenvorteile der neuen Anlage abzudecken.** Insofern kann sich ein **hoher Restwert einer Altanlage** als ein starkes **Rationalisierungshindernis** auswirken.

#### b) Die Gewinnvergleichsrechnung

Im Gegensatz zur Kostenvergleichsrechnung werden bei dieser Investitionsrechnung **auch** die **Erträge** mit einbezogen. **Gewinn** wird hierbei als **Differenz zwischen Erträgen (Verkaufserlösen) und Kosten** definiert. Von zwei oder mehreren ist diejenige Anlage die **vorteilhafteste,** die in einer bestimmten Periode den **meisten Gewinn** abwirft.

#### c) Die Rentabilitätsvergleichsrechnung

- Sie **berücksichtigt** nicht nur die Kosten und Erträge, sondern auch das **investierte Kapital.** Deshalb ist diese Form der statischen Investitionsrechnung **aussagefähiger** als die vorerwähnten Typen.

- Es wird von ihr die **Frage beantwortet, wie hoch sich das im Produktionsprozess eingesetzte Kapital alternativer Anlagen im Jahresdurchschnitt verzinst** hat. Hierbei ist das eingesetzte Kapital (K) gleich 100 %, der in der betreffenden Periode zu erzielende Gewinn (G) gleich × %. Die entsprechende **Formel** für die Rentabilität des eingesetzten Kapitals lautet: $\mathbf{R = G \cdot 100 : K}$.
  G umschließt den zusätzlichen Gewinn, den eine Investition verursacht. Mit K wird der durchschnittliche Kapitaleinsatz bezeichnet, den eine Investition erfordert. Er wird bei abnutzbaren Anlagevermögen mit dem halben Anschaffungswert angesetzt.

**d) Die Amortisationsrechnung**

- Sie ermittelt die **Zeitspanne, innerhalb der ein bestimmter Kapitaleinsatz bei einer Investition über die Verkaufserlöse wieder ins Unternehmen zurückfließt (Wiedergewinnungs- oder Amortisationszeit).** Man bezeichnet deshalb die Amortisationsrechnung auch als **Kapitalrückflussrechnung (Pay-back- oder Pay-off-Methode).**
- Der in die Rechnung einzubeziehende **Kapitaleinsatz** wird wie folgt ermittelt:

  Anschaffungswert einer Anlage
  \+ sämtliche Anschaffungsnebenkosten
  – Rest- oder Schrottwert am Ende der Nutzungszeit
  = Kapitaleinsatz

- Für die **Amortisations- oder Wiedergewinnungszeit ($t_w$)** gilt folgende **Formel:**

  $t_w$ = Kapitaleinsatz: durchschnittlicher Rückfluss (= Gewinn + Abschreibungen)

  Der **durchschnittliche Rückfluss** ist die **Summe aus dem durchschnittlichen jährlichen Gewinn** und der **jährlichen Abschreibung** (linear).
- Durch die Berechnung der Wiedergewinnungs- oder Amortisationszeit soll das mit einer Investition verbundene **Risiko abgeschätzt** werden. **Je schneller** bei einer Investition das **eingesetzte Kapital** ins Unternehmen **zurückfließt,** desto **geringer** ist im Allgemeinen das mit der Kapitalanlage verbundene **Risiko.**

**5. Beurteilung der statischen Investitionsrechnungsverfahren**

- Kennzeichnend für alle genannten Investitionsrechnungsverfahren ist, dass Anlagen nach **unterschiedlichen Kriterien** miteinander verglichen werden, **ohne** dass der **Zeitfaktor** und damit **Veränderungen** der in die Rechnung einzubeziehenden Vergleichskriterien eine Rolle spielen.
- Die statischen Investitionsrechnungen **eignen sich** vor allem für solche **Investitionsentscheidungen,** die auf **unsicherem Datenmaterial** beruhen. Die **Hauptvorteile** der dargestellten Verfahren liegen in der verhältnismäßig **einfachen Anwendbarkeit** sowie in der **schnellen Durchführbarkeit.** Sie finden vor allem in **kleinen** und **mittelständischen Produktionsbetrieben** Anwendung.
- Trotz dieser Vorteile ist die **Aussagefähigkeit** statischer Investitionsrechnungen **begrenzt.** Vor allem bleibt die **zukünftige Entwicklung** der Kosten und Erträge bei diesen Rechnungen **außer Ansatz.** Sie kann beispielsweise durch Faktorpreisänderungen (Lohnerhöhungen, Materialpreissteigerungen), durch Kapazitätserweiterungen, durch Qualitätsverbesserungen oder durch Preisverfall auf dem Absatzmarkt infolge verschärfter Konkurrenz gekennzeichnet sein.

**Arbeitsvorlage 1:** Kostenvergleichsrechnung (siehe folgende Seite)

**Arbeitsvorlage 2:** Amortisationsrechnung

| Komponenten der Amortisationsmethode | Altanlage (€) | Neuanlage (€) |
|---|---|---|
| Anschaffungswert | ............ | ............ |
| Restwert | ............ | ............ |
| Kapitaleinsatz | ............ | ............ |
| Durchschnittlicher Rückfluss:<br>● Abschreibungen (linear)<br>● Gewinn (siehe Gewinnvergleichsrechnung) | ............<br>............ | ............<br>............ |

## **Arbeitsvorlage 1:** Kostenvergleichsrechnung

**a) Wertetafel**

| **Investitionsobjekte** | **Fixkosten in €** | **Variable Stückkosten in €** | **Variable Gesamtkosten für 10 800 St.** | **Gesamtkosten in €** |
|---|---|---|---|---|
| Alte Anlage | | | | |
| Neue Anlage | | | | |

**b) Grafische Darstellung**

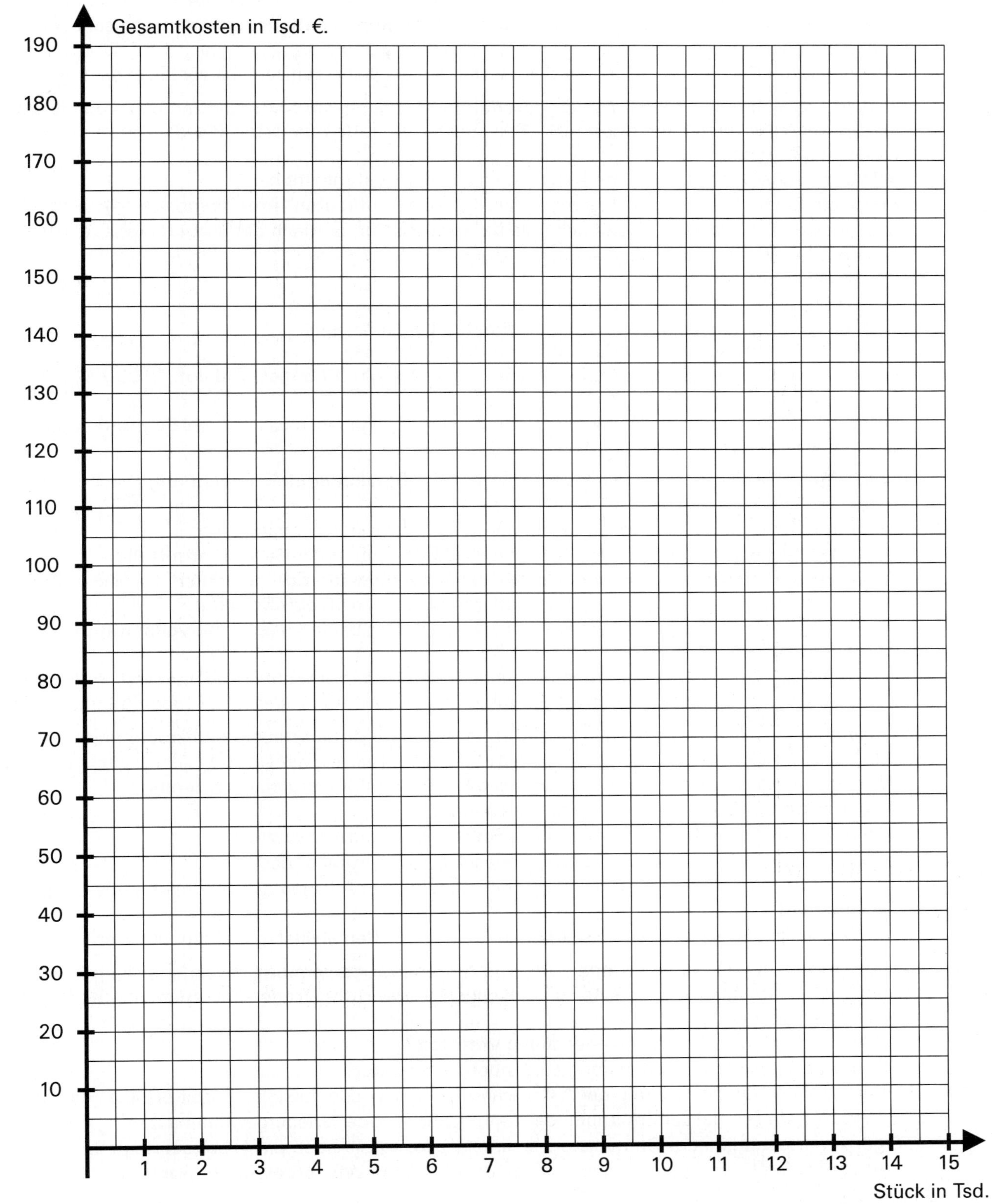


 

## Arbeitsaufträge und Fragen zur Stofferschließung

**1.** **Beschäftigen Sie sich** zunächst einmal mit den **theoretischen Grundlagen der statischen Investitionsrechnung. Stellen Sie** bei Bedarf **Fragen** an Ihren BWL-Lehrer. **Beantworten Sie** danach die folgenden **Auswertungsfragen.**

a) **Was für eine Art von Rechnungen** sind Investitionsrechnungen?

b) **Welches gemeinsame Kennzeichen** weisen die einzelnen statischen Investitionsrechnungen auf?

c) **Welche Kriterien** werden **als Vergleichsmaßstab** herangezogen?

d) **Wie unterscheiden sich** statische von dynamischen Investitionsrechnungen?

e) **Welche Verfahren** der statischen Investitionsrechnung können unterschieden werden?

f) **Was** ist **Gegenstand des Vergleichs** bei den einzelnen Verfahren der statischen Investitionsrechnung?

g) **Welche Vorteile** weisen die Verfahren der statischen Investitionsrechnung auf?

h) **In welchen Unternehmungen** und bei **welchen Datenkonstellationen** kommen statische Investitionsrechnungen **zur Anwendung?**

i) **Wo liegen die Grenzen** in Bezug auf die Aussagefähigkeit von statischen Investitionsrechnungen?

**2.** **Befassen Sie sich** nun mit dem **Zahlenmaterial der Ausgangssituation** und mit den **Ausführungen über die Kostenvergleichsrechnung** (Sachdarstellung 4.a). **Beantworten Sie** danach die folgenden **Auswertungsfragen.**

a) **Wie unterscheiden sich** Alt- und Neuanlagen von der **Kostenseite** her?

b) **Ermitteln Sie** für die beiden Anlagen die jeweiligen **Gesamtkosten (Arbeitsvorlage 1a):** Wertetafel).

c) **Stellen Sie** die für beide Anlagen geltende **Kostensituation grafisch dar (Arbeitsvorlage 1b).**

d) **Bestimmen Sie** die **kritische Menge,** und zwar
   da) grafisch,
   db) rechnerisch.

e) **Welche Aussagen** können zu den **Gesamtkosten** beider Anlagen
   ea) beim **derzeitigen Beschäftigungsstand** (10 800 Stück),
   eb) bei einem für die folgende Periode angestrebten **Beschäftigungsstand von 12 000 Stück** gemacht werden?

f) **Welche Entscheidung** würden Sie als Unternehmer im gegebenen Fall treffen? **Begründen Sie** Ihren Standpunkt.

**3.** **Beschäftigen Sie sich** nun mit den **Ausführungen zur Gewinnvergleichsrechnung** (Sachdarstellung 3. und 4.b).

a) **Wie unterscheidet sich** die Gewinn- von der Kostenvergleichsrechnung?

b) **Nach welcher Formel** wird bei der Gewinnvergleichsrechnung der **Gewinn ermittelt?**

c) **Ermitteln Sie** mithilfe des **Zahlenmaterials der Ausgangssituation** den durch die beiden Anlagen erwirtschafteten **Gewinn** bei einem Beschäftigungsgrad von **10 800 Stück.**

d) **Wie hoch** wäre der **Gewinn** unter der Voraussetzung, dass beide Anlagen mit **voller Kapazitätsauslastung** arbeiten?

e) **Wie würden Sie als Unternehmer** hinsichtlich der beiden Investitionsalternativen **entscheiden,** wenn die **Gewinnsituation** als **Entscheidungskriterium** herangezogen wird? (Begründung!)

**4.** **Befassen Sie sich** nun noch mit den **Ausführungen zur Rentabilitätsvergleichsrechnung** (Sachdarstellung 3. und 4.c). Beantworten Sie danach die folgenden **Auswertungsfragen** zu diesem Sachgebiet.

a) **Welche drei Komponenten** sind Bestandteil der **Rentabilitätsvergleichsrechnung?**

b) **Was ermittelt** die Rentabilitätsvergleichsrechnung?

c) **Wie lautet die Formel** zur Berechnung des **Rentabilitätsprozentsatzes?**

d) **Welche Größe** wird für **K** in die Formel eingesetzt und **warum** ist das so?

e) **Wie hoch** ist bei den in der Ausgangssituation angeführten Anlagen die **Verzinsung des eingesetzten Kapitals?**

f) **Für welche Anlage** würden Sie sich als Unternehmer unter Rentabilitätsgesichtspunkten **entscheiden?**

**5.** **Setzen Sie sich** mit den **Ausführungen über die Amortisationsrechnung** (Sachdarstellung 3. und 4.d) auseinander. **Beantworten Sie** danach die folgenden **Auswertungsfragen** und **erledigen Sie** die nachstehenden **Arbeitsaufträge.**

a) **Was** wird durch die Amortisationsrechnung **ermittelt?**

b) **Wie** wird die Amortisationsrechnung auch **noch bezeichnet?**

c) **Was soll** durch die Berechnung der Amortisations- oder Wiedergewinnungszeit **erreicht werden?**

d) **Wie lautet die Formel** zur Ermittlung der Amortisations- oder Wiedergewinnungszeit ($t_w$)?

e) **Ergänzen Sie** mithilfe des Datenmaterials in der Ausgangssituation die **Arbeitsvorlage 2.**

f) **Berechnen Sie** für die alte und neue Anlage die jeweiligen **Wiedergewinnungszeiten.**

g) **Deuten Sie** die ermittelten Werte.

## 6.3 Selbstfinanzierung

**Ausgangssituation**

**Beispiel 1:**

Ein **Einzelunternehmen** hat im Geschäftsjahr 01 folgende Ergebnisse erzielt:

| | |
|---|---|
| Erträge | 100.000,00 €, |
| Aufwendungen | 70.000,00 €, |
| Privatentnahmen | 10.000,00 €. |

Eingesetzt wurden 75.000,00 € Eigenkapital.

**Beispiel 2:**

In einer **offenen Handelsgesellschaft** soll ein Reingewinn von 150.000,00 € auf die Gesellschafter A (Kapitalanteil: 500.000,00 €) und B (Kapitalanteil: 800.000,00 €) nach den gesetzlichen Vorschriften verteilt werden. Privatentnahmen: A 25.000,00 €, B 40.000,00 €.

**Beispiel 3:**

In einer **Kommanditgesellschaft** wurde im Geschäftsjahr 01 ein Reingewinn von 100.000,00 € erzielt, der wie folgt zu verteilen ist: 4 % Kapitalverzinsung, Restgewinn im Verhältnis 5:1. Kapitalanteil des Komplementärs (A): 1.000.000,00 €, des Kommanditisten (B): 600.000,00 €. Privatentnahmen: A 16.000,00 €.

**Beispiel 4:**

In einer **Aktiengesellschaft** ist die Gewinnverteilung nach folgenden Angaben durchzuführen: Vorläufiger Jahresüberschuss: 31 Millionen €, Vorstandstantieme: 600.000,00 €, Aufsichtsratstantieme: 400.000,00 €, Einstellung in die freie Rücklage: 50 % vom Jahresüberschuss abzüglich gesetzliche Rücklage, Dividende: 9 % aus dem Grundkapital von 150 Millionen €.

**Beispiel 5:**

Ein Unternehmen weist folgende Bilanzwerte aus: Vermögen 10 Mio. €, Eigenkapital 6 Mio. €, Schulden 4 Mio. € (Bilanz 1). Tatsächliche Bilanzwerte:

a) Vermögen 12 Mio. € (Bilanz 2),
b) Schulden nur 3 Mio. € (Bilanz 3).

### Arbeitsvorlage 1: Offene Selbstfinanzierung bei Einzelunternehmen

**a) Ermittlung des neuen Kapitals (Schlussbestand im Kapitalkonto)**

| Aufwendungen | GuV-Konto | Erträge |
|---|---|---|
| ........................ | | ........................ |
| ........................ | | ........................ |
| | | |

| S | Eigenkapital | H |
|---|---|---|
| ........................ | | ........................ |
| ........................ | | ........................ |
| | | |

**b) Ermittlung des Kapitalzuwachses**

**Formeln:**

Kapitalzuwachs = Kapital-SB – ........................

........................ € = ........................ € – ........................ €

**oder**

Kapitalzuwachs = Gewinn – ........................

........................ € = ........................ € – ........................ €

**Bezeichnung:** ........................

  

## Arbeitsvorlage 2: Offene Selbstfinanzierung in der offenen Handelsgesellschaft (OHG)

| Gesellschafter | A | B | Summe |
|---|---|---|---|
| Kapitalanteile | 500.000,00 € | 800.000,00 € | 1.300.000,00 € |
| Kapitalverzinsung: ...... % | .................... € | .................... € | .................... € |
| Restgewinn nach .................... | .................... € | .................... € | .................... € |
| .................... –anteil | .................... € | .................... € | .................... € |
| Privatentnahmen | 25.000,00 € | 40.000,00 € | 65.000,00 € |
| **Kapital ....................** | .................... € | .................... € | .................... € |
| Kapital- .................... | .................... € | .................... € | .................... € |

**Bezeichnung:** ....................

## Arbeitsvorlage 3: Offene Selbstfinanzierung bei der Kommanditgesellschaft (KG)

| Gesellschafter | A (Komplementär) | B (Kommanditist) | Summe |
|---|---|---|---|
| Kapitalanteile | 1.000.000,00 € | 600.000,00 € | 1.600.000,00 € |
| Kapitalverzinsung: 4 % | .................... € | .................... € | .................... € |
| Restgewinn 5:1 | .................... € | .................... € | .................... € |
| Privatentnahmen | 16.000,00 € | .................... € | 16.000,00 € |
| **Kapital ....................** | .................... € | .................... € | .................... € |
| Kapital- .................... | .................... € | .................... € | .................... € |

**Bezeichnung:** ....................

## Arbeitsvorlage 4: Offene Selbstfinanzierung bei der Aktiengesellschaft (AG)

| | | |
|---|---|---|
| Vorläufiger Jahresüberschuss | | .................... Mio. € |
| – Vorstandstantieme | .................... € | |
| – Aufsichtsratstantieme | .................... € | .................... Mio. € |
| Jahresüberschuss | | .................... Mio. € |
| – Einstellung in die gesetzliche Rücklage gemäß §150 AktG: ...... % vom Jahresüberschuss, so lange bis ...... % des Grundkapitals erreicht sind | | .................... Mio. € |
| Zwischensumme (Jahresüberschuss ohne gesetzliche Rücklage) | | .................... Mio. € |
| – Einstellung in die .................... Rücklage: ...... % | | .................... Mio. € |
| Bilanzgewinn | | .................... Mio. € |
| – Dividende: ...... % von .......... Mio. € Grundkapital | | .................... Mio. € |
| Gewinnvortrag | | .................... Mio. € |

**Bezeichnung:** ....................

## Arbeitsvorlage 5: Ausgewiesene und tatsächliche Bilanzwerte

**Ausgewiesene Bilanzwerte** | **Tatsächliche Bilanzwerte**

**Bilanz 1**

| Aktiva | | Passiva | |
|---|---|---|---|
| Vermögen | 10 Mio. € | Eigenkapital | 6 Mio. € |
| | | Fremdkapital | 4 Mio. € |
| | 10 Mio. € | | 10 Mio. € |

**Bilanz 2**

| Aktiva | | Passiva | |
|---|---|---|---|
| Vermögen | ...... Mio. € | Eigenkapital | ...... Mio. € |
| | | Fremdkapital | ...... Mio. € |
| | ...... Mio. € | | ...... Mio. € |

**Bilanz 3**

| Aktiva | | Passiva | |
|---|---|---|---|
| Vermögen | ...... Mio. € | Eigenkapital | ...... Mio. € |
| | | Fremdkapital | ...... Mio. € |
| | ...... Mio. € | | ...... Mio. € |

**Bilanz 1** im Vergleich zu **Bilanz 2**

**BILANZ** ..............................................................

**Bilanz 2** im Vergleich zu **Bilanz 3**

**BILANZ** ..............................................................

## Arbeitsvorlage 6:

### FORMEN DER SELBSTFINANZIERUNG

**Offene Selbstfinanzierung**

Sie betrifft **Gewinne,** . . .
- die in der GuV-Rechnung **offen** als solche **ausgewiesen** werden;
- die nicht ausgeschüttet werden und somit das Eigenkapital erhöhen.

**Stille Selbstfinanzierung**

Sie betrifft **Gewinne,** . . .
- die in der GuV-Rechnung **nicht offen** als solche **ausgewiesen** werden;
- die **versteckt** in einzelnen **Bilanzposten enthalten** sind.

**Alternative 1:** .............................................. bewertung des Vermögens (Aktiva)

**Ursache dafür:** überhöhte bilanzmäßige .................. .................................... auf das Anlagevermögen

**Auswirkungen auf das GuV-Konto:** Auf der Sollseite ist der ...................................................... überhöht.
**Folge:** Der ausgewiesene Gewinn wird ............................ .....................................................................

**Die Differenz** zwischen dem ausgewiesenen (niedrigen) und dem tatsächlich erzielten (höheren) Gewinn stellt eine ................................................... dar.

**Offenlegung stiller Reserven im Anlagevermögen** bei (welchem Vorgang?) .............................................. der unterbewerteten Vermögensgegenstände. Der **Veräußerungserlös** ist dann kleiner*/größer* als der **Buchwert.**

* Nichtzutreffendes streichen!

**Alternative 2:** ................................ bewertung der Schulden (Passiva)

**Ursache dafür:** zu hoch angesetzte ungewisse Schulden (= Rückstellungen, z. B. solche für ............................................................................................ )

**Auswirkungen auf das GuV-Konto:** wie nebenstehend.Beweis hierfür ist die Buchung bei der Bildung von Rückstellungen: ........................... konto an .........................................................................

**Offenlegung stiller Reserven im Fremdkapital** bei (welchem Vorgang?) ............................................ der gebildeten Rückstellungen.
**Beispiel:** Die für eine erwartete Gewerbesteuernachzahlung gebildete Rückstellung in Höhe von 12.000,00 € erweist sich als zu hoch, weil tatsächlich nur 8.000,00 € nachgezahlt werden müssen.

 

## Arbeitsvorlage 7: Die Bedeutung der Selbstfinanzierung

| Vorteile | Nachteile |
|---|---|
| **1 Kostenbelastung** | **1 Investitionen** |
| Es entstehen bei dieser Finanzierungsform keine .................... kosten, z. B. Kreditkosten (Zinsen, Bankprovisionen, Bankgebühren). | Gefahr von .................... investitionen, denn es wird wegen der fehlenden finanziellen Belastungen möglicherweise nicht so scharf kalkuliert. |
| **2 Finanzierung** | **2 Bilanz** |
| – Keine .................... abflüsse, z. B. durch Zahlung von Dividenden.<br>– Mehr Sicherheit für die Gläubiger durch zusätzliches .................... | Sie hat (welche?) .................... Aussagekraft, weil in den einzelnen Bilanzposten stille Reserven enthalten sind. Die in der Bilanz ausgewiesenen Werte entsprechen nicht den (welchen?) .................... Werten. |
| **3 Liquidität** | **3 Unternehmenspolitik** |
| – Sie .................... sich, und zwar ohne zusätzliche Einlagen der Gesellschafter. | Vertuschung von Fehlern möglich durch ....................-.................... von stillen Reserven. |
| **4 Unternehmenspolitik** | **4 Auswirkungen auf den Verbraucher** |
| – Die Kreditwürdigkeit gegenüber Banken und Lieferanten .................... sich. | Voraussetzung für die Selbstfinanzierung sind hohe ....................; sie resultieren aus hohen ....................-....................erlösen, die über die Preise von den Verbrauchern bezahlt werden. |

## Arbeitsaufträge und Fragen zur Stofferschließung

1. **Bearbeiten Sie Beispiel 1** der Ausgangssituation.
   a) **Ermitteln Sie** mithilfe der **Arbeitsvorlage 1a)** das **neue Kapital (Kapital-Schlussbestand).**
   b) **Bestimmen Sie** den **Kapitalzuwachs** auf **zweifache Weise,** indem Sie die **Arbeitsvorlage 1b)** ausfüllen.
   c) **Kennzeichnen Sie** mithilfe der gewonnenen neuen Erkenntnisse stichwortartig das **Wesen der Selbstfinanzierung** (Begriff, Wirkung auf die Eigenkapitalbasis, Einordnung als Finanzierungsart).
2. **Bearbeiten Sie Beispiel 2** der Ausgangssituation.
   a) **Führen Sie** mithilfe der **Arbeitsvorlage 2** die **Gewinnverteilung** bei der OHG durch.
   b) **Erläutern Sie** kurz, was in diesem Falle **unter Selbstfinanzierung zu verstehen** ist.
3. **Beschäftigen Sie sich** mit dem **Beispiel 3** der Ausgangssituation.
   a) Ermitteln Sie den **Kapital-Schlussbestand** für den Vollhafter A der Kommanditgesellschaft, und zwar unter Berücksichtigung des erzielten Gewinns und der Privatentnahmen **(Arbeitsvorlage 3).**
   b) **Wie** wird der **Gewinnanteil des Kommanditisten buchhalterisch behandelt?**
   c) **Erläutern Sie** kurz, was in diesem Falle unter **Selbstfinanzierung zu verstehen** ist.
4. **Befassen Sie sich** nun mit der **Gewinnverteilung** bei der **Aktiengesellschaft.**
   a) **Ergänzen Sie** das Schema der **Arbeitsvorlage 4.**
   b) **Aus welchen Komponenten** besteht in diesem Falle die **Selbstfinanzierung** und **wie** lautet der **Gesamtbetrag?**
5. Die bisher erörterten Beispiele haben eine **Gemeinsamkeit:** Sie zeigen die **offene Selbstfinanzierung in verschiedenen Rechtsformen** der Unternehmung.[1]
   a) **Warum** handelt es sich bei den behandelten Beispielen um eine **„offene"** Selbstfinanzierung? **Lösungshinweis:** Beachten Sie den Gewinnausweis in der GuV-Rechnung.
   b) **Was geschieht** in allen diesen Fällen mit dem in der GuV-Rechnung ausgewiesenen **Gewinn?**
6. **Bearbeiten Sie** nun noch **Beispiel 5** der Ausgangssituation.
   a) **Erstellen Sie** – ausgehend von Bilanz 1 – **die Bilanzen 2 und 3** für die angegebenen **tatsächlichen Bilanzwerte (Arbeitsvorlage 5).**
   b) Die **Gegenüberstellung** der **tatsächlichen** und der **ausgewiesenen Bilanzwerte** soll ihnen zeigen, **wie „stille" Selbstfinanzierung zustande kommt.**
      ba) Das **Vermögen** wurde zunächst mit **2 Mio. € zu niedrig,** nämlich mit 10 statt mit 12 Mio. €, **ausgewiesen. Wie** ist in diesem Falle eine **„stille Vermögensreserve" entstanden?**
      bb) Im anderen Falle wurden die Schulden mit **1.000.000 € zu hoch,** nämlich mit 4 statt mit 3 Mio. € in der Bilanz **ausgewiesen. Wie** ist in diesem Falle eine **„stille Reserve" entstanden?**
7. **Bearbeiten Sie** im Unterrichtsgespräch mit Ihrem Lehrer die **Arbeitsvorlage 6.**
8. Wie jede andere Finanzierungsart auch weist die Selbstfinanzierung nicht nur **Vorteile,** sondern auch **Nachteile** auf. Durch das **Ergänzen der Arbeitsvorlage 7** erhalten Sie einen **Überblick** über die **wichtigsten positiven und negativen Aspekte** dieser Finanzierungsform.

1 Auf eine Darstellung der Gewinnverteilung bei der GmbH wurde ganz bewusst verzichtet, da bei dieser Rechtsform unterschiedliche gesellschaftsvertragliche Regelungen zur Anwendung kommen.

# 6.4 Beteiligungsfinanzierung

**Ausgangssituation**

Karl Köpf, 25 Jahre alt, ist gelernter Industriekaufmann. Zurzeit hat er die Position eines Einkaufssachbearbeiters in einem chemischen Betrieb inne. Durch eine Erbschaft ist er in Besitz von 600.000,00 € gelangt. Weil er „Unternehmerblut" in sich fühlt, reift in ihm der Entschluss sich mit dem vorhandenen Kapital an einem Unternehmen zu beteiligen. Zu diesem Zwecke gibt er in der „Frankfurter Allgemeinen Zeitung" folgendes Inserat auf: „Aktive oder stille Beteiligung an einem Unternehmen gesucht. Zuschriften unter Nr.... an den Verlag."

Karl Köpf erhält daraufhin Beteiligungsangebote von zahlreichen Unternehmen aus verschiedenen Branchen und mit unterschiedlichen Rechtsformen. Nach genauer Überprüfung der eingegangenen Zuschriften kommen für eine mögliche Beteiligung folgende vier Unternehmen in die engere Wahl:

(1) Paul Kramer e. K., Garten- und Landschaftsbau;
(2) Wilhelm Kaiser + Söhne OHG, Industrielackierungen;
(3) Fritz Schrag KG, Heizungs-, Lüftungs- und Klimatechnik;
(4) Metallveredelung Thomas Schweizer GmbH.

Wie wird sich Karl Köpf entscheiden?

## Sachdarstellung

### 1. Wesen der Beteiligungsfinanzierung

- Die Beteiligungsfinanzierung gehört in den Bereich der **externen Eigenfinanzierung,** weil die vom Eigentümer oder von den neuen Gesellschaftern zur Verfügung gestellten Finanzierungsmittel für die Unternehmung **Eigenkapital** darstellen, das nicht im Unternehmen selbst erwirtschaftet, sondern ihm **von außen zugeführt** wurde. Durch die Zuführung finanzieller Mittel erwirbt der Kapitalgeber einen **Anspruch auf Gewinnbeteiligung.** Je nach Rechtsform werden ihm auch noch mehr oder weniger umfangreiche **Leitungs- oder Mitsprachebefugnisse** im Unternehmen eingeräumt.

  Bei der Beteiligungsfinanzierung übernimmt der Kapitalgeber die Rolle eines **Teilhabers.** Als solcher **haftet** er für die Unternehmung mindestens mit dem **Kapitalanteil. Im Falle einer Insolvenz** nimmt er die **Rolle eines Schuldners** ein. Bei der **Fremdfinanzierung** hingegen kommt dem Kapitalgeber die **Rolle eines Gläubigers** zu.

- Das durch Beteiligungsfinanzierung in ein Unternehmen **eingebrachte Kapital** erfüllt **mehrere Funktionen:**

– Es stellt **Haftungskapital** dar, von dem ganz wesentlich die **Kreditfähigkeit** eines Unternehmens abhängt.
– Soweit **Gewinne** erzielt werden, bildet es die **Basis für die Kapitalverzinsung.**
– Zusammen mit der übernommenen Haftung bestimmt es ganz wesentlich die **Rechtsposition,** die ein **Kapitalgeber** in einem Unternehmen inne hat, z.B. die Möglichkeit zur Ausübung von **Geschäftsführungs-, Vertretungs- und Kontrollbefugnissen.**
– Es handelt sich um **Kapital,** das dem Unternehmen **langfristig** zur Verfügung steht.

### 2. Die Beteiligungsfinanzierung und die Rechtsform der Unternehmung

Die **Möglichkeiten** sich finanziell an einem Unternehmen **zu beteiligen,** sind in starkem Maße von der jeweiligen **Rechtsform abhängig.**

a) In **Einzelunternehmungen** wird das **Kapital** von **einer Person** aufgebracht. Hierbei stellt der Unternehmer sein **Privatvermögen** ganz oder teilweise dem Unternehmen zur Verfügung. Durch **Geld- oder Sacheinlagen** des Unternehmers und erzielte **Gewinne** wird der Kapitalbestand **erhöht,** durch **Privatentnahmen** und **Verluste** wird er **vermindert.**

b) Die **stille Gesellschaft** ist rechtlich **zwischen Einzel- und Gesellschaftsunternehmen** angesiedelt. Im **Innenverhältnis** liegt eine **Gesellschaft** vor, im **Außenverhältnis** ein **Einzelunternehmen.**

Der **„Stille"** tritt **nach außen** überhaupt **nicht in Erscheidung.** Es erfolgt auch **keine Eintragung** der Kapitalbeteiligung ins Handelsregister. Weil demgemäß die Geschäftspartner des Unternehmens in der Regel keine Ahnung von der Existenz eines stillen Teilhabers haben, **haftet** dieser den Gläubigern des Unternehmens gegenüber **in keiner Weise.** Die **Haftung** für die Verbindlichkeiten des Unternehmens ist alleinige Aufgabe **des Geschäftsinhabers** (§ 230 Abs. 2 HGB).

 

Die stille Gesellschaft hat **keine eigene Firma;** die Geschäfte werden unter der Firma des Einzelunternehmers geführt. Die **Einlage des stillen Gesellschafters** geht in das Vermögen des Einzelunternehmers über (§ 230 Abs. 1 HGB); es gibt also kein gemeinschaftliches Vermögen im Sinne eines Gesellschaftsvermögens.

Mangels abweichender vertraglicher Vereinbarung ist der stille Gesellschafter **am Gewinn** des Unternehmens **beteiligt** (§ 231 Abs. 1 und 2 HGB). Ein eventueller **Verlust** wird von ihm nur **bis zur Höhe der Einlage** mitgetragen. Es ist **möglich,** die **Verlustbeteiligung** des „Stillen" vertraglich ganz **auszuschließen** (§ 231 Abs. 2 HGB).

Der stille Gesellschafter hat **keine Möglichkeit** unmittelbar **auf die Geschäftsführung einzuwirken.** Auch bei **außergewöhnlichen Geschäften** braucht der haftende Gesellschafter die Zustimmung des Stillen **nicht** einzuholen. Der Stille hat seinerseits nur ein sehr **begrenztes Kontrollrecht.** Er kann lediglich die **Bilanz einsehen** und ihre **Richtigkeit** anhand der Geschäftspapiere **überprüfen** (sog. **einmaliges Kontrollrecht,** § 233 HGB).

c) Die **Offene Handelsgesellschaft (OHG,** §§ 105–160 HGB) hat mindestens zwei Gesellschafter. Jeder Gesellschafter hat das **Recht und die Pflicht zur Geschäftsführung und Vertretung.** Die Teilhaber **haften** sowohl mit ihrer Kapitaleinlage als auch mit ihrem Privatvermögen **(unbeschränkt),** des Weiteren **unmittelbar (direkt)** und **solidarisch (gesamtschuldnerisch).**

Falls **keine besondere vertragliche Regelung** getroffen wurde, erhalten die Gesellschafter vom erzielten Gewinn **4 % Kapitalverzinsung,** der **Rest** wird **nach Köpfen** verteilt. Durch den **Gewinnanteil** wird die **Einlage** eines Gesellschafters **erhöht,** durch **Privatentnahmen** und durch die Übernahme von **Verlustanteilen** wird sie **vermindert** (§ 121 HGB).

Insbesondere wegen der sehr **weit reichenden Haftung** ist ein sehr enges **Vertrauensverhältnis** der OHG-Gesellschafter untereinander von besonderer Bedeutung.

d) Die **Kommanditgesellschaft (KG,** § 161 ff. HGB) besteht aus **Vollhaftern (Komplementären) und Teilhaftern (Kommanditisten).** Die **Komplementäre** haben die gleichen **Rechte und Pflichten** wie die **Vollhafter der OHG** (§ 161 Abs. 2 HGB). Demgegenüber sind die **Kommanditisten nicht** an der **Geschäftsführung und Vertretung beteiligt;** ihre Hauptaufgabe ist die **Kapitalaufbringung.** Bei **außergewöhnlichen Geschäften** haben sie jedoch ein **Widerspruchsrecht** (§ 164 Abs. 1 S. 1 HGB).

**Im Insolvenzfall** haften die **Teilhafter** als Schuldner **nur bis zur Höhe ihrer Einlagen.** Für die Übernahme der beschränkten Haftung erhalten sie ein **Gewinnanteilsrecht** (§ 167 HGB). Es besteht in dem Anspruch auf **Verzinsung des eingebrachten Kapitals.**

Die **Kommanditeinlage** als eine Form der Kapitalanlage ist immer dann **sehr begehrt,** wenn das betreffende **Unternehmen floriert,** wenn also durch die Beteiligung eine **höhere Verzinsung** als auf dem Kapitalmarkt erzielt werden kann.

Die **Erhöhung der Kommanditeinlagen** erfordert eine **Änderung des Gesellschaftsvertrags** und die **Eintragung ins Handelsregister.**

e) **Die GmbH & Co. KG ist eine besondere Form der Kommanditgesellschaft.** Eine **GmbH** ist in der Regel der **einzige Komplementär.**

Diese Rechtsform kann als **Versuch** angesehen werden, die **Vorteile der GmbH** (Haftungsbeschränkung) mit den **Vorteilen der KG** (bessere Finanzkraft durch die Aufnahme von neuen, nicht geschäftsführungs- und nicht vertretungsberechtigten Teilhaftern) miteinander **zu verbinden.**

**Im Insolvenzfall gibt es keine Privathaftung** der Gesellschafter, obwohl die GmbH & Co. KG im Grunde eine **KG** ist. Wegen der Beschränkung der Haftung auf den Kapitalanteil bietet diese Gesellschaftsform die **Möglichkeit, fähige Mitarbeiter,** z. B. Abteilungsleiter oder Prokuristen, in das Unternehmen einzubinden.

f) In der **Gesellschaft mit beschränkter Haftung (GmbH)** erfolgt die **Eigenfinanzierung** durch sog. **Stammeinlagen,** die von den einzelnen Gesellschaftern übernommen werden. Hierbei können die einzelnen Gesellschafter **verschieden hohe Stammeinlagen** übernehmen, sofern diese Beträge **nicht unter 100,00 €** liegen und **durch 50 teilbar** sind. Die **Summe aller Stammeinlagen** ergibt das **Stammkapital** der GmbH (§ 5 GmbHG), das **mindestens 25.000,00 €** betragen muss.

Die **Gewinn- und Verlustbeteiligung** der einzelnen Gesellschafter richtet sich nach der Höhe der übernommenen **Stammeinlagen.** Darüber hinaus können die GmbH-Gesellschafter jedoch auch zu zusätzlichen Einzahlungen **(beschränkte oder unbeschränkte Nachschüsse)** verpflichtet werden (§ 26 ff. GmbHG).

Eine **Erhöhung des Stammkapitals** erfordert eine **Satzungsänderung,** die in der **Gesellschafterversammlung** mit **Dreiviertelmehrheit** beschlossen werden kann (§ 53 GmbHG).

**GmbH-Anteile** werden in **Finanzanzeigen** der großen Tages- und Wochenzeitungen angeboten und nachgefragt. Neue Gesellschafter und damit neues Eigenkapital sind bei nicht sehr umsatzstarken GmbHs häufig nur dann zu bekommen, wenn den Kapitalgebern eine **Mehrheitsbeteiligung** (mehr als 50 % des Stammkapitals) angeboten wird.

g) Die Eigenfinanzierung einer **Aktiengesellschaft (AG)** erfolgt durch **Ausgabe von Aktien. Kapitalerhöhungen** erfordern eine **Satzungsänderung** und bedürfen einer **Dreiviertelmehrheit** in der **Hauptversammlung.** Den Inhabern der alten Aktien wird in diesem Fall ein **Bezugsrecht** eingeräumt (§ 186 AktG). Sie können in einem bestimmten Verhältnis Aktien erwerben, z. B. für je fünf alte Aktien eine junge. Hierbei bleibt es dem einzelnen Aktionär überlassen, ob er sein Bezugsrecht wahrnehmen oder es an der Börse veräußern will.

Im Hinblick auf die Eigenfinanzierung der AG können **vier Arten der Kapitalerhöhung** unterschieden werden:

- **Ordentliche Kapitalerhöhung** (§ 182 f. AktG). Die Hauptversammlung beschließt durch **Ausgabe von jungen Aktien** dem Unternehmen neue Mittel zuzuführen. Um den Kapitalanlegern einen **Kaufanreiz** zu bieten, werden die jungen Aktien fast immer mit einem Kurs ausgestattet, der **unter dem Kurs der alten Aktien** liegt.
- **Bedingte Kapitalerhöhung** (§ 192 f. AktG). Die Hauptversammlung kann eine Erhöhung des Grundkapitals beschließen, die nur so weit durchgeführt werden soll, wie von einem **Umtausch- oder Bezugsrecht Gebrauch gemacht** wird. **Beispiele** hierfür sind die **Ausgabe von Wandelanleihen,** die später in Aktien umgetauscht werden können, die **Fusion** mehrerer Unternehmen sowie die **Gewinnbeteiligung von Arbeitnehmern** (§ 192 Abs. 2 AktG).
- **Genehmigte Kapitalerhöhung** (§ 202 f. AktG). Der **Vorstand** wird von der **Hauptversammlung** ermächtigt das **Grundkapital** durch Ausgabe junger Aktien um den genehmigten Betrag zu **erhöhen,** und zwar zu einem **von ihm zu bestimmenden Zeitpunkt.**
- **Kapitalerhöhung aus Gesellschaftsmitteln** (§ 207 f. AktG). **Die Hauptversammlung** beschließt eine **Erhöhung des Grundkapitals** durch **Umwandlung von offenen,** d. h. in der Bilanz ausgewiesenen **Rücklagen in Grundkapital.** In diesem Falle liegt **keine Zuführung von Eigenkapital** vor, weil lediglich bestehende Eigenkapitalposten umgebucht werden: offene Rücklagen werden in Grundkapital verwandelt.

**Im Gegensatz zur Fremdfinanzierung** ist es bei der **Beteiligungsfinanzierung** der AG möglich, die **liquiditätsbelastenden Ausgaben zu steuern.** So kann beispielsweise die **Gewinnausschüttung** an der Höhe des erzielten **Unternehmenserfolgs** oder an den jeweiligen **Unternehmenszielen** ausgerichtet werden.

**Beteiligungsfinanzierung** kann auch in dem Sinne verstanden werden, dass sich ein **Unternehmen** an einem anderen finanziell beteiligt. Als Folge der **Kapitalverflechtung** ergeben sich in der Regel **personelle Verflechtungen,** so z. B. wenn die Leitung eines Unternehmens im Aufsichtsrat eines anderen Unternehmens vertreten ist. Soweit **kapitalmäßige und personelle Verflechtungen** bestehen, spricht das Aktiengesetz von **verbundenen Unternehmen** (§ 15 ff. AktG).

Zu den **verbundenen Unternehmen** gehören nach **§ 15 AktG** u. a. folgende **Konzentrationsformen:**

- **Wechselseitige Beteiligungen:** Jedes von zwei Unternehmen ist am anderen mit **mehr als 25 %** beteiligt, sodass es sich um Schwesterngesellschaften handelt.
- **Mehrheitsbeteiligungen.** Ein Unternehmen ist an einem anderen mit **mehr als 50 %** beteiligt. Das eine ist das herrschende, das andere das abhängige Unternehmen (§ 16 f. AktG)
- **Konzernbeteiligungen.** Im Konzern werden ein herrschendes oder ein oder mehrere abhängige Unternehmen unter **einheitlicher Leitung** zusammengefasst. Mehrere Tochtergesellschaften werden der einheitlichen Leitung durch eine Muttergesellschaft unterstellt, so z. B. im Daimler-Benz-Konzern.

Häufig werden kleinere Unternehmen von größeren **aufgekauft;** sie verlieren dann ihre wirtschaftliche und rechtliche Selbstständigkeit. Man spricht in diesem Zusammenhang von **Verschmelzung (Fusion).**

h) In der **eingetragenen Genossenschaft (e. G.)** wird Beteiligungsfinanzierung praktiziert, wenn bereits **vorhandene Mitglieder** ihren **Geschäftsanteil erhöhen** oder wenn **neue Mitglieder Geschäftsanteile erwerben.** Wie bei der GmbH richtet sich die **Verteilung von Gewinnen und Verlusten** nach der **Höhe der Geschäftsanteile.** Auch die Mitglieder einer Genossenschaft können zur **Zahlung von Nachschüssen** herangezogen werden.

**Arbeitsvorlage:** Möglichkeiten der Beteiligungsfinanzierung in den einzelnen Rechtsformen von Unternehmungen

| Rechtsform | Eigenkapitalbeschaffung durch ... | Geschäftsführung, Vertretung und Haftung |
|---|---|---|
| **Einzelunternehmung** | Geld- und Sacheinlagen des ...................... ...................... | – Alleinige Geschäftsführung und Vertretung durch den ...................... <br>– ...................... haftung des Einzelunternehmers mit dem ......................- und ......................vermögen. |
| **Stille Gesellschaft** | Aufnahme von...................... ...................... | – ...................... Geschäftsführung und Vertretung durch den Einzelunternehmer <br>– Haftungsbeschränkung des stillen Gesellschafters auf die ......................-......................; keine unmittelbare Haftung gegenüber den ...................... <br>– Die Verlustbeteiligung kann vertraglich...................... werden. |
| **Offene Handelsgesellschaft (OHG)** | Aufnahme von ......................-...................... (...................... haftern). | – Recht auf ...................... und ...................... <br>– Vollhaftung der Gesellschafter: ...................... ...................... |
| **Kommanditgesellschaft (KG)** | Aufnahme von ...................... (...................... haftern) oder ......................-...................... (...................... haftern). | – Für Komplementäre gilt das in Bezug auf die OHG Gesagte. <br>– Kommanditisten haben keine ......................-......................- und ......................-befugnis. Bei außergewöhnlichen Rechtsgeschäften haben sie jedoch ein ...................... recht. <br>– Kommanditisten haften den Gesellschaftsgläubigern gegenüber nicht (wie?) ......................; bei Verlust haften sie nur bis zur Höhe ihrer ...................... |
| **Gesellschaft mit beschränkter Haftung (GmbH)** | Aufnahme von ...................... ...................... | – Die Gesellschafter haben ......................-......................- und ......................-befugnis (sog. „geborene" Geschäftsführer). <br>– Die Gesellschafter haften mit der ......................, die GmbH als solche mit dem ...................... |
| **GmbH & Co. (KG)** | Aufnahme von ...................... | – Für Kommanditisten gilt das in Bezug auf die ...................... Gesagte. <br>– Die GmbH ist ...................... hafterin. |
| **Aktiengesellschaft (AG)** | Ausgabe von ...................... Sonderfälle: wechselseitige, Mehrheits- und Konzernbeteiligungen | – Geschäftsführung durch den ...................... ...................... <br>– Haftung der Aktionäre mit dem Wert ihrer ...................... <br>– Haftung der AG als solcher mit dem ...................... |
| **Eingetragene Genossenschaft (e. G.)** | Erhöhung des Geschäftsanteils der ...................... Genossen oder Aufnahme. ...................... Genossen | – Geschäftsführung durch den ...................... ...................... <br>– Die Haftung der Genossen ist auf den ...................... beschränkt. |

## Arbeitsaufträge und Fragen zur Stofferschließung

**1.** **Beschäftigen Sie sich** zunächst einmal mit den **Wesensmerkmalen der Beteiligungsfinanzierung** (Sachdarstellung 1.).

a) **Erklären Sie, warum** die Beteiligungsfinanzierung eine **externe Eigenfinanzierung** ist.

b) **Vergleichen Sie** die **Beteiligungsfinanzierung** mit der **Fremdfinanzierung,** und zwar im Hinblick auf die **Rolle des Kapitalgebers.**

c) **Beschreiben Sie, welche Funktionen** das durch Beteiligungsfinanzierung in ein Unternehmen eingebrachte **Kapital** erfüllen kann.

d) Die Beteiligungsfinanzierung stellt eine **Möglichkeit** dar, der **Unternehmung Eigenkapital zuzuführen.**

da) **Welche Vorteile** bietet eine solche **Eigenkapital-** gegenüber einer **Fremdkapitalverzinsung? Lösungshinweise:** Dauer der Zurverfügungstellung – Rückzahlungspflicht – Rückzahlungsfristen – Liquiditätsbelastung – Auswirkungen auf die Kreditwürdigkeit des Unternehmens.

db) **Welche Hauptnachteile** sind mit der Beteiligungsfinanzierung verbunden? **Lösungshinweise:** Kapitalverzinsung – Gewinnverteilung – Unternehmensleitung – Kosten dieser Art der Finanzierung.

**2.** Um die **Frage der Ausgangssituation** entscheiden zu können, müssen wir die **vorliegenden Beteiligungsalternativen genauestens untersuchen.** Das soll in der Weise geschehen, dass Sie die folgenden **Fragen im Hinblick auf jede der vier Beteiligungsalternativen zu beantworten** versuchen.

a) **Welche Rechtsform** hat die Firma?

b) **In welcher Weise** kann sich Karl Köpf an dieser Firma **beteiligen?**

c) **Welche allgemeinen Vorteile** wären mit einer Beteiligung an dieser Firma für Karl Köpf verbunden?

d) **Welche Nachteile** brächte die Beteiligung an dieser Firma für Karl Köpf mit sich? **Berücksichtigen Sie** hierbei neben **ökonomischen** und **juristischen** auch **persönliche Aspekte.**

e) **Welche Entscheidung** würden Sie anstelle von Karl Köpf hinsichtlich der Beteiligung gerade an dieser Firma treffen? **Begründen** Sie Ihre Entscheidung möglichst genau.

**3.** **Beantworten Sie** nach der **genauen Analyse der Beteiligungsalternativen** die **Frage der Ausgangssituation. Begründen Sie** Ihre Ansicht.

**4.** Die **Beteiligungsfinanzierung bei der Aktiengesellschaft weist einige Besonderheiten** auf, mit denen wir uns abschließend noch beschäftigen wollen.

a) Angenommen, Karl Köpf entschließt sich das ererbte **Vermögen in Aktien anzulegen. Wie** kann er sich an einer AG **beteiligen?**

b) Aktiengesellschaften verschaffen sich durch **Kapitalerhöhung** das benötigte Eigenkapital.

ba) An **welche rechtliche Voraussetzung** ist eine **Kapitalerhöhung** bei der AG geknüpft?

bb) **Was** versteht man unter einer **„ordentlichen Kapitalerhöhung"?**

bc) **Was** besagt der Begriff **„bedingte Kapitalerhöhung"?**

bd) **Erläutern Sie** kurz, was unter einer **„genehmigten Kapitalerhöhung"** zu verstehen ist.

be) **Wie** geht eine **„Kapitalerhöhung aus Gesellschaftsmitteln"** vor sich?

c) Im Zusammenhang mit der Beteiligungsfinanzierung sind **besondere Konzentrationsformen** zu unterscheiden.

ca) **Was** versteht man unter **„verbundenen Unternehmen"?**

cb) **Wodurch** sind **„wechselseitige Beteiligungen"** gekennzeichnet?

cc) **Was** ist eine **„Mehrheitsbeteiligung"?**

cd) **Welche Merkmale** kennzeichnen einen **Konzern?**

**5.** Verschaffen Sie sich einen **Überblick über die Beteiligungsfinanzierung** in den einzelnen Rechtsformen von Unternehmen durch **Ergänzen der vorstehenden Arbeitsvorlage.**

## 6.5 Finanzierung aus Abschreibungen

**Ausgangssituation**

Die Diana Sportswear GmbH, Düsseldorf, findet mit ihren fetzigen Outdoor-Modellen vor allem bei Jugendlichen und jungen Erwachsenen immer mehr Anklang. Das beweisen die stets zweistelligen Umsatzzuwächse in den vergangenen fünf Jahren. Sie erfordern eine permanente Ausdehnung der Produktionskapazitäten.

Diese Erweiterung der Produktionsanlagen soll nach dem Willen der Geschäftsleitung so finanziert werden, dass die in den Verkaufspreis einkalkulierten Abschreibungen jeweils zu Beginn eines Folgejahres sofort reinvestiert werden. Es werden also die nach Ablauf eines Geschäftsjahres freigesetzten Mittel dazu verwendet, zu Beginn des neuen Jahres Investitionen zu tätigen, soweit der zur Verfügung stehende Betrag dazu ausreicht.

Ausgegangen wird hierbei von einer Erstausstattung von zehn Maschinen zu je 100.000,00 € Anschaffungswert. Ihre durchschnittliche Nutzungsdauer beträgt fünf Jahre. Die Maschinen werden kalkulatorisch wie bilanziell linear abgeschrieben. Die erzielten Umsatzerlöse des Unternehmens decken sämtliche Kosten ab, also auch die einkalkulierten Abschreibungen.

**Arbeitsvorlage 1:** Abschreibungs- und Reinvestitionstabelle (siehe folgende Seite).

**Arbeitsvorlage 2:** Entwicklung des Maschinenbestands

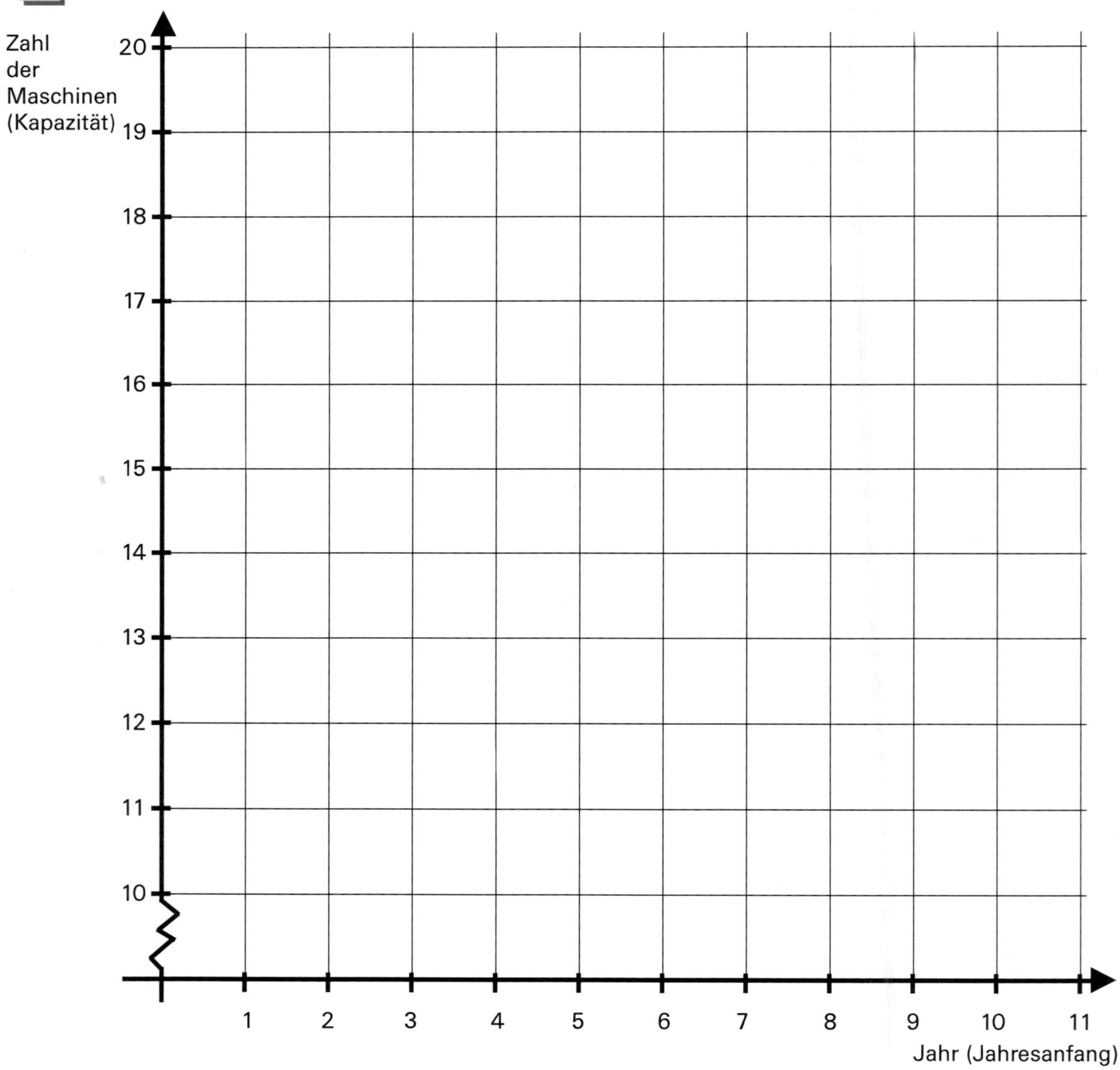

## Arbeitsvorlage 1: Abschreibungs- und Reinvestitionstabelle

| Jahreszeit | Jahresanfang (neuer Bestand) | | Jahresende | | | Jahresanfang (Investitionen) | | | |
|---|---|---|---|---|---|---|---|---|---|
| Jahr | Maschinen (Stück) | Summe der Anschaffungswerte (€) | Abschreibungen (20 % v. AW) (€) | Summe der Restwerte (€)[1] | Liquide Mittel am Ende des Jahres (€)[2] | Maschinen Abgang (St.) | Maschinen Zugang (St.) | Maschinen Veränderung (St.) | Liquide Mittel (Restbestand) |
| 1 | | | | | | | | | |
| 2 | | | | | | | | | |
| 3 | | | | | | | | | |
| 4 | | | | | | | | | |
| 5 | | | | | | | | | |
| 6 | | | | | | | | | |
| 7 | | | | | | | | | |
| 8 | | | | | | | | | |
| 9 | | | | | | | | | |
| 10 | | | | | | | | | |

1 $RW_n = RW_{n-1}$ + Neuinvestition – AfA
2 Liquide Mittel = Liquide Mittel Rest (Vorjahr) + AfA

 

## Arbeitsvorlage 3: Prozentuale Veränderungen der Kapazität

| Jahr | 2 | 3 | 4 | 5 | 6 | 7 | 8 | 9 | 10 |
|---|---|---|---|---|---|---|---|---|---|
| △ K (%) | | | | | | | | | |

△K = Kapazitätszuwachs in % gegenüber der Erstausstattung

## Arbeitsvorlage 4: Phasen der Kapazitätsentwicklung

| Phase Nr. | Jahr | Beschreibung der Phase |
|---|---|---|
| 1 | | |
| 2 | | |
| 3 | | |
| 4 | | |

## Arbeitsvorlage 5: Produzierte Mengen (Kapazität in Stück)

| Jahr | Zahl der Maschinen | Kapazität (Stück) |
|---|---|---|
| 1 | | |
| 2 | | |
| 3 | | |
| 4 | | |
| 5 | | |
| 6 | | |
| 7 | | |
| 8 | | |
| 9 | | |
| 10 | | |

## Arbeitsvorlage 6: Kapazität des Maschinenbestandes zu Beginn des 6. Jahres

| Zahl der Maschinen | Nutzungs- bzw. Restnutzungszeit | Stückzahl |
|---|---|---|
| | | |
| | | |
| | | |
| | | |
| | | |
| Summe: | | |

## Arbeitsaufträge und Fragen zur Stofferschließung

1. **Stellen Sie** mithilfe von **Arbeitsvorlage 1** die **mengen- und wertmäßige Entwicklung des Maschinenbestands** in den ersten zehn Jahren dar.
2. **Versuchen Sie** herauszufinden, **warum** durch das Wiederanlegen von Abschreibungsrückflüssen ein **Kapazitätssteigerungseffekt (sog. Lohmann-Ruchti-Effekt)** eintritt. **Lösungshinweis:** Überlegen Sie, zu welchem Zeitpunkt die angesammelten Abschreibungsrückflüsse eigentlich investiert werden müssten, um die abgeschriebenen Maschinen durch eine gleich große Zahl neuer Maschinen zu ersetzen, und wann sie tatsächlich reinvestiert werden.
3. **Addieren Sie** für jedes einzelne Jahr die in der Tabelle ermittelten **Restwerte** und die jeweils für Investitionszwecke zur Verfügung stehenden **liquiden Mittel.**
   a) **Welche Feststellung** können Sie treffen?
   b) **Welche Auswirkung** hat die getroffene Feststellung auf die **Bilanzsumme?**
4. **Stellen Sie** mithilfe von **Arbeitsvorlage 2** die mengenmäßige Entwicklung des Maschinenbestandes **grafisch** dar. **Kennzeichnen Sie** hierbei folgende Sachverhalte:
   a) die **maximale Kapazität** ($Kap_{max}$),
   b) den **kritischen Punkt** der Substanzerhaltung, die **Kapazitätskrise** ($Kap_{krit}$),
   c) die **stabilisierende Kapazität** ($Kap_{stab}$).
5. **Interpretieren Sie** die grafische Darstellung der **Kapazitätsentwicklung.**
6. Angenommen, die Marktsituation macht es erforderlich, dass auch im **6. Jahr die Kapazität des Vorjahres (20 Maschinen) gehalten** werden muss. **Warum** ergeben sich in diesem Falle **zusätzliche Finanzierungsprobleme?**
7. **Geben Sie an,** um **wie viel Prozent** sich die **Maschinenzahl** in den einzelnen Jahren gegenüber der Erstausstattung **verändert** hat. **Tragen Sie** das Ergebnis Ihrer Berechnungen in die Tabelle der **Arbeitsvorlage 3** ein.
8. Die **Entwicklung des Maschinenbestands** kann in insgesamt **vier Phasen** eingeteilt werden.
   a) **Markieren Sie** diese vier Phasen in der **Arbeitsvorlage 2.**
   b) **Versuchen Sie** diese vier Phasen entsprechend dem Schema von **Arbeitsvorlage 4** kurz **zu beschreiben.**
9. **Mit jeder einzelnen Maschine** können **50 000 Kleidungsstücke** (Outdoor-Blusen, -Hemden, -Freizeitjacken u. a.) pro Jahr hergestellt werden.
   a) **Welche Stückzahlen** konnten in den vergangenen Jahren (1-10) aufgrund der Reinvestition der zurückgeflossenen **Abschreibungsbeträge produziert** werden? **(Arbeitsvorlage 5)**
   b) **Wie viel Outdoor-Kleidungsstücke** kann die Diana Sportswear GmbH mit der zu Beginn des Jahres 1 vorhandenen **Grundausstattung** während der Gesamtnutzungsdauer der Maschinen **herstellen?**
   c) **Wie viel Kleidungsstücke** kann die Diana Sportswear GmbH in der **Restnutzungszeit der zu Beginn des 6. Jahres vorhandenen Maschinen** herstellen? **(Arbeitsvorlage 6)**
10. Angenommen, anstelle der **zehn Maschinen** mit einem Anschaffungswert von je 100.000,00 € und einer jährlichen Produktionskapazität von 50 000 Stück wäre es möglich, ein einziges **Super-Aggregat** zum Anschaffungspreis von 1 Million € und einer Gesamtkapazität von 500 000 Stück jährlich zu erwerben. **Für welche Investitionsalternativen** würden Sie sich unter dem **Aspekt des Kapazitätserweiterungseffekts entscheiden?**
11. Angenommen, die vorhandenen Maschinen würden **nicht linear** mit 20 %, sondern **degressiv mit 30 % abgeschrieben.** Die **höheren Abschreibungen** werden in den Verkaufspreis der Kleidungsstücke **einkalkuliert** und wegen der regen Nachfrage vom Markt **vergütet. Welche Auswirkungen** hat die Verwendung der degressiven anstelle der linearen Abschreibung auf den **Kapazitätserweiterungseffekt?**
12. Angenommen, die vorhandenen Maschinen hätten **lediglich** eine **Nutzungsdauer von vier Jahren. Welche Auswirkung** hätte die Verkürzung der Nutzungsdauer auf den **Kapazitätserweiterungseffekt?**
13. Angenommen, infolge schleichender Inflation **steigen** die **Anschaffungspreise** für die aus den Abschreibungsrückflüssen zu finanzierenden neuen Maschinen jeweils um **5 %** an. **Welche Auswirkungen** hat der **Preisanstieg** für die Investitionsobjekte auf den Kapazitätserweiterungseffekt?
14. **Fassen Sie** die bisher erarbeiteten Ergebnisse **zusammen.**
   a) **Nennen Sie fünf Bestimmungsfaktoren** des Kapazitätserweiterungseffekts.
   b) **Leiten Sie** aus den bisher erarbeiteten Erkenntnissen die **Bedingungen für das Funktionieren des Kapazitätserweiterungs- bzw. Lohmann-Ruchti-Effekts** ab.

   **Lösungshinweise:** Erstausstattung (Zustand, Finanzierung) – Kostendeckung und Verkaufserlöse – Zeitpunkt der Reinvestition von Abschreibungsrückflüssen – Preisniveauentwicklung im Anlagensektor – Niveau der Produktionstechnik – Struktur des Anlagevermögens (Größe der Einheiten) – Ausrichtung der unternehmerischen Investitionspolitik (Ziele, Prioritäten).

# 6.6 Kreditfinanzierung oder Leasing

**Ausgangssituation**

Um dem Verlangen ihrer Kunden nach möglichst schneller Auslieferung der gekauften Möbel besser nachkommen zu können, benötigt das Möbelzentrum Reisert in Eschwege einen zusätzlichen Lkw. Der Anschaffungspreis ohne Mehrwertsteuer beträgt 120.000,00 €.

Die vorhandenen Barreserven sollen zur Finanzierung von weiteren Möbeleinkäufen verwendet werden; vor allem ist hierbei an die verstärkte Ausnutzung von Liefererskonto gedacht. Unter diesen Voraussetzungen kommen nach Ansicht der Geschäftsleitung als Finanzierungsalternativen nur die Kreditfinanzierung und Leasing in Betracht.

Das Angebot der Hausbank sieht einen Zinssatz von 9 % bei hundertprozentiger Auszahlung vor. Gesichert werden kann der Bankkredit durch Eintragung einer Grundschuld zugunsten der Hausbank. Die Tilgung des Bankdarlehens soll in sechs gleichen Jahresraten erfolgen, die jeweils am Ende des jeweiligen Kreditjahres fällig werden (Abzahlungsdarlehen). Der Lkw wird innerhalb von sechs Jahren auf den Restwert 0 abgeschrieben.

Das Leasingangebot des Lkw-Händlers geht von einer Abschlussgebühr von 10 % des Anschaffungspreises (netto) sowie von einer unkündbaren Grundmietzeit von drei Jahren aus. In dieser Zeit beträgt die Monatsmiete 3 % vom Nettokaufpreis. Im Falle einer Vertragsverlängerung um weitere drei Jahre wird eine Jahresmiete von 5 % des Nettoanschaffungspreises verlangt. Die einzelnen Leasingraten sowie die Abschlussgebühr werden – so wird unterstellt – jeweils erst nach einem Jahr fällig. Weiter wird angenommen, dass nach Ablauf der sechsjährigen Nutzungszeit weder für den Käufer des Lkw (Kreditkauf) noch für die Leasinggesellschaft die Erzielung eines besonderen Verwertungserlöses möglich ist.

**Frage: Wird das Möbelzentrum Reisert den benötigten Lkw leasen oder kaufen und kreditfinanzieren?**

## Sachdarstellung

### 1. Wesensmerkmale des Leasings

- Leasing ist die **Vermietung** oder **Verpachtung** von Gütern durch die **Hersteller** oder durch besondere **Leasinggesellschaften.**[1]
- Durch einen **Leasingvertrag** werden die **Nutzungsrechte** an einem Leasingobjekt vom Leasinggeber (Hersteller oder Leasinggesellschaft) für eine bestimmte Zeit **auf den Leasingnehmer** (Miete oder Pächter) **übertragen.**
- Die geleasten Objekte gehen **nicht** in das **Eigentum des Leasingnehmers** über; deshalb dürfen sie auch grundsätzlich **nicht bilanziert** werden.
- **Rechtliche Grundlage** für das Leasinggeschäft ist ein **Mietvertrag nach § 535 f. BGB.**
- Das Leasen **unterscheidet sich** vom Mieten insofern, als der Leasingnehmer **nach Ablauf der Nutzungsdauer** in der Regel **mehrere Möglichkeiten** hat **über das Leasingobjekt zu verfügen** (Kauf-, Tausch-, Verlängerungsoption). Außerdem enthalten viele Leasingverträge mehr oder weniger umfangreiche **Serviceleistungen** des Leasinggebers, die in einem Mietvertrag gewöhnlich nicht enthalten sind.
- Die vom Leasingnehmer an den Leasinggeber zu zahlende **Leasingrate** setzt sich aus insgesamt **fünf Komponenten** zusammen: (1) Abschreibungen für die Wertminderung des Leasingobjekts – (2) Wartungs- und Reparaturkosten (falls im Leasingvertrag vorgesehen) – (3) Verwaltungskosten – (4) Verzinsung des eingesetzten Kapitals – (5) Gewinn des Leasinggebers.
- Die **Höhe der Leasingraten** richtet sich nach der **Laufzeit des Vertrags** sowie nach den vom Leasinggeber zu erbringenden Serviceleistungen. Bei Dreijahresverträgen entsprechen die monatlichen Leasingraten etwa 3 %, bei Fünfjahresverträgen etwa 2 % der Anschaffungskosten.
- Das Leasen kann als **Finanzierungsart** bezeichnet werden, weil für die Nutzung eines bestimmten Objekts **nicht** der **ganze Kaufpreis auf einmal aufgebracht** werden muss; stattdessen fallen während der Nutzungsdauer des Leasinggegenstands die einzelnen Leasingraten an.
- Leasing ist eine **besondere Form der Fremdfinanzierung.** Es handelt sich um eine **Sachfinanzierung,** weil durch das Leasen Sachmittel bereitgestellt werden.

1 Vom Sonderfall des Personalleasings soll in diesem Zusammenhang abgesehen werden.

### 2. Die praktische Bedeutung des Leasings

■ Der durch die **Globalisierung der Märkte** entstandene **massive Wettbewerbsdruck** zwingt die Unternehmen **permanent Rationalisierungsmaßnahmen einzuleiten,** um sich auf den Weltmärkten behaupten zu können. Nicht nur durch die **Einführung modernster Produktionsmethoden,** sondern auch durch **Investitionen in Forschungs- und Entwicklungsprojekte** sowie durch **steigende Werbeausgaben erhöht sich der Kapitalbedarf** moderner Unternehmen.

■ Andererseits vollzieht sich in der heutigen Zeit der **technische Fortschritt** in einem rasenden Tempo. Anlagen, die heute noch den technischen Anforderungen genügen, sind morgen bereits **veraltet.** Viele Ausrüstungsobjekte, so z. B. Computer und elektronische Geräte, haben wegen des technischen Wandels eine **immer kürzere Nutzungsdauer.** Jeder **Unternehmer** muss sich daher die Frage stellen, ob es nicht **vorteilhafter** ist, **Investitionsobjekte nur noch zu mieten bzw. zu pachten,** statt sie zu kaufen.

■ Die **traditionellen Methoden der Investitionsgüterfinanzierung,** so insbesondere die **Kreditfinanzierung** durch Banken, basieren auf dem Vorhandensein von entsprechendem **Eigenkapital** (Kreditsicherung). Insbesondere in vielen **jungen** und **kleinen Unternehmen** ist die **Eigenkapitaldecke** sehr **dünn.** Deshalb nutzen solche Unternehmen vielfach das Angebot von Leasinggesellschaften, die eine **hundertprozentige Fremdfinanzierung** bieten, **ohne** dass die vorhandene **Eigenkapitalbasis** in Anspruch genommen werden muss. Durch **Aushandeln einer nutzungskonformen Laufzeit** des Leasingvertrags kann das **finanzielle Gleichgewicht** im Unternehmen **erhalten** werden. So gesehen ist Leasing eine **sinnvolle Ergänzung zu den herkömmlichen Finanzierungsformen.** Das als **Arbeitsvorlage 5** angeführte **Globus-Schaubild** zeigt, welche wirtschaftenden Einheiten als Leasingnehmer fungieren und welche Objekte geleast werden.

## **Arbeitsvorlage 1:** Arten des Leasings

**● Leasingarten – unterschieden nach der Art des Leasingobjekts**

(1) Vermieten oder Verpachten von **beweglichen** Wirtschaftsgütern, von Konsum- und Investitionsgütern, z. B. von EDV-Anlagen, Nutzfahrzeugen, Maschinen und Produktionsanlagen.

(2) Vermieten oder Verpachten von **unbeweglichen** Wirtschaftsgütern, also von Grundstücken und Gebäuden.

**● Leasingarten – unterschieden nach dem jeweiligen Leasinggeber**

(3) Leasingverträge, die **direkt** mit dem Hersteller des Leasingobjekts bzw. mit einer von ihm betriebenen Leasinggesellschaft abgeschlossen werden, z. B. VAG-Leasing beim Autoleasing.

(4) Leasingverträge, bei denen zwischen den Hersteller des Leasingobjekts und den Leasingnehmer eine **herstellerunabhängige Leasinggesellschaft** tritt. Sie kauft das Leasingobjekt beim Hersteller und vermietet es weiter zum Zwecke der Gewinnerzielung.

**● Leasingarten – unterschieden nach der Art des vermieteten oder verpachteten Gegenstands (Art des Leasingobjekts)**

(5) Vermieten oder Verpachten von Konsumgütern an **Haushalte,** z. B. Gefriertruhen, Kühlschränke, Waschmaschinen, Fernsehapparate, Maschinen für die Verrichtung von Haus- und Gartenarbeiten (z. B. Motorsägen, Rüttler, Dampfreiniger).

(6) Vermieten oder Verpachten von Bau-, Transport-, Werkzeug-, Büromaschinen, von Kühlhaus- und Laden**einrichtungen.**

(7) Vermieten oder Verpachten **ganzer Anlagen,** z. B. von Fabrik-, Lager- oder Verwaltungsgebäuden oder von ganzen Zweigwerken. Die Leasingverträge weisen oftmals Laufzeiten von bis zu 30 Jahren auf.

**● Leasingarten – unterschieden nach der Dauer der Vermietung oder Verpachtung (Fristigkeit der Leasingverträge)**

(8) Leasingverträge, die **kurzfristiger Natur** (Laufzeiten bis zu einem Jahr) und **jederzeit kündbar** sind. Die Leasingobjekte werden in der Regel von mehreren Leasingnehmern nacheinander genutzt, so zum Beispiel bei Autos, Computern. Fast immer werden solche Leasingverträge nur in Verbindung mit entsprechenden Versicherungs-, Wartungs- und Serviceleistungen abgeschlossen.

(9) **Langfristige Leasingverträge.** Zwischen dem Vermieter und dem Mieter wird eine **Grundmietzeit vereinbart, in der der Leasingvertrag nicht gekündigt** werden kann. Sie liegt aufgrund der steuerlichen Bestimmungen in der Bundesrepublik Deutschland zwischen 40 und 90 % der Abschreibungsdauer. Während der von beiden Seiten unkündbaren Grundmietzeit trägt der Leasingnehmer alle Risiken, die sich aus der Nutzung des Leasingobjekts ergeben, so z. B. auch das Risiko des zufälligen Untergangs und der Zerstörung während der Mietzeit. Die Kosten für Versicherungsprämien, mit denen Risiken abgedeckt werden, sind vom Leasingnehmer zu tragen (z. B. Vollkaskoversicherung bei Kraftfahrzeugen).

**● Leasingarten – unterschieden nach der bei Vertragsablauf bestehenden Option**

(10) Leasingverträge, bei denen nach Vertragsablauf das **Leasingobjekt** an den Leasinggeber **zurückzugeben** ist.

(11) Leasingverträge, die dem Leasingnehmer nach Vertragsablauf die Möglichkeit einräumen das Leasingobjekt zum **Restbuchwert oder Verkehrswert zu erwerben.**

(12) Leasingverträge, die dem Leasingnehmer nach Vertragsablauf die Möglichkeit einräumen das **Leasingobjekt gegen ein neuwertiges einzutauschen.**

(13) Leasingverträge, die dem Leasingnehmer nach Vertragsablauf die Möglichkeit einräumen die Mietzeit auf der Basis des Rest- oder Verkehrswerts eines Mietobjekts **zu verlängern.**

**● Leasingarten – unterschieden nach der Höhe der einzelnen Leasingraten**

(14) Die vom Leasingnehmer während der Grundmietzeit zu zahlenden **Leasingraten decken alle Kosten** des Leasinggebers einschließlich eines einkalkulierten Gewinns. Die vom Leasingnehmer zu zahlenden Leasingraten sind relativ hoch.

(15) Die **Leasingraten decken nicht die gesamten Kosten** des Leasinggebers. Der nicht abgedeckte Betrag wird durch besondere Vertragsvereinbarungen abgedeckt, z. B. durch Einmalzahlungen am Beginn oder am Ende der Grundmietzeit. Um die noch ungedeckten Anschaffungskosten hereinzuholen, wird der Leasinggeber das Leasingobjekt nach Ablauf der Grundmietzeit weitervermieten oder weiterverkaufen. Deshalb können im Vergleich zu der vorgenannten Leasingart die einzelnen Leasingraten niedriger angesetzt werden.

**● Sonderformen des Leasings**

(16) Ein Unternehmen **verkauft** (engl. to sale) Anlagegüter oder ganze Anlagen an eine Leasinggesellschaft und **mietet oder pachtet** anschließend von ihr wieder diese Gegenstände (engl. to lease back).

(17) Leasingverträge für Kraftfahrzeuge bzw. den gesamten Fuhrpark, die **alle mit dem Leasingobjekt zusammenhängenden Dienstleistungen** umfassen, z.B. Wartungs- und Reparaturleistungen, Überweisung von Steuern und Versicherungen, Verwertung des alten Fahrzeugs.

## **Arbeitsvorlage 2:** Der Ablauf des Leasinggeschäfts

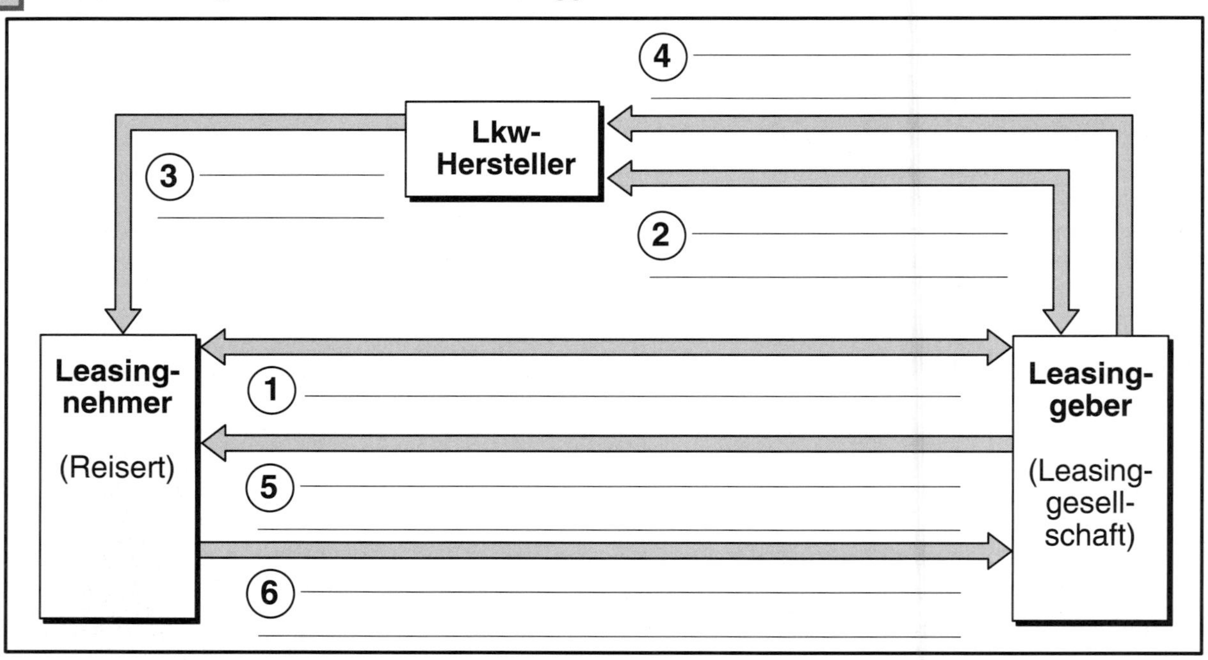


## **Arbeitsvorlage 3:** Rechnerischer Vergleich zwischen Leasing und Kreditkauf

**Leasing**

| Jahre | 1 | 2 | 3 | 4 | 5 | 6 | Summe |
|---|---|---|---|---|---|---|---|
| Geldabfluss durch Leasingraten | | | | | | | |
| steuerlich absetzbarer Gesamtaufwand | | | | | | | |

## Arbeitsvorlage 3: (Fortsetzung)

**Kreditfinanzierung**

| Jahre | 1 | 2 | 3 | 4 | 5 | 6 | Summe |
|---|---|---|---|---|---|---|---|
| (1) Tilgung | | | | | | | |
| (2) Restschuld[1] | | | | | | | |
| (3) Jahreszinsen | | | | | | | |
| (4) Geldabfluss: (1) + (3) | | | | | | | |
| (5) Abschreibungen | | | | | | | |
| (6) steuerlich absetzbarer Gesamtaufwand: (3) + (5) | | | | | | | |

1 am Ende des jeweiligen Kreditjahres bzw. zu Beginn des neuen Kreditjahres

## Arbeitsvorlage 4: Entscheidungsbewertungstabelle

| Entscheidungskriterien | Gewichtung | Leasing | | Kreditfinanzierung | |
|---|---|---|---|---|---|
| | | Einzelpunkte | gewichtete Punkte | Einzelpunkte | gewichtete Punkte |
| – Sicherung der Liquidität und der finanziellen Flexibilität des Unternehmens | 30 | | | | |
| – Erzielung von Kostenvorteilen | 25 | | | | |
| – Verminderung bzw. Minimierung des Investitionsrisikos | 20 | | | | |
| – Freihaltung des Kreditspielraums | 10 | | | | |
| – Eigentumserwerb am Investitionsobjekt | 10 | | | | |
| – Inanspruchnahme von technischen Serviceleistungen | 5 | | | | |
| Summe | 100 | | | | |

## Arbeitsvorlage 5:

**Wer least was?**

Insgesamt erreichten die Leasinginvestitionen in Deutschland im Jahr **2001** nach Schätzungen des Münchner ifo-Instituts eine Höhe von **48 Milliarden Euro**; das waren **fünf Prozent mehr als im Jahr 2000**; die normalen Investitionen gingen dagegen um 2,7 Prozent zurück. Damit erhöhte sich die so genannte **Leasing-Quote**, also der **Anteil der Leasinginvestitionen an den gesamten Bruttoinvestitionen**, von 15,5 auf 16,7 Prozent.

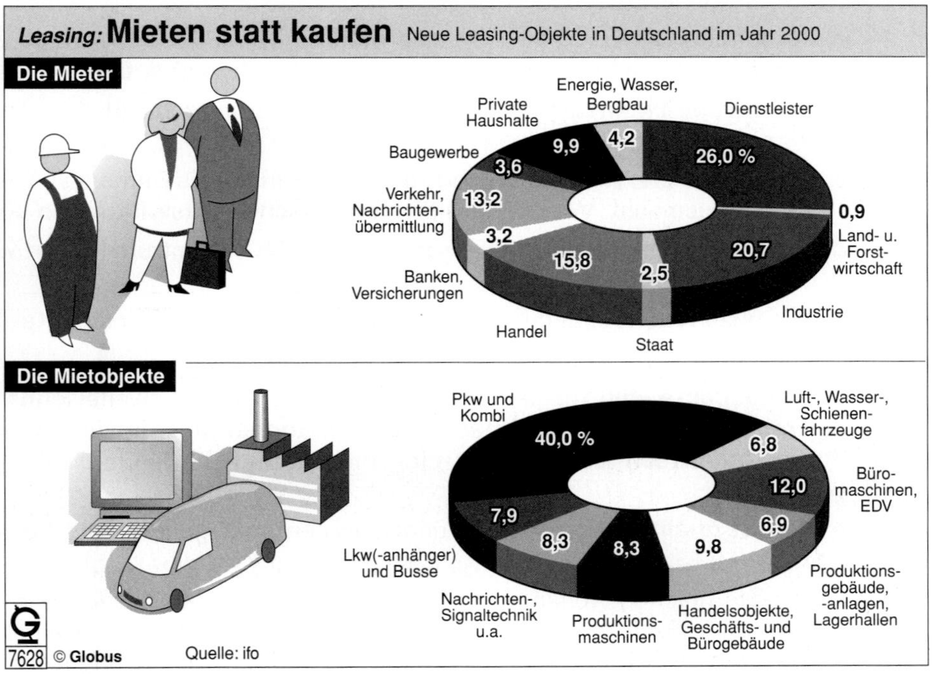

## Arbeitsaufträge und Fragen zur Stofferschließung

**1.** **Beschäftigen Sie sich** nach dem **Durchlesen der Ausgangssituation** zunächst einmal mit den vorstehenden Ausführungen über die **Wesensmerkmale des Leasings** (Sachdarstellung 1.).

a) **Bestimmen Sie** den **Begriff „Leasing"** durch Nennung folgender **Begriffsmerkmale:** Vertragsparteien, Gegenstand des Leasingvertrags, Eigentumsverhältnisse, rechtliche Grundlage, Finanzierungsart.

b) **Wodurch unterscheidet sich** das Leasing vom Mieten oder Pachten?

c) **Aus welchen Komponenten** setzt sich die vom Leasingnehmer zu zahlende **Leasingrate** zusammen?

d) **Wonach** richtet sich die **Höhe der Leasingrate?** (Zwei Angaben)

e) **Wie viel Prozent der Kaufpreissumme** entsprechen die vom Leasingnehmer zu zahlenden **Leasingraten,** wenn bei Dreijahresverträgen monatlich 3 % und bei Fünfjahresverträgen monatlich 2 % der Anschaffungskosten zu zahlen sind?

f) **Warum** kann Leasing als eine **besondere Finanzierungsart** bezeichnet werden?

**2.** Weil die Vertragsinhalte möglichst exakt an die jeweiligen Bedürfnisse des einzelnen Leasingnehmers angepasst werden sollen, gibt es eine **Vielzahl verschiedener Leasingarten.** Zu den **wichtigsten Ausprägungsformen des Leasings** gehören folgende: Anlagenverpachtung (Industrieanlagen-Leasing) – Ausrüstungsvermietung (Equipment-Leasing) – Direktes Leasing – Finance Leasing – Full-Service-Leasing – Immobilien-Leasing – Indirektes Leasing – Konsumgüter-Leasing – Leasingvertrag ohne Option – Leasingvertrag mit Kaufoption – Leasingvertrag mit Tauschoption – Leasingvertrag mit Verlängerungsoption – Mobilien-Leasing – Saisonale Ausrüstungsvermietung (Operate Leasing) – Sale-lease-back – Teilamortisationsvertrag (Non-full-pay-out-Leasing) – Vollamortisationsvertrag (Fullpay-out-Leasing).

a) **Ordnen Sie** den in **Arbeitsvorlage 1** beschriebenen **Leasingarten** die vorstehend genannten **Begriffe zu.** Falls in Bezug auf einzelne Leasingarten Unklarheiten bestehen, sollten Sie entsprechende **Fragen an Ihren BWL-Lehrer** stellen.

b) **Welche Arten des Leasings** treffen auf die **Ausgangssituation** zu?

**3.** Nachdem Sie nun **Kenntnisse** über die **Wesensmerkmale** und die wichtigsten **Leasingarten** erworben haben, werden Sie sich als Mitarbeiter des Möbelzentrums Reisert die **Frage** stellen, **wie das geplante Leasinggeschäft zustande kommt** und **wie es abläuft.**

a) **Geben Sie** in der **Arbeitsvorlage 2** zunächst einmal an, **wer** Leasingnehmer, Leasinggeber und wer Lieferant ist.

b) **Nennen Sie** unter (1) bis (3) die zwischen den einzelnen Beteiligten jeweils **abgeschlossenen Verträge.**

c) **Geben Sie** unter (4) bis (6) die jeweiligen Vorgänge an, durch die die einzelnen **Verpflichtungsgeschäfte erfüllt** werden.

**4.** Nach der Aneignung von grundlegendem Fachwissen können Sie sich nun allmählich an die **Lösung** des mit der Ausgangssituation gestellten **Problems** heranwagen, ob der **neue Lkw** vom Möbelzentrum Reisert **geleast** oder besser **kreditfinanziert** werden soll. Diese Frage soll zunächst einmal **nur von der Kostenseite** her betrachtet werden.

a) **Berechnen Sie** zu diesem Zwecke mithilfe der in **Arbeitsvorlage 3** abgedruckten **Tabelle** den für beide Finanzierungsarten anzusetzenden **steuerlich absetzbaren Gesamtaufwand**

b) **Für welche Finanzierungsart** würden Sie sich ausschließlich **unter Kostengesichtspunkten entscheiden?** (Begründung)

c) **Berechnen Sie, wie viel Prozent des Kaufpreises** die Summe aus erster Leasingrate und Abschlussgebühr ausmacht. **Welche liquiditätspolitischen Auswirkungen** können sich hieraus ergeben?

d) **Wie viel Prozent des Kaufpreises** muss das Möbelzentrum Reisert während der **dreijährigen Grundmietzeit** aufbringen?

e) **Wie viel Prozent** liegt der **gesamte Leasingaufwand über** dem **Kaufpreis** für den Lkw? **Welche Prozentzahl** gilt für die **Kreditfinanzierung?**

**5.** **Kostenaspekte** sind für die Finanzierungsentscheidung zweifelsohne von großer **Bedeutung:** Neben den **rein quantitativen (rechnerischen bzw. monetären) Gesichtspunkten** müssen jedoch **auch qualitative (nichtrechnerische bzw. nichtmonetäre) Kriterien** in die Entscheidungsfindung **mit einbezogen** werden.

a) **Welche qualitativen Aspekte** können bei dem vorliegenden Entscheidungsproblem eine **Rolle spielen?**

b) Wenn Sie sich ein Bild über die vielfältigen, auf die Entscheidungsfindung einwirkenden qualitativen Aspekte machen wollen, dann müssen Sie die **Vor- und Nachteile der Kreditfinanzierung** mit den **Vor- und Nachteilen des Leasings vergleichen.** Hierbei können die **Vorteile (Nachteile) des Leasings** als **Nachteile (Vorteile) der Kreditfinanzierung** angesehen werden.

**Erörtern Sie** im Unterrichtsgespräch mit Ihrem BWL-Lehrer folgende, für die Entscheidungsfindung bedeutsame **Aspekte des Leasings bzw. der Kreditfinanzierung:**
(1) Langfristige Kapitalbindung – (2) Einfluss auf die Liquidität des Unternehmens – (3) Bilanzierung des geleasten bzw. kreditfinanzierten Objekts – (4) erforderliche Sicherheiten – (5) finanzielle Flexibilität des Leasingnehmers – (6) Kalkulationsgrundlage für den Leasingnehmer – (7) Einfluss auf Investitionsentscheidungen – (8) Berücksichtigung von Rentabilitätsgesichtspunkten – (9) Verhältnis von Kosten und Erträgen (Kostenkongruenz bzw. -parallelität) – (10) steuerliche Gesichtspunkte – (11) Nutzung des technischen Fortschritts (Innovationseffekte) – (12) Nutzung von Know-how.

c) Wie die Kreditfinanzierung, so hat auch Leasing zwei Seiten. Versuchen Sie im Unterrichtsgespräch mit Ihrem BWL-Lehrer herauszufinden, **welche Nachteile** das Leasen mit sich bringen kann. **Orientieren Sie sich** hierbei an folgenden **Stichworten:** (1) Gesamtaufwand im Vergleich zum Kaufpreis des Leasingobjekts – (2) Fixkostenbelastung und Einfluss auf die Liquidität – (3) Vertragliche Bindung – (4) Voraussetzung für den Abschluss eines Leasingvertrags –(5) Gefahrtragung für das Leasingobjekt – (6) Eigentumserwerb.

**6.** Sie haben sich durch die vorstehenden Analysen ein umfassendes Bild darüber verschafft, welche **Vor- und Nachteile** mit dem **Leasing** bzw. mit der **Kreditfinanzierung** verbunden sind. Damit haben Sie die **Voraussetzungen** erworben, um eine **fundierte Entscheidung** über das in der Ausgangssituation angesprochene Problem treffen zu können. **Die endgültige Entscheidung** soll mithilfe einer **Entscheidungsbewertungstabelle (Arbeitsvorlage 4)** getroffen werden, in der alle für das Möbelzentrum Reisert **relevanten Entscheidungsmerkmale** (quantitative und qualitative) aufgeführt und entsprechend der für das Unternehmen geltenden Prioritätenskala **gewichtet** sind.

a) **Erklären Sie** das Bewertungsmerkmal **„Verminderung bzw. Minimierung des Investitionsrisikos".**

b) **Wie beurteilen Sie** die **Gewichtung** der einzelnen Bewertungskriterien?

c) **Welche weiteren Kriterien** hätten in die Entscheidungsbewertungstabelle für die Lkw-Finanzierung auch noch aufgenommen werden können?

d) **Ermitteln Sie** die **Gesamtpunktzahl** für Leasing und Kreditkauf nach folgendem Bewertungsschema: hoch = 3 Punkte, mittel = 2 Punkte, gering = 1 Punkt, nicht vorhanden = 0 Punkte.

e) **Fällen Sie** eine **Entscheidung** für eine der beiden Finanzierungsarten. **Begründen Sie Ihre Entscheidung** in der Weise, dass Sie **Ihre Bewertung** der einzelnen Kriterien **erläutern.**

**7.** Die **Fahrzeuge von drei Außendienstmitarbeitern** des Möbelzentrums Reisert müssen in Kürze **durch neue ersetzt** werden. Ein **Full-Service-Leasing-Angebot** einer hiesigen Autofirma schließt sowohl technische als auch Dienstleistungen im Verwaltungsbereich ein.

a) **Welche Dienstleistungen** können im Full-Service-Paket enthalten sein?

b) **Skizzieren Sie** in einem Koordinatensystem die **Entwicklung der Servicekosten in Abhängigkeit von der Nutzungsdauer. Lösungshinweis:** Überlegen Sie sich, **wie** die **Kurve der Service-Leasingrate** verläuft und **welchen Verlauf** die **Eigenservicekosten** in Abhängigkeit von der Nutzungsdauer nehmen.

c) **Erläutern Sie** den **Schnittpunkt beider Kurven.**

d) Bei der geplanten Nutzungsdauer der neuen Fahrzeuge ergibt sich, dass das **Full-Service-Leasing teurer** kommt als der Eigenservice. Ist es **denkbar,** dass sich die Geschäftsleitung des Möbelzentrums Reisert dennoch **für** die **kompakte Leasinglösung entscheidet?**

**8. Beschäftigen Sie sich abschließend noch mit der praktischen Bedeutung des Leasings (Sachdarstellung 2.).**

a) **Begründen Sie, warum** das Leasing in den letzten Jahrzehnten immer größere praktische **Bedeutung gewonnen** hat.

b) **Beschreiben** und **interpretieren** Sie das vorstehende **Globus-Schaubild (Arbeitsvorlage 5).**

c) **Wie entwickelte sich** im Jahre 2001 das **Leasinggeschäft** in Deutschland im Verhältnis zu den gesamten Bruttoinvestitionen?

d) **Was** versteht man unter **Leasingquote** und **welche Entwicklung** nahm sie im Jahre **2001**?

 

# 6.7 Das Darlehen

**Ausgangssituation**

Zur Finanzierung eines neuen Lastwagens im Wert von 280.000,00 € fehlen der Spedition Fritz Kohler KG, Lübeck, noch 100.000,00 €. Hausbank der Spedition Kohler ist die Dresdner Bank AG, Lübeck.

**Frage:** Wie kann die Restfinanzierung des Lkw unter Mithilfe der Bank bewerkstelligt werden?

## Sachdarstellung

### Wesensmerkmale des Darlehens

#### 1. Das Darlehen allgemein

- Der Darlehensvertrag ist im Zuge der Schuldrechtsreform des BGB neu geregelt worden. Hierbei wird zwischen **Darlehensverträgen mit Geldleistung (§§ 488–497 BGB)** und solchen **mit Sachleistungen (§§ 607–609 BGB)** unterschieden. Hilft z. B. eine Hausfrau einer Nachbarin mit zehn zum Kuchenbacken benötigten Eiern aus, liegt ein Sachdarlehensvertrag vor; hilft sie ihr mit 100,00 Euro aus einer momentanen Geldverlegenheit aus, dann handelt es sich um einen Darlehensvertrag nach § 488 f. BGB.
- Entsprechend der in der **Ausgangssituation** dargestellten **Problemstellung** steht im Folgenden nur noch der **Darlehensvertrag mit Geldleistung** im Vordergrund der Betrachtung.
- Im **BGB** werden zunächst einmal die **vertragstypischen Pflichten** bei dieser Art des Darlehensvertrags geregelt (§ 488 Abs. 1); es folgen **Regelungen über ein ordentliches und außerordentliches Kündigungsrecht** des Darlehensnehmers. Für entgeltliche Darlehensverträge zwischen einem Unternehmer als Darlehensgeber und einem **Verbraucher als Darlehensnehmer** gelten die **Sondervorschriften des § 491 ff. BGB**. Zu den **Besonderheiten der Verbraucherkreditverträge** gehören u. a. die Schriftform, die Angabe der Effektivverzinsung und der Gesamtbelastung sowie das Widerrufsrecht des Darlehensnehmers nach § 355 BGB.

#### 2. Einzelne Merkmale des Bankdarlehens

- **Laufzeit und Verwendungszweck:** Ein Bankdarlehen ist fast immer ein **langfristiger Kredit,** der zur **Finanzierung von Gegenständen des Anlagevermögens** herangezogen wird. Es handelt sich regelmäßig um **Investitionskredite.**
- **Zurverfügungstellung des Darlehensbetrags:** Die Kredit gebende Bank stellt das Darlehen entweder als **Gutschrift auf dem Konto** des Kreditnehmers oder als **Barbetrag** zur Verfügung. In der Regel wird der Darlehensbetrag dem Darlehensnehmer **in einer Summe** zur Verfügung gestellt. Vielfach ist der **Auszahlungsbetrag geringer** als die **Darlehenssumme** (Rückzahlungsbetrag). Die Differenz stellt das **Abgeld (Disagio oder Damnum)** dar. Es muss bei der Berechnung der Effektivverzinsung berücksichtigt werden, da es wie ein **zusätzlicher Zins** anzusehen ist.
- **Der Zinssatz:** Er ist für Darlehen im Allgemeinen **niedriger** als für Kontokorrentkredite. Zinsen werden **ab der Bereitstellung der Darlehenssumme** durch das Kreditinstitut berechnet, unabhängig davon, ob das Darlehen auch tatsächlich beansprucht wird. Bei jährlicher Zinszahlung werden die **Zinsen** von der jeweiligen **Restschuld am Ende des vorausgegangenen Jahres** berechnet.
- **Darlehensarten:** Nach der **Art und Weise der Rückzahlung des Kreditbetrags** kann man mehrere **Arten des Darlehens** unterscheiden: Abzahlungs-, Annuitäten-, Fälligkeits- und Kündigungsdarlehen. **Besondere Formen** des Darlehens sind **Anleihen.** Sie werden auch als Schuldverschreibungen oder Obligationen bezeichnet und haben stets langfristigen Charakter.
- **Kreditsicherheiten:** Als solche können bei der Darlehensgewährung unterschiedliche Vermögensgegenstände herangezogen werden. Dienen **Grundstücke und Gebäude** als Kreditsicherheit, liegt ein **Grundschuld- oder Hypothekarkredit** vor. Ein **Sicherungsübereignungskredit** ist die Darlehensgewährung dann, wenn **Fahrzeuge,** Teile der **Betriebs- und Geschäftsausstattung** oder **Waren** in das (vorübergehende) Eigentum der Bank übergeführt werden. Ein Darlehen kann auch gegen die **Verpfändung** von **Wertpapieren,** von **Schmuck** oder wertvollen **Sammelobjekten** (z. B. Kunstgegenständen) gewährt werden. In diesem Falle liegt ein **Lombardkredit** vor.

## **Arbeitsvorlage 1:** Beschreiben von Darlehensarten

**Darlehensarten** – unterschieden nach der Art und Weise der Rückzahlung des Kreditbetrags:

**● Rückzahlung in einem einzigen Betrag (die ganze Darlehenssumme auf einmal):**

(1) **Rückzahlung am vertraglich vereinbarten Fälligkeitstermin** des Darlehens. Während der Laufzeit werden lediglich die Zinsen bezahlt (jährlich, halbjährlich oder vierteljährlich).

**Bezeichnung** der Darlehensart: ........................................ **DARLEHEN**

(2) **Rückzahlung des Kreditbetrags,** nachdem der **Kreditvertrag** vorher unter **Einhaltung einer vertraglich vereinbarten Kündigungsfrist** von einer der beiden Vertragsparteien **gekündigt** wurde. Möglicher Vertragstext: „Die Kündigung des Darlehens ist unter Einhaltung einer sechsmonatigen Frist zum Jahresende möglich."

Die **Laufzeit** des Darlehens ist in diesem Falle nicht von vornherein **festgelegt.** Sie ist abhängig davon, wann das Darlehen gekündigt wird. **Während der Laufzeit** werden vom Darlehensnehmer **lediglich Zinsen** an die Kredit gebende Bank entrichtet.

**Bezeichnung** der Darlehensart: ........................................ **DARLEHEN**

**● Rückzahlung in einzelnen Teilbeträgen (Raten):**

(3) **Rückzahlung in jährlich gleich bleibenden Tilgungsraten.** Da sich die Darlehenssumme durch die Tilgung von Jahr zu Jahr verringert, sinkt die jährliche **Zinsbelastung.** Die **Summe aus Zins und Tilgung,** die Annuität, **nimmt** im Laufe der Zeit ebenfalls immer mehr **ab.**

**Bezeichnung** der Darlehensart: ........................................ **DARLEHEN**

(4) **Rückzahlung in gleich bleibenden jährlichen Raten aus Zins und Tilgung,** also mit **gleich bleibenden Annuitäten.** Da sich der Darlehensbetrag infolge der Tilgungen laufend verringert, **sinkt** die jährliche **Zinsbelastung.** Wenn die **Summe aus Zins und Tilgung konstant** bleibt, **steigt** mit fortschreitender Kreditlaufzeit der **Tilgungsanteil.**

**Bezeichnung** der Darlehensart: ........................................ **DARLEHEN**

## **Arbeitsvorlage 2:** Grafische Darstellung der beschreibenden Darlehensarten

**(1) Das Fälligkeitsdarlehen**

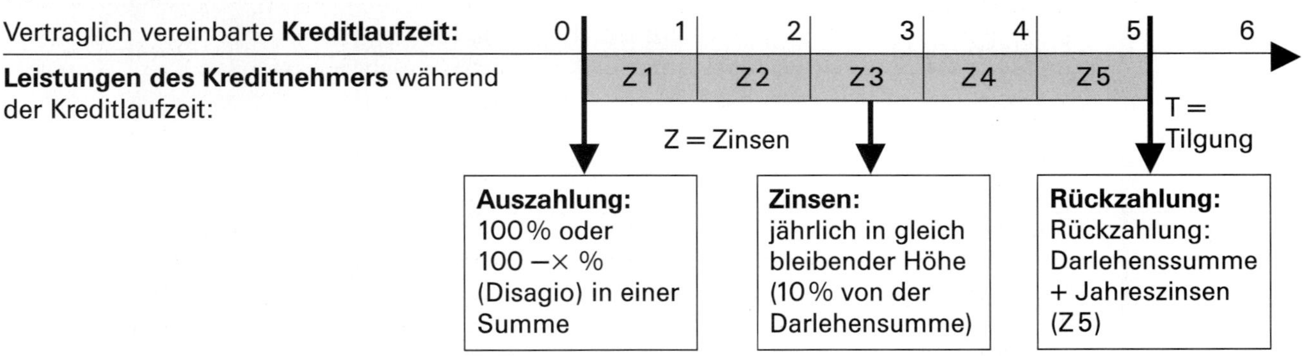


**(2) Das Kündigungsdarlehen**

**Annahme:** Das Darlehen wird nach 3½ Jahren vom Darlehensnehmer gekündigt. Kündigungsfrist: 6 Monate zum Jahresende.

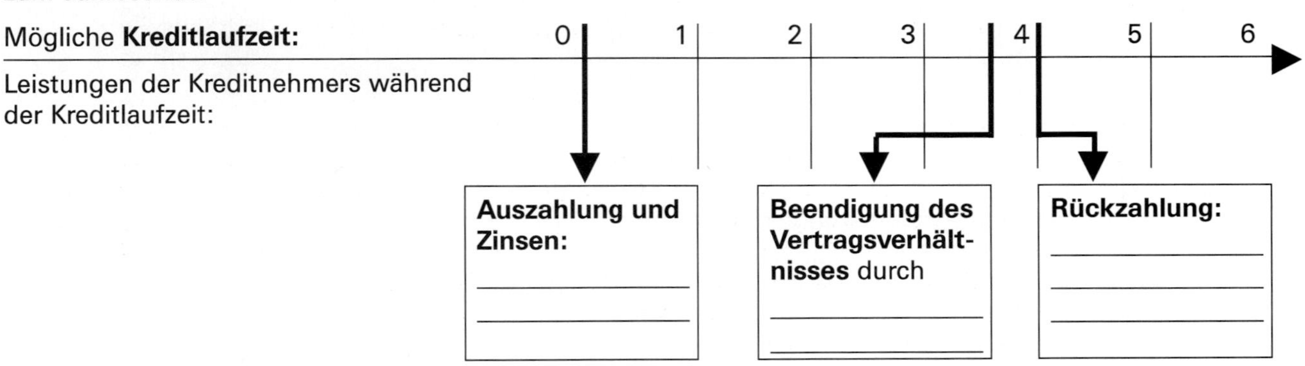


  

**(3) Das Abzahlungsdarlehen**

Vertraglich vereinbarte **Kreditlaufzeit:** 0 | 1 | 2 | 3 | 4 | 5 | 6

**Leistungen des Kreditnehmers** während der Kreditlaufzeit:

**Zinsen:** ______

**Tilgung:** ______

**Annuität:** ______

**(4) Das Annuitätendarlehen**

Vertraglich vereinbarte **Kreditlaufzeit:** 0 | 1 | 2 | 3 | 4 | 5 | 6

**Leistungen des Kreditnehmers** während der Kreditlaufzeit:

**Zinsen:** ______

**Tilgung:** ______

**Annuität:** ______

## Arbeitsvorlage 3: Ermittlung der rechnerischen Ergebnisse

**Ausgangsdaten für die Berechnungen:**
- Darlehenssumme: 100.000,00 €
- Laufzeit des Darlehens: 5 Jahre
- Zinssatz: 10 %

**(1) Fälligkeitsdarlehen**

| Jahr | Darlehenssumme bzw. Restschuld (€) | Zinsen: 10 % p.a. (€) | jährliche Rate (Annuität in €) |
|---|---|---|---|
| 1 | | | |
| 2 | | | |
| 3 | | | |
| 4 | | | |
| 5 | | | |
| Summe | ______ | | |

**(2) Kündigungsdarlehen**

| Jahr | Darlehenssumme bzw. Restschuld (€) | Zinsen: 10 % p.a. (€) | jährliche Rate (Annuität in €) |
|---|---|---|---|
| 1 | | | |
| 2 | | | |
| 3 | | | |
| 4 | | | |
| 5 | | | |
| Summe | ______ | | |

**(3) Abzahlungsdarlehen**

| Jahr | Darlehenssumme bzw. Restschuld | Tilgung (20 %) | Zinsen: (10 % p. a.) | (Annuität) |
|---|---|---|---|---|
| 1 | | | | |
| 2 | | | | |
| 3 | | | | |
| 4 | | | | |
| 5 | | | | |
| Summe | ——— | | | |

**(4) Annuitätendarlehen**

| Jahr | Darlehenssumme bzw. Restschuld (€) | Zinsen: 10 % p. a. (€) | jährliche Rate (Annuität in €) |
|---|---|---|---|
| 1 | | | *16.380,00* |
| 2 | | | |
| 3 | | | |
| 4 | | | |
| 5 | | | |
| Summe | ——— | | |

**Arbeitsvorlage 4:** Die Bedeutung der einzelnen Darlehensarten

| Darlehensart | Hauptvorteil | Hauptnachteil |
|---|---|---|
| Fälligkeitsdarlehen | | |
| Kündigungsdarlehen | | |
| Abzahlungsdarlehen | | |
| Annuitätendarlehen | | |

## Arbeitsaufträge und Fragen zur Stofferschließung

1. **Beantworten Sie** ganz **allgemein** (pauschal) die **Frage der Ausgangssituation.**
2. **Beschäftigen Sie sich** zunächst einmal mit der **Sachdarstellung** über das **Wesen des Darlehens.**
   a) **Fertigen Sie** eine **Stichwortliste zum Darlehen** nach folgendem **Muster** an: (1) Gesetzliche Regelung – (2) Gegenstand des Vertrags – (3) Bezeichnung der Vertragspartner – (4) vertragstypische Pflichten – (5) außerordentliches Kündigungsrecht des Darlehensgebers – (6) Besonderheiten bei Verbraucherkreditverträgen (mindestens drei Angaben).
   b) **Nennen Sie** in Kurzform **vier bis fünf spezifische Merkmale des Bankdarlehens.**
3. Nachdem Sie nun wissen, was ein Darlehen seinem Wesen nach ist, müssen wir uns noch mit den **verschiedenen Darlehensarten** beschäftigen. Erst dann werden Sie von Ihren Fachkenntnissen her in der Lage sein, der Geschäftsleitung der Spedition Kohler einen **qualifizierten Finanzierungsvorschlag** für die Restfinanzierung des neuen Lkw zu unterbreiten.
   a) **Ergänzen Sie** mithilfe der Ausführungen in der **Sachdarstellung (2. Stichwort Darlehensarten)** die **Arbeitsvorlage 1.**
   b) **Versuchen Sie** mithilfe des vorgegebenen Rasters nach dem Modell des Fälligkeitsdarlehens die **Darlehensarten grafisch darzustellen (Arbeitsvorlage 2).**
   c) **Berechnen Sie** mithilfe der **in Arbeitsvorlage 3** angegebenen Ausgangsdaten die **jährliche Liquiditätsbelastung** der einzelnen Darlehensarten.

  

d) **Versuchen Sie** aufgrund der vorgegebenen Beschreibungen und der durchgeführten Berechnungen herauszufinden, **welchen Hauptvorteil** und **welchen Hauptnachteil jede Darlehensart** aus der Sicht des Kreditnehmers aufzuweisen hat. **Bedienen Sie sich** bei der Lösung dieser Aufgabe der **Arbeitsvorlage 4.**

**4.** Bisher wurde davon ausgegangen, dass die Hausbank der Spedition Kohler das **Darlehen zu 100 % auszahlt.** Ist der **Auszahlungsbetrag geringer** als die **Darlehenssumme,** dann hat das Auswirkungen auf die **effektive Zinsbelastung,** denn das **Damnum (Disagio)** muss **wie zusätzlicher Zins** angesehen werden. **Berechnen Sie** die **Effektivverzinsung** für ein **Fälligkeitsdarlehen,** wenn die Bank nur 96 % der Darlehenssumme ausbezahlt. Kreditbedingungen: Darlehenssumme, Zinssatz und Laufzeit des Darlehens wie in den bisherigen Beispielen. (Arbeitsvorlage 3)

**5.** **Unterbreiten Sie** abschließend der **Geschäftsleitung** der Spedition Kohler einen **qualifizierten Finanzierungsvorschlag** für die Restfinanzierung des neuen Lkw.

## 6.8 Der Kontokorrentkredit

**Ausgangssituation**

1. **Auszug aus einem Schreiben** der **Baumaschinenfabrik Konstantin Dregger GmbH,** Bochum, an ihre Hausbank, die **Dresdner Bank AG,** Bochum, vom 20. März 20..:

Kreditgesuch

... Wir haben die Möglichkeit aus einer Insolvenzmasse einen größeren Posten Formstahl und Feinbleche zu erwerben. Leider sind unsere flüssigen Mittel wegen hoher Neuinvestitionen und einer unerwartet hohen Steuernachzahlung zurzeit etwas knapp, sodass wir einen

Überbrückungskredit in Höhe von 240.000,00 €
für circa 6 Monate

benötigen.

Wir würden uns freuen, wenn Sie uns aufgrund unserer langjährigen Geschäftsbeziehungen den gewünschten Kredit gewähren könnten. Selbstverständlich sind wir bereit Ihnen Einblick in unsere Geschäftsbücher zu gewähren. Ein Verzeichnis von lombardfähigen Wertpapieren legen wir diesem Schreiben bei. Die Kreditsicherung könnte auch durch eine Sicherungsübereignung unseres modernen Maschinenparks erfolgen.

Bitte teilen Sie uns Ihre Bedingungen für den benötigten Überbrückungskredit mit. ...

2. **Auszug aus dem Antwortschreiben** der **Dresdner Bank AG** vom 27. März 20..:

Kreditzusage

Sehr geehrte Damen und Herren,

wir sind bereit, Ihnen einen Kredit in laufender Rechnung bis zur Höhe von 240.000,00 €, in Worten: zweihundertvierzigtausend Euro einzuräumen. Der Kredit wird ab 1. April 20.. in dieser Höhe auf Girokonto Nr. 7654321 zur Verfügung gestellt.

Der Kreditvertrag kann von jedem Teil ohne Einhaltung einer Kündigungsfrist gekündigt werden. Die Krediteinräumung ist unbeschadet dieses Kündigungsrechts zunächst bis 30. September 20.. befristet.

Der Kreditnehmer verpflichtet sich für den Kredit Zinsen und Provisionen nach den von der Dresdner Bank AG für Kredite dieser Art jeweils festgesetzten Zins- und Provisionssätzen zu zahlen. Änderungen dieser Sätze werden dem Kreditnehmer mitgeteilt.

Zurzeit beträgt der Zinssatz für Kredite in laufender Rechnung 8,0 % pro Jahr; diese Zinsen werden nur für den in Anspruch genommenen Kredit berechnet. Soweit der zugesagte Kredit nicht in Anspruch genommen ist, wird als Entgelt für die Bereitstellung der gesamten Kreditvaluta eine Kreditprovision von 1 % pro Jahr berechnet. Falls das oben genannte Kreditlimit überschritten wird, berechnen wir für den überzogenen Betrag neben den genannten Kreditzinsen die bei Überziehung jeweils festgesetzte Überziehungsprovision, zurzeit 3,0 % pro Jahr. ...

Die Rechnung des Kreditnehmers wird vierteljährlich, erstmals auf den 30. Juni 20.. abgeschlossen, wobei die Kreditkosten belastet werden. ...

Die Sicherung des Kredits erfolgt durch Sicherungsübereignung der in der Anlage 1 angegebenen Maschinen und Einrichtungsgegenstände. ...

Wir weisen ausdrücklich darauf hin, dass ergänzend unsere Allgemeinen Geschäftsbedingungen (AGB) Vertragsbestandteil sind. Sie erhalten ein Exemplar unserer AGB als Anlage.

Bitte bestätigen Sie uns Ihr Einverständnis mit den vorstehenden Bedingungen auf der Anlage 2. ...

## Arbeitsvorlage 1:

a) **Kontobestand und Kontobewegungen auf dem Girokonto der Baumaschinenfabrik Dregger** in der Zeit vom 1. bis 10. April 20. .

| Buchungsdatum[1] | Geschäftsvorgänge | Soll | Haben | Kontostand |
|---|---|---|---|---|
| 31. März | Saldovortrag | | 50.000,00 | 50.000,00 H |
| 2. April | Mehrere Überweisungen an Lieferanten (Skontoabzug) | 80.000,00 | | 30.000,00 S |
| 3. April | Begleichung einer Lieferantenrechnung durch Verrechnungsscheck (vgl. Ausgangssituation) | 200.000,00 | | 230.000,00 S |
| 4. April | Einlösung eines Schuldwechsels | 50.000,00 | | 280.000,00 S |
| 7. April | Überweisungen von mehreren Kunden | | 180.000,00 | 100.000,00 S |
| 8. April | Einlösung mehrerer von Kunden erhaltener Barschecks | | 60.000,00 | 40.000,00 S |
| 9. April | Überweisungen von Kunden | | 70.000,00 | 30.000,00 H |

1 identisch mit Wertstellungsdatum

b) **Grafische Darstellung des Zahlenmaterials**
Entwicklung des Kontostands bei der Baumaschinenfabrik Konstantin Dregger

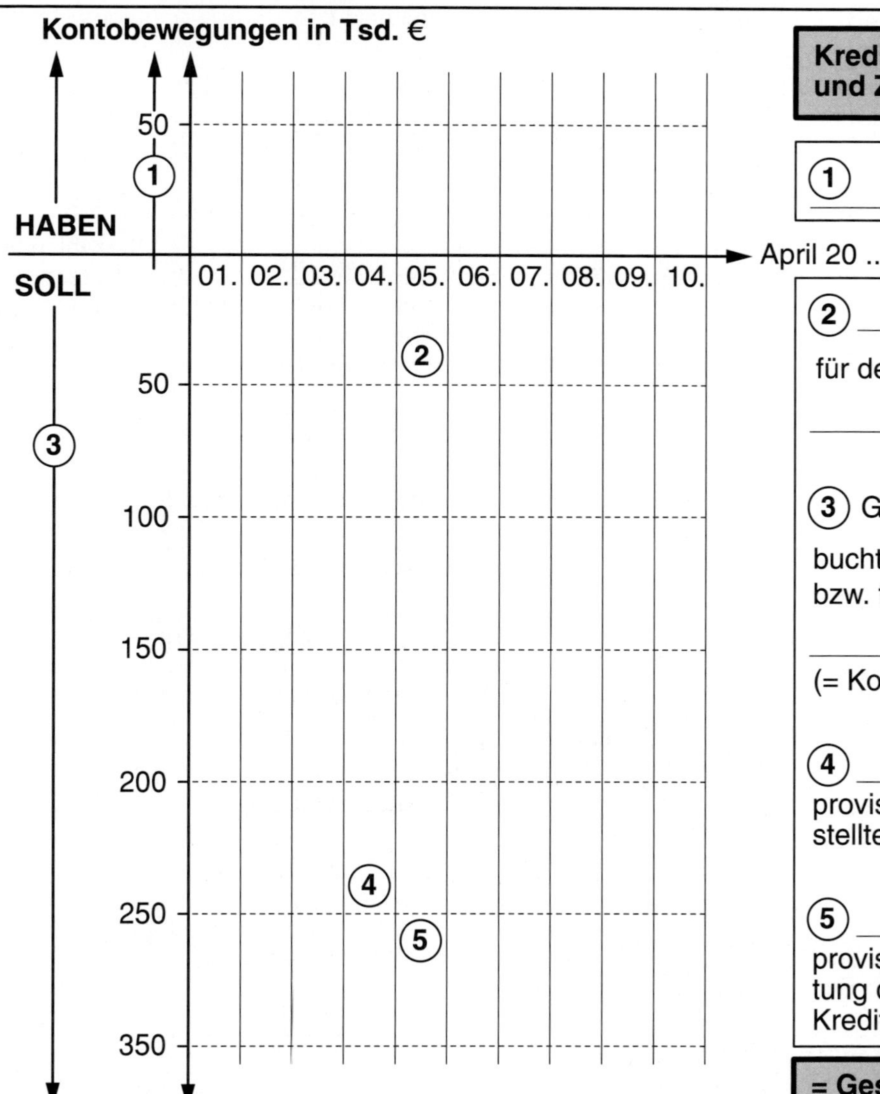


**Kreditkosten und Zinserträge**

① ______________

② ______________ für den ______________ ______________ Kredit.

③ Gebühren für jeden gebuchten ______________ bzw. für die gebuchten ______________ (= Kontoführungsgebühren)

④ ______________-provision für den bereitgestellten Kredithöchstbetrag

⑤ ______________-provision bei Überschreitung des vereinbarten Kreditlimits

**= Gesamtkosten**

## Arbeitsvorlage 2: Erscheinungsformen des Kontokorrentkredits

Der Kontokorrentkredit dient unterschiedlichen betrieblichen Zwecken. Er kann **Betriebsmittel-, Saison-** oder **Zwischenkredit** sein. Wird er Privatleuten zur Verfügung gestellt, so spricht man von einem **Dispositionskredit.**

| (1) Kontokorrentkredit, der der Überbrückung jahreszeitlich bedingter Liquiditätsengpässe dient. Es handelt sich hierbei um Unternehmen, deren Umsätze sich während des Geschäftsjahres unterschiedlich entwickeln. | |
|---|---|
| Bezeichnung: | ..................**KREDIT** |

| (2) Kontokorrentkredit, durch den der Zeitraum bis zur Auszahlung eines langfristigen Darlehens überbrückt wird. | |
|---|---|
| Bezeichnung: | ..................**KREDIT** |

| (3) Kontokorrentkredit, der der Finanzierung der Produktion und des Warenlagers dient. Die dem Bankkunden zur Verfügung gestellten Mittel werden z. B. zur Finanzierung von Wareneinkäufen verwendet, evtl. unter Ausnutzung von Liefererskonto. | |
|---|---|
| Bezeichnung: | ..................**KREDIT** |

| (4) Kontokorrentkredit, der an Privatpersonen gewährt wird. Die Bank gestattet dem Kontoinhaber, das Konto bis zu einem Mehrfachen des regelmäßigen monatlichen Einkommens (Lohn, Gehalt) zu überziehen. | |
|---|---|
| Bezeichnung: | ..................**KREDIT** |

## Arbeitsvorlage 3: Wesensmerkmale des Kontokorrentkredits

| | |
|---|---|
| **Kreditzweck** | Ein solcher Kredit dient der Abwicklung von eingehenden und ausgehenden Zahlungen. Er sichert die .................. bereitschaft (..................) eines Unternehmens. |
| **Kontobewegungen** | Je nach der Höhe der eingehenden und ausgehenden Zahlungen ist der Bankkunde mal im Soll (Bankschuldner) oder mal im .................. (.................. der Bank). |
| **Mögliche Kreditbezeichnungen** | Der Kontokorrentkredit wird auch als Kredit in .................. Rechnung oder als Kredit mit .................. seitigem Schuldverhältnis bezeichnet. |
| **Kreditkosten** | Sie setzen sich aus mehreren Komponenten zusammen:<br>– Für den in Anspruch genommenen Kredit müssen .................. bezahlt werden.<br>– Für den bereitgestellten Kredithöchstbetrag wird .................. berechnet.<br>– Für die auf dem Girokonto gebuchten einzelnen Posten oder für die Umsätze müssen .................. gebühren entrichtet werden.<br>– Für die Überschreitung des vereinbarten Kreditlimits wird .................. provision in Rechnung gestellt. |
| **Kreditobergrenze (-limit)** | Sie wird (wo?) im ..................vertrag ausdrücklich festgelegt. Sie ist maßgeblich für die Berechnung von .................. |
| **Verfügung über die Kreditsumme** | Sie erfolgt durch Überweisungen, Lastschriften, Daueraufträge, Scheck-, Wechselausstellungen, Barabhebungen. |
| **Mögliche Kreditsicherheiten** | Verpfändung (Lombardierung), Zession, Bürgschaft, Sicherungsübereignung, Grundschuld, Hypothek. |
| **Kreditlaufzeit** | Grundsätzlich ist der Kontokorrentkredit .................. fristiger Natur. Er ist jederzeit .................. bar. Durch Verlängerung (..................) der ursprünglich vereinbarten Kreditlaufzeit wird in der Wirtschaftspraxis aus dem Kontokorrentkredit häufig ein .................. fristiger Kredit. |
| **Erscheinungsformen** | Im Unternehmensbereich sind folgende Formen üblich: ..................-..................; im Privatbereich wird er als .................. kredit gewährt. |
| **Gesetzliche Regelung** | Das Kontokorrentverhältnis ist geregelt im .................., und zwar in den §§ .................. bis .................. |
| **Hauptvorteile** | Dazu gehören:<br>– die .................. bzw. .................. der Kreditgewährung;<br>– die Berechnung von Sollzinsen ausschließlich vom ..................;<br>– die Bequemlichkeit hinsichtlich der .................. sowie der geringe ..................aufwand. |
| **Hauptnachteil** | Er betrifft die relativ hohen .................. |
| **Gesamtwirtschaftliche Bedeutung** | Es handelt sich hierbei um eine .................. praktizierte Form der Kreditgewährung durch .................. schöpfung der Banken. |

## Arbeitsaufträge und Fragen zur Stofferschließung

**1.** **Beschäftigen Sie sich** zunächst einmal mit der obigen **Ausgangssituation.**

a) **Wozu** wird der beantragte Kontokorrentkredit **benötigt?**

b) **Warum reichen** die vorhandenen **liquiden Mittel** dazu **nicht** aus?

c) **Warum** ist im Kreditgesuch der Firma Dregger von einem **„Überbrückungskredit"** die Rede?

d) **Wie** wird der gewährte Kontokorrentkredit in der Kreditzusage **bezeichnet?**

e) **Wie** kann über den gewährten Kredit **verfügt** werden?

f) **Welche Konsequenzen** hat es, wenn das vereinbarte **Kreditlimit überschritten** wird?

g) **Welches Recht** wird beiden Vertragsparteien im **Kreditvertrag eingeräumt?**

h) **Welche Laufzeit** gilt für den gewährten Kontokorrentkredit?

i) **Welche Art Kredit** liegt im vorliegenden Falle vor? **Lösungshinweis:** Beachten Sie die beiden zuletzt genannten Merkmale.

j) **Was** kann getan werden, wenn sich **nach sechs Monaten** herausstellt, dass beim Kreditnehmer nach wie vor **erheblicher Bedarf an liquiden Mitteln** vorhanden ist?

k) **Welche zwei Hauptpflichten** hat der **Kreditnehmer** zu erfüllen?

l) **Was** dient als **Grundlage** für die **Berechnung der Sollzinsen?**

m) **Welche Zinsen** werden beim **Überschreiten des vereinbarten Kreditlimits** berechnet?

n) **Warum** berechnen die meisten Banken zusätzlich zu den eben genannten Zinsen noch eine **Kredit(bereitstellungs)provision?**

o) **Wie** werden von der Dresdner Bank AG die angefallenen Kreditkosten **verrechnet?**

p) **Wie sichert sich** die Dresdner Bank AG im vorliegenden Falle gegen eine ausbleibende Kreditrückzahlung **ab?**

**2.** Nachdem Sie sich schon **grundlegende Kenntnisse über den Kontokorrentkredit** angeeignet haben, sollen Sie sich im Folgenden mit den **Kontobewegungen auf dem Girokonto der Baumaschinenfabrik Dregger** auseinandersetzen **(Arbeitsvorlage 1)**.

a) **Stellen** Sie das in **Arbeitsvorlage 1a)** enthaltene **Zahlenmaterial grafisch dar (Arbeitsvorlage 1 b).**

b) **Markieren Sie** die für die Zinserträge und einzelnen Kreditkosten geltenden Felder ① bis ⑤ durch Farben oder durch verschiedenartige Schraffierungen und geben Sie die dazu passenden **Bezeichnungen** an.

c) **Ermitteln Sie** die beim Kontokorrentkredit anfallenden Kreditkosten und Zinserträge **(Arbeitsvorlage 1b,** rechter Teil).

d) **Begründen Sie,** warum der Kontokorrentkredit gemeinhin als ziemlich **teurer Kredit** eingestuft wird.

e) **Begründen Sie,** warum der Kontokorrentkredit auch als **„Kredit mit wechselndem Schuldverhältnis"** bezeichnet wird.

**3.** Im Folgenden sollen noch einige **Wesensmerkmale** des Kontokorrentkredits erarbeitet werden.

a) **Wie unterscheidet sich** der Kontokorrentkredit vom **Darlehen?** Nennen Sie **drei wichtige Unterschiede. Lösungshinweis:** Vergleichen Sie die Art der Zurverfügungstellung des Kreditbetrags, die Laufzeit der beiden Kreditarten und die Art der Verzinsung des Kredits.

b) In **Arbeitsvorlage 2** sind **besondere Erscheinungsformen des Kontokorrentkredits** angegeben.

ba) **Ordnen Sie** den einzelnen **Beschreibungen** die entsprechende **Bezeichnung** zu.

bb) **Welcher Art** ist der von der Baumaschinenfabrik Dregger beanspruchte **Kredit**?

c) **Begründen Sie,** warum die Baumaschinenfabrik Dregger den Kontokorrentkredit **nicht** zur **Finanzierung der neuen Maschinen und Einrichtungsgegenstände verwenden** sollte.

d) Der Kontokorrentkredit weist für den Kreditnehmer einige wichtige **Vorteile** auf und gehört deshalb zu den am häufigsten beanspruchten Kreditformen. **Nennen Sie drei Hauptvorteile** dieser Kreditart. **Lösungshinweise:** Untersuchen Sie hierbei das Verhältnis von Finanzbedarf und Kredithöhe, von Finanzbedarf und Zinsbelastung sowie die Art und Weise der Inanspruchnahme der Kreditmittel sowie der Kredittilgung.

e) **Welchen Hauptnachteil** hat der Kontokorrentkredit für den Kreditnehmer?

f) Im vorliegenden Fall erfolgte die Kreditsicherung durch Sicherungsübereignung von Maschinen und Einrichtungsgegenständen. **Welche Möglichkeiten** bestehen ganz **generell** einen **Kontokorrentkredit abzusichern?**

g) **Welches Geld schaffen Kreditinstitute** durch die Gewährung von Kontokorrentkrediten?

h) Ein **Kontokorrentverhältnis** kann nicht nur zwischen Bankkunden und Bank entstehen, sondern auch zwischen einem Lieferanten und seinem Kunden. **In welchem Gesetz** ist das Kontokorrentverhältnis **geregelt?** Schlagen Sie in der **Gesetzessammlung** nach.

**4.** Fertigen Sie zur Wiederholung der erarbeiteten Erkenntnisse eine **Übersicht zum Kontokorrentkredit** an **(Arbeitsvorlage 3).**

## 6.9 Der Sicherungsübereignungskredit

**Ausgangssituation**

Zur Restfinanzierung eines CNC-Drehautomaten, Anschaffungspreis 300.000,00 €, benötigt die Werkzeugfabrik Schneider GmbH, Solingen, ein Darlehen in Höhe von 160.000,00 €.

Die Deutsche Bank AG, Solingen, mit der die Firma Schneider in ständiger Geschäftsverbindung steht, erklärt sich nach einer eingehenden Kreditprüfung bereit, das gewünschte Darlehen zu gewähren. Zum Zwecke der Kreditsicherung soll das Eigentum an dem neuen Drehautomaten auf die Hausbank übertragen werden.

### Sachdarstellung

- Bei der Sicherungsübereignung überträgt der Kreditnehmer (Bankkunde, Sicherungsgeber, Schuldner) das Eigentum an beweglichen Sachen (z.B. Maschinen, Fahrzeugen, Einrichtungsgegenständen, Waren) auf den Kreditgeber (Bank, Sicherungsnehmer, Gläubiger), um die Rückzahlung eines Kredites und die Zinszahlung abzusichern. Dabei besteht zwischen den Vertragsparteien Übereinstimmung darüber, dass das Eigentum an den Kreditnehmer zurückübertragen werden soll, wenn die Schuld vollständig getilgt ist.
- Die Sicherungsübereignung gehört zu den **dinglichen Kreditsicherungsmitteln,** weil sie sich nicht ausschließlich auf die Kreditwürdigkeit einer Person stützt, sondern auf die Eigentumsübertragung eines Gegenstands. Sie ist **im Gesetz nicht ausdrücklich geregelt,** jedoch durch die Rechtsprechung **gewohnheitsrechtlich anerkannt.**
- Für Unbeteiligte tritt sie **nach außen nicht in Erscheinung,** weil das **Sicherungsgut beim Schuldner bleibt** und weil dieser auch das **volle Nutzungsrecht** behält.

**Arbeitsvorlage 1:** Auszug aus dem Sicherungsübereignungsvertrag

Zwischen der Deutschen Bank AG, Solingen, nachstehend als „Bank“ bezeichnet, und der Firma

① *Werkzeugfabrik Schneider GmbH, Solingen, Vorstadtstraße 30,*

② nachstehend als Sicherungsgeber bezeichnet, wird folgender **Sicherungsübereignungsvertrag** geschlossen:
Zur Sicherung aller bestehenden und künftigen Ansprüche aus der Geschäftsverbindung ... übereignet der Sicherungsgeber der Bank folgenden Gegenstand:

③ Bezeichnung des Gegenstands: **CNC-Drehautomat**
Hersteller: **Progress AG, Hannover**
Fabrikationsnummer: **48 42 56 11**
Standort: **Werkhalle D in Solingen, Vorstadtstraße 30**

④ Beide Vertragspartner sind sich darüber einig, dass mit dem Abschluss des Vertrags das Eigentum an dem oben angeführten Gegenstand auf die Bank übergeht.

⑤ Anstelle der Übergabe wird hiermit ein Leihverhältnis vereinbart, aufgrund dessen der Sicherungsgeber den in das Eigentum der Bank übergehenden Gegenstand unentgeltlich benutzen darf.

⑥ Der Sicherungsgeber versichert, dass er Eigentümer der Sache und zur freien Verfügung über sie berechtigt ist, insbesondere, dass die Sache nicht dem Eigentumsvorbehalt eines Dritten unterliegt und weder gepfändet, verpfändet noch anderweitig zur Sicherheit übereignet ist.

⑦ Der Sicherungsgeber wird die übereignete Sache pfleglich behandeln, sie in betriebsfähigem Zustand erhalten und notwendig werdende Reparaturen auf seine Kosten unverzüglich vornehmen lassen.

⑧ Der Sicherungsgeber verpflichtet sich,
- auf Verlangen der Bank den Gegenstand in einer der Bank zweckmäßig erscheinenden Weise zu kennzeichnen; ...
- der Bank jederzeit Zutritt zu dem Gegenstand zu gewähren, ihr Auskunft zu erteilen und gegebenenfalls Schriftstücke zur Einsicht vorzulegen; ...
- die Bank unverzüglich von drohenden bzw. eingetretenen Beeinträchtigungen des Sicherungseigentums (z. B. Beschädigung, Pfändung) zu benachrichtigen;
- den Sicherungsgegenstand ausreichend zu versichern und dies der Bank auf Verlangen jederzeit, insbesondere durch Vorlegen eines Versicherungsscheins, nachzuweisen.

⑨ Kommt der Sicherungsgeber seinen Verbindlichkeiten bei Fälligkeit nicht nach, so ist die Bank befugt, das Sicherungsgut ohne gerichtliches Verfahren unter tunlichster Rücksichtnahme auf den Sicherungsgeber zu beliebiger Zeit an einem ihr geeignet erscheinenden Ort auf einmal oder nach und nach zu verwerten. ...

⑩ Sobald die Bank wegen aller ihrer Ansprüche gegen den Sicherungsgeber befriedigt ist, ist sie verpflichtet, das Sicherungsgut zurückzuübereignen.

⑪ Ergänzend gelten die Allgemeinen Geschäftsbedingungen (AGB) der Bank. ...

⑫ Solingen, den 28. Mai 20..

Unterschrift des Sicherungsgebers — Unterschrift der Bank

## Arbeitsvorlage 2:

## Arbeitsaufträge und Fragen zur Stofferschließung

**1.** **Beschäftigen Sie sich** nach dem Durchlesen der **Ausgangssituation** zunächst einmal mit dem **Wesen** der Sicherungsübereignung **(Sachdarstellung).**

a) Durch den Sicherungsübereignungsvertrag wird das **Eigentum** an dem Sicherungsgut (im Beispiel: der CNC-Drehautomat) vom Bankkunden auf die Kredit gebende Bank **übertragen. Welchem Zweck** dient diese Transaktion?

b) **Wie nennt man** diese **Art der Kreditsicherung?**

c) **Welche Probleme** können für **Außenstehende** durch diese Art der Kreditsicherung entstehen?

d) **Wie ändern sich** durch den Abschluss des Sicherungsübereignungsvertrags die **Besitz- und Eigentumsverhältnisse? (Lösungshinweis:** Es ist zwischen mittelbarem und unmittelbarem Besitz zu unterscheiden.)

**2.** **Befassen Sie sich** nun mit dem **Auszug aus dem Sicherungsübereignungsvertrag (Arbeitsvorlage 1).** Geben Sie **in Stichworten an, welche zwölf Punkte** der vorliegenden Sicherungsübereignungsvertrag enthält.

**3.** **Beantworten Sie** nun noch einige Fragen zu Einzelheiten des Sicherungsübereignungsvertrags und zur Kreditsicherung.

a) **Warum** wird im Sicherungsübereignungsvertrag eine **genaue Kennzeichnung** des übereigneten Drehautomaten vorgenommen? Siehe Sicherungsübereignungsvertrag Punkt (3.).

b) **Was** kann sonst noch **Gegenstand** eines Sicherungsübereignungsvertrags sein?

c) **Wie beurteilen Sie** folgende Vereinbarung in einem Sicherungsübereignungsvertrag: „Der Schuldner übereignet sein ganzes Warenlager, soweit es ihm gehört."

d) Im vorliegenden Fall **finanziert** die **Hausbank** der Werkzeugfabrik Schneider lediglich einen **Teil des Anschaffungswerts** des CNC-Drehautomaten, nämlich 160.000,00 €. **Könnte** durch Sicherungsübereignung des neuen CNC-Drehautomaten auch der **gesamte Kaufpreis** (300.000,00 €) **kreditfinanziert** werden?

e) **Überprüfen** und **begründen Sie,** ob die angebotene **Kreditsicherheit zur Restfinanzierung ausreicht,** wenn die Deutsche Bank AG die ihr übereignete CNC-Drehbank mit **60 % beleiht?**

  

**4.** Die Sicherungsübereignung weist gegenüber der Eigentumsübertragung bei beweglichen Sachen **einige Besonderheiten** auf, auf die im Folgenden **näher eingegangen** werden soll.

a) **Wie** wird bei beweglichen Sachen das **Eigentum** von einer Person auf eine andere **übertragen? Lösungshinweis:** Lesen Sie § 929 Abs.1 BGB.

b) **Wie unterscheidet sich** diese Eigentumsübertragung von derjenigen bei der Sicherungsübereignung? **Lösungshinweis:** Lesen Sie § 930 BGB.

c) Man sagt, dass bei der Sicherungsübereignung zwischen dem Bankkunden und seiner Bank ein sog. **Besitzmittlungsverhältnis,** ein **Besitzkonstitut,** vereinbart wird. **Erklären Sie** diesen Begriff.

d) **Welches Vertragsverhältnis** kann einem solchen **Besitzmittlungsverhältnis (Besitzkonstitut) zugrunde liegen? Lösungshinweis:** Überlegen Sie, **welche Vertragstypen** einem der beiden Vertragspartner ein **Nutzungsrecht** im Sinne einer **Gebrauchsüberlassung** einer beweglichen Sache einräumen. Beachten Sie hierbei Punkt (5.) des Sicherungsübereignungsvertrags.

e) **Welche Verträge** schließt die Maschinenfabrik Schneider GmbH im Zusammenhang mit der Anschaffung und Bezahlung des CNC-Drehautomaten ab? (Vier Angaben)

f) **Warum** kann die Werkzeugmaschinenfabrik Schneider den CNC-Drehautomaten der Hausbank **nicht** als **Pfand** anbieten?

g) Es wird gesagt, dass die Sicherungsübereignung in besonderem Maße den **praktischen Bedürfnissen im Wirtschaftsleben** gerecht wird. **Wie** ist diese Aussage **zu verstehen?**

h) **In welcher Bilanz** erscheint der sicherungsübereignete Drehautomat, in der des Sicherungsgebers oder in der des Sicherungsnehmers? **Lösungshinweis:** Beachten Sie, dass die Kredit gebende Bank **nur vorübergehend Eigentümer** des Sicherungsguts wird.

**5.** In jedem Vertrag, so auch im Sicherungsübereignungsvertrag, werden die **Rechte und Pflichten der Vertragspartner** geregelt. Hierbei sind die Pflichten des Bankkunden als Rechte der Bank anzusehen und umgekehrt.

a) **Weshalb** muss der **Bankkunde versichern,** dass er **Eigentümer** des Sicherungsguts ist und **zur freien Verfügung berechtigt** ist. Siehe Sicherungsübereignungsvertrag **Punkt (6.).**

b) Nennen Sie **fünf Pflichten des Sicherungsgebers** gegenüber der Bank.

c) **Warum** lässt sich bei der **Sicherungsübereignung von Kraftfahrzeugen** die Kredit gebende Bank von ihrem Kunden den **Kfz-Brief aushändigen?**

d) **Was verlangt** die **Bank** häufig von ihrem Kunden, um einer **Wertminderung** oder einem **totalen Wertverlust** des übereigneten **Kraftfahrzeugs vorzubeugen?**

**6.** Die **Bank** hat als Sicherungsnehmer nicht nur Rechte, sondern auch **Pflichten.**

a) **Wozu** ist die Bank als Sicherungsnehmer **verpflichtet, solange** der Bankkunde seinen **Zahlungsverpflichtungen nachkommt?**

b) Kann die **Bank als Eigentümerin nach Belieben** über das Sicherungsgut **verfügen,** also beispielsweise den CNC-Drehautomaten an einen Dritten **verkaufen?**

c) **Wozu** ist die Bank **nach** laufender **Zinszahlung** und erfolgter **Kreditrückzahlung verpflichtet?**

d) **Was** kann die **Bank** tun, wenn der **Bankkunde in Zahlungsverzug** gerät?

e) **Bei Insolvenz des Sicherungsgebers** hat die Bank in Bezug auf den Sicherungsgegenstand ein sog. **Absonderungsrecht. Was** wird sie in diesem Falle von ihrem Kunden **verlangen?**

f) Angenommen, die Schneider GmbH kann bei Fälligkeit das Darlehen **nicht zurückzahlen. Wie** kommt die Dresdner Bank AG zu ihrem **Geld?**

**7.** Die Sicherungsübereignung weist **nicht nur Vorteile,** sondern **auch Nachteile** auf, und zwar sowohl für den **Kreditgeber** als auch für den **Kreditnehmer.**

**Ordnen Sie** folgende **Sachverhalte** in das **Schema der Arbeitsvorlage 2 ein.** Falls Sie **wenig Zeit** zur Verfügung haben, genügt die **Eintragung** der entsprechenden **Nummern ( ).**

(1) Gefahr der unrechtmäßigen Verwendung des Sicherungsguts, z. B. Verkauf, Verpfändung, Beschädigung, Vernichtung.

(2) Möglichkeit zum Weiterarbeiten mit dem Sicherungsgegenstand.

(3) Einschränkung der Verfügungsgewalt über den Sicherungsgegenstand.

(4) Schnelle Verwertung des Sicherungsgegenstands möglich (ohne vollstreckbare Titel).

(5) Gefahr der mehrmaligen Übereignung eines Sicherungsobjekts.

(6) Die Übereignung ist nach außen hin nicht erkennbar und schädigt daher auch nicht die Kreditwürdigkeit des Sicherungsgebers.

(7) Es besteht die Gefahr der Übertragung von Gegenständen, die unter Eigentumsvorbehalt geliefert wurden, die also dem Kreditnehmer überhaupt nicht gehören.

(8) Der Kreditgeber übt mehr oder weniger starken Einfluss auf den Kreditnehmer und seine Geschäftstätigkeit aus.

(9) Erhebliche Kostenbelastung möglich, z. B. durch Versicherungsprämien (Vollkaskoversicherung).

(10) Der Sicherungsgegenstand braucht nicht – wie beim Pfand – vom Kreditgeber selbst aufbewahrt zu werden.

(11) Das Sicherungsgut unterliegt dem Vermieterpfandrecht, soweit es sich in gemieteten Räumen befindet (gesetzliches Pfandrecht).

(12) Das Sicherungsobjekt unterliegt starkem Preisverfall oder ist so speziell, dass es nicht verwertet werden kann.

# 6.10 Der Grundschuld- und Hypothekarkredit

**Ausgangssituation**

Einer der Geschäftsführer der Baumaschinenfabrik Konstantin Dregger GmbH (vgl. Abschnitt 6.8) macht seinen Mitgesellschaftern den Vorschlag, der Dresdner Bank AG als Sicherheit für den benötigten Kontokorrentkredit in Höhe von 240.000,00 € die Eintragung einer Grundschuld oder Hypothek auf das bisher mit 500.000,00 € belastete Geschäftsgebäude anzubieten. Derzeitiger Verkehrswert des Sicherungsobjekts: 1,2 Millionen €. Beleihungssatz der Bank: 75 %.
Was ist von diesem Vorschlag des Geschäftsführers zu halten?

## Sachdarstellung

### 1. Die Grundschuld

#### a) Wesen

Es handelt sich um die **Belastung eines Grundstücks, ohne** dass **eine zu sichernde Forderung,** z. B. ein Anspruch der Bank auf Kreditrückzahlung und Zinszahlung, **vorhanden** sein muss. Es liegt also eine **abstrakte Belastung eines Grundstücks** mit einer **bestimmten Geldsumme** vor.

#### b) Formen

Je nachdem, **zu wessen Gunsten** die **Belastung des Grundstücks** erfolgt, können **zwei Hauptformen der Grundschuld** unterschieden werden:

- **Die Eigentümergrundschuld.** Die **Belastung des Grundstücks** erfolgt in diesem Falle **zugunsten des Eigentümers,** z. B. weil er sich einen **bestimmten Rang freihalten** möchte oder weil er das Grundpfandrecht **später** einmal **für Kreditzwecke verwenden** will.
- **Die Fremdgrundschuld.** Die **Belastung des Grundstücks** erfolgt nicht zugunsten des Eigentümers, sondern **zugunsten eines anderen,** z. B. einer **Kredit gebenden Bank.** Je nachdem, ob der **Nachweis der Grundschuld** durch bloße Grundbucheintragung oder durch Grundbucheintragung und Grundschuldbrief erfolgt, spricht man von einer **Buch-** oder **Briefgrundschuld.**

### 2. Unterschiede zwischen Hypothek und Grundschuld

#### a) Wesensunterschiede

Im Gegensatz zur Grundschuld ist die **Existenz einer Hypothek** immer an das **Vorhandensein einer entsprechenden Forderung geknüpft.** Es gilt der **Grundsatz: „Ohne Forderung keine Hypothek".** Ist die **Forderung** aus irgendeinem Grunde **erloschen,** so **existiert** auch die **Hypothek nicht** mehr. Man bezeichnet diese **Bindung der Hypothek an das Vorhandensein einer entsprechenden Forderung** als **Prinzip der Akzessorietät.**

#### b) Haftungsunterschiede

Ist auf ein Grundstück eine **Hypothek** eingetragen worden, dann besteht eine **umfassende Haftung** dafür, dass die bestehende Forderung der Kredit gebenden Bank auf Kreditrückzahlung, Zinszahlung und Erstattung aller Kreditnebenkosten auch tatsächlich beglichen wird.

Es **haftet** zunächst der **Bankkunde** mit seinem **ganzen Vermögen (persönliche und unbeschränkte Haftung),** des Weiteren **haftet** das **Grundstück** einschließlich aller seiner **Bestandteile, Erzeugnisse und Erträge (dingliche Haftung).** Hierbei richtet sich der **Umfang der Haftung** stets nach der **Höhe der jeweiligen Forderung** (Akzessorietät).

**Bei der Grundschuld haftet** hingegen **nur das Grundstück, nicht** aber der **Grundstückseigentümer.** Es besteht also **nur** eine **dingliche, nicht** aber eine **persönliche Haftung.**

### 3. Die Besonderheiten der Hypothek

#### a) Wie kommt ein Hypothekarkredit zustande? (Siehe **Arbeitsvorlage 1)**

#### b) Welche Formen der Hypothek gibt es?

- **Buch- und Briefhypothek. Voraussetzung** für eine **Zwangsvollstreckung** in ein Grundstück ist der **Nachweis einer Hypothek und einer vorhandenen Forderung. Beruft sich** die Kredit gebende Bank beim Nachweis einer vorhandenen Hypothek auf die **Grundbucheintragung,** so liegt eine **Buchhypothek** vor. Kann sie den Nachweis durch Vorlegen eines **vom Grundbuchamt ausgestellten Hypothekenbriefs** erbringen, so liegt eine **Briefhypothek** vor.

- **Verkehrs- und Sicherungshypothek.** Beruft sich die Kredit gebende Bank – so wie das üblich ist – zum **Nachweis des Vorhandenseins einer Forderung** auf die **Grundbucheintragung,** so liegt eine **Verkehrshypothek** vor. Muss die **Existenz einer Forderung besonders nachgewiesen** werden, beispielsweise durch Vorlegen von Kontoauszügen, dann spricht man von einer **Sicherungshypothek.**

**c) Was geschieht mit der eingetragenen Hypothek nach erfolgter Kreditrückzahlung?**

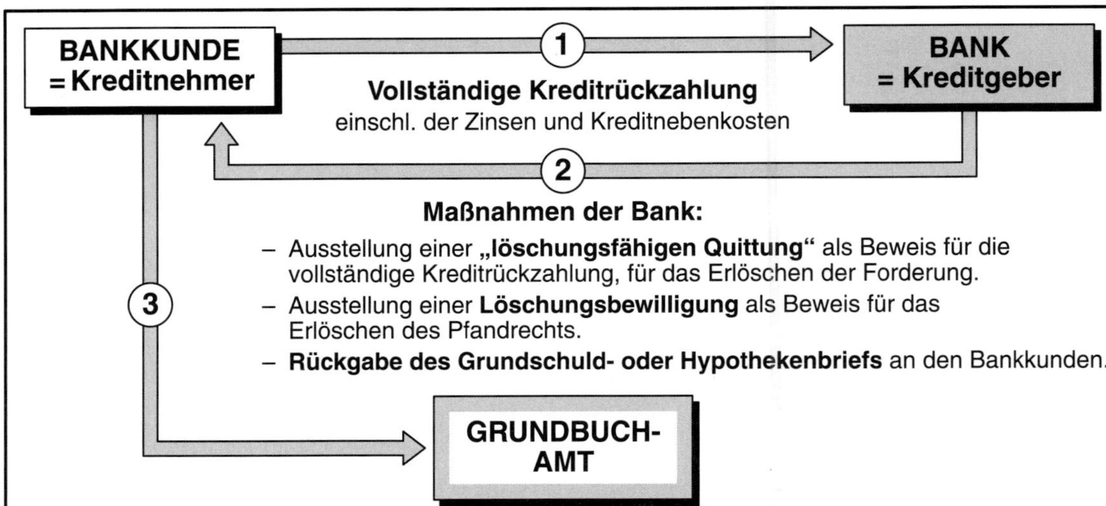


**Maßnahmen des Bankkunden – zwei Möglichkeiten:**

**(3a)** **Löschung** der Grundbucheintragung durch **rotes Unterstreichen.**
**Folge:** Nachrücken von nachrangigen Hypotheken auf den frei gewordenen Platz.

**(3b)** **Löschung der Hypothek** und **Eintragung einer Eigentümergrundschuld.** Hierbei wird ein **Grundstück belastet,** obwohl **keine Forderung der Bank** vorhanden ist. Anstelle der Bank erhält der **Grundstückseigentümer** ein **Pfandrecht** an seinem eigenen Grundstück, das er für unterschiedliche Zwecke verwenden kann. (Siehe Sachdarstellung 1. b).

**4. Vorgehensweise der Kredit gebenden Bank, wenn der Bankkunde seinen Zahlungsverpflichtungen nicht nachkommen kann**

Kann der Bankkunde den gewährten **Grundschuld- oder Hypothekarkredit nicht zurückzahlen** oder kann er die fälligen **Zinsen nicht begleichen,** so gerät er in **Leistungsverzug.** Je nach Vereinbarung im Kreditvertrag kommt es früher oder später zur **Zwangsvollstreckung** in das Grundstück. Ob eine **Zwangsversteigerung** oder lediglich eine **Zwangsverwaltung** des Grundstücks eingeleitet wird, um den Gläubiger zu befriedigen, hängt primär von der **Höhe der noch ausstehenden Forderung** ab. Ist sie relativ gering, genügt möglicherweise eine Zwangsverwaltung. In diesem Fall kann sich die Bank z. B. an den monatlich eingehenden **Mieteinnahmen** schadlos halten.

**Arbeitsvorlage 1:** Das Zustandekommen eines Grundschuld- oder Hypothekarkredits

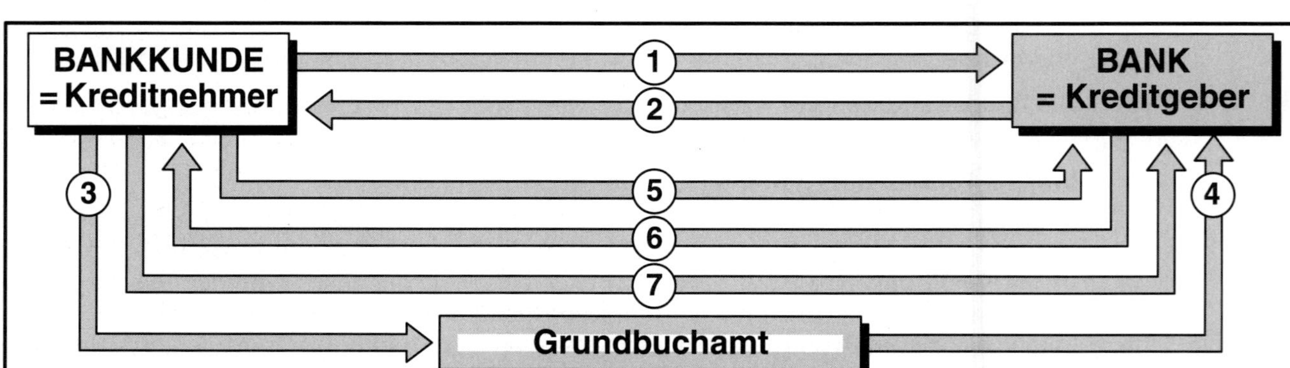

## **Arbeitsvorlage 2:** Bekanntmachung einer Zwangsversteigerung

**Amtsgericht**
– Vollstreckungsgericht –

73034 Göppingen, den 26. Juni 20..
Pfarrstr. 25 (Schloss)

Geschäfts-Nr.; 1 K 77/00 ⇐ **Bitte immer angeben!**

### Zwangsversteigerung

Folgender Grundbesitz,
eingetragen im Grundbuch von Grundhausen, Heft-Nr. 2441

| | | | |
|---|---|---|---|
| BV Nr. 1 | Flst 333 | Mercedesstraße 1<br>Hof- und Gebäudefläche<br>Wohn- und Bürogebäude | – 41 a 13 $m^2$ – |

Fabrikgebäude

(stützenfreie Produktions- und Lagerhalle mit Büro-/Wohntrakt im Gewerbegebiet: Doppelgarage; BJ ca. 1980; Halle: ca. 1.222 $m^2$ Nfl.; Büro-/Wohntrakt: UG: Lager und Sozialräume, ca. 261 $m^2$ Nfl., EG: 2 Büros u. a. ca. 254 $m^2$ Nfl.; OG: 4-Zimmerwhg., 140 $m^2$ Wfl., zzgl. Loggia u. Dachterrasse)

Angaben in () ohne Gewähr

soll am

| Wochentag und Datum | Uhrzeit |
|---|---|
| **Mittwoch, 02. Oktober 20..** | **10.00 Uhr** |
| Ort, Gebäude | Stock/Raum |
| **Amtsgericht Göppingen, Pfarrstr. 25 (Schloss)** | **IV/214** |

im Wege der Zwangsvollstreckung versteigert werden.

Am 28.08.20.. (Tag der Eintragung des Versteigerungsvermerks) war als Eigentümer im Grundbuch eingetragen:

Anton Daimler, Grundhausen.

Der Verkehrswert ist gemäß § 74a Abs. 5 ZVG festgesetzt worden auf

**1.278.229,70 EUR.**

Ist ein Recht im Grundbuch nicht oder erst nach dem Versteigerungsvermerk eingetragen, muss der Berechtigte es anmelden, bevor das Gericht im Versteigerungstermin zum Bieten auffordert. Er hat das Recht glaubhaft zu machen, wenn der Gläubiger der Anmeldung widerspricht. Andernfalls wird das Recht im geringsten Gebot nicht berücksichtigt und bei der Verteilung des Versteigerungserlöses erst nach dem Anspruch des Gläubigers und den übrigen Rechten befriedigt.

Es ist zweckmäßig, zwei Wochen vor dem Termin eine Berechnung der Ansprüche – getrennt nach Hauptbetrag, Zinsen und Kosten – einzureichen und den beanspruchten Rang mitzuteilen.
Der Berechtigte kann dies auch zur Niederschrift der Geschäftsstelle erklären.

Wer ein Recht hat, das der Versteigerung des Grundbesitzes oder nach § 55 ZVG mithaftenden Zubehörs entgegensteht, muss das Verfahren aufheben oder einstweilen einstellen lassen, bevor das Gericht den Zuschlag erteilt. Andernfalls tritt für das Recht der Versteigerungserlös an die Stelle des versteigerten Gegenstandes.

Gemäß §§ 67 bis 70 ZVG kann im Versteigerungstermin für ein Gebot Sicherungsleistung verlangt werden; die Sicherheit ist in der Regel in Höhe von 10 % des Verkehrswertes zu leisten.

Bieter haben sich im Termin auszuweisen. Wer als Bevollmächtigter Gebote abgeben will, muss im Termin eine öffentlich beglaubigte Bietvollmacht vorlegen.

gez. (Frank)
Rechtspfleger

## Arbeitsaufträge und Fragen zur Stofferschließung

1. Bevor Sie die im **Zusammenhang mit der Ausgangssituation gestellte Frage** über die Qualität des Finanzierungsvorschlags eines Geschäftsführers der Baumaschinenfabrik Dregger GmbH beantworten können, müssen Sie sich zuvor **Basiswissen zum Thema „Grundschuld" und „Hypothek"** aneignen. **Beschäftigen Sie sich** zu diesem Zweck möglichst eingehend mit den **Ausführungen der Sachdarstellung** und **beantworten Sie** danach die folgenden **Auswertungsfragen.**
   a) **Was** versteht man unter einer **„Grundschuld"?**
   b) **Wie unterscheidet sich** eine **Eigentümer-** von einer **Fremdgrundschuld?**
   c) **Was** kann ein Grundstückseigentümer mit einer **Eigentümergrundschuld anfangen?**
   d) **Wie unterscheidet sich** eine **Buch-** von einer **Briefgrundschuld?**
   e) **Was** versteht man unter dem **Prinzip der Akzessorietät?**
   f) **Wie unterscheidet sich** die **Haftung** des Kreditnehmers beim Hypothekarkredit von derjenigen beim Grundschuldkredit?
   g) **Was** versteht man unter einer **persönlichen,** was unter einer **dinglichen Haftung?**
2. **Erarbeiten Sie** im **Unterrichtsgespräch** mit Ihrem BWL-Lehrer die für Aufnahme und Tilgung eines Grundschuld- oder Hypothekarkredits **typischen sieben Phasen (Vorgänge [1] bis [7] der Arbeitsvorlage 1).**
3. **Beschäftigen Sie sich** mit der Sachdarstellung 3.c). Stellen Sie bei Bedarf Fragen an Ihren BWL-Lehrer. Halten Sie danach einen Kurzvortrag zu dem Thema: **Was geschieht mit der eingetragenen Hypothek nach erfolgter Kreditrückzahlung?**
4. **Bisher** sind wir davon ausgegangen, dass der Bankkunde den im Kreditvertrag eingegangenen **Verpflichtungen ohne weiteres nachkommen** kann. Beschreiben Sie mit ein paar **Stichworten die Maßnahmen,** die die **Kredit gebende Bank bei ausbleibender Kreditrückzahlung** ergreifen wird.
5. Nach der Bearbeitung der vorangegangenen Arbeitsaufträge und Fragen zur Stofferschließung sind Sie nunmehr vom **Fachwissen** her in der Lage, **die im Zusammenhang mit der Ausgangssituation gestellte Frage** sachgerecht **zu beantworten. Lösungshinweis:** Akzessorietät.
6. **Beurteilen Sie** abschließend noch die **praktische Bedeutung** von Grundschuld und Hypothek.
7. **Welche Angaben** enthält eine Zwangsversteigerungsanzeige über das **zu versteigernde Grundstück? (Arbeitsvorlage 2)**

# 6.11 Der Bürgschaftskredit

**Ausgangssituation**

Hans-Jürgen Nahler, 36 Jahre alt, gelernter Großhandelskaufmann, ist seit acht Jahren in der Papierwarengroßhandlung Ferdinand Schreiber GmbH tätig, die letzten drei Jahre als Prokurist.
Nach dem plötzlichen Tod des Inhabers erhält Nahler die einmalige Chance das Geschäft in eigener Regie zu übernehmen. Die hierfür aufzubringenden 580.000,00 € können nur zum Teil (180.000,00 €) mit eigenen Mitteln bestritten werden; der Rest muss fremdfinanziert werden. Bei der Suche nach entsprechenden Finanzierungsquellen kommt Nahler die Idee, dass seine Eltern eine Bürgschaft für einen Bankkredit über 100.000,00 € übernehmen könnten.

## Sachdarstellung

**1. Gesetzliche Regelung der Bürgschaft**

§ 765 ff. BGB, §§ 349, 350, 356 HGB

**2. Ein BGH-Urteil**

**Mehr Schutz für Bürgen**

**KARLSRUHE (dpa). Der Bundesgerichtshof (BGH) hat die Haftung von Bürgen auf das verbürgte Darlehen beschränkt. Künftig ist es den Banken verwehrt, die Bürgschaftserklärung formularmäßig auf alle künftigen Forderungen zu erweitern.**

Mit diesem jetzt verkündeten Urteil wies das Karlsruher Gericht in letzter Instanz die Klage einer Bank gegen eine Bürgin ab. Der Entscheidung lag folgender Fall zugrunde: Bei Aufnahme eines Tilgungsdarlehens durch ihren Mann hatte die Frau formularmäßig eine unbeschränkte Bürgschaft für ihren Mann übernommen. Als der Mann nach der Tilgung des Darlehens Jahre später der Bank aus einem anderen Kreditvertrag Geld schuldig blieb, nahm sie die Ehefrau als Bürgin in Anspruch.

Der Bundesgerichtshof wies die Klage der Bank mit der Begründung ab, ein Bürge erwarte, nur für das Darlehen einstehen zu müssen, das den Anlass für die Bürgschaft gegeben habe. (AZ: XI ZR 133/93).

aus: Südwestpresse (NWZ)

## Arbeitsvorlage 1: Der Bürgschaftskredit

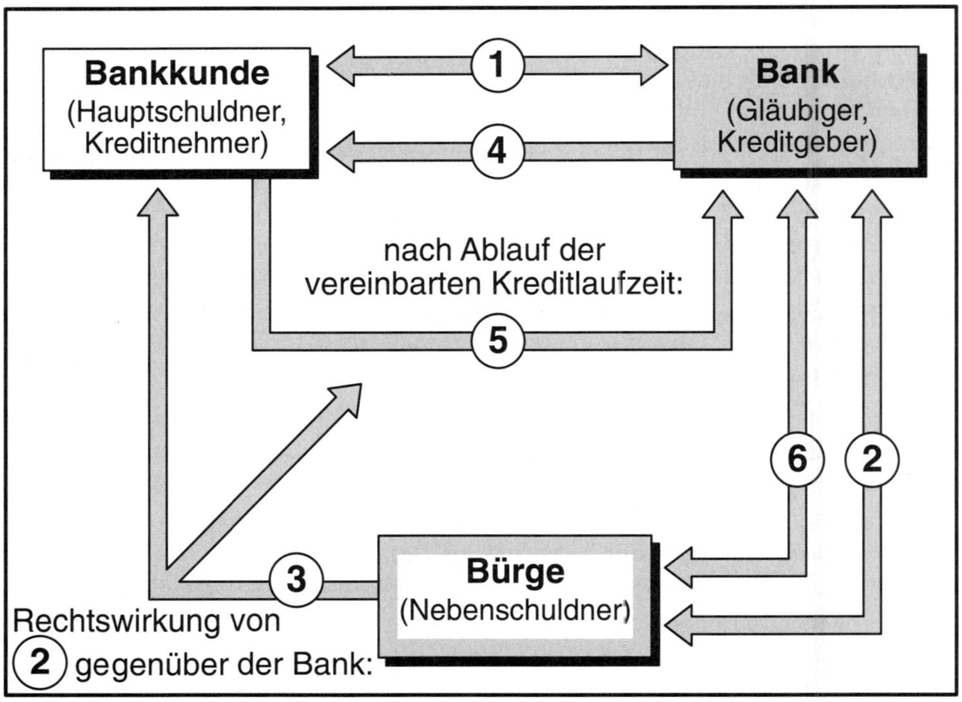

**Arbeitsvorlage 2:** Die Haftungsverhältnisse bei der gewöhnlichen Bürgschaft (Ausfallbürgschaft)

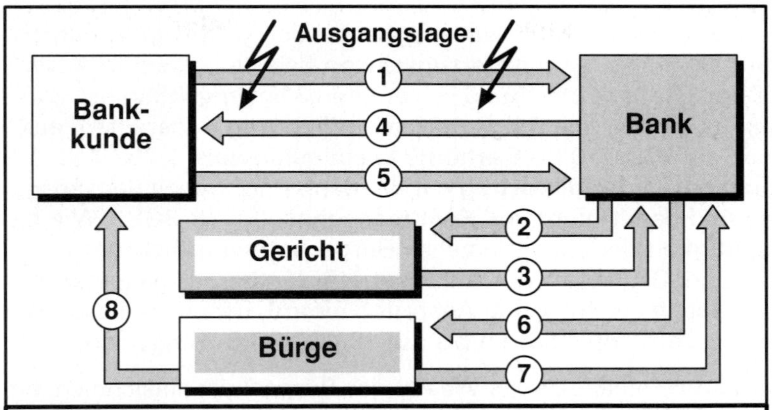


| | |
|---|---|
| **Bankkunde** (Kreditnehmer): Haftung an ____. Stelle | |
| **Bürge** (Nebenschuldner): Haftung an ____. Stelle | |

**Arbeitsvorlage 3:** Die Haftungsverhältnisse bei der selbstschuldnerischen Bürgschaft

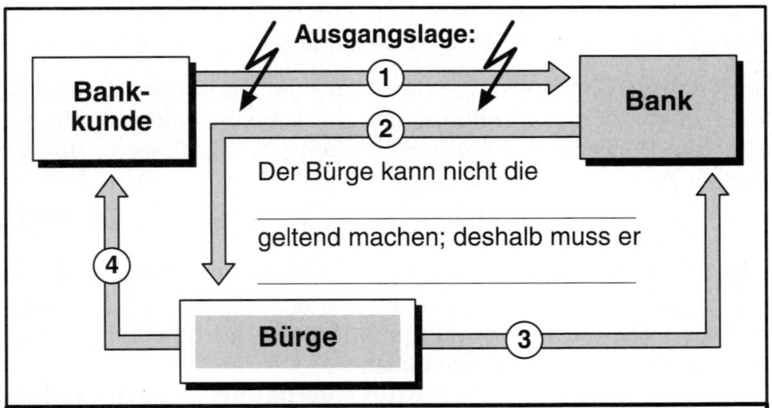


| | |
|---|---|
| **Bankkunde** (Kreditnehmer): Haftung an ____. Stelle | |
| **Bürge** (Nebenschuldner): Haftung an ____. Stelle | |

## Arbeitsaufträge und Fragen zur Stofferschließung

**1.** Im Gegensatz zur Sicherungsübereignung ist die Bürgschaft im **Bürgerlichen Gesetzbuch** und teilweise auch im **Handelsgesetzbuch** ausdrücklich **geregelt. Beschäftigen Sie sich** mit diesen Vorschriften und **beantworten Sie** danach die folgenden Auswertungsfragen.

a) **Zwischen welchen Personen** bzw. Institutionen kommt im obigen Fall der **Bürgschaftsvertrag** zustande?

b) **Wie** wird Hans-Jürgen Nahler als **Kreditnehmer** im Gesetzestext **bezeichnet?**

c) **Wozu verpflichten sich die Eltern** von Hans-Jürgen Nahler im **Bürgschaftsvertrag?**

d) Aus welchen **Gründen (Motiven)** heraus werden **Bürgschaftsverpflichtungen** häufig eingegangen? **Lösungshinweis:** Vergleichen Sie hierzu die **Ausgangssituation.**

e) Man spricht im Zusammenhang mit dem Bürgschaftsvertrag von einem **„einseitig verpflichtenden Rechtsgeschäft". Erklären Sie** diesen Begriff, indem Sie Vergleiche zu **zweiseitigen** Rechtsgeschäften, z. B. zum Kaufvertrag, ziehen.

f) **In welcher Form** muss von den Eltern von Hans-Jürgen Nahler die Bürgschaftserklärung abgegeben werden? (Anmerkung: Die Bürgen handeln als Privatleute).

g) **Warum** verlangen sowohl der **Gesetzgeber** als auch die **Kredit gebende Bank** von den Eheleuten Nahler die Einhaltung dieser **Formvorschrift?**

h) **Welche Ausnahme** gibt es von diesem Grundsatz? **Lösungshinweis:** Beachten Sie die Regelung von Formvorschriften bei **Kaufleuten.**

**2.** Das **Prinzip der Akzessorietät** (lat. accedere = hinzutreten) ist ein **Wesensmerkmal** der Bürgschaft.

a) **Wovon** hängt es grundsätzlich ab, **in welchem Umfang** die Eltern von Hans-Jürgen Nahler von der Bank (dem Gläubiger) zur Zahlung herangezogen werden können? **Lösungshinweis:** § 767 Abs. 1 S.1 BGB.

b) Angenommen, Hans-Jürgen Nahler gerät bei der **Kreditrückzahlung** in **Schwierigkeiten;** die Kredit gebende Bank muss ihn mit **Verzugszinsen** belasten. **Welche Auswirkungen** hat dieses Verhalten auf die Bürgschaftsverpflichtung seiner Eltern? **Lösungshinweis:** Vgl. Sie § 767 Abs. 1 S. 2 BGB.

c) **Wie** wirkt es sich auf die **Bürgschaftsverpflichtung** seiner Eltern aus, wenn H.-J. Nahler später den Bankkredit auf 120.000,00 € **erhöht? Lösungshinweis:** § 767 Abs. 1 S. 3 BGB.

d) Angenommen, der **Kreditvertrag** mit der Bank wäre wegen der verlangten **Wucherzinsen** ein **sittenwidriges** und damit **nichtiges Rechtsgeschäft** (§ 138 BGB). **Wie** steht es in diesem Falle mit der **Rechtsgültigkeit** der übernommenen **Bürgschaftsverpflichtung?**

e) Was würde der **Grundsatz der Akzessorietät** für den Fall bedeuten, dass die Kredit gebende Bank die Eltern von Nahler als **Bürgen in Anspruch nimmt,** nachdem dieser die aus dem Bürgschaftskredit resultierenden **Verbindlichkeiten bis auf 18.420,00 € getilgt** hat?

**3.** Wir versuchen im Folgenden das **Wesen der Bürgschaft** hinsichtlich ihrer **praktischen Durchführung** noch etwas **genauer** zu erfassen.

a) In **Arbeitsvorlage 1** ist der **Ablauf des Bürgschaftsgeschäfts** systematisch dargestellt worden. **Ergänzen Sie** dieses Schema in der Weise, dass Sie Angaben zu den Punkten (1) bis (6) machen.

b) **Versuchen Sie** eine ganz **einfache Bürgschaftserklärung** zu **formulieren,** wie sie sich aufgrund der (unvollständigen) Daten der Ausgangssituation ergibt.

c) **Nennen Sie** aufgrund Ihres Entwurfs einer Bürgschaftserklärung die **Mindestinhalte** eines solchen Vertrags.

d) Bei der Unterscheidung der verschiedenen Kreditarten wird der Bürgschaftskredit als **„verstärkter Personalkredit"** eingeordnet. **Wie** ist diese Einordnung **zu erklären?**

**4.** Je nach den Rechten (Einreden), die der Bürge der Bank (dem Gläubiger) gegenüber geltend machen kann, wird zwischen der **gewöhnlichen** und der **selbstschuldnerischen Bürgschaft** unterschieden. Bei der gewöhnlichen Bürgschaft steht dem Bürgen u. a. die **Einrede der Vorausklage** zu, bei der selbstschuldnerischen Bürgschaft ist das **nicht** der Fall.

a) **Was** versteht man unter der **„Einrede der Vorausklage"? Lösungshinweis:** Schlagen Sie im BGB nach.

b) Wie die **Haftungsverhältnisse bei der gewöhnlichen Bürgschaft** aussehen, verdeutlicht **Arbeitsvorlage 2. Ergänzen Sie** im Unterrichtsgespräch mit Ihrem BWL-Lehrer diese **Skizze.**

c) **Wie beurteilen Sie** die **Anwendungshäufigkeit** der gewöhnlichen Bürgschaft in der Wirtschaftspraxis? **Begründen Sie** Ihre Beurteilung.

d) **Arbeitsvorlage 3** verdeutlicht die **Haftungsverhältnisse** bei der **selbstschuldnerischen Bürgschaft. Ergänzen Sie** diese **Lehrskizze.**

e) **Wie** steht es mit der **Einrede der Vorausklage,** wenn die **Bürgschaftsübernahme** für den Bürgen ein sog. **Handelsgeschäft** darstellt? **Beispiel:** Banken, die Exportbürgschaften übernehmen und dafür Provision verlangen. Lösungshinweis: § 349 HGB.

**5.** Angenommen, die **Eltern** von H.-J. Nahler werden eines Tages von der Kredit gebenden Bank **in Anspruch genommen,** nachdem sie sich zuvor als **selbstschuldnerische Bürgen** ihr gegenüber verpflichtet haben.

a) **Welche Rechte** haben sie in diesem Falle gegenüber der Kredit gebenden Bank?

b) **Welche Einreden** können sie gegebenenfalls der Bank gegenüber geltend machen? **Lösungshinweis:** Siehe § 768 f. BGB.

c) **Erklären Sie,** was unter dem **„gesetzlichen Forderungsübergang"** nach **§ 774 BGB** zu verstehen ist.

d) **Beurteilen Sie** abschließend noch das **Risiko,** das die Eltern von H.-J. Nahler eingehen, wenn sie sich der Bank gegenüber für eine Darlehenssumme von 100.000,00 € zusätzlich der fällig werdenden Zinsen, Provisionen und Spesen verbürgen.

# 6.12 Finanzierungskennziffern und -grundsätze

## Ausgangssituation

| Aktiva | Bilanz (in T€) | | Passiva |
|---|---|---|---|
| Grundstücke und Gebäude | 6.400 | Stammkapital und Rücklagen | 8.000 |
| Maschinen | 4.200 | Darlehensschulden | 8.600 |
| Betriebs- und Geschäftsausstattung (BGA | 2.000 | Verbindlichkeiten a. LL | 2.400 |
| Fuhrpark | 800 | | |
| Vorräte | 2.700 | | |
| Forderungen | 1.800 | | |
| Schecks, diskontierfähige Wechsel | 300 | | |
| Bank, Postbank, Kasse | 800 | | |
| | 19.000 | | 19.000 |

**Branchendurchschnittszahlen von Finanzierungskennziffern:**

| | |
|---|---|
| – Konstitution (Vermögensaufbau) | 170 % |
| – Investierung (Anlagendeckung) | 58 % |
| – Verschuldungsgrad | 170 % |
| – Liquidität 1. Grades (Barliquidität) | 50 % |
| – Liquidität 2. Grades (einzugsbedingte Liquidität) | 100 % |
| – Liquidität 3. Grades (umsatzbedingte Liquidität) | 200 % |
| – Finanzierung (Kapitalaufbau) | 60 % |

## Sachdarstellung

### 1. Ableitung der Kennziffern aus der Bilanz

Um die **Lage eines Unternehmens** mithilfe von **Bilanzwerten** beurteilen zu können, werden **Bilanz- oder Finanzierungskennzahlen (-ziffern)** errechnet. Gebildet werden sie, indem bestimmte **Bilanzpositionen miteinander in Beziehung gesetzt** werden. Je nachdem, ob man im oder gegen den Uhrzeigersinn vorgeht, ergeben sich folgende **fünf Möglichkeiten, Bilanzpositionen miteinander in Beziehung zu setzen** (Nr. 1 bis 5):

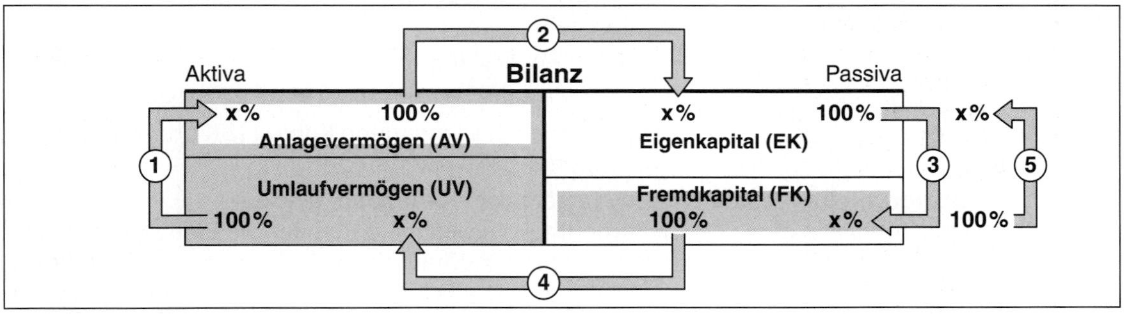


### 2. Die einzelnen Kennziffern

- Wird das **Umlaufvermögen gleich 100 Prozent** und das **Anlagevermögen gleich x Prozent** gesetzt, so ergibt sich eine Kennziffer, die den **Vermögensaufbau** oder die **Konstitution** eines Unternehmens kennzeichnet (Kennziffer (1).
- Die Kennziffer (2) wird als **Investierung** oder **Anlagendeckung** bezeichnet. Bei ihrer Berechnung wird das **Anlagevermögen gleich 100 %** und das **Eigenkapital gleich x Prozent** gesetzt.
- Die Kennziffer (3) bezeichnet den **Verschuldungsgrad** eines Unternehmens. Ausgangsbasis für ihre Berechnung ist das **Eigenkapital (100 %);** es wird ins Verhältnis zum **Fremdkapital (x %)** gesetzt.
- Werden **Teile des Fremdkapitals** (z. B. kurzfristige Verbindlichkeiten) zu **Teilen des Umlaufvermögens** in Beziehung gesetzt, so ergeben sich **unterschiedliche Grade der Liquidität.**
- Geht man **entgegen dem Uhrzeigersinn** vor, so kann man das **Fremdkapital** als Ausgangsbasis **(100 %)** verwenden und es in Beziehung zum **Eigenkapital (x %)** setzen. Auf diese Weise erhält man das sog. **Finanzierungsverhältnis** bzw. den **Kapitalaufbau**.

**Aussagefähig** sind solche betriebsspezifischen Kennziffern nur dann, wenn sie **mit Branchendurchschnittszahlen verglichen** werden.

## **Arbeitsvorlage:** Finanzierungsgrundsätze

Die im Folgenden zu erörternden **Finanzierungsgrundsätze (-regeln)** stehen mit den erarbeiteten **Bilanzkennziffern** in der Regel in einem **engen Beziehungszusammenhang.**

**(1)** Aus der **Investierung (Anlagendeckung)**, d. h. aus dem Verhältnis von EK zu ........................, kann man die **goldene Bilanzregel** ableiten.

**Finanzierungsgrundsatz 1:**
Er betrifft die **GOLDENE BILANZREGEL im engeren Sinne.** Sie besagt, dass das AV zu ........................ Prozent durch ........................ zu finanzieren ist.

**Finanzierungsgrundsatz 2:**
Er betrifft die **GOLDENE BILANZREGEL im weiteren Sinne**. Sie besagt, dass das AV außer durch ........................ teilweise auch durch langfristiges ........................ finanziert werden kann (bei Investitionen mit relativ geringem Risiko).

**(2)** Der **Verschuldungsgrad**, d. h. das Verhältnis von FK zu ........................, ist unbedenklich, wenn das FK seiner Höhe nach dem ........................ entspricht, wenn die Kennziffer also den Wert ........................ oder ........................ Prozent aufweist. Begründung: Die Abhängigkeit des Unternehmens von seinen Kapitalgebern ist in diesem Falle verhältnismäßig ......................... „Kritisch" wird die Verschuldung grundsätzlich dann, wenn das FK mehr als das ........................ des EK beträgt (sog. **2:1-Regel bzw. Two-to-one-rule).**

**Finanzierungsgrundsatz 3:**
Es sollte ein ........................ **VERSCHULDUNGSGRAD** angestrebt werden, d. h., die Verschuldung sollte **weder zu hoch noch** zu ........................ sein.

**Die Aufnahme zusätzlicher Bankkredite** zur Finanzierung von Investitionen (Kapazitätserweiterungen) lohnt sich dann, wenn der Prozentsatz der FK-Zinsen ........................ ist als die Gesamtrentabilität des Unternehmens. Dementsprechend führt die Aufnahme zusätzlicher Kredite zu einer sinkenden EK-Rentabilität, wenn der FK-Zinssatz ........................ ist als die Gesamtrentabilität des Unternehmens.

**(3)** **Die Finanzierung (der Kapitalaufbau)**, also das Verhältnis von EK zu ........................, ist umso besser, je mehr ........................ im Verhältnis zum FK in einem Unternehmen steckt. Unternehmen, die mit viel EK arbeiten, sind unabhängiger von Einflüssen der ........................; außerdem können sie in Krisenzeiten auf Reserven zurückgreifen, d. h., sie sind ........................ fester.

**Finanzierungsgrundsatz 4:**
Es sollte eine ........................ **FINANZIERUNG** angestrebt werden, d. h., es sollte **weder zu viel noch zu wenig Kapital** vorhanden sein.

Das Unternehmen sollte nur über so viel Kapital verfügen, wie zur Gewährleistung eines ........................-freien Betriebsablaufs erforderlich ist; andernfalls besteht die Gefahr einer Über- oder Unterfinanzierung.

**Überfinanzierung** liegt vor, wenn das tatsächlich vorhandene Kapital (EK und/oder FK) ........................ ist als der Kapitalbedarf. Überschüssiges Kapital geht zulasten der ........................

**Unterfinanzierung** liegt vor, wenn das tatsächlich vorhandene Kapital ........................ ist als der Kapitalbedarf. In diesem Falle muss das Unternehmen versuchen entweder die Einnahmen zu erhöhen (z. B. durch Steigerung der ........................ erlöse oder durch Aufnahme von ........................) oder die Ausgaben zu senken (z. B. durch Kürzung von ........................ vorhaben oder durch Kostensenkung mittels ........................).

**(4)** Die **Liquidität (Zahlungsfähigkeit)** ist in mehrfacher Hinsicht die Grundlage für die Ableitung wichtiger Finanzierungsgrundsätze (-regeln).

- Die **Liquidität 1. Grades (Barliquidität)**, also das Verhältnis von ........................ Mitteln zu ........................ Verbindlichkeiten, sollte grundsätzlich stets größer sein als ........................ Prozent.
- Die **Liquidität 2. Grades (einzugsbedingte Liquidität)**, also das Verhältnis von flüssigen Mitteln und ........................ zu kurzfristigen Verbindlichkeiten, sollte gleich oder größer sein als ........................ Prozent.
- **Die Liquidität 3. Grades (umsatzbedingte Liquidität)** sollte gleich oder größer sein als ........................ Prozent.

Bei der Aufnahme von FK muss darauf geachtet werden, dass die Tilgung aus dem Rückfluss des Vermögens möglich ist. Werden beispielsweise Rohstoffe mithilfe eines Kontokorrentkredits finanziert, dann sollte die **Laufzeit dieses Kredits** mit der **Zeit übereinstimmen,** die benötigt wird, um die bei der Produktion entstandenen Aufwendungen in ........................ erlöse umzuwandeln.

**Finanzierungsgrundsatz 5:**
Um Liquiditätsschwierigkeiten zu vermeiden, sollten sich die **Fristigkeiten** des Vermögens (Aktiva) und diejenigen des ........................ (........................) in etwa **decken (GOLDENE FINANZIERUNGSREGEL** oder **GRUNDSATZ DER** ........................ **PARALLELITÄT).** Im Kreditgewerbe spricht man in diesem Zusammenhang von der **GOLDENEN** ........................ **REGEL.**

Die **Liquidität (Zahlungsbereitschaft)** eines Unternehmens muss **jederzeit gewährleistet** sein; es sollte weder Überliquidität noch .................................... vorliegen.

Von **Überliquidität** spricht man, wenn das kurzfristige Finanzvermögen im Verhältnis zu den kurzfristigen Verbindlichkeiten zu ............................ ist. Beispiel: Hohe Bestände auf unverzinslichen oder niedrig verzinsten ............................ konten. Überliquidität geht zulasten der ............................ Zwischen Liquidität und Rentabilität besteht somit ein Ziel ............................: Je mehr Rentabilität angestrebt wird, desto ............................ muss die Liquidität sein und umgekehrt.

Von **Unterliquidität** spricht man, wenn ein Unternehmen seinen Zahlungsverpflichtungen nur (wie?) ............................ nachkommen kann.

**Illiquidität** liegt vor, wenn ein Unternehmen seinen Zahlungsverpflichtungen ............................ nachkommen kann. Das führt in der Regel zum Insolvenzverfahren.

**Finanzierungsgrundsatz 6:**
Es sollte eine ............................ **LIQUIDITÄT** angestrebt werden. Sie ist gegeben, wenn **weder finanzielle Engpässe** auftreten (Fachbezeichnung: ............................) noch **finanzielle Mittel brachliegen** (Fachbezeichnung: ............................).

**(5)** Die **Gewinnerzielung** ist die Voraussetzung für die ............................ finanzierung eines Unternehmens. Ohne Gewinn ist eine solche Finanzierung des Unternehmens nicht möglich. Gewinne werden erzielt, wenn die ............................ größer sind als die Aufwendungen. Die durch Gewinne finanzierten Investitionen sichern die Substanz eines Unternehmens.

**Finanzierungsgrundsatz 7:**
Die **Substanz eines Unternehmens** muss durch ............................ **FINANZIERUNG** gesichert werden. Voraussetzung hierfür ist die Erzielung von ............................

## Arbeitsaufträge und Fragen zur Stofferschließung

**1.**
a) **Berechnen Sie** anhand der vorstehenden Bilanz und der **Sachdarstellung (1. und 2.)** die **Kennziffer für den VERMÖGENSAUFBAU, DIE KONSTITUTION.**
b) Leiten Sie aus dem in a) erarbeiteten Bruchstrich eine **allgemeine Formel** für die Konstitution ab.
c) **Was sagt** die errechnete Kennziffer ganz allgemein **aus?**
d) **Vergleichen Sie** die errechnete Kennzahl mit dem **Branchendurchschnitt** und kommentieren Sie das Ergebnis.
e) **Bei welchen Betrieben** ist die Kennziffer **größer und** bei welchen **kleiner als 1? Nennen Sie Beispiele** für solche **Betriebe.**

**2.**
a) bis d): **Gehen Sie** in Bezug auf die **INVESTIERUNG (ANLAGENDECKUNG) analog** zu 1a) bis d) vor.
e) Wie die Konstitution (Vermögensaufbau) ist auch die Investierung (Anlagendeckung) von der jeweiligen **Branche abhängig. Sieht man** einmal von der **Branchenabhängigkeit** dieser Kennziffer **ab,** so ist **grundsätzlich** ein **bestimmtes Verhältnis** von Eigenkapital zu Anlagewerten anzustreben. **Welche Größe** sollte diese Kennziffer **grundsätzlich** haben?
f) Die **goldene Bilanzregel (im engeren Sinne)** besagt, dass ...... (Ergänzen Sie diesen Satz).
g) Bei **Investitionen,** die mit **relativ wenig Risiko** behaftet sind, können Teile des AV auch mit **langfristigem FK** finanziert werden. Wie hoch ist in diesem Falle die Investitionskennziffer?
h) Die **goldene Bilanzregel (im weiteren Sinne)** bezieht sich nicht nur auf das EK, sondern schließt auch das dem Unternehmen **langfristig zur Verfügung gestellte FK** mit ein. **Wie lautet** diese **Regel?**

**3.**
a) bis d): **Gehen Sie** in Bezug auf den **VERSCHULDUNGSGRAD analog zu 1a) bis d)** vor.
e) **Was besagt ein Verschuldungsgrad von 2 bzw. 200 %?**
f) **Welchen Koeffizienten** würden Sie als **optimalen Verschuldungsgrad** bezeichnen?
g) **Von welchen Gegebenheiten** wird es abhängen, ob der Verschuldungsgrad eines Unternehmens **hoch oder niedrig ist?**

**4.**
Bei der Berechnung der **LIQUIDITÄT** sind **drei Liquiditätsgrade** zu unterscheiden, die Liquidität 1., 2. und 3. Grades.
a) Bei der **Liquidität 1. Grades (Barliquidität)** werden alle flüssigen Mittel (Zahlungsmittel in der Kasse, Girokonto- und Postbankbestände, einschließlich Schecks und diskontierfähiger Wechsel) ins Verhältnis zu den kurzfristigen Verbindlichkeiten gesetzt.
aa) Gehen Sie bei der Berechnung und Deutung dieser Kennziffer wie bisher vor, d. h. analog zu 1.a) bis 1.d), insgesamt vier Schritte.
ab) Wie viel Prozent sollte Ihrer Ansicht nach die Barliquidität eines Unternehmens mindestens betragen?

b) Bei der **Liquidität 2. Grades (einzugsbedingte Liquidität)** werden zu den Zahlungsmitteln noch die Forderungen hinzugezählt; die Gesamtsumme wird dann zu den kurzfristigen Verbindlichkeiten in Beziehung gesetzt.
   ba) Gehen Sie analog zu 4.a) vor (vier Schritte).
   bb) Wie viel Prozent sollte die einzugsbedingte Liquidität Ihrer Ansicht nach **mindestens** betragen?
c) Bei der **Liquidität 3. Grades (umsatzbedingte Liquidität)** wird das gesamte UV ins Verhältnis zu den kurzfristigen Verbindlichkeiten gesetzt.
   ca) Gehen Sie analog zu 4.a) vor (vier Schritte).
   cb) Wie viel Prozent sollte die umsatzbedingte Liquidität Ihrer Ansicht nach **mindestens** betragen?

**5.** a) Gehen Sie in Bezug auf die **Finanzierung (den Kapitalaufbau)** analog zu 1.a) bis d) vor.
b) Stellen Sie eine **Finanzierungsregel** auf, indem Sie folgenden Satz ergänzen: Je höher das EK im Verhältnis zum FK ist, desto .................................................. ist das Unternehmen.

**6.** **Ergänzen Sie die Arbeitsvorlage** über **Finanzierungsgrundsätze.**

## 6.13 Der Cashflow

### Ausgangssituation

Die vereinfachte G+V-Rechnung der BALNO-AG in Bielefeld hat folgendes Aussehen (in Mio. Euro):

| Aufwendungen | G+V-Rechnung | | Erträge |
|---|---|---|---|
| ausgabewirksame Aufwendungen | 400 | einnahmewirksame Erträge, insbesondere Umsatzerlöse | 580 |
| nicht ausgabewirksame Aufwendungen | 200 | | |
| Jahresüberschuss | 100 | nicht einnahmewirksame Erträge | 120 |
| | 700 | | 700 |

### Sachdarstellung

**1. Begriffliches**

Der Cashflow ist eine **Kennziffer zur Beurteilung der Liquidität** eines Unternehmens. Wörtlich kann man diesen Begriff mit **„Kassenfluss"** übersetzen; inhaltlich bezieht er sich auf die **„fließenden baren Mittel"**.

Etwas genauer kann der Cashflow auch mit **„Kapitalfluss aus Umsatz"** umschrieben werden. Er zeigt den **Finanzmittelüberschuss** an, der einem Unternehmen zur Verfügung steht, wenn man von den Erträgen, die zu Einnahmen führen, die Aufwendungen abzieht, die Ausgaben verursachen.

**2. Berechnungsformel**

Der Begriff Cashflow stammt aus der amerikanischen Bilanzanalysepraxis und wird inhaltlich **nicht einheitlich** verwendet. Je nach dem jeweils angestrebten Aussagezweck werden entweder gröbere oder verfeinerte Berechnungsmethoden angewandt. Üblicherweise wird der Cashflow nach **zwei Verfahren** berechnet:

- **Direktes Verfahren:** Der Cashflow erscheint als Differenz zwischen Erträgen, die zu Einnahmen führen (z. B. Umsatzerlöse, Erträge aus Anlageverkäufen) und Aufwendungen, die mit Ausgaben verbunden sind (z. B. Kosten für Roh-, Hilfs-, Betriebsstoffe, Personalkosten, Werbe- und Reisekosten, Fuhrpark- und Versandkosten).

  **Formel:**

  **Einnahmewirksame Erträge – ausgabewirksame Aufwendungen = Cashflow**

- **Indirektes Vefahren:** Ausgangspunkt für die Berechnung des Cashflow ist der Jahresüberschuss. Hinzugezählt werden alle Aufwendungen, die nicht mit Ausgaben verbunden sind, z. B. Abschreibungen und Zuführungen zu den langfristigen Rückstellungen; abgezogen werden alle Erträge, die nicht mit Einnahmen verbunden sind, z. B. die Auflösung von Rückstellungen, Bestandserhöhungen, selbst erstellte Anlagen (Eigenleistungen).

**Formel:**

**Jahresüberschuss + ausgabelose Aufwendungen – einnahmelose Erträge = Cashflow**

**3. Die Aussagefähigkeit**

Der Cashflow ist eine **finanzwirtschaftliche Kennziffer,** die über den **Finanzierungsspielraum** eines Unternehmens sowie über seine **Kreditwürdigkeit (Verschuldungsfähigkeit)** Aufschluss gibt. Es handelt sich um eine **finanzwirtschaftliche Überschussrechnung.** Sie gibt den Teil des Umsatzerlöses an, der nicht für Betriebsausgaben verwendet wird, der also für **andere finanzwirtschaftliche Verwendungszwecke** zur Verfügung steht. Als solche kommt die Verwendung der Überschussmittel für die **Finanzierung von Investitionen** in Betracht; möglich ist auch die Verwendung zur **Schuldentilgung** oder für **Gewinnausschüttungen.**

Ist ein positiver Cashflow **Ausdruck eines finanziellen Spielraums** im Unternehmen, so weist ein negatives Vorzeichen auf **finanzielle Engpässe** und **liquiditätsmäßige Risiken** hin.

**4. Der Cashflow als Relativzahl**

Setzt man den in einer absoluten Zahl ausgedrückten Cashflow zu anderen Größen (z. B. zu den Umsatzerlösen, dem Investitionsvolumen, dem Fremdkapital) in Beziehung, dann erhält man **Relativ- oder Prozentzahlen.** Im Allgemeinen werden f**olgende Kennziffern ermittelt.**

**a) Der Cashflow als Umsatzrate.**

Hierbei wird der als absolute Zahl ermittelte Cashflow zu den erzielten **Umsatzerlösen** in Beziehung gesetzt. Der **rechnerische Ansatz** lautet:

Umsatzerlöse = 100 %
Cashflow = x %

**Umsatzrate des Cashflows (x) = Cashflow · 100 : Umsatzerlöse**

Diese Kennzahl bringt zum Ausdruck, **wie viel Prozent vom Umsatz als Finanzmittel zur freien Verfügung stehen,** also für **Dividendenzahlungen, Investitionen** oder zur **Schuldentilgung** verwendet werden können. Ist die **Umsatzrate hoch,** dann ist diese Kennziffer **Ausdruck der eigenen Stärke auf dem Absatzmarkt.**

**b) Der Cashflow als Ausdruck der Innenfinanzierungs- oder Investitionskraft.**

Wird der in Euro ermittelte Cashflow zum **Investitionsvolumen einer Periode** in Beziehung gesetzt, dann ist die ermittelte Prozentzahl ein **Gradmesser für die Investitionskraft** eines Unternehmens. Man kann auch sagen, dass die so ermittelte Prozentzahl den **Grad der Innenfinanzierung von Investitionen** angibt.

**Beispiel:** Cashflow 80 Mio. Euro, Investitionen 120 Mio. Euro. Wie hoch ist die Investitionskraft des Unternehmens?

**Lösung:**

$$\text{Investitionskraft IK (Grad der Innenfinanzierung)} = \frac{\text{Cashflow} \cdot 100}{\text{Investitionsvolumen einer Periode}}$$

IK = 80 · 100 : 120 = 66 $^2/_3$ %.
Zwei Dritel der in der Periode × zu finanzierenden Investitionen können aus dem Cashflow finanziert werden; lediglich für das restliche Drittel muss der Kapitalmarkt in Anspruch genommen werden (z. B. langfristige Bankkredite).

**c) Der Cashflow als Maßstab für die Ertragskraft eines Unternehmens**

Wird der **Jahresüberschuss** als Gradmesser für die Ertragskraft eines Unternehmens herangezogen, dann kann diese Größe durch erhöhte **Abschreibungen** und die **Bildung von stillen Rücklagen** beeinflusst werden. Wenn jedoch wie beim Cashflow die **Abschreibungen zum Gewinn hinzugerechnet** werden, dann ist die Summe aus beiden Größen unter sonst gleichen Umständen eine **bewertungsunabhängige Konstante.** Abschreibungen und Jahresgewinn verhalten sich nämlich **gegenläufig.** Sind Abschreibungen hoch, dann ist der Jahresüberschuss unter sonst gleichen Umständen niedrig und umgekehrt.

  

**Dasselbe wie für die Abschreibung** gilt für die **Zuführung zu den Rückstellungen** im Verhältnis zum Jahresüberschuss.

Im Gegensatz zu dem je nach Bewertung unterschiedlich hohen Jahresüberschuss ist der Cashflow somit **aussagefähiger,** weil sich durch Hinzurechnen von Abschreibungen zum Gewinn stille Reserven aufdecken lassen.

**Beispiel 1:** Hohe Abschreibungen und eine hohe Zuführung zu den langfristigen Rückstellungen ergeben unter sonst gleichen Umständen einen niedrigen Jahresüberschuss. Grafisch lässt sich dieser Zusammenhang wie folgt darstellen:

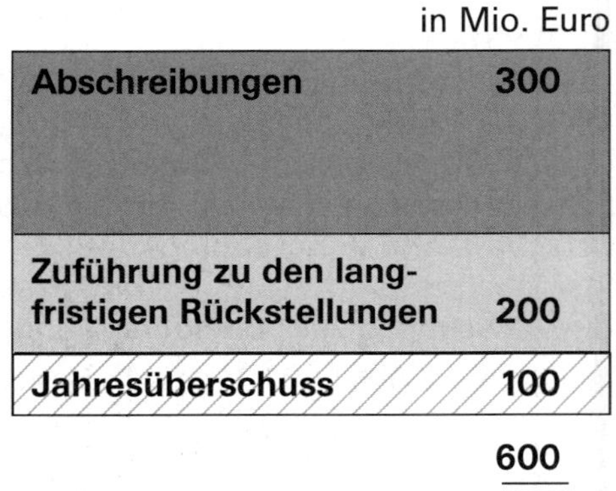


**Beispiel 2:** Niedrige Abschreibungen und eine geringe Zuführung zu den langfristigen Rückstellungen ergeben unter sonst gleichen Umständen einen höheren Jahresüberschuss. Die grafische Darstellung dieses Zusammenhangs verdeutlicht diese Aussage:

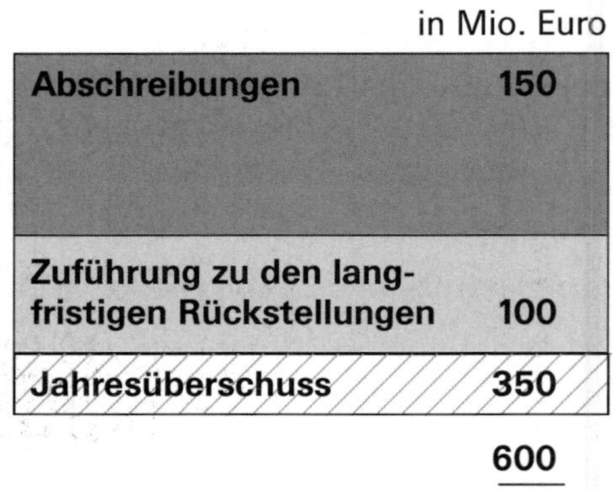


### d) Der Cashflow als Gradmesser für die Schuldentilgungskraft eines Unternehmens

Setzt man den **durchschnittlichen Bestand des Fremdkapitals** in einer Periode gleich 100 % und den absoluten Cashflow gleich × Prozent, dann erhält man eine Größe, die die **Schuldentilgungskraft** angibt. Diese theoretische Größe zeigt auf, in wie vielen Jahren die derzeit bestehenden Schulden des Unternehmens durch den Cashflow vollständig getilgt werden könnten. Die Schuldentilgungskraft wird auch als **dynamischer Verschuldungsgrad** bezeichnet.

**Formel:**

$$\text{Schuldentilgungskraft des Cashflows (dynamischer Verschuldungsgrad)} = \frac{\text{Fremdkapital}}{\text{Cashflow}}$$

**Beispiel:** Cashflow 80 Mio. Euro, Fremdkapital 280 Mio Euro. Schuldentilgungskraft des Cashflow?
**Lösung:** Dynamischer Verschuldungsgrad = 280 : 80 = $3\frac{1}{2}$ Jahre, d. h., der Cashflow von 80 Mio. Euro jährlich würde in $3\frac{1}{2}$ Jahren zum vollständigen Abbau aller derzeitigen Schulden führen.

### e) Der Cashflow als Ausdruck der Ertragskraft von Aktien

Der **Cashflow je Aktie** ergibt sich, indem man den in absoluten Zahlen ausgedrückten **Cashflow durch die Anzahl der Aktien teilt.**

**Beispiel:** Cashflow 80 Mio. Euro, Grundkapital 500 Mio. Euro, Zahl der ausgegebenen Aktien 10 Mio. Stück.

**Lösung:** Cashflow je Aktie = 80 Mio. Euro : 10 Mio. Stück = 8,00 Euro je Aktie. Jede Aktie im Wert von 50,00 Euro nominal erwirtschaftet einen Cashflow von 8,00 Euro.